COURS

DE

CHIMIE BIOLOGIQUE

ET PATHOLOGIQUE

PAR

Le DR G. BUNGE

Professeur de chimie biologique à l'Université de Bâle

TRADUIT SUR LA DEUXIÈME ÉDITION ALLEMANDE

Par le DR A. JAQUET

Assistant du Laboratoire de Pharmacologie expérimentale
de l'Université de Strasbourg

PARIS

GEORGES CARRÉ, ÉDITEUR

58, RUE SAINT-ANDRÉ-DES-ARTS, 58

1891

COURS

DE CHIMIE BIOLOGIQUE

ET PATHOLOGIQUE

TOURS, IMPRIMERIE DESLIS FRÈRES

COURS

DE

CHIMIE BIOLOGIQUE

ET PATHOLOGIQUE

PAR

Le DR G. BUNGE

Professeur de chimie biologique à l'Université de Bâle

TRADUIT SUR LA DEUXIÈME ÉDITION ALLEMANDE

Par le D^R A JAQUET

Assistant du Laboratoire de Pharmacologie expérimentale
de l'Université de Strasbourg

PARIS

GEORGES CARRÉ, ÉDITEUR

58, RUE SAINT-ANDRÉ-DES-ARTS, 58

—

1891

AVANT-PROPOS

En écrivant le présent ouvrage, je n'ai pas eu la prétention d'épuiser le sujet. J'ai laissé de côté tous les faits isolés, de même que la partie purement descriptive. Chaque fait, même isolé, et sans lien momentané, peut être pour le spécialiste d'une valeur incalculable, en servant de point de départ à de nouvelles combinaisons et à de nouveaux travaux. Mais ce qui fait le mérite d'un traité où tous les faits sont collationnés soigneusement, ne peut rentrer dans le cadre d'un simple manuel. Le manuel doit servir d'introduction à l'étude du sujet en intéressant le commençant, en lui développant à grands traits le résultat des investigations, et en lui faisant comprendre le lien qui unit les différents phénomènes. La description aride d'une quantité de faits isolés ne peut que fatiguer le commençant et le décourager dès le début. Mais si l'on parvient à éveiller chez lui l'intérêt pour son sujet, en lui faisant voir la relation entre les phénomènes, les lacunes inévitables d'un manuel seront vite comblées par l'étude des travaux originaux.

C'est aussi pour ne pas compromettre l'ensemble que j'ai renoncé en général à la description des méthodes analytiques. J'ai cru pouvoir le faire d'autant mieux que nous possédons d'excellents ouvrages de chimie biologique et pathologique, tels que ceux de *Wurtz, Hoppe-Seyler, Leube, Salkowski, Neubauer* et *Vogel*. Ces guides en main, c'est au laboratoire que les méthodes analytiques doivent être apprises et appliquées.

Par contre, je me suis efforcé de faire rentrer dans mon travail tout ce qui est suffisamment démontré pour faire partie d'un exposé général. J'ai voué un soin tout particulier à la citation exacte des travaux originaux. Ceux-ci sont choisis de telle manière qu'ils facilitent au lecteur une étude approfondie de la chimie biologique et attirent son attention sur les travaux que je n'ai pas mentionnés dans cet ouvrage.

Ce sera pour moi une grande satisfaction, si j'ai réussi, par ces leçons, à pousser les jeunes étudiants à l'étude des sources mêmes, et je considérerai mon but comme atteint. A quoi servirait à un étudiant en médecine d'avoir appris par cœur un traité complet de physiologie? Au bout de quelques années son travail serait perdu et infructueux. Nous devons avant tout chercher à rendre nos élèves capables de progresser avec la science. Pour atteindre ce but, nous devons d'abord leur inculquer des connaissances solides en physique et en chimie, puis les habituer ensuite à lire avec critique et réflexion des travaux physiologiques. Ils ne regretteront jamais leur travail et leur peine. Ils y gagneront une indépendance qui leur facilitera plus tard les études de tout genre. Une étude plus approfondie des sciences exactes n'allongerait pas celle des sciences médicales, mais au contraire la raccourcirait en la simplifiant et en la facilitant.

La tâche que je me suis proposée avant tout en écrivant ces leçons, c'est de mettre le commençant à même de retrouver et de lire le travail original lorsqu'il prend intérêt à l'étude d'une question de chimie biologique.

G. BUNGE.

Bâle, juillet 1889.

COURS DE CHIMIE BIOLOGIQUE

PREMIÈRE LEÇON

VITALISME ET MÉCANISME

Messieurs,

Avant d'entrer en matière, permettez-moi de vous présenter le point de vue auquel je crois devoir me placer pour juger les études physiologiques contemporaines, leur but et leur avenir.

Une définition de la tâche physiologique que nous retrouvons dans des milliers d'écrits, comme dans la préface de chaque traité de physiologie, consiste à ramener l'explication des phénomènes vitaux à des lois chimiques et physiques, c'est-à-dire à des lois purement mécaniques. On regarde avec pitié un physiologiste qui, comme les « vitalistes » d'autrefois, en est réduit pour l'explication des phénomènes vitaux à admettre l'action d'une « force vitale » spéciale.

Je suis jusqu'à un certain point d'accord avec cette définition, en ce sens qu'avec un mot on n'explique rien du tout. Considérée à ce point de vue, une force vitale spéciale devient un oreiller de paresse où, d'après l'expression de Kant, « la raison se repose sur un coussin de qualités obscures ». Mais je cesse d'être d'accord, du moment où les adversaires du vitalisme nient dans les êtres vivants toute action autre que celle des forces et des corps de la nature inerte. Le fait que nous ne pouvons reconnaître autre chose dans les êtres vivants provient évidemment de l'imperfection de nos facultés ; cela vient de ce que les organes qui nous servent à l'observation de la nature organisée et de la nature inorganique sont les mêmes, et qu'ils ne sont pas en état d'observer autre chose que ce qui se trouve dans le cercle resteint de la perception des mouvements. C'est un mouvement qui, transmis par les fibres du nerf optique au cerveau, nous donne l'impression de la lumière et des couleurs. C'est un mouvement aussi qui, par l'intermédiaire du nerf acoustique, nous fait percevoir un son. Toutes les impressions sensitives, gustatives, caloriques et tactiles ne sont pas autre chose que des effets de mouvements. C'est du moins ce que nous apprend la physique ; ce sont les hypothèses qui jusqu'à présent nous ont donné les meilleurs résultats.

Il serait absurde de vouloir à l'aide des mêmes sens découvrir dans la nature organique autre chose que ce qu'ils peuvent percevoir dans la nature inorganique.

Mais nous possédons pour l'observation de la nature vivante un sens de plus ; c'est le sens intérieur au moyen duquel nous avons conscience des différentes impressions psychiques. Je ne puis admettre la théorie qui ne veut voir dans ce sens intérieur que des effets de mouvements. Le fait seul que les différents états de notre âme ne sont pas tous ordonnés par rapport à l'espace parle déjà contre cette hypothèse. Ce dont nous avons conscience par l'intermédiaire du sens de la vue, du sens du toucher et du sens musculaire, est seul ordonné suivant l'espace [1].

Toutes les autres impressions des sens, tous les sentiments, les passions, les penchants et une quantité d'autres représentations ne sont jamais ordonnés selon l'espace, mais selon le temps. Il ne peut donc là être question d'un mécanisme. On pourra objecter que cela n'est le cas qu'en apparence, mais qu'en réalité toutes ces manifestations sont aussi ordonnées par rapport à l'espace. Cette objection est insoutenable. Nous n'avons pas d'autre motif d'admettre que les objets perçus par nos sens sont ordonnés dans l'espace que le fait qu'ils nous apparaissent comme tels, en tant que nous les observons au moyen du sens de la vue ou du toucher. Cela n'est pas le cas pour toutes les impressions du sens inté-

---

[1] Les représentations de l'espace qui sont liées aux impressions visuelles et tactiles ne sont probablement transmises que par l'intermédiaire de l'appareil musculaire compliqué qui agit dans toutes les fonctions des organes de la vue et du toucher. Il en est de même de ce qu'on peut appeler le « sentiment général. » Il est possible que les représentations de l'espace soient produites uniquement par l'intermédiaire des fibres sensitives des nerfs des muscles. STEINBACH a été le premier représentant de cette hypothèse (*Beiträge z. Physiologie der Sinne*, Nuremberg, 1811), combattue par JOH. MULLER (*Zur vergleichenden Physiologie d. Gesichtssinnes* Leipzig, 1826, p. 52); les arguments de ce dernier me paraissent insoutenables. JOH. MULLER était imbu des idées de KANT sur l'espace, idées que je ne puis pas non plus admettre.

rieur, et nous n'avons aucune raison pour admettre une hypothèse pareille.

Nous voyons donc que l'examen direct de notre être intérieur nous révèle les qualités les plus diverses, nous fait voir des choses non ordonnées selon l'espace, des manifestations n'ayant rien de commun avec un mécanisme quelconque.

Les partisans de l'explication mécanique des phénomènes vitaux croient trouver une confirmation à leur doctrine dans le fait que plus la physiologie progresse, plus on arrive à ramener à des lois physiques et chimiques des phénomènes que l'on croyait autrefois devoir attribuer à une force vitale mystique. D'après eux, ce ne serait qu'une question de temps et l'on devrait arriver à démontrer que tout le procédé vital n'est qu'un mouvement compliqué, réglé par les lois de la nature inorganique.

L'histoire de la physiologie me paraît cependant enseigner le contraire. Plus nous approfondissons l'étude des phénomènes vitaux, plus nous devons nous convaincre qu'une explication physique et chimique de certaines manifestations est insuffisante, que celles-ci sont d'une nature bien plus compliquée et narguent toute espèce d'interprétation mécanique.

Nous avons cru par exemple pouvoir rapporter aux lois de la diffusion et de l'endosmose les phénomènes de digestion et de résorption intestinale. Aujourd'hui nous avons acquis la conviction que le rôle de la paroi intestinale dans la résorption ne peut pas être comparé à celui d'une membrane morte dans l'endosmose. La paroi intestinale est tapissée de cellules épithéliales, et chacune de ces cellules représente un organisme propre, un être vivant possédant les fonctions les plus compliquées ; nous savons qu'elle s'assimile la nourriture par des contractions actives de son enveloppe protoplasmatique, comme nous pouvons l'observer chez des êtres unicellulaires libres, chez les amibes et les rhizopodes. On prétend avoir vu chez des animaux à sang froid les cellules de l'épithélium intestinal projetant leurs appendices de protoplasma, leurs pseudopodes, pour s'emparer des globules de graisse de la nourriture et les incorporer au protoplasma qui les fait parvenir jusqu'à l'origine des vaisseaux chylifères [1]. Tant que les fonctions actives des cellules sont

---

[1] R. WIEDERSHEIM a réuni la littérature sur ce sujet, en même temps que des recherches personnelles, dans la « *Festschrift*, d. 56. *Versamlung deutscher Naturforscher und Aeryte*,

restées inconnues, le fait que les globules graisseux traversent la paroi intestinale pour pénétrer dans les vaisseaux lymphatiques (ce qui n'est pas le cas pour les pigments aux grains les plus fins) est resté incompréhensible. Aujourd'hui nous savons que tous les êtres unicellulaires ont la faculté de choisir leur nourriture, de s'assimiler les substances qui leur conviennent, en laissant de côté celles qui pourraient leur être nuisibles. A cet égard, j'appuierai sur une observation intéressante faite par Cienkowsky [1] sur un amibe, la Vampyrelle.

La Vampyrelle du Spirogyra est une petite cellule microscopique, nue, de couleur rougeâtre, ne présentant aucune apparence de structure. Cienkowski n'a pu y déterminer de noyau et les fins granules du protoplasma n'étaient peut-être que des restes d'aliments. Cette goutte microscopique de protoplasma distingue parmi les plantes aquatiques une algue spéciale, le Spirogyra, dont elle compose exclusivement sa nourriture. Elle se fixe à la paroi de cellulose d'une des cellules de la plante, dissout cette paroi au point de fixation et, après en avoir sucé le contenu, émigre sur une autre cellule pour recommencer la même manœuvre. Cienkowski n'a jamais vu la Vampyrelle s'attaquer à d'autres algues ou s'assimiler d'autres substances. Le même auteur a observé une autre monère, la *Colpodella pugnax*, qui se nourrit exclusivement de Chlamidomonade. Elle perce la Chlamidomonade, en suce la chlorophylle et l'abandonne. « En observant ces monères cherchant leur nourriture, on croirait, dit Cienkowski, avoir affaire à des êtres conscients de leurs actions. »

Si ces cellules, d'une simplicité de structure extrême, ces gouttes de protoplasma, sont douées de la faculté de choisir leur nourriture, pourquoi n'en serait-il pas de même des cellules épithéliales de notre intestin ? De même que la Vampyrelle distingue le Spirogyra parmi les plantes aquatiques, les cellules épithéliales de l'intestin peuvent différencier un globule graisseux d'un granule pigmentaire. Nous savons que les cellules épithéliales de l'intestin s'opposent au passage de toute une série de poisons, bien que ceux-ci soient solubles dans le suc gas-

---

Gewidmet von der naturforschenden Gesellschaft zu Freiburg i. B. *Freiburg* u. Tübingen 1883, et HEIDENHAIN, *Pflügers Archiv.*, t. 41, 1888. Fascicule supplémentaire.

[1] L. CIENKOWSKY, *Beiträge zur Kenntniss der Monaden. Archiv. für mikroskop. Anatomie*, t. I, p. 203, 1865.

trique ou entérique. Nous avons même pu nous convaincre que, si l'on injecte ces poisons directement dans le sang, ils en sont éliminés par la paroi intestinale.

De même nous avions cru pouvoir ramener les fonctions de sécrétion des glandes aux lois de l'endosmose. Maintenant nous savons que là aussi les cellules épithéliales jouent un rôle actif. Nous retrouvons dans les glandes cette énigmatique faculté de choisir, de s'assimiler certaines substances du sang, de repousser les autres ; bien plus, nous voyons les cellules transformer par dédoublement et par synthèse le matériel assimilé, évacuer certains produits, toujours les mêmes, dans les canaux excréteurs des glandes, et rendre le reste au sang et à la lymphe. Les cellules épithéliales de la glande mammaire puisent dans un sang ayant une composition absolument différente tous les sels inorganiques nécessaires au développement du jeune animal, et cela dans le rapport quantitatif nécessaire pour qu'il devienne un jour identique à l'organisme paternel (voir leçon 7). Jusqu'à présent nous ne sommes pas parvenus à ramener ces phénomènes aux lois de la diffusion et de l'endosmose.

Toutes les cellules de notre organisme sont douées de facultés analogues à celles des cellules épithéliales des glandes et de l'intestin. Représentons-nous seulement le développement de notre organisme : tous les éléments des divers tissus produits de la segmentation continue d'une cellule unique. A mesure que ces cellules se multiplient par segmentation, elles se différencient suivant le principe de la division du travail ; chaque cellule acquiert la faculté de repousser certaines substances et d'en assimiler d'autres, jusqu'à ce qu'elle soit arrivée à une composition en rapport avec la fonction à exercer. On chercherait en vain dans la chimie une explication à ces faits remarquables.

Les efforts faits pour trouver une interprétation mécanique des procédés vitaux n'ont pas eu plus de succès dans les autres branches de la physiologie que dans la physiologie de la nutrition.

Nous avons cru pouvoir ramener aux lois de l'électricité les fonctions des nerfs et des muscles ; nous devons reconnaître aujourd'hui que le peu que nous connaissons sur l'électricité dans l'organisme vivant n'a été observé que sur quelques poissons. Et quand même nous serions en état de démontrer les courants électriques des muscles et des nerfs avec toute l'exactitude voulue, nous serions encore bien éloignés d'une explication des fonctions des nerfs et des muscles.

Et la physiologie des sens, me direz-vous! Voilà pourtant le domaine exact par excellence, et là les interprétations physiques ne nous manquent pas! C'est vrai, l'œil est un appareil de physique, une chambre obscure. L'image se produit sur la rétine par les lois immuables de la réfraction comme sur une plaque photographique. Mais nous n'avons là aucune manifestation vitale; l'œil joue un rôle absolument passif. L'image rétinienne se produit exactement de même sur un œil isolé et mort. Un phénomène vital, c'est le développement de cet œil! Comment cet appareil optique si compliqué s'est-il formé ? Pourquoi les cellules des tissus se sont-elles assemblées dans cette construction merveil—leuse ? Voilà l'énigme; et jusqu'à présent nous n'avons pas encore fait le premier pas vers sa solution. Nous connaissons bien la succession des différents états de développement, mais l'enchaînement causal, le pourquoi, nous est inconnu.

L'accommodation de l'œil est encore un phénomène vital. Nous y retrouvons de nouveau des fonctions musculaires et nerveuses, de nouveau les anciens problèmes non encore résolus. Il en est de même pour les autres organes des sens. Dans tous les phénomènes purement physiques qu'il nous est donné d'observer, nous voyons ces organes n'entrer en action que sous l'influence de mouvements transmis du dehors.

Il en est de même pour les autres chapitres de la physiologie. Nous avons cru que les lois de l'hydrostatique et de l'hydrodynamique nous permettraient d'expliquer la circulation du sang. Le sang est soumis aux lois de l'hydrodynamique, mais son rôle dans la circulation est passif. Quant au rôle actif du cœur et des muscles vasculaires, personne n'a pu jusqu'ici en donner l'interprétation physique. On cherche à ramener les échanges gazeux de la respiration aux lois de l'aérodynamique, de l'absorption et de la diffusion. On y parviendra peut être. Seulement remarquons qu'il ne s'agit pas ici d'un phénomène vital. Le soufflet une fois en action, les gaz y entrent et en sortent suivant les lois de l'aérodynamique. Mais une autre question est de savoir comment ce soufflet s'est formé, ce qui l'entretient, d'où lui vient son impulsion ? Les gaz ne jouent dans ce mouvement qu'un rôle purement passif.

C'est pourquoi je prétends que tous les phénomènes qui peuvent être interprétés mécaniquement dans notre organisme, sont aussi peu des manifestations vitales que le mouvement des feuilles agitées par l'orage, ou les migrations du pollen transporté par le vent d'une fleur mâle sur une fleur femelle. Nous avons dans ce cas un mouvement nécessaire à la production d'un procédé vital. Il ne viendrait pourtant à l'idée de personne de qualifier cette migration de phénomène vital, le pollen ne jouant qu'un rôle passif dans ce mouvement. Quant à la cause de ce mouvement, qu'on la cherche dans la force vive de l'air ou bien dans la lumière solaire qui produit cette force vive, ou bien encore dans des tensions chimiques produites par une transformation de cette même lumière solaire, le fait n'en reste pas moins là, sans que cette cause l'influence en quoi que ce soit.

L'activité, voilà où est caché le secret de la vie [1]. Ce n'est point par l'intermédiaire des sens que nous sommes arrivés à la notion de l'activité, mais par l'observation de nous-mêmes. Nous reportons ce que nous avons puisé dans la conscience de ce qui se passe en nous-mêmes sur les objets perçus par nos sens, sur les organes, les éléments des tissus, sur chaque petite cellule. C'est le premier essai d'interprétation psychologique des manifestations vitales.

Si donc nous ne sommes pas en état de trouver une interprétation des manifestations vitales à l'aide de la chimie et de la physique seules, que pourront nous donner les autres sciences auxiliaires de la physiologie, l'anatomie et l'histologie ?

Mon opinion est que, pour le moment, ces sciences non plus ne nous seront pas d'un grand secours dans la solution de l'énigme qui nous occupe. Nous aurons beau analyser par le scalpel et le microscope les organismes jusque dans leurs derniers éléments, quand même nous serions arrivés à la dernière cellule, le grand problème sera toujours là, irrésolu. La cellule primordiale, la goutte informe de protoplasma, présente encore toutes les fonctions essentielles de la vie : nutrition, croissance, reproduction, mouvement, sensibilité, et même des fonctions remplaçant tout au moins la conscience des êtres supérieurs. Je rappelle encore une fois les observations faites sur la Vampyrelle, mais je vou-

---

[1] *Activité* et *vie* ne sont peut-être que deux mots devant exprimer la même idée, ou plutôt deux mots auxquels nous ne rattachons aucune conception claire. Nous sommes cependant obligés d'opérer constamment avec ces notions confuses. C'est là le point où se touchent les problèmes les plus difficiles, où ont échoué les efforts de tous les penseurs.

drais vous relater les observations plus remarquables encore faites par Engelmann [1] sur les Arcelles.

Les Arcelles sont aussi des êtres unicellulaires, un peu plus compliqués que la Vampyrelle en ce sens qu'ils ont un noyau et sécrètent une coquille. Cette coquille a une forme concavo-convexe. Au milieu de la face concave se trouve une ouverture livrant passage aux pseudopodes, qui apparaissent au bord de la coquille sous forme de protubérances hyalines. Si l'on place sous le microscope une goutte d'eau contenant des Arcelles, il peut arriver que l'une d'elles tombe pour ainsi dire sur le dos, c'est-à-dire touche le fond par sa partie convexe, de telle sorte que les pseudopodes ne trouvent pas de point de fixation. On observe alors sur l'un des côtés, près du bord, un développement de bulles de gaz dans le protoplasma; ce côté, devenant plus léger, se soulève jusqu'à ce que l'animal soit posé sur le bord opposé. Les pseudopodes, trouvant un point d'attache, se fixent l'un après l'autre en retournant l'animal; les bulles de gaz disparaissent, et l'animal commence à ramper. Si l'on place la goutte d'eau contenant les Arcelles à la face inférieure du porte-objet, la pesanteur les entraînera toutes au bas de la goutte. Les pseudopodes n'y trouvant pas de point de fixation, on voit se développer de grosses bulles de gaz qui rendent l'animal plus léger que l'eau et le font remonter à la partie supérieure adhérente au verre. Si sa position l'empêche de prendre pied, on voit les bulles de gaz diminuer d'un côté ou augmenter de l'autre, ou même l'un et l'autre à la fois, jusqu'à ce que l'animal touche le verre par l'un de ses bords et puisse s'y fixer. Cela fait, les bulles disparaissent et l'animal se meut en rampant sur le verre. Si on le détache en le touchant délicatement avec une aiguille, il commencera par tomber au fond de la goutte; mais bientôt il développera de nouvelles bulles de gaz et cherchera à remonter à la surface. On peut faire ce que l'on veut pour le placer dans une position incommode, il sait toujours au moyen de ses bulles de gaz retrouver la position convenable à sa locomotion. Sitôt le but atteint, les bulles disparaissent. « On ne peut nier », dit Engelmann, « que ces faits-là indiquent des procédés psychiques dans le protoplasma. »

[1] Th.-W. ENGELMANN. *Beiträge z. Physiologie des Protoplasmas. Pflüger's Archiv.*, t. II, p. 307, 1869. Comparez encore T, 25, p. 288, remarque 1, 1831 ; T. 26, p. 544, 1881 , — t. 30, p. 96 et 97, 1883.

Je ne discuterai pas ici le bien-fondé de cette conception d'Engelmann. Je reconnais même la possibilité d'arriver avec le temps à une
interprétation mécanique de ces phénomènes. En citant ces faits, mon
but a été de faire voir à quels procédés vitaux compliqués nous
avons encore affaire, au moment où la recherche microscopique est
arrivée à sa dernière limite, et quel mince résultat on a obtenu jusqu'à présent en cherchant l'explication mécanique d'une manifestation vitale quelconque. Car ce qui se passe dans chaque cellule de notre corps est pour
le moins aussi compliqué que les manifestations de ces êtres unicellulaires. Chacune des innombrables cellules composant notre organisme si
complexe est elle-même un monde à part, un « microcosme ».

C'est un fait connu qu'un seul spermatozoïde, cette petite cellule dont
cinq cents millions suffisent à peine à remplir une ligne cubique, a la
faculté de reporter sur le fils les caractères paternels, voire même de
transmettre les caractères du grand-père au petit-fils en sautant une généra-
ration. Si nous n'avons là qu'un effet de forces mécaniques, quelle mer-
veilleuse construction des atomes, quelle complexité doit exister dans
le jeu des forces et dans les mouvements de cette petite cellule,
pour qu'elle soit à même de présider à travers les générations au développement et à tous les mouvements ! Et enfin comment expliquerons-
nous la transmission des phénomènes psychiques par le moyen de cette
petite cellule ? La physique, la chimie, l'anatomie restent muettes sur ce
point.

Des milliers d'années passeront encore sur les générations de notre race,
bien des forces s'épuiseront et bien des fronts se rideront à la tâche,
avant qu'on ait fait même le premier pas vers la solution de ce mystère.

Mais, d'un autre côté, il est possible aussi que d'un coup la lumière se
fasse sur ces ténèbres. Vous m'auriez mal compris en croyant que j'ad-
mette d'emblée une barrière infranchissable à la science. Non, la science
ne recule devant aucun obstacle ; elle pose des questions toujours plus
audacieuses, vers la résolution desquelles elle marche toujours plus sûrement. Rien ne peut l'arrêter dans sa marche victorieuse, pas même notre
intelligence bornée ! Celle-ci aussi peut grandir et se développer. Nous
n'avons pas la moindre raison d'admettre que le mouvement de progrès et de perfection, dont on suit les traces à travers tout le monde
organique, soit arrivé à son terme avec l'apparition de notre race sur la

terre. Il fut un temps où dans la mer primitive les infusoires inconscients étaient les seuls êtres vivants de notre planète ; le temps viendra, j'en suis convaincu, où une race habitera notre terre, dont l'intelligence surpassera la nôtre, comme nous surpassons les infusoires, les premiers habitants de la mer primitive. — Le progrès de la science est sans bornes.

Nons devons donc forcément admettre la possibilité d'un triomphe final sur les difficultés et les obstacles qui, comme des montagnes inaccessibles, s'opposent aux progrès de la science physiologique. Mais pour le moment, je ne vois pas comment nous pourrions avancer effectivement à l'aide de la physique, de la chimie et de l'anatomie seules. Avec les moyens dont nous disposons, nous sommes arrivés à la limite dans l'étude de la plus petite cellule, et celle-ci nous présente déjà tous les mystères de la vie réunis.

Mais nous pouvons perfectionner nos moyens d'action ! Nous pouvons renforcer le microscope ! Telle cellule, aujourd'hui informe, présentera demain une structure ; de nouvelles méthodes de coloration feront apparaître un noyau dans des cellules où l'on n'avait pu en découvrir jusqu'à aujourd'hui. Le noyau lui-même se révèlera d'une construction si compliquée que son observation et sa description seules suffiront à épuiser les forces d'un grand nombre de chercheurs. Mais une structure compliquée n'est point une explication ; c'est un nouveau problème : d'où vient-elle et à quoi sert-elle ? Et un coup d'œil dans l'ensemble de cette structure nous donnera-t-il la clef des phénomènes, même les plus simples, que nous observons chez la Vampyrelle et chez les Arcelles ? Résoudra-t-il le grand mystère, le plus grand de tous, celui de l'hérédité par une petite cellule ? Et si cela est le cas pour une toute petite cellule, que sera-ce quand nous aborderons le problème sur notre organisme si compliqué.

Et cependant nous sommes obligés, dans la recherche biologique, de commencer par l'organisme le plus complexe, par l'organisme humain. La cause, abstraction faite des besoins de la médecine pratique, la voici ; elle nous ramène au point de départ de nos considérations.

Le fait que la recherche biologique doit commencer par l'organisme humain, le plus complexe de tous, provient de ce qu'il est le seul pour l'observation duquel nous ne soyons pas réduits exclusivement à nos sens ; nous pouvons pénétrer par une autre porte dans son intimité, par l'observation intime, par le sens intérieur, qui tend la main à la physique pénétrant du dehors. « On peut comparer l'investigation de l'être humain à une mine dans laquelle les ouvriers pénètrent par des galeries ouvertes de différents côtés, jusqu'à ce qu'enfin l'un distingue à travers la roche les coups de pioche de ses compagnons [1]. »

Notre grand maître Joh. Müller [2] avait déjà reconnu la fertilité d'une méthode attaquant le problème de deux côtés à la fois, et la loi de « l'énergie spécifique des sens » découverte de cette manière est certainement le plus grand triomphe de la physiologie comme de la psychologie, en même temps que le fondement exact de toute philosophie idéaliste.

J'ai ici en vue la simple loi d'après laquelle la même excitation, le même phénomène extérieur, agissant sur différents sens, produit toujours de sensations différentes, tandis que différentes excitations, agissant sur le même sens, ne produisent qu'une sensation unique ; c'est-à-dire que les phénomènes extérieurs n'ont rien de commun avec nos sensations et nos impressions, que le monde extérieur est pour nous un livre fermé, que les états et les phénomènes de la conscience seuls sont immédiatement accessibles à notre observation et à notre intelligence. Cette vérité si simple est pourtant ce que l'esprit humain a conçu de plus grand et de plus profond. C'est elle aussi qui nous donne la conception exacte de ce qu'est le vitalisme. Ce n'est pas du vitalisme que de se contenter d'un mot, en renonçant à penser. Le principe du vitalisme est de nous engager dans la seule vraie route qui part du connu, du monde intérieur, pour expliquer l'inconnu, le monde extérieur. Le mécanisme prend la route opposée, la fausse route, qui n'est pas autre chose que le matérialisme ; il part de l'inconnu, du monde extérieur, pour expliquer le connu, le monde intérieur.

Ce qui pousse constamment le physiologiste au matérialisme, c'est le fait que dans la psychologie nous n'avons pas encore fait le premier pas pour arriver au degré d'exactitude auquel la chimie et la physique nous ont habitués. Nous sommes obligés de reconnaître que, bien que

---

[1] Cette image provient, sauf erreur, de Schopenhauer.

[2] JOH. MULLER a défendu la thèse de doctorat : *Psychologus nemo nisi Physiologus.* Le moment viendra où la thèse inverse aussi : *Physiologus nemo nisi Psychologus* n'aura plus besoin de défenseurs.

rien ne soit plus directement soumis à notre observation et à notre intelligence que les états et les phénomènes de la conscience, nos connaissances sur ce sujet sont encore des plus incertaines et des plus chancelantes. Cela provient de ce que l'objet est bien plus compliqué, le nombre des qualités bien plus grand que cela n'est le cas dans le monde soumis à l'observation de nos sens ; cela provient en outre de ce que les états de notre conscience changent continuellement, et surtout de ce que jusqu'à présent nous ne possédons aucun moyen pour analyser quantitativement les objets du sens intérieur.

Tant que la psychologie en sera encore là nous ne parviendrons pas à une explication des manifestations vitales. Il ne nous reste pour le moment, dans la plupart des domaines de la physiologie, qu'à continuer avec résignation à travailler comme par le passé dans la direction mécanique. La méthode est fertile : voyons jusqu'où nous arriverons avec l'aide de la chimie et de la physique. Le nœud impénétrable nous apparaîtra de cette manière d'une façon toujours plus distincte. Et c'est ainsi que le mécanisme contemporain nous pousse sûrement au vitalisme de l'avenir.

DEUXIÈME LEÇON [1]

ÉVOLUTION DES ÉLÉMENTS

La chimie biologique a pour objet l'étude des procédés chimiques dans les être vivants et la détermination de leur rôle dans les phénomènes vitaux. Dans les considérations qui vont suivre, nous serons obligés de nous restreindre à l'homme et aux animaux qui s'en rapprochent, quoiqu'il puisse paraître étrange de commencer une étude de ce genre sur les organismes les plus complexes avant d'avoir seulement jeté un coup d'œil sur les procédés chimiques qui se déroulent dans les êtres inférieurs. Mais il ne peut en être autrement, nos connaissances sur la chimie biologique des êtres inférieurs étant encore des plus rudimentaires. Je ferai rentrer occasionnellement les rares connaissances que nous possédons sur ce sujet dans mes considérations sur la nutrition des êtres supérieurs.

Avant de commencer l'étude spéciale de notre sujet, nous nous occuperons des éléments et des forces qui entrent en jeu dans les échanges de notre organisme, et nous chercherons à les poursuivre dans leur évolution à travers la nature organisée et la nature inorganique. L'unité

---

[1] Je recommande vivement au commençant qui voudrait étudier plus à fond l'objet de cette leçon, la lecture du travail de LIEBIG intitulé : *Die Chemie in ihrer Anwendung auf Agricultur und Physiologie*, 1840, 8ᵉ éd., 1865. Le feu et l'enthousiasme que pendant sa vie notre grand maître savait si bien communiquer à son entourage rayonnent encore aujourd'hui de chaque page de son livre. Pour pouvoir se rendre compte des découvertes récentes, je recommande encore la lecture de ADOLF MEYER : *Lehrbuch der Agricultur chemie*, Heidelberg, 1876. On trouvera de plus dans cet ouvrage une indication exacte des sources.

de la nature est évidente, et celui qui veut en comprendre les détails doit pouvoir la saisir dans son ensemble ; il doit se rendre compte des grandes lois qui régissent également le monde organique et le monde inorganique.

Tous les êtres vivants sont le produit de la combinaison de douze éléments : le carbone, l'hydrogène, l'oxygène, l'azote, le soufre, le phosphore, le chlore, le potassium, le sodium, le calcium, le magnésium et le fer.

La plus grande partie du CARBONE que l'on rencontre à la surface de notre planète s'y trouve à l'état de combinaison avec l'oxygène, sous forme d'acide carbonique. Une quantité minime de cet acide se trouve à l'état libre dans l'atmosphère ou dissout dans l'eau. La grande masse, unie à des bases telles que la chaux et la magnésie, sert à former de puissantes couches de la croûte terrestre. Le carbone libre se trouve en quantité relativement petite, comparé à la masse totale, sous forme de charbon de terre, et en quantité plus minime encore sous forme de diamant et de graphite. Les charbons de terre sont des restes de végétaux et les plantes tirent leur carbone de l'acide carbonique de l'air. Si donc l'on fait abstraction du graphite et du diamant dont nous ne connaissons pas le mode de formation, on peut dire que tout le carbone qui se trouve sur notre globe est ou a été de l'acide carbonique ; l'acide carbonique est la combinaison par laquelle le carbone doit toujours passer et repasser dans toutes ses transformations. Dans les procédés vitaux il en est absolument de même : la plante ne s'assimile le carbone que sous forme d'acide carbonique, et s'en sert pour former les combinaisons innombrables dont se compose son organisme. Le carbone pénètre avec l'alimentation végétale dans le corps de l'animal, et ne l'abandonne que sous forme d'acide carbonique ou de combinaisons qui, comme l'urée, se décomposent très vite en dehors de l'organisme avec production d'acide carbonique. Le carbone abandonne ainsi l'organisme sous la même forme qu'il y était entré, et retourne à l'atmosphère pour y recommencer une nouvelle évolution.

Dans la nature nous ne rencontrons que des traces d'HYDROGÈNE libre. Nous le trouvons à l'état de combinaison inorganique essentiellement sous forme d'eau ; une portion relativement infiniment petite apparaît sous forme d'ammoniaque. C'est sous ces deux formes que l'hydrogène entre dans l'organisme de la plante, et qu'il y participe à la formation des substances organiques qui servent à la nourriture de l'animal. Il abandonne de nouveau le corps de l'animal après y avoir servi aux échanges, sous forme d'eau et d'ammoniaque ou de combinaisons peu stables, qui se décomposent rapidement avec production d'eau et d'ammoniaque.

L'oxygène est de beaucoup l'élément le plus répandu à la surface du globe : il forme environ 1/4 du poids de l'atmosphère, 8/9 du poids de l'eau et environ la moitié de la croûte terrestre, laquelle est formée presqu'exclusivement de combinaisons oxygénées. L'oxygène est le seul élément qui participe à l'état libre au processus vital. Cette participation n'est cependant que partielle ; dans la vie de la plante elle n'y entre même que pour la petite part. La grande masse de l'oxygène entre dans l'organisme de la plante sous forme d'eau et d'acide carbonique. On sait que l'action de la lumière solaire produit une dissociation de ces combinaisons, qui a pour résultat la mise en liberté d'une partie de l'oxygène et la formation de substances peu oxygénées, mais riches en carbone et en hydrogène. Ces combinaisons servent à la nourriture de l'animal ; sous l'influence de l'oxygène libre, elles sont de nouveau oxydées dans son corps en eau et en acide carbonique, qui s'échappent dans l'atmosphère d'où la plante les avait tirés.

C'est cet antagonisme perpétuel entre la plante et l'animal qui fait que la quantité d'oxygène et d'acide carbonique de l'air reste constante ; la plante augmente la quantité d'oxygène de l'air en raison de la diminution que lui fait subir l'animal, et de l'autre côté elle absorbe de l'acide carbonique tandis que l'animal en produit.

On peut se demander maintenant si cet équilibre est assuré à tout jamais. S'il n'est pas rompu par le processus vital, ne serait-il pas possible qu'il existât dans la nature des facteurs agissant dans un sens ou dans l'autre, augmentant ou diminuant dans l'atmosphère les composants indispensables à la conservation de la vie ?

En ce qui concerne l'acide carbonique, les géologues s'accordent à reconnaître qu'autrefois la quantité d'acide carbonique contenue dans l'atmosphère était plus forte. Quelles sont les causes de cette diminution ? Ces causes agissent-elles encore aujourd'hui, et avons-nous à craindre pour l'avenir une diminution ininterrompue de cette source alimentaire du monde végétal ?

Une des causes de la diminution de l'acide carbonique est évidente : je veux parler de la formation des dépôts houillers. Ceux-ci sont, comme on le sait, des restes de végétaux qui ont tiré le carbone nécessaire à leur formation de l'acide carbonique de l'air. Mais cette diminution paraît être relativement peu importante. Et si aujourd'hui la formation des charbons minéraux continue au fond des mers comme par le passé, la perte d'acide carbonique qui en résulte est compensée d'un autre côté par la combustion des charbons formés autrefois et la production d'acide carbonique s'échappant dans l'air par les cheminées des fabriques et des locomotives. Je ne crois pas que de ce côté nous ayons à craindre une diminution de l'acide carbonique dans l'air.

Bien plus sérieuse est une autre cause de diminution de l'acide carbonique : celle qui résulte de la dissociation des roches de la croûte terrestre et du remplacement de l'acide silicique par l'acide carbonique de l'air, de l'union de l'acide carbonique aux bases des silicates. Les roches qui forment la croûte solide de notre planète sont, pour la majeure partie, des silicates et des carbonates de chaux, de magnésie, de protoxyde de fer, d'alcalins. Il existe un antagonisme entre les deux acides qui cherchent à s'expulser l'un l'autre et à s'unir avec les bases de l'autre acide. L'acide silicique et l'acide carbonique sont les deux grandes forces en présence dans la formation terrestre ; elles sont en lutte continuelle avec des alternatives de défaites et de victoires pour chacune d'elles. Le jour où l'acide carbonique sera parvenu à remporter une victoire complète et définitive sur son rival, ce jour-là, dis-je, marquera la fin de toute vie organique sur notre planète.

L'affinité chimique de l'acide carbonique pour les composants basiques des roches est plus grande à froid et en présence de l'eau que celle de l'acide silicique. A la surface, l'acide carbonique est le plus fort, sa victoire est lente mais sûre. Chaque vague de l'Océan qui vient heurter la falaise, chaque flot qui s'écoule sur les cailloux du fleuve, chaque goutte de pluie tombant sur la terre est un allié de l'acide carbonique ; ils désagrègent lentement mais sûrement le silex même le plus dur : l'acide carbonique s'unit avec les composants basiques de la roche, et l'acide silicique mis en liberté se dépose avec le reste des bases au fond des eaux, pour y former peu à peu de puissantes couches d'argile ou de grès. Mais l'acide carbonique uni à la chaux ou à la magnésie se précipite aussi soit seul à l'état de pierre calcaire ou de dolomite, soit uni à une partie des silicates décomposés sous forme de marne. La moitié du poids des puissants bancs de craie, des formations de pierre calcaire qui composent une bonne partie de la croûte terrestre, est de l'acide carbonique qui provient de l'atmosphère et paraît pour toujours arraché à l'évolution de la vie.

Mais la lutte entre les deux acides se présente d'une manière toute différente à l'intérieur de la terre. La température élevée qui y règne fait de l'acide silicique l'acide le plus fort. Son règne est dans les profondeurs, c'est là qu'il arrache aux carbonates leurs composants basiques et que l'acide carbonique mis en liberté retourne de nouveau à son domaine naturel, l'atmosphère. C'est le phénomène que nous pouvons constater à tous les cratères des volcans en activité, ainsi qu'à bien d'autres endroits encore où l'acide carbonique s'échappe de terre par des fissures et des crevasses.

Il n'est pas possible de déterminer la quantité d'acide mise en liberté de cette façon. Il paraît cependant qu'elle est beaucoup plus faible que celle qui est constamment fixée à la chaux et à la magnésie, et de cette manière enlevée à l'atmosphère. Et s'il est vrai que notre planète se refroidisse toujours plus et que sa croûte s'épaississe, la force qui donne la priorité à l'acide silicique, la chaleur intérieure, doit diminuer aussi graduellement jusqu'à ce que rien ne s'oppose plus à la victoire complète et définitive de l'acide carbonique et à l'extinction de la vie organique.

Un second composant de l'atmosphère est enlevé d'une manière analogue au processus vital et fixé à la croûte terrestre, c'est l'oxygène. Le composant qui le fixe, le protoxyde de fer, provient de la décomposition de certains silicates. Celui-ci est oxydé en oxyde de fer, qui forme, comme on le sait, de puissantes couches, et se trouve en plus grande quantité encore mélangé à d'autres sédiments, tels que l'argile, la glaise, le grès, l'ardoise. Un tiers de l'oxygène contenu dans ces masses d'oxyde de fer provient de l'atmosphère.

Cet oxygène peut retourner en partie à l'atmosphère. Si l'oxyde de fer entre en contact avec des matières organiques en décomposition, celles-ci s'oxydent aux dépens de l'oxyde de fer. L'acide carbonique, produit de l'oxydation, s'échappe dans l'air et peut être de nouveau réduit par la plante avec mise en liberté de l'oxygène. La vie végétale est le seul procédé par lequel l'oxygène est mis en liberté, et on peut douter que ce procédé suffise à lui seul à contrebalancer tous ceux dans lesquels l'oxygène est fixé : respiration, décomposition, combustion, oxydation des combinaisons du fer et du soufre.

Il paraît donc qu'un aliment important des végétaux, l'acide carbonique libre, et un aliment indispensable à tous les êtres, l'oxygène libre, sont en train de diminuer continuellement ; de sorte que l'heure approche lentement, il est vrai, mais sûrement, où les conditions d'existence nécessaires nous manqueront et où toute vie organique devra s'éteindre sur notre planète.

Nous passons maintenant à l'AZOTE, le quatrième et dernier des éléments qui de l'atmosphère entrent dans le circuit vital. Ce qui caractérise l'azote, c'est son peu d'affinité pour les autres éléments. C'est pourquoi la plus grande partie de l'azote se trouve à l'état libre sur la terre. Il entre sous cette forme pour 4/5 dans la composition de l'air. Une très petite quantité d'azote se trouve dans la nature inorganique à l'état de combinaison, c'est l'azote de l'ammoniaque et de ses produits d'oxydation, de l'acide nitreux et de l'acide nitrique. Ces combinaisons seules lui permettent d'entrer dans le processus vital. Toute la masse de l'azote libre ne participe en aucune manière aux phénomènes vitaux. La plante n'est pas en état de se l'assimiler.

La quantité d'azote fixé dans la nature est très petite ; malgré cela, les autres éléments du végétal ne peuvent être utilisés qu'en présence d'une quantité suffisante d'azote fixé, ce qui fait que la proportion de vie organique sur notre planète dépend en premier lieu de la quantité d'azote fixé disponible. Il est donc des plus intéressants pour nous d'étudier de quels facteurs en dépendent l'augmentation ou la diminution.

Les procédés vitaux eux-mêmes sont sans influence sur sa quantité. L'azote entre dans la plante à l'état de combinaison, sous forme d'ammoniaque, d'acide nitreux ou nitrique ; il y prend part à la formation des combinaisons organiques les plus compliquées, passe avec elles surtout sous forme de substances protéiques dans le corps animal, et abandonne celui-ci sous forme de combinaisons qui, comme l'urée et l'acide urique, se décomposent rapidement à l'air avec formation d'ammoniaque. L'azote entre donc fixé dans le circuit vital et il en sort de même ; les phénomènes vitaux sont impuissants à en augmenter ou à en diminuer la quantité.

Par contre, des facteurs capables de fixer l'azote doivent se trouver dans la nature inorganique. Car s'il est vrai qu'un jour notre terre s'est trouvée à l'état de liquide incandescent, il n'est pas possible que l'ammoniaque et l'acide azotique aient existé préformés dans cette atmosphère.

A une température élevée ces combinaisons se décomposent en leurs éléments. Une réaction doit donc avoir eu lieu, dans laquelle l'azote libre s'est combiné avec l'oxygène et l'hydrogène, sans quoi la vie organique n'aurait pu prendre naissance. On a découvert cette réaction dans les décharges électriques de l'atmosphère. De nombreuses expériences ont démontré que, sous l'influence de décharges électriques dans une atmosphère contenant de l'azote et de l'oxygène, il se produit de l'acide azotique, et si l'on fait passer l'étincelle à travers une atmosphère d'azote chargée de vapeurs d'eau, celle-ci s'unit à l'azote avec production d'azotite d'ammoniaque [1] :

$$2Az + 2H_2O = AzH_4AzO_2.$$

Chaque orage voit cette réaction se produire sur une grande échelle ; la pluie en dépose les produits à terre. Schönbein a attiré l'attention sur une seconde réaction : lors de l'évaporation de l'eau, de petites quantités d'azotite d'ammoniaque se forment dans l'air. Il ne serait donc pas impossible que l'évaporation continuelle qui se produit à la surface des plantes constituât une source d'azote fixé pour la plante elle-même.

Nous voyons la réserve d'azote fixé augmenter continuellement sous l'influence de ces deux agents. La vie organique devrait donc se développer toujours davantage sur notre planète, si d'autres causes n'agissaient de leur côté, qui tendent à mettre en liberté l'azote fixé. C'est ce qui se produit dans la combustion. En brûlant pendant des siècles le bois d'immenses forêts, l'homme a privé la nature d'une partie de sa réserve en azote fixé, à laquelle animaux et plantes doivent leur existence, et sans aucun doute causé de cette manière une diminution de vie organique.

[1] BERTHELOT, *Bull. soc. chim.* (2), t. 27, p. 338. *Ann. chim. phys.* (5), t. 12, p. 445, 1877.

La fertilité du sol a dû diminuer sur toute la surface du globe. C'est pour cette raison que l'on doit rejeter l'incinération des cadavres, quand bien même la quantité d'azote fixé détruite de cette manière serait infiniment plus petite que celle qui est détruite par la combustion des forêts. Des combinaisons azotées sont détruites en outre par la combustion avec production d'azote libre de la poudre à canon ou d'autres matières explosives, qui toutes sont des dérivés de l'acide azotique. Un seul coup de canon pour lequel on n'aurait employé qu'une livre de poudre détruit une quantité d'azote fixé égale à celle qui est contenue dans un volume d'air de trois millions de litres. C'est pourquoi on peut dire que chaque coup de fusil est mortel; il détruit une quantité égale de vie, qu'il atteigne ou non un être vivant. La mort d'un individu n'est pas une destruction de vie; une quantité égale de vie nouvelle renaît de la décomposition du corps. Mais si de l'azote fixé est remis en liberté, le capital dont dépend la somme de vie est diminué définitivement.

La plante tire du sol les huit éléments restants dont elle a besoin.

Le SOUFRE se rencontre dans la nature inorganique, le plus souvent à l'état de sulfates alcalins ou de terres alcalines.

C'est sous cette forme qu'il est absorbé par le végétal et qu'il participe à la formation des matières protéiques, dans la composition desquelles il entre pour une quantité variant entre 0,3 et 2 o/o. C'est surtout comme albumine qu'il est absorbé par le corps animal. Sous l'influence de la dissociation des albuminoïdes et d'oxydations successives, il en ressort sous forme d'acide sulfurique ou plutôt de sulfates alcalins, pour recommencer de nouveau son évolution.

L'évolution du PHOSPHORE est analogue. On le rencontre dans la nature inerte, à l'état d'acide phosphorique combiné aux alcalis et aux terres alcalines. C'est sous cette forme que la plante se l'assimile.

Bien que l'acide phosphorique soit répandu sur toute la surface du globe, sa quantité est faible dans la plupart des sols. De même que pour l'azote fixé, certains sols ne contiennent qu'une quantité d'acide phosphorique insuffisante pour que la plante puisse y prospérer, ce qui rend tous les autres aliments superflus. Ce cas peut se produire, quoique plus rarement, pour la potasse. Les autres aliments se trouvent toujours en suffisance. De là l'intérêt tout particulier qui incombe à l'agriculture, de déterminer lequel de ces trois aliments se trouve en plus petite quantité dans un champ. *La fertilité d'un sol est proportionnelle à la substance qui s'y trouve en quantité minimum.* Cette loi importante est connue en chimie agricole sous le nom de « loi du minimum ». En partant de cette loi on peut facilement fertiliser un sol ingrat, et comme c'est généralement l'acide phosphorique qui manque, on ajoute de la poudre d'os, de l'apatite, etc.

L'acide phosphorique prend part dans la plante à la formation de combinaisons très complexes, de la lécithine et des différentes nucléines qui forment une partie intégrante de chaque cellule animale et végétale. C'est sous cette forme que la plus grande partie du phosphore passe avec l'alimentation végétale dans le corps animal ; une petite quantité est assimilée à l'état de phosphates. L'animal dissocie ces substances et les oxyde, et le phosphore est excrété à l'état de phosphates alcalins prêts à être absorbés de nouveau par la plante.

L'évolution du CHLORE est des plus simples. On ne le trouve dans la nature que sous forme de sel, combiné spécialement au sodium et au potassium. C'est sous cette forme qu'il entre dans le circuit vital, c'est sous cette forme qu'il en sort, sans avoir la moindre part à la formation de substances organiques.

Il en est de même pour le POTASSIUM, le SODIUM, le CALCIUM et le MAGNESIUM. On ne rencontre que leurs sels dans la nature ; ces sels pénètrent dans la plante où ils forment avec des matières organiques des combinaisons peu stables, et abandonnent le corps animal de nouveau sous la même forme sous laquelle ils avaient été absorbés par la plante.

Le FER se trouve à la surface de notre terre surtout combiné avec l'oxygène, à l'état d'oxyde ferreux et ferrique. La première de ces combinaisons est une base puissante qui forme des sels neutres avec tous les acides. L'oxyde de fer par contre est une faible base, incapable en particulier de fixer l'acide carbonique. Par la décomposition des silicates ferreux par l'acide carbonique de l'air, il se forme du carbonate ferreux ; celui-ci, soluble dans l'eau contenant de l'acide carbonique, est répandu avec l'eau dans le sol. Mais il s'oxyde au contact de l'air, l'acide carbonique est mis en liberté et retourne à l'atmosphère. Dès que l'oxyde ferrique se trouve en contact avec des matières organiques en décomposition, il abandonne une partie de son oxygène, redevient oxyde ferreux et est entraîné par l'eau sous forme de carbonate ferreux, jusqu'à ce que le contact de l'air l'oxyde de nouveau et lui permette d'agir activement dans l'oxydation des détritus animaux et végétaux. Le *fer est donc un agent oxydant des plus importants*. C'est grâce au fer que le carbone ne reste pas enfoui dans le sol, mais qu'il retourne toujours à l'atmosphère pour reprendre sa part dans l'activité vitale.

Le procédé d'oxydation se complique dès que le soufre entre en jeu. *Le soufre joue également le rôle d'agent oxydant*. Si des matières organiques en décomposition sont simultanément en contact avec de l'oxyde ferrique ou ferreux et avec des sulfates, du gypse par exemple, non seulement elles s'emparent de l'oxygène du fer, et cela d'une manière complète, mais réduisent en même temps le soufre ; il se forme du sulfure de fer. Celui-ci peut s'oxyder de nouveau au contact de l'air en acide sulfurique et en oxyde de fer, qui peuvent recommencer leur rôle d'oxydants. Les détritus animaux et végétaux peuvent fournir eux-mêmes le soufre nécessaire à la réduction des oxydes de fer en sulfure, car il s'y trouve toujours des albuminoïdes contenant du soufre. Le procédé est en somme le même, puisque les combinaisons sulfurées organiques se sont formées dans la plante par la réduction des sulfates.

Le fer joue dans notre organisme un rôle identique ; il sert de véhicule à l'oxygène de l'air. La différence est que le fer ne se trouve pas dans notre organisme à l'état d'oxyde ferreux ou ferrique, mais dans une combinaison organique, la plus compliquée de toutes celles qui aient été étudiées chimiquement jusqu'à présent, car elle contient au moins sept cents atomes de carbone par molécule. C'est la matière colorante du sang, l'hémoglobine, qui sous forme d'oxyhémoglobine joue le rôle de l'oxyde ferrique, tandis que l'on peut comparer l'hémoglobine réduite à l'oxyde ferreux. L'hémoglobine contient en outre du soufre, et il est très possible que celui-ci ait conservé dans ce cas sa fonction de véhicule de l'oxygène. Cette fonction n'incombe en tous cas pas au fer seul ; nous verrons plus tard (leçon 14) que la quantité d'oxygène fixé à l'hémoglobine est trop considérable pour que l'on puisse admettre la seule activité du fer dans ce procédé.

Nous trouvons une interprétation téléologique de la taille gigantesque de la molécule d'hémoglobine dans le fait que le fer est huit fois plus lourd que l'eau. Ce n'est qu'en l'incorporant à une molécule organique aussi considérable qu'il a été possible de produire une combinaison ferrugineuse capable de traverser facilement les petits vaisseaux, portée par le courant sanguin.

L'hémoglobine est formée dans le corps animal. Elle n'existe pas dans la plante. La plante a la faculté de s'assimiler des sels de fer inorganiques et de les employer à la composition de substances organiques compliquées, aujourd'hui encore peu connues. Ces substances servent à produire l'hémoglobine dans le corps animal (leçon 6).

Le rôle du fer dans la plante a aussi son importance ; nous savons que les grains de chlorophylle ne se forment qu'en sa présence. Si l'on observe le développement des plantes dans des solutions salines exemptes de fer, on voit se développer des feuilles sans couleur, mais qui verdissent aussitôt, si l'on ajoute un sel de fer à la solution dans laquelle plonge la racine. Il suffit même de toucher la feuille incolore avec une solution d'un sel de fer, pour voir la partie touchée verdir au bout de peu de temps. La chlorophylle elle-même ne contient pas de fer, et le rapport entre la formation de la chlorophylle et la présence du fer nous est inconnu jusqu'ici.

Nous ignorons encore la forme et les voies par lesquelles le fer abandonne l'organisme. L'urine ne contient en général que des traces impondérables de fer, probablement à l'état de combinaison organique. Les excréments contiennent toujours des quantités importantes de sulfure de fer. Mais il n'est pas possible de déterminer quelle est la part du fer non résorbé et celle du fer éliminé par les sucs digestifs et l'épithélium de l'intestin (leçon 6). Hors de l'organisme, le sulfure de fer est oxydé par l'oxygène de l'air en acide sulfurique et en oxyde ferrique, et l'évolution est terminée.

A part les douze éléments précités, on a encore trouvé les éléments suivants dans différents organes, sans qu'ils en fassent partie intégrante ; ce sont : le silicium, le fluor, le brome, l'iode, l'aluminium, le manganèse et le cuivre.

Le silicium ne se trouve pas à l'état libre dans la nature, mais seulement sous forme d'acide silicique. Cette combinaison est, comme nous l'avons déjà dit, l'un des composants les plus répandus de la croûte terrestre. Les sels alcalins de l'acide silicique sont solubles dans l'eau. Expulsé de certains de ses sels par l'acide carbonique, l'acide silicique apparaît d'abord comme acide hydraté dans une modification en apparence dissoute, colloïde. Les plantes s'assimilent probablement l'acide silicique sous ses deux formes. Les plantes supérieures paraissent en contenir toutes. Dans les cryptogames, les prêles se distinguent par leur richesse en acide silicique. Certaines algues unicellulaires, les diatomées s'entourent d'une carapace de silice. Il n'y a que quelques champignons dans les cendres desquels on n'ait pu en trouver.

La silice ne paraît pourtant pas être nécessaire à l'activité vitale des plantes supérieures. Les expériences suivantes faites sur des graminées riches en silice en sont une preuve : si l'on fait germer des grains de froment, d'avoine, d'orge et de maïs dans des solutions salines exemptes de silice, on les voit se développer complètement, même porter graine, sans présenter la moindre anomalie. On n'a trouvé dans les cendres de plantes de maïs élevées de la sorte que 0,7 o/o de silice, tandis que dans des conditions normales on en trouve en moyenne 20 o/o[1].

On ne sait pas encore sous quelle forme la silice est contenue dans la plante. Le silicium est un élément tétratomique comme le carbone. L'acide silicique a une composition analogue à celle de l'acide carbonique.

On pourrait donc admettre que le silicium est capable de former des combinaisons, dont le rapport à l'acide silicique est le même que celui des combinaisons organiques à l'acide carbonique. Friedel et Ladenburg[2] ont en effet réussi à préparer une série de combinaisons de ce genre. Malgré des recherches réitérées, on n'est pas parvenu à découvrir de combinaisons analogues dans les plantes[3].

Par l'intermédiaire de l'alimentation végétale, la silice pénètre dans le corps animal. Résorbée par l'intestin, elle traverse tous les tissus. On en rencontre des traces dans tous les organes. On la retrouve en quantité notable dans l'urine des herbivores; chez le mouton elle forme même parfois des calculs vésicaux. Elle ne paraît cependant avoir d'importance que pour le développement des poils et des plumes, dont les cendres en renferment des quantités notables. Le fait qu'on trouve régulièrement

---

[1] Sachs. Flora 1862, p. 52 et *Wochenblatt, der Annalen der Land. Wirtschaft*, 1862, p. 184.

[2] C. Friedel et A. Ladenburg, *Compt. rend.*, t, 66, p. 816, 1868 et t. 68, p. 920, 1869. *Berichte der deutsch. chem. Ges.*, 1871, p. 901, et 1872, p. 319 et 1081 et les années suivantes.

[3] Ladenburg, *Berichte der deutsch. chem. Ges.*, t. 5, p. 568, 1872, W. Lange, id., t. 11, p. 822, 1878.

de la silice dans les œufs de poule paraît en faire un élément indispensable au développement des oiseaux.

On a trouvé du FLUOR dans quelques plantes et animaux, mais toujours en quantités minimes. Sa détermination présente des difficultés [1], et il est possible qu'il soit bien plus répandu dans l'organisme qu'on ne l'a supposé jusqu'à présent. Chez l'homme et les mammifères on le trouve régulièrement dans les os et les dents, en quantités jusqu'à présent impondérables. On prétend l'avoir trouvé aussi dans le sang des oiseaux et des mammifères [2].

Dans des dosages très soigneusement exécutés, Tammann [3] a trouvé dernièrement 0,001 o/o de fluor dans le vitellus de l'œuf de poule, 0,0007 o/o dans la cervelle de veau, et 0,0003 gr. dans 1 litre de lait de vache. On le rencontre partout dans le sol en petite quantité, sous forme de spath fluor et d'apatite. La plante en a en tout cas toujours une quantité suffisante à sa disposition. Il en est peut-être autrement dans l'alimentation de l'homme et des animaux. Il serait certainement intéressant de déterminer exactement la contenance en fluor de nos aliments et de la comparer avec la quantité nécessaire à l'organisme pour son développement. La « loi du minimum » dont nous avons parlé à propos du développement de la plante, régit certainement aussi la croissance de l'animal. Il serait possible que le meilleur lait fût absolument impropre au développement d'un jeune animal, par le seul fait de l'absence d'une quantité suffisante de fluor.

Le BROME et l'IODE sont contenus dans quantité de plantes marines, et passent de là dans le corps d'animaux marins. On ne leur connaît aucun rôle dans l'activité vitale.

. Un des éléments les plus répandus est bien l'ALUMINIUM. Un de ses oxydes, l'argile, se trouve uni à la silice dans presque toutes les roches cristallines, qui forment la masse principale des montagnes de notre globe. Elle s'est répandue avec les produits de désagrégation de ces roches sur toute la surface de la terre, et se trouve partout en grande quantité dans le sol nourricier des plantes. Aussi est-il étrange que l'ar-

---

[1] Voir G. TAMMANN, *Zeitschr. für analyt. Chemie*, t. 24, p. 328, 1885. Toute la littérature sur les méthodes de détermination du fluor y est citée.

[2] G. WILSON. *Trans. of the Brit ass. for the adv. of. sc.*, 1851, p. 67 et J. NICLÈS, *Comp. rend.*, t. 43, p. 885, 1856.

[3] G. TAMMANN, *Zeitschr. f. physiol. Chem.*, t. 12, p. 322, 1888.

gile ne joue pour ainsi dire aucun rôle dans la nutrition des êtres vivants. Il n'y a qu'un petit nombre de plantes dans lesquelles on l'ait trouvée en quantité notable, spécialement dans quelques Licopodes dont les cendres en contiennent jusqu'à 57 o/o. Nous ne savons pas si elle est indispensable à ces plantes, ni quel rôle elle joue dans leur développement, aucune expérience n'ayant encore été faite à ce sujet. Jusqu'à présent on n'est pas parvenu à découvrir de l'argile dans le corps animal.

Le MANGANÈSE est contenu en quantité notable dans les cendres de quelques végétaux, sans cependant qu'on lui connaisse un rôle quelconque dans l'activité vitale. En quantités minimes ce métal est très répandu dans le règne végétal; parfois on le rencontre aussi chez l'animal.

On a trouvé de même des traces de presque tous les métaux dans des plantes ou des animaux, mais nous ne pouvons les considérer comme faisant partie intégrante de l'organisme.

Remarquons enfin la présence du CUIVRE dans le sang de certains Céphalopodes et Crustacés. Ce métal paraît y être contenu sous forme de combinaison organique et y jouer comme véhicule de l'oxygène un rôle analogue à celui du fer dans l'hémoglobine. Le sang de ces animaux est bleu, mais se décolore sitôt qu'on lui enlève son oxygène en soumettant le sang à l'action du vide de la pompe à mercure, en y faisant passer un courant d'autre gaz ou en le soumettant à l'action d'agents réducteurs. Il se colore de nouveau en bleu si on l'agite avec de l'air. Les recherches les plus récentes sur ce sujet ont été faites par Frédéricq [1]; son travail renferme aussi l'indication de la littérature antérieure.

---

[1] LÉON FRÉDÉRICQ, *Bulletins de l'Ac. roy. de Belgique*, 2ᵉ sér., t. 46, n° 11, 1878. *Comp. rend.*, t. 87, p. 996, 1878.

TROISIÈME LEÇON

CONSERVATION DE L'ÉNERGIE [1]

L'évolution de l'énergie se trouve liée d'une manière intime à l'évolution des éléments. Seulement son cercle n'est pas restreint à la terre. La lumière solaire transmet l'énergie à notre planète, d'où elle retourne à l'immensité de l'univers, après avoir passé par la plante et l'animal.

L'énergie n'est pas plus destructible que la matière. Nous ne pouvons la voir ni l'observer directement. Tout ce que nous savons sur l'énergie c'est qu'elle est la cause du mouvement. Le mouvement, lui, n'est jamais anéanti. Toutes les fois qu'un mouvement s'arrête, cet arrêt n'est qu'apparent. Le mouvement d'objets matériels perçu par nos sens s'est transformé soit en un mouvement des atomes, soit en un mouvement latent, « autrement dit en tension », d'où peut renaître à chaque instant une quantité égale de mouvement, dès que les conditions favorables sont rétablies.

Si une pierre tombe à terre et y reste au repos, le mouvement n'est pas suspendu pour cela. La pierre elle-même, ainsi que l'endroit du sol où elle est tombée, se sont échauffés par la chute, et nous savons que la chaleur n'est pas autre chose qu'une forme de mouvement. Si on lance une pierre verticalement, elle montera en diminuant graduellement de vitesse jusqu'à ce qu'elle arrive au repos. A ce moment-là son mouve-

---

[1] Une étude fructueuse de la physiologie est impossible sans une connaissance approfondie de la loi de la conservation de l'énergie. Mais cette connaissance ne peut s'acquérir que par des études physiques et mathématiques étendues. Cette leçon doit servir d'orientation provisoire au commençant ne possédant pas encore ces bases spéciales.

ment est latent, il a été transformé en tension. Sous l'influence de cette tension, la pierre tend à redescendre pour arriver en bas avec une vitesse finale exactement égale à la vitesse qu'elle avait en commençant son ascension. En montant, la force du mouvement, « la force vive », a été transformée en tension ; en descendant, la tension est redevenue force vive. Cette transformation de force vive en tension se nomme travail, et la mécanique nous apprend que le travail est égal au produit de l'intensité d'une force par le chemin parcouru dans le même temps. Ce produit est toujours égal à la force vive que l'on obtient en multipliant la moitié de la masse par le carré de la vitesse. Si la pierre arrivée au terme de son ascension y trouve un point d'appui, la force emmagasinée sous forme de tension peut y rester latente pendant un temps illimité. Mais si le point d'appui vient à manquer, la tension se transformera en force vive et la pierre retombera avec une vitesse croissante, qui sera au terme de la course égale à la vitesse initiale de l'ascension. Rien ne s'est donc perdu de la force vive. Cette pierre tombant sur le sol produira une quantité de chaleur qui, dans des conditions favorables, par exemple au moyen d'une machine à vapeur, suffirait exactement à élever la pierre jusqu'au point d'où elle est tombée. Nous voyons ainsi qu'aucune énergie n'est perdue dans la transformation de la force vive d'une masse en mouvement en forces vives d'atomes en mouvement et inversement. Des expériences répétées par différents savants et d'après différentes méthodes ont établi qu'un travail de 425 kilogrammètres produit une unité de chaleur, c'est-à-dire une quantité de chaleur suffisante pour élever de 1 degré la température d'un kilogramme d'eau, et qu'inversement une unité de chaleur suffit exactement à la production de 425 kilogrammètres de travail.

Imaginons un tube partant du point où nous sommes placés et aboutissant aux antipodes en passant par le centre de gravité de la terre. Imaginons en outre une pierre placée au milieu de ce tube de telle sorte que son centre de gravité coïncide avec celui de la terre ; cette pierre devrait flotter immobile dans l'espace. Si, sous l'influence d'une force vive quelconque, cette pierre est élevée jusqu'à l'une des extrémités du tube, il s'amassera en elle une réserve de force sous forme de tension, qui forcera la pierre livrée de nouveau à elle-même à tendre avec une vitesse croissante vers le milieu du tube. Au moment où son centre de gravité coïncidera avec celui de la terre, toute la tension accumulée sera épuisée et transformée en force vive, la pierre aura atteint son maximum de vitesse. Cette force vive ne peut se perdre, elle pousse la pierre en avant, se transforme de nouveau en tension; la pierre est élevée jusqu'à l'autre extrémité du tube. A ce moment toute la force vive est épuisée, elle est contenue comme tension dans la pierre. Par son effet la pierre redescend avec une vitesse croissante vers le centre de la terre et remonte avec une vitesse décroissante vers l'autre extrémité. Si l'on avait fait préalablement le vide dans le tube, ce mouvement de va-et-vient devrait durer éternellement. Il ne pourrait rien se perdre de ce mouvement. Si le tube contient de l'air, la pierre transmettra une partie de sa force vive à chaque molécule d'air, l'amplitude des mouvements ira en diminuant, jusqu'à ce que la pierre s'arrête définitivement au centre de gravité de la terre. A ce moment la pierre aura abandonné toute la force vive de sa masse mobile aux molécules d'air mobiles, cette force vive sera transformée en chaleur. Rien cependant n'aura été perdu, il se sera produit une quantité d'unités de chaleur égale à celle qui serait nécessaire pour produire la quantité de travail exprimée en kilogrammètres suffisante à élever la pierre du centre de gravité de la terre à l'une des extrémités du tube.

Le même phénomène se déroule sous nos yeux, sous une forme plus complexe, il est vrai, dans chaque pendule en oscillation. Le pendule aussi continuerait à osciller éternellement, si sa force vive ne se transformait en chaleur par le frottement de l'air et de son point de suspension.

Si nous voulons décomposer une combinaison chimique, de l'eau par exemple, en ses éléments, l'hydrogène et l'oxygène, et que nous employions à cet effet cette variété de force vive que nous désignons sous le nom de courant électrique, une partie de la force vive disparaît, mais seulement en apparence. Elle s'est transformée en tension chimique, une forme de mouvement latent analogue à la tension de la pierre qu'on a soulevée de son point d'appui. La tension chimique est accumulée dans les atomes séparés. Au moment où ces atomes s'uniront de nouveau, il en résultera une production de lumière et de chaleur, autre variété de force vive, ainsi que nous l'observons dans le gaz tonnant. Cette quantité de lumière et de chaleur suffirait exactement à faire produire à une pile thermo-électrique une quantité de mouvement électrique égale à celle qui s'est perdue dans la décomposition de l'eau. Il n'y a donc eu aucune perte.

Nous voyons ainsi que la nature possède une provision d'énergie que rien ne peut augmenter ni diminuer. Une partie de la matière arrive-t-elle au repos, une autre entre immédiatement en mouvement. Le mouvement de la masse se transforme en mouvement moléculaire, la force vive en tension et la tension en force vive. *Mais la somme de toutes les tensions et de toutes les forces vives reste éternellement la même.* On nomme cette loi, la loi de la « conservation de l'énergie ».

Tous les mouvements à la surface de notre globe qui sont en relation avec la rotation de la terre autour de son axe ont, à l'exception du flux et du reflux, une origine commune, la lumière et la chaleur du soleil. L'échauffement inégal des différentes couches d'air et d'eau est la cause de tous les courants marins et atmosphériques, des tempêtes et des vents. Les vaisseaux à voiles et les moulins à vent sont mus par les rayons solaires. A la surface des eaux la force vive de la chaleur solaire se consomme en production de vapeur d'eau, qui s'élève dans les couches élevées de l'atmosphère. Si cette vapeur d'eau se condense dans les hautes régions plus froides, nous voyons reparaître la force vive des ondes de l'éther sous forme de gouttes de pluie tombant à terre, ou si les gouttes de pluie se réunissent, nous la retrouvons dans la force vive des ruisseaux et des fleuves. C'est la lumière solaire qui réapparaît dans l'étincelle de la meule ; de même que la chaleur solaire se retrouve dans les marteaux échauffés, dans les scies, les roues, les axes et les cylindres de toutes les machines mues par l'eau.

Voyons maintenant quelle est la condition des forces et des mouvements que nous rencontrons dans l'activité vitale des organismes. Nous avons vu que la plante absorbe constamment de l'eau et de l'acide carbonique et que, par la dissolution de ces substances, elle met de l'oxygène en liberté en produisant des combinaisons pauvres en oxygène et ayant une grande affinité pour celui-ci. Nous avons ainsi une provision considérable de tension chimique en réserve dans la plante. Cette tension peut être transformée en chaleur par la combustion de la plante et la réunion avec l'oxygène mis en liberté, et la chaleur en travail mécanique par l'intermédiaire d'une machine à vapeur. Mais d'où pro-

viennent donc ces tensions chimiques ? Elles n'ont point pénétré dans
la plante avec la nourriture. L'eau et l'acide carbonique sont des
combinaisons oxygénées saturées, qui ne peuvent pas plus produire
de mouvement que la pierre reposant sur le sol. Ce n'est que par
la séparation de l'oxygène du carbone et de l'hydrogène que des
tensions chimiques peuvent prendre naissance dans la plante, et plus
tard être transformées en lumière, en chaleur et en travail mécanique.
La force qui, dans la plante, met l'oxygène en liberté, ne peut être
autre chose que la lumière solaire. Nous savons que la plante ne produit de l'oxygène que tant qu'elle est éclairée par le soleil, et que la
quantité d'oxygène mis en liberté augmente ou diminue avec l'intensité
de la lumière. Wolkoff[1] a produit la preuve de cette relation par l'expérience suivante.

Wolkoff a compté les bulles de gaz qui montent des plantes aquatiques
quand celles-ci sont exposées à la lumière. La lumière était produite par
une plaque de verre dépoli éclairée par le soleil. Les plantes aquatiques
étaient placées dans un bocal de verre mobile, dont la distance relativement à la source lumineuse pouvait être variée à volonté. L'intensité de
la lumière est en raison inverse du carré de la distance à la source lumineuse. Wolkoff a trouvé que le nombre des bulles d'oxygène augmentait
ou diminuait proportionnellement à l'intensité de la lumière.

Van Tieghem[2] est arrivé au même résultat au moyen de sources lumi-
neuses artificielles. Il a trouvé que le nombre des bulles de gaz produites
par les plantes aquatiques diminuait avec le carré de la distance à la
flamme d'une bougie.

Il est donc hors de doute que toutes les tensions des substances végétales sont de la lumière solaire modifiée. C'est la lumière du soleil qui
reparaît dans le feu du bois en ignition. La flamme du gaz, comme
celle du pétrole, sont de la lumière solaire. Cette même lumière qui
éclaire en ce moment notre cabinet de travail a brillé sur notre terre il
y a des millions d'années ; elle a sommeillé dans la terre jusqu'à maintenant, et en ce moment-ci elle reparaît. L'énorme provision de force
amoncelée dans les gisements de houille, et qui met en mouvement
machines, fabriques et locomotives, n'est que la force vive fixée de la

---

[1] AL. VON WOLKOFF, *Jahrb. f. Wissensch. Botanik.* t. 5, p. 1, 1866.
[2] VAN TIEGHEM, *Comp. rend.*, t 69, p. 482, 1869.

lumière solaire dont les rayons éclairèrent un jour les végétations luxuriantes du monde primitif.

Les substances produites par la plante servent à l'alimentation de l'homme. L'oxygène mis en liberté par la plante s'unit de nouveau dans le corps animal aux combinaisons peu oxygénées formées lors de sa dissociation. Le résultat final de cette union est la production d'eau et d'acide carbonique, les mêmes combinaisons dont s'est nourrie la plante. La tension chimique des aliments a donc été épuisée. Mais comme une force ne peut se perdre, nous devons nous attendre à voir apparaître dans le corps animal une quantité équivalente d'autres forces. C'est en effet ce qui a lieu ; l'animal ayant une température intérieure supérieure à celle du monde ambiant doit donc produire constamment de la chaleur ; en outre l'animal se meut et produit du travail.

La somme de travail produite par un animal et la somme de chaleur émanée de son corps doivent par conséquent être exactement équivalentes à la somme de tension chimique absorbée avec les aliments et à la quantité de force vive abandonnée par la lumière solaire pour l'élaboration de cette tension dans la plante.

La démonstration expérimentale de cette équivalence est unie à de très grandes difficultés. Les expériences faites avec toute l'exactitude possible nous montrent cependant que cette équivalence existe, que la somme de travail et de chaleur produite par un animal est exactement égale à la quantité de chaleur dégagée par la nourriture de l'animal lors de sa combustion en dehors de l'organisme.

Lavoisier[1] avait déjà fait en 1780 la première expérience dans ce sens. Il s'agissait de fournir la preuve que la combustion est la source unique de la chaleur animale.

A cet effet, il plaça un cobaye pendant 10 heures dans un calorimètre à glace, et déterminant la quantité d'eau produite pendant ce temps, il la trouva égale à 341 gr. 08. Il plaça ensuite le même cobaye sous une cloche plongeant dans du mercure. Il fit passer un courant d'air à travers la cloche, et recueillit dans de la potasse caustique tout l'acide carbonique exhalé par l'animal, pour en déterminer la quantité. En prenant la moyenne de plusieurs expériences, il trouva qu'en 10 heures le cobaye

---

[1] LAVOISIER et DE LA PLACE, *Mémoires de l'Académie royale des sciences*, 1780, p. 355.

avait exhalé 3,533 gr. de carbone sous forme d'acide carbonique. En prenant pour base les chiffres obtenus par Lavoisier et Laplace lors de la détermination de la chaleur spécifique du carbone à l'aide du calorimètre à glace, on trouve que la chaleur produite par la combustion de 3,333 gr. de carbone suffit à fondre 326,75 gr. de glace. Si l'hypothèse de Lavoisier était exacte, d'après laquelle la chaleur animale est uniquement produite par la combustion du carbone dans les aliments, on devrait trouver une production de chaleur ou de glace fondue égale en expérimentant sur l'animal ou en brûlant du charbon avec production équivalente d'acide carbonique. Réellement on trouve :

$$\frac{326,75}{341,98} = 0,96.$$

Cette coïncidence frappante est un pur effet du hasard. Les connaissances que nous possédons aujourd'hui permettront à chacun de découvrir facilement une foule de sources d'erreurs dans cette expérience. La sagacité de Lavoisier lui avait déjà fait toucher du doigt les principales d'entre elles. Il avait déjà constaté que l'oxygène inspiré ne se retrouve pas en entier dans l'acide carbonique exhalé, et avait formulé la supposition que l'oxygène disparu servait à la formation de l'eau. Lavoisier avait en outre reconnu que la température des animaux placés dans le calorimètre à glace baissait pendant la durée de l'expérience, de sorte que l'animal abandonnait pendant l'expérience une chaleur produite en partie par une combustion antérieure, ne correspondant donc pas à la quantité d'acide carbonique exhalé pendant la durée de l'expérience. Pour ces deux raisons on devait trouver une quantité de glace fondue plus grande que celle qui correspondait à l'acide carbonique produit.

L'Académie des sciences reconnut bientôt la nécessité de reprendre les expériences de Lavoisier, et mit en 1822 au concours la question de la source de la chaleur animale. Deux concurrents se présentèrent : Despretz et Dulong. Le travail de Despretz fut couronné et parut en 1824 [1]. Les recherches de Dulong, faites d'après le même principe, ne furent imprimées qu'après sa mort [2].

---

[1] DESPRETZ. *Recherches expérimentales sur les causes de la chaleur animale*, Paris, 1824 ; et *Ann. de chim. et de phys.*, t. 26, p 337, 1824.

[2] DULONG. *Mémoire sur la chaleur animale. Ann. de chim. et de phys.*, série III, t. I,

Les deux savants se sont servis du calorimètre à eau. L'air atmosphérique venant d'un gazomètre arrivait au calorimètre en traversant la chambre respiratoire contenant l'animal, pour passer de là dans un second gazomètre. On pouvait de cette manière déterminer la quantité et la composition de l'air inspiré et les comparer à la quantité et à la composition de l'air expiré. Ils déterminèrent ainsi la quantité d'oxygène employé et la quantité d'acide carbonique produit. Ayant trouvé une production d'acide carbonique insuffisante pour expliquer la consommation de l'oxygène, ils firent la supposition que l'excès de ce gaz avait été employé à la combustion de l'hydrogène. Partant des chiffres obtenus par Lavoisier et Laplace pour la chaleur spécifique de l'hydrogène et du carbone, ils purent calculer la quantité de chaleur produite et la comparer avec celle indiquée par le calorimètre. Despretz aussi bien que Dulong trouva le premier chiffre inférieur au second; dans les expériences de Dulong, il varie entre 68, 8 et 83, 3 o/o; dans celles de Despretz, entre 74, 0 et 90, 4 o/o.

Dans ce calcul les sources d'erreur sont nombreuses; nous ne noterons ici que les principales. 1° Les chiffres de Lavoisier et Laplace qui ont servi de base à ce calcul étaient, comme l'ont prouvé des recherches ultérieures, trop faibles; 2° la chaleur de combustion des aliments n'est pas égale à celle de leurs éléments; elle est plus petite, une partie de la force vive étant employée à séparer les éléments les uns des autres; 3° la quantité d'acide carbonique expiré était nécessairement supérieure à la quantité dosée, une partie du gaz ayant été absorbée par l'eau du gazomètre; 4° la durée de l'expérience a été beaucoup trop courte; elle n'a été que de deux heures. La combustion n'est pas constamment proportionnelle à l'absorption de l'oxygène et à la production de l'acide carbonique. Une proportion relative ne s'établit que pour des périodes plus ou moins longues. La quantité d'oxygène et d'acide carbonique contenue dans les tissus, de même que la quantité des produits intermédiaires de combustion, varie notablement suivant les moments.

En tenant compte de certaines causes d'erreur, Gavarret [1] a refait plus tard les calculs de Dulong et Despretz, et au lieu des résultats de ce

---

p. 440, 1841. Voir encore *Recherches sur la chaleur, trouvées dans les papiers* de M. DULONG, *Ann. de chim. et de phys.*, série III, t. 8, p. 180, 1843.

[1] GAVARRET, *De la chaleur produite par les êtres vivants*, 1855.

dernier variant entre 74,0 et 90 o/o, il a trouvé les valeurs de 84,7 à 101,8, en moyenne 92,3 o/o.

Les mouvements des animaux en expérience doivent s'être manifestés presque entièrement sous forme de chaleur ; ils doivent s'être transformés en chaleur autant par le frottement des organes entre eux que par le frottement de l'animal contre les parois de sa cage et par les frottements produits dans l'eau du calorimètre par ces secousses répétées.

Des recherches plus exactes, telles que nous serions en état de les entreprendre avec nos connaissances et nos ressources actuelles, n'ont pas encore été faites. Mais les résultats obtenus jusqu'à présent nous ont cependant donné la conviction que la loi de la conservation de l'énergie régit aussi l'activité vitale de l'animal. La chaleur animale, nos mouvements, nos fonctions vitales, en tant qu'elles tombent sous l'observation de nos sens, ne sont autre chose que de la lumière solaire transformée.

Mais une question se pose encore. En est-il de même de la vie spirituelle ? Nos impressions, nos sentiments, nos passions, les représentations psychiques ne sont-ils eux aussi que de la lumière solaire modifiée ? Ou bien devons-nous admettre que le monde du sens intérieur se soustrait à cette grande loi générale de la nature, à laquelle le monde des sens extérieurs est universellement soumis.

On ne peut douter qu'il y ait un rapport entre les phénomènes psychiques et certains mouvements matériels dans notre organisme. L'impression sensitive est produite par un mouvement dans le système nerveux.

L'action de la volonté produit une contraction musculaire. Mais il reste à savoir de quelle espèce est ici le rapport de la cause à l'effet. Est-ce véritablement un rapport tel que la loi de la conservation de l'énergie l'exige, dans lequel il y a toujours équivalence entre la cause et l'effet produit, ou bien existe-t-il encore des rapports d'une autre espèce ?

Avant tout il est nécessaire de bien distinguer entre la cause première et le motif déterminant. Cette distinction est d'une importance capitale pour la compréhension des phénomènes physiologiques. Permettez-moi donc de vous présenter quelques exemples.

Si je coupe un fil auquel est suspendu un poids, on verra en langage usuel dans cet acte la cause de la chute. La cause véritable de la chute, c'est le travail mécanique produit en soulevant le poids. Cette cause est proportionnelle à la force vive acquise par ce poids pendant sa chute. L'élévation du poids est-elle un effet de la force musculaire, celle-ci provient des tensions chimiques des aliments produites dans le règne végétal par la force vive de la lumière solaire. Ce poids tombe-t-il sur le sol, la lumière solaire reparaîtra transformée en chaleur. Toutes ces forces (la force vive de la lumière solaire, la tension chimique contenue dans les aliments, la force vive du mouvement musculaire, la tension du poids élevé, la force vive du poids tombant et la chaleur produite par la transformation du mouvement de la masse en mouvement moléculaire) sont dans un rapport de causalité parfait, et sont quantitativement égales ; elles sont une et la même chose, apparaissant sous différentes formes. L'effet ne se produit que dans la mesure où la cause proprement dite disparaît; l'effet n'est autre chose que la cause transformée. La rupture du fil n'est que l'impulsion, le motif déterminant la transformation de cette cause en effet, de la tension en force vive. Il n'existe aucun rapport quantitatif entre cette impulsion et l'effet produit. Nous pouvons suspendre le poids à un fil et trancher ce fil avec un rasoir, ou suspendre ce même poids à une forte corde et la traverser par un boulet de canon, la force vive du poids tombant à terre sera la même dans les deux cas.

Le mouvement d'une locomotive est de la chaleur transformée; cette chaleur est produite par des tensions chimiques, par l'affinité du combustible pour l'oxygène; les tensions chimiques sont de la lumière solaire modifiée. La force vive de la locomotive en mouvement est employée en entier à vaincre la résistance. La chaleur produite par le mouvement de la locomotive se retrouve dans les rails échauffés, dans les roues et dans les axes. C'est la même chaleur qui, comme chaleur solaire, a développé la tension chimique dans la plante. La lumière solaire, la tension chimique du combustible, la chaleur du foyer, la force vive de la locomotive, la chaleur produite par le frottement, sont toutes quantitativement égales entre elles ; elles sont une et la même chose. La petite flamme qui a servi à mettre le feu au fourneau n'est que l'impulsion à cette transformation de tension en chaleur; la quantité de chaleur produite n'en dépend en aucune manière. Une allumette enflammée peut aussi bien mettre le feu à 1000 kilos de bois qu'à 1 kilo, elle peut mettre en feu une forêt entière ; la chaleur produite ne sera proportionnelle qu'à la quantité de tensions chimiques consommées;

elle est complètement indépendante de la force de l'impulsion.
Si nous tirons un coup de canon, la force vive du boulet sera proportionnelle à la quantité de poudre employée. La tension chimique de la poudre est la cause proprement dite. La chaleur de l'étincelle tombée sur la lumière est le motif déterminant.

Le procédé est un peu plus compliqué dans un fusil à percussion. La pression sur la gâchette donne l'impulsion à la transformation de la tension contenue dans le ressort tendu, en force vive dans le chien lâché. La force vive, le mouvement de la masse du chien en action, se transforme, aussitôt que le chien rencontre la résistance de la broche, en un mouvement moléculaire, qui a pour effet la transformation de la tension chimique contenue dans le fulminate de la capsule en lumière et en chaleur. Celle-ci détermine la transformation de la tension chimique de la poudre en force vive actionnant le projectile.

A côté de la cause proprement dite et de l'impulsion, un troisième facteur est indispensable à la production d'un effet déterminé : ce sont les « conditions » favorables à la production de cet effet. Dans l'exemple précédent, la condition favorable à la projection de la balle se trouve dans le canon du fusil, qui ne lui donne issue que dans une seule direction. Nous devons donc distinguer trois espèces de causes : la cause proprement dite, le motif déterminant et les conditions ambiantes.

Je dois cependant remarquer que, dans certains cas exceptionnels, une proportion peut exister entre l'effet et le motif déterminant. C'est ce qui se produit par exemple dans la levée d'une écluse. Le travail produit par la levée de l'écluse est proportionnel à la section de la chute d'eau et à la force vive de l'eau. Pourtant la levée de l'écluse n'est que le motif déterminant de la transformation de la tension de l'eau retenue en force vive de la chute d'eau. Supposons encore un certain nombre de poids égaux suspendus à des fils ; le travail produit par la rupture des fils sera en proportion du nombre de fils rompus, par conséquent proportionnel à la force vive des poids tombant à terre. Et cependant la rupture des fils n'a été que le motif du travail.

Mais retournons à l'étude du rapport de causalité entre les phénomènes psychiques et les phénomènes physiques.

Il est hors de doute que l'impulsion de la volonté et la contraction musculaire ne sont pas dans un rapport de causalité proprement dit. La volonté n'est que le motif. La cause véritable se trouve dans les tensions chimiques contenues dans les substances employées par le muscle, c'est-à-dire dans une modification de la lumière solaire. La volonté n'est pas même le motif direct de la transformation des tensions chimiques en force vive. Il existe probablement toute une chaîne de procédés intermédiaires dans le cerveau, les nerfs et les muscles, analogue à celle de notre exemple du fusil à percussion.

Les difficultés sont bien plus grandes encore dans la détermination de la nature du rapport existant entre l'excitation d'un sens et l'impression produite. Un rapport quantitatif existe certainement. L'intensité de l'impression augmente avec l'intensité de l'excitation. Mais suivant quel rapport cette augmentation se produit-elle ? avons-nous affaire à une simple proportion ?

Nous ne pourrons résoudre cette question tant que nous ne connaîtrons pas de méthode pour doser les impressions et en général les phénomènes et les états psychiques. Dans l'état actuel de nos connaissances et de nos facultés, nous n'avons pas d'espoir de découvrir un jour cette méthode [1].

C'est pourquoi la question de la dépendance des phénomènes psychiques de la loi de la conservation de l'énergie restera pour nous irrésolue.

Je dois admettre comme très probable l'existence entre l'excitation et la sensation de toute une chaîne de procédés intermédiaires dans les nerfs et le système nerveux central, analogues à ceux qui se produisent entre la volonté et l'action musculaire. Nous ne sommes pas en état d'établir si le dernier mouvement qui parvient à l'organe central comme effet direct de l'excitation, se transforme lui-même en impression ou s'il ne donne que l'impulsion à la naissance de l'impression (produite peut-être par des tensions chimiques), ou bien encore si nous avons affaire ici à une espèce nouvelle, jusqu'ici inconnue, de rapport de causalité.

---

[1] FECHNER (*Elemente der Psychophysik*, Leipzig, 1860) arrive, en partant de la loi de WEBER d'après laquelle l'augmentation de l'excitation doit croître proportionnellement à l'excitation existante pour provoquer une augmentation de l'impression, à la conclusion que les impressions sont proportionnelles aux logarithmes des excitations. Mais la supposition sur laquelle ce calcul est basé et d'après laquelle les accroissements sensibles des impressions seraient égaux est absolument gratuite. Ce fait a déjà été relevé assez souvent pour qu'il soit inutile d'y revenir.

On a cependant souvent formulé l'hypothèse que la production des fonctions psychiques exigeait une consommation de tension chimique contenue dans les aliments. On a même cru pouvoir démontrer expérimentalement l'influence de l'effort intellectuel sur la nutrition et sur la quantité des produits de désassimilation excrétés. L'obstacle auquel se sont heurtées ces expériences, se trouve dans l'impossibilité de doser l'effort intellectuel, voire même de déterminer s'il y a eu augmentation ou diminution de l'effort. Un homme qui s'enferme dans une chambre obscure avec la résolution de rester absolument inoccupé, peut involontairement faire un effort intellectuel plus considérable que s'il se met à ses livres, résolu à concentrer le plus possible ses idées, sans parler des émotions psychiques qui surpassent probablement beaucoup les efforts intellectuels en consommation de force, et qu'il nous est impossible de produire ou d'éviter.

Songeons en outre que le poids du cerveau comporte moins de 2 o/o du poids total du corps et qu'une partie seulement du cerveau entre en activité dans les fonctions psychiques. En admettant même une augmentation maxima de la nutrition dans cet organe pendant la durée de l'effort intellectuel, nous ne pouvons vraisemblablement pas nous attendre à en retrouver les traces dans les produits de la nutrition générale. Et même si cela était le cas, nous ne serions pas encore en droit de conclure à une transformation de tension chimique en travail intellectuel. La relation pourrait n'être qu'indirecte.

Partant de ce point de vue, le commençant sera parfaitement en état d'entreprendre avec critique l'étude des différents travaux sur l'influence du travail intellectuel sur la nutrition [1].

En résumant les considérations précédentes, nous trouvons le contraste suivant entre la plante et l'animal :

1. La plante produit des substances organiques, l'animal les détruit. La vie de la plante est un procédé synthétique, celle de l'animal un procédé analytique ;

2. La vie de la plante est un procédé de réduction, celle de l'animal un procédé d'oxydation ;

---

[1] Bœcker, *Beitr. z. Heilkunde*, 1849. Hammond, *The americ. journ. of. med. sciences* 1856, p. 330. Sam. Haughton, *The Dublin quarterly journal of. medic. science*, 1860, p. 1. J.-W. Paton, *Journ. of anat. and. physiol*, V. p. 296, 1871 Liebermeister, *Handb. der*

3° La plante consomme de la force vive et met de la tension en réserve, l'animal épuise la tension et produit de la force vive.

Mais la nature ne fait point de saut. L'impossibilité dans laquelle nous sommes de tirer une limite morphologique entre la plante et l'animal existe aussi au point de vue de la nutrition.

Quelques êtres unicellulaires, champignons et bactéries, sont incapables de s'assimiler le carbone de l'acide carbonique. Pour qu'ils puissent se l'assimiler, il doit être à l'état de combinaison organique, de sucre, d'acide tartrique, etc. Ils se comportent ainsi comme des animaux. Mais ils sont en état de s'assimiler l'azote inorganique, comme ammoniaque, acide azotique, et se comportent sous ce rapport comme des végétaux. Les champignons et les bactéries qui produisent des dédoublements et des fermentations (v. leçon 10) consomment de la tension chimique et produisent de la force vive sous forme de chaleur et de mouvement ; ils sont donc analogues aux animaux. Mais, par la synthèse de l'ammoniaque et du sucre, ils produisent de l'albumine, et sont de nouveau analogues aux plantes. Nos considérations ultérieures nous montreront que dans chaque cellule, même chez les animaux supérieurs, des synthèses se produisent à côté des dédoublements, comme dans les cellules végétales. En outre, comme c'est le cas chez l'animal, chaque plante consomme de l'oxygène et produit de l'acide carbonique. Ce procédé d'oxydation n'est couvert dans les parties de la plante contenant de la chlorophylle que par un procédé de réduction plus intense. Mais ceci n'a lieu que sous l'action de la lumière solaire. Dans l'ombre, les plantes à chlorophylle respirent comme les animaux, tandis que les plantes dépourvues de chlorophylle ont une respiration animale, même exposées au soleil.

Mais le contraste disparaît encore plus complètement. Nous connaissons des plantes phanérogames d'une organisation supérieure, dites plantes parasites, qui sont dépourvues de chlorophylle et ne se nourrissent que de substances organiques élaborées par d'autres plantes. La Monotrope par exemple est morphologiquement une Pyrolacée, sa nutrition est celle d'un animal.

D'un autre côté nous connaissons aussi des animaux à chlorophylle. Certains vers (les Planaires) et certains cœlentérés (l'Hydre verte) con-

Pathol. u. Therap. des Fiebers. Leipzig, 1875, p. 196. SPECK, Arch. für exp. Path. u. Pharm., T., 15, p. 81, 1882.

tiennent des grains de chlorophylle ; ils recherchent la lumière solaire et sous son influence mettent de l'oxygène en liberté ; ils meurent bientôt dans l'obscurité [1]. Il est vrai que Géza Entz [2] et Karl Brandt [3] ont démontré que les grains de chlorophylle ne sont pas libres dans les tissus de ces animaux, mais sont contenus dans des algues unicellulaires, qui vivent dans ces animaux à l'état de « symbiose [4] ». Mais il est possible que dans les plantes les grains de chlorophylle ne soient aussi que des symbion. Un fait est en tout cas acquis, c'est qu'ils ne se développent dans les plantes que par le partage de grains de chlorophylle déjà existants [5]. En outre Engelmann [6] a montré que certains infusoires, les Vorticelles, contiennent de la chlorophylle répandue d'une manière diffuse dans le protoplasma de leur corps, et capable de mettre de l'oxygène en liberté sous l'action de la lumière.

Nous voyons donc qu'il n'existe pas de contraste absolu entre l'activité vitale des plantes et celle des animaux [7], et qu'il ne sera plus possible à l'avenir de scinder la chimie biologique en chimie végétale et en chimie animale. A mesure qu'elles progressent, ces deux divisions se confondent de plus en plus.

---

[1] P. GEDDES, *Comp. rend.*, t. 87, p. 1005, 1878, et *Proc. roy. soc.* V, 28, p. 449, 1879.

[2] GÉZA ENTZ, *Ueber die Natur. der « Chlorophyllkörner » niederer Thiere*, en hongrois 25 févr. 1876. En allemand dans le *Biolog. Centralblatt*, t. 1, n° 21, p. 646 1882.

[3] KARL BRANDT, *Verhandl. der physiol. Gesellsch.* Berlin. 1881, *Biolog. Centralblatt*, t. 1, p. 524. *Arch. f Anat. u. Physiol*, 1882, p. 125. *Mittheilungen, aus d Zoolog. Station zu Neapel*, IV, p. 191, 1883.

[4] On appelle « symbiose » des parasites qui, loin de faire du tort à leur hôte, lui sont utiles, tout en vivant à ses dépens. Un exemple connu de symbiose a été découvert par SCHWENDENER (*Nägeli's Beitr. z. wissench. Botan.*, liv. 2, 3. 4. Leipzig, 1860-1868) dans le rapport des algues aux champignons dans le thalle des Lichénées. Les observations faites dans ces derniers temps sur les différentes formes de symbiose constituent un progrès de la plus grande importance dans le développement de la physiologie générale. Le nom de symbiose a été introduit par DE BARY : *Die Erscheinung der Symbiose*. Discours acad. Strasbourg, Trübner, 1879. On trouve dans O. HERTWIG, *Die Symbiose oder das Genossenschaftsleben im Thierreich*, discours acad., Iena, 1883, un intéressant tableau de la littlérature sur ce sujet.

[5] ARTHUR MEYER, *Das Chlorophyllkorn*. Leipzig, 1883, p 55. A.-F.-W. SCHIMPER, *Jahrbücher fur wissensch. Botanik*, t. 6, p. 1888, 1885. Cet ouvrage renferme aussi un tableau de la littérature antérieure.

[6] Th.-W. ENGELMANN, *Pflüger's Archiv.*, t. 32, p. 80, 1883. La méthode dont ENGELMANN s'est servi pour démontrer la présence de l'oxygène est curieuse. Elle repose sur le fait que certaines bactéries avides d'oxygène se rassemblent en masse autour des cellules à chlorophylle. Voir les intéressants travaux d'ENGELMANN dans *Pflüger's Archiv.*, t 25, p. 285, 1881 ; t. 26, p. 537, 1881 ; t. 27, p. 485, 1882 ; t. 30, p. 95, 1883.

[7] Voir CL. BERNARD, *Leçons sur les phénomènes de la vie, communs aux animaux et aux végétaux*. Paris, 1878.

QUATRIÈME LEÇON

LES ALIMENTS DE L'HOMME. DÉFINITION ET CLASSIFICATION DES ALIMENTS. LES ALIMENTS ORGANIQUES. MATIÈRES ALBUMINOÏDES ET GÉLATINEUSES.

Les considérations précédentes nous ont fait voir qu'il existe dans notre organisme une circulation, un changement continuel des parties composantes. Nous nommons aliments les substances que nous absorbons pour réparer les pertes subies et remplacer les parties usées de notre corps. Mais cette définition que nous trouvons dans la plupart des manuels de physiologie est insuffisante ; elle ne rend qu'incomplètement l'idée que nous nous faisons de l'aliment. Elle provient d'un temps antérieur à la découverte de la loi de la conservation de l'énergie. D'après elle, l'eau serait l'aliment par excellence, car notre corps en contient environ 63 o/o. Nous perdons continuellement de l'eau par les poumons, la peau et les reins, et cette perte ne peut être compensée que par l'absorption d'une quantité d'eau équivalente. Et pourtant il ne viendra à l'idée de personne de prétendre que l'eau nourrit. Mais pourquoi l'eau ne nourrit-elle pas ? Pour la simple raison que l'eau absorbée n'introduit aucune tension nouvelle dans l'organisme. L'eau est une combinaison saturée, qui ne peut pas produire plus de mouvement que la pierre reposant sur le sol. Les tensions, sources de toutes les formes de force vive qui constituent pour nous la vie animale, ne s'accumulent dans la plante qu'à mesure que la lumière solaire sépare l'oxygène de ses combinaisons avec le carbone et l'hydrogène. Nous ne désignerons donc pas seulement sous le nom d'aliments les substances qui ont pour but de remplacer les parties détruites de notre organisme, mais encore toutes celles qui lui constituent une source d'énergie. Notre alimentation renferme des substances qui ne feront jamais partie inhérente de notre corps, mais qui seront une source de force vive. Tel est le cas pour les acides organiques (acide tartrique, citrique, malique), si répandus dans l'alimentation végétale ; ils ne prennent aucune part à la constitution des éléments histologiques, mais sont brûlés dans l'organisme avec formation d'eau et d'acide carbonique et production de force vive. Les sucres rentrent peut-être aussi dans cette catégorie ; ils ne paraissent pas faire partie de la constitution normale des tissus. Nous savons pourtant qu'ils sont la source principale du travail musculaire. C'est pourquoi ils circulent continuellement à travers tous les organes dans le plasma du sang et de la lymphe. Il est vrai que nous les trouvons aussi accumulés dans les tissus sous forme de glycogène, mais on ne peut considérer ces dépôts comme faisant partie intégrante des tissus. Ce ne sont que des réserves de tensions, disparaissant avec le travail musculaire, et ils ne sont pas plus des éléments des tissus que la houille n'est un élément de la machine à vapeur.

Les matières gélatineuses des aliments : la gélatine, la chondrine, l'osséine, ne servent pas non plus à remplacer des tissus usés ; elles ne sont que des sources d'énergie. Les matières gélatineuses de notre organisme ne dérivent pas des matières gélatineuses de l'alimentation, elles sont formées par les matières albuminoïdes.

N'oublions pas de compter avec les aliments l'oxygène inspiré. C'est le seul qui pénètre à l'état libre dans les tissus. Comme tel il ne fait jamais partie intégrante de ceux-ci — si ce n'est peut-être dans l'oxyhémoglobine — mais il n'en est pas moins la source d'énergie la plus considérable.

Nous aurons à considérer trois catégories d'aliments :

1° Ceux qui servent en même temps à la réparation des tissus et à la production d'énergie, comme c'est le cas pour les matières albuminoïdes et les graisses ;

2° Les aliments qui, comme les hydrates de carbone, les matières gélatineuses et l'oxygène, sont uniquement une source d'énergie ;

3° Ceux dont l'unique fonction est de remplacer des éléments disparus sans produire aucune énergie, comme c'est le cas pour l'eau et les sels inorganiques.

Nos connaissances actuelles ne nous permettent pas encore de donner une classification satisfaisante, claire et rigoureusement logique des aliments.

Lors de l'oxydation ou du dédoublement d'une substance dans l'organisme, nous ne savons pas si la force vive mise en liberté par ce fait est employée à l'accomplissement d'une fonction normale, ou si elle se perd au dehors comme excès de chaleur. Dans ce dernier cas on ne pourrait considérer cette substance comme un aliment, l'organisme n'en profitant en aucune façon. C'est ce qui se produit peut-être pour l'alcool. Pour servir à une fonction normale, une substance doit se transformer et brûler au bon endroit, à un moment favorable, à des points fixes de tissus déterminés. Nous ne sommes pas encore en état de suivre d'une façon aussi précise le sort des substances absorbées.

Nous devons considérer, en outre, que certains corps de la seconde catégorie prennent une part indirecte à la formation des tissus, en protégeant les substances du premier groupe contre l'oxydation et le dédoublement. L'importance des graisses se rapproche tantôt du premier, tantôt du second groupe ; elles ne sont pas uniquement accumulées dans les tissus comme réserve d'énergie, mais sont encore d'une grande importance sous d'autres rapports. Les hydrates de carbone peuvent, comme nous le verrons plus tard, se transformer en graisse dans l'organisme animal et passer ainsi de la seconde catégorie à la première. En résumé, cette classification n'est que provisoire.

Considérons maintenant un peu plus en détail chacun des groupes d'aliments en commençant par les matières albuminoïdes.

Les MATIÈRES ALBUMINOÏDES peuvent être considérées comme les aliments les plus importants par le fait qu'elles sont les seules d'entre tous les aliments organiques dont l'organisme ne peut se passer, et qu'elles ne peuvent être remplacées par rien. Elles se trouvent dans chaque tissu animal et végétal, sont la partie constituante principale de chaque cellule et ne manquent dans aucun aliment d'origine animale ou végétale. Cependant les matières albuminoïdes que nous trouvons dans les différents tissus animaux et végétaux ont des propriétés physiques et chimiques très différentes. C'est pourquoi il est important de préciser et de définir ce que nous entendons sous le nom de matières albuminoïdes ou protéiques. Établissons ce que toutes ces substances ont de commun entre elles et ce qui les distingue des autres substances organiques.

Toutes les matières albuminoïdes sont formées par la combinaison de cinq éléments, et cela dans des proportions qui diffèrent peu de l'une à l'autre. Ces proportions varient, d'après les analyses faites jusqu'ici, dans les limites suivantes :

C.	50 — 55 o/o
H.	6,6 — 7,3
Az	15 — 19
S.	0,3 — 2,4
O.	19 — 24

Nous ne rencontrons en outre jamais une matière albuminoïde à l'état de solution parfaite. Nous trouvons chez les animaux et les végétaux de nombreux liquides clairs contenant de l'albumine, nous pouvons même reproduire ces liquides artificiellement. Mais le seul fait que l'albumine ne traverse pas une membrane animale nous prouve que nous n'avons pas affaire à une solution parfaite. Graham [1] a donné le nom de *substances colloïdes* (colloïds) à tous ces corps qui ne sont dissous qu'en apparence.

Si l'on verse une solution de silicate de soude dans un excès d'acide chlorhydrique dilué, l'acide silicique mis en liberté reste dissous en apparence. On peut séparer par dialyse le chlorure de sodium et l'excès d'acide chlorhydrique ; il restera dans le dialysateur une solution apparente d'acide silicique parfaitement claire. La solution peut contenir jusqu'à 14 o/o de silice sans épaissir ; elle est facilement mobile. Mais il suffit de faire passer quelques bulles d'acide carbonique à travers la solution, pour faire coaguler la silice, qui se sépare sous forme d'une masse gélatineuse [2]. Grimaux [3] est arrivé à préparer une solution plus stable contenant 2,26 o/o de silice ; l'acide carbonique à chaud ou à froid est impuissant à la faire coaguler ; mais la coagulation se produit si on chauffe la solution après y avoir ajouté du chlorure de sodium ou du sel de Glauber.

L'hydrate d'alumine est soluble dans une solution aqueuse de chlo-

---

[1] TH. GRAHAM, *Philosophical transactions*, Vol. 151, part. I, p. 183, 1861.
[2] GRAHAM, *l. c.*, p. 204.
[3] GRIMAUX, *Comptes rendus*, t. 98, p. 1437, 1884.

rure d'aluminium. Si l'on soumet cette solution à la dialyse, le chlorure passera à travers la membrane et l'hydrate d'alumine restera dans le dialysateur sous forme d'un liquide clair et mobile. Il suffit d'ajouter une petite quantité d'un sel à cette solution pour qu'elle se coagule. Une solution de 2 à 3 o/o est coagulée par quelques gouttes d'eau de source ; elle se prend si on la transvase d'un verre dans un autre, pour peu que l'on ait omis de rincer le verre immédiatement auparavant avec de l'eau distillée [1].

On peut obtenir de la même manière une solution apparente d'oxyde de fer d'un rouge de sang, présentant également une forte disposition à la coagulation [2].

Grimaux a trouvé qu'une solution ammoniacale de sulfate de cuivre se comporte aussi comme une substance colloïde ; elle n'est pas diffusible et se coagule si on l'étend avec de l'eau, de même que si l'on y ajoute du sulfate de magnésie, de l'acide acétique dilué, ou si on la soumet à une température de 40-50 degrés centigrades [3].

Une quantité de substances organiques, et en particulier les matières albuminoïdes, ont, de même que les substances colloïdes inorganiques, la faculté de se présenter sous deux modifications : celle d'une *solution apparente* et la *modification coagulée*. Les circonstances qui déterminent le passage des différentes matières albuminoïdes de l'une des modifications à l'autre sont de nature très différentes et servent à la différenciation et à la classification des nombreuses espèces de matières albuminoïdes [4]. Une partie d'entre elles peut, suivant les cas, rester dissoute dans l'eau seule, comme c'est le cas pour l'*albumine du blanc d'œuf* et du *sérum*. D'autres ont besoin pour être dissoutes d'une solution de chlorures alcalins ; on trouve dans cette catégorie les *globulines* que l'on rencontre dans le sang, dans les muscles, dans le vitellus de l'œuf et, probablement, dans le corps protoplasmatique de chaque cellule.

Si l'on soumet du sérum sanguin à la dialyse, les sels qui maintenaient

---

[1] GRAHAM, *l. c.*, p. 207.

[2] GRAHAM, *l. c*, p 208.

[3] GRIMAUX, *l. c.*, p. 1435.

[4] Je craindrais de fatiguer le commençant par une nomenclature complète des matières albuminoïdes. Je renvoie donc à l'article *Eiweisskörper* et *Substances albuminoïdes* des *Dictionnaires de chimie* de WURTZ et de LADENBURG. Dans le dernier, DRECHSEL a donné une définition et une classification claires de ces substances en même temps qu'un exposé complet de la littérature (249 travaux).

les globulines du sérum en solution traversent la membrane, et celles-ci se séparent sous forme de petits caillots floconneux ; l'albumine du sérum, par contre, reste dissoute dans l'eau pure [1]. Les chlorures alcalins sont impuissants à dissoudre une troisième catégorie de matières albuminoïdes, qui ont besoin de sels alcalins basiques et se coagulent dès que l'on ajoute à la solution un acide en excès. C'est dans cette catégorie que nous trouvons la *caséine* du lait et les albuminates alcalins artificiels. Il y a enfin un certain nombre de matières albuminoïdes, chez lesquelles la tendance à la coagulation est si forte, qu'elles se prennent dès que la vie s'éteint dans les tissus auxquels elles appartiennent. C'est sur cette propriété que sont basés la *coagulation du sang* et le phénomène de la *rigidité cadavérique*. On est porté à croire que des matières de cette nature, se coagulant spontanément, se retrouvent dans chaque tissu animal ou végétal, dans chaque cellule. Toutes les matières albuminoïdes, sans exception, passent de la modification dissoute à l'état solide dès qu'on chauffe à l'ébullition leur solution neutre ou légèrement acide en présence d'une quantité suffisante de sels alcalins neutres. L'acide silicique et d'autres substances colloïdes ont la même propriété, ainsi que nous l'avons dit plus haut.

Pour ce qui concerne les substances colloïdes inorganiques, on les rencontre encore dans la nature sous une troisième forme, la *forme cristalline :* l'acide silicique comme cristal de roche, l'alumine comme rubis, l'oxyde de fer comme oligiste.

Ce fait nous donne l'espoir d'arriver un jour à obtenir aussi les matières albuminoïdes cristallisées. Alors seulement nous serons sûrs d'avoir affaire à des individus chimiques, et nous pourrons déterminer la composition des différentes matières albuminoïdes et les comparer entre elles. L'analyse et l'étude des cristaux d'albumine et de leurs produits de décomposition formeraient la base de toute la chimie biologique.

Les histologistes poursuivent depuis longtemps les traces de matières albuminoïdes cristallisées. On voit au microscope des dépôts de granules dans les graines et les bulbes de certaines plantes, qui ressemblent à des cristaux incomplètement développés et que l'on a nommés *cristalloïdes*

---

[1] Aronstein, *Ueber die Darstellung salzfreier Albuminlösungen* Dissert. Dorpat, 1873 et *Pflüger's Arch.*, t. 8, p. 75, 1873 Voir aussi A.-E. Burckhardt, *Arch. f. exp. Path. u. Pharmakol.*, t. 16, p. 322, 1883, et Kauder, *id.*, t. 20, p. 411, 1886.

ou *grains d'aleurone*. On trouve aussi des formations analogues dans le vitellus de différents animaux : les *plaques vitellines*. On parvient à isoler ces cristalloïdes en traitant le jaune d'œuf trituré par l'éther et d'autres liquides. Ils présentent les réactions des matières albuminoïdes et en particulier des globulines; ils sont solubles dans une solution de sel marin [1]. Maschke [2] est parvenu à faire cristalliser les cristalloïdes de la noix de Para (*Bertholletia excelsa*). Ceux-ci se dissolvent dans l'eau de 40-50 degrés centigrades, et, en évaporant la solution, il se sépare une matière albuminoïde cristallisée. Schmiedeberg [3] a préparé des combinaisons cristallisées de cette même matière avec des terres alcalines. Les cristalloïdes sont dissous en grande partie dans de l'eau de 30-35 degrés centigrades. Si l'on fait passer un courant d'acide carbonique à travers la solution filtrée, on voit se produire un précipité de globuline. Si l'on traite ce précipité avec de la magnésie et que l'on reprenne par l'eau, la combinaison de la magnésie et de la globuline se dissout. Après avoir évaporé la solution à 30-35 degrés centigrades, on voit apparaître de superbes cristaux de la grosseur d'un grain de mil, d'un éclat nacré et de forme polyédrique. Si l'on ajoute à la solution, avant de l'évaporer, un peu de chlorure de calcium ou de chlorure de baryum, on obtient, sous forme de fins cristaux, le sel de baryte ou de chaux de la globuline.

Le fait que ces cristaux ne sont pas un albuminoïde libre, mais des combinaisons avec des corps dont le poids atomique est connu, nous donne le grand avantage de pouvoir, au moyen d'une analyse exacte de ces combinaisons, déterminer le poids moléculaire de la matière protéique. Drechsel [4] a trouvé dans les cristaux de la combinaison magnésienne, préparée d'après les données de Schmiedeberg et séchée à 110 degrés centigrades, 1,40 o/o de MgO. Le poids moléculaire de la matière albuminoïde sera donc :

$$\frac{x}{40} = \frac{100 - 1,40}{1,4} \; ; \; x = 2817.$$

En modifiant le procédé de Schmiedeberg de la manière suivante,

[1] Th. Weyl, *Zeitschr., f. physiol. Chem.,* t. 1, p. 84, 1877, avec un exposé de la littérature.
[2] O. Maschke, *Botan. Zeitg.,* 1859, p. 441.
[3] O. Schmiedeberg. *Zeitschr. f. physiol. Chem.,* t. 1, p. 205, 1877.
[4] E. Drechsel, *Journ. f. prakt. Chem.,* N. F., t. 19, p. 331, 1879.

Drechsel est arrivé à faire cristalliser la combinaison magnésienne d'une manière encore plus complète. Au lieu d'évaporer la solution, il la met dans un dialysateur et plonge celui-ci dans l'alcool absolu. A mesure que l'alcool prend la place de l'eau, on voit se séparer des granules cristallins. Ces cristaux, séchés à 110 degrés centigrades, contiennent 1,43 o/o de MgO, donc une quantité presque égale à celle de la première préparation. Ce résultat donne un poids moléculaire de la matière = 2757. Par contre la quantité d'eau contenue dans ces deux préparations n'est pas la même. La première préparation, séchée à 110 degrés centigrades, a perdu 7,7 o/o d'eau, tandis que la seconde en a perdu 13,8 o/o.

Au moyen d'une méthode analogue, en partant de la dialyse alcoolique, Drechsel est arrivé à préparer la combinaison de cette globuline avec le sodium. A 110 degrés centigrades cette combinaison a perdu 15,5 o/o d'eau et le résidu contenait 3,98 o/o de Na_2O, ce qui donne un poids moléculaire de 1496, environ la moitié du résultat obtenu au moyen de la combinaison avec la magnésie. Si l'on reconnaît le plus petit de ces poids moléculaires, on doit admettre que deux molécules de matière albumoïde sont liées à un atome de magnésium ; si l'on admet une molécule double, celle-ci doit contenir deux atomes d'hydrogène pouvant être remplacés par deux atomes de sodium. Mais les quantités de matière albuminoïde employées dans ces analyses étaient trop faibles pour permettre d'en déterminer le poids moléculaire. La quantité absolue de MgO comportait o gr.,0050 et o gr,0065; celle de CO_3Na_2, o gr.,0773. Il serait important de rechercher, par une série d'analyses minutieuses, dans lesquelles des portions de matières albuminoïdes suffisantes seraient incinérées, quel est le rapport existant entre le soufre et le sodium. Si ce rapport n'était pas un nombre entier, mais une fraction, on devrait multiplier par le dénominateur de cette fraction la molécule de matière albuminoïde obtenue par sa contenance en sodium. Personne n'a, jusqu'à présent, voulu tenter cette recherche si délicate; c'est pourquoi nous ne savons rien sur la grandeur de la molécule d'albumine.

L'étude la plus complète des cristaux de matières protéiques a été entreprise par G. Grübler[1], sous la direction de Drechsel. Il est parvenu

[1] G. Grübler, *Ueber ein krystallinisches Eiweiss der Kürbissamen. Journ. f. prakt. Chem.*, t. 23, p. 97, 1881.

à soumettre à la recristallisation les cristalloïdes des semences de courges, en préparant à 40 degrés centigrades des solutions de globuline avec du chlorure de sodium, du chlorure d'ammonium et du sulfate de magnésie, et en laissant refroidir ces solutions très lentement. Les cristaux obtenus de cette manière étaient des octaèdres réguliers, ne donnant à la combustion que 0,11-0,18 o/o de cendres, lesquelles renfermaient des alcalis, de la chaux, de la magnésie, du fer et de l'acide phosphorique. La quantité de cette dernière substance, trouvée par la combustion avec de la potasse caustique, s'élevait à 0,23 o/o.

Dans une série d'analyses parfaitement concordantes, Grübler a trouvé pour ses cristaux la composition suivante :

	Cristaux de matière albuminoïde provenant d'une solution de		
	Chlorure de sodium	Chlorure d'ammonium	Sulfate de magnésie
C..	53,21	53,55	53,29
H..	7,22	7,31	6,99
Az.	19,22	19,17	18,99
S.	1,07	1,16	1,13
O..	19,10	18,70	19,47
Cendres.	0,18	0,11	0,13

Grübler a préparé, en outre, une combinaison cristallisée de la même substance avec la magnésie, ayant la composition suivante :

	SUBSTANCE SÉCHÉE	SUBSTANCE DÉBARRASSÉE DES CENDRES
C.	52,66	52,98
H	7,20	7,25
Az.	18,92	18,99
S.	0,96	0,97
O.	19,74	19,81
Cendres.	0,52	
MgO.	0,45	

De cette composition centésimale nous déduisons la formule suivante, pour la combinaison de cette globuline avec la magnésie :

$$C_{1170}\ H_{1920}\ Az_{360}\ O_{332}\ S_8\ Mg_3.$$

Malheureusement, dans ce cas aussi, les quantités de substance incinérée étaient beaucoup trop faibles pour permettre un dosage exact du soufre et de la magnésie. Le poids absolu du sulfate de baryte était de 0 gr.,0521, et celui du pyrophosphate de magnésie de 0 gr.,0166.

Si l'on n'admet, comme Grübler l'a fait dans ses calculs, qu'un seul atome de magnésium dans la combinaison magnésienne, le poids moléculaire est de 8848. D'un autre côté nous voyons par le calcul que, sur un atome de magnésium, la molécule renferme exactement 2 2/3 atomes de soufre :

$$\frac{x.32}{40} = \frac{0,96}{0,45}\,;\ x = \frac{8}{3}.$$

La molécule de la combinaison magnésienne doit donc être triplée. On pourrait admettre une liaison de quatre molécules de matière albuminoïde contenant chacune deux atomes de soufre par les trois atomes bivalents du magnésium. La composition de chaque molécule de globuline serait alors :

$$C_{292}\ H_{481}\ Az_{90}\ O_{83}\ S_2.$$

Cette hypothèse nous conduit au poids moléculaire minimum permis par l'analyse. Mais elle est absolument gratuite, et le poids moléculaire de cette globuline est probablement un multiple du résultat obtenu par le calcul.

La méthode de Drechsel et de Grübler a permis à Ritthausen[1] de préparer la matière albuminoïde cristallisée des graines de chanvre et de ricin. L'analyse élémentaire a révélé la composition centésimale suivante:

[1] RITTHAUSEN, *Journ. f. prakt. Chemie*, N. F., t. 25, p. 130, 1882.

	GLOBULINE DES	
	Graines de chanvre	Graines de ricin
C....................	50,9	50,85
H....................	6,91	6,97
Az...................	18,71	18,55
S....................	0,82	0,77
Cendres.............	0,11	0,057
O....................	22,53	22,80

Dans les matières albuminoïdes cristallisables rentre aussi la matière colorante du sang, l'*hémoglobine*. Cette substance, qui est le composant principal des globules rouges, est formée par la combinaison d'une matière albuminoïde avec un corps contenant du fer et de composition connue, l'hématine. Zinoffsky [1] nous a donné une analyse exacte de cristaux d'hémoglobine parfaitement purs. Il s'est servi pour cela du sang de cheval et a soumis ses cristaux à la recristallisation jusqu'à ce que le résidu obtenu par l'évaporation des eaux-mères contînt la même quantité de fer que les cristaux séchés.

Voici le résultat de l'analyse élémentaire de ces cristaux :

C....................	51,15
H....................	6,75
Az...................	17,94
S....................	0,389
Fe...................	0,336
O....................	23,425

De ces analyses nous tirons le rapport des atomes de fer aux atomes de soufre :

$$\frac{x.32}{58} = \frac{0,3890}{0,3358} ; \quad x = 2,03.$$

[1] O. ZINOFFSKY, *Ueber die Grösse des Hämoglobinmoleküls*. Dissert., Dorpat, 1885. Se trouve aussi dans *Zeitschr. f. physiol. Chem.*, t. 10, p. 16, 1885.

Nous avons donc exactement deux atomes de fer pour un atome de soufre, et la formule de l'hémoglobine est:

$$C_{712}\ H_{1130}\ Az_{214}\ G_{245}Fe\ S_2$$

Si nous en retranchons l'hématine $C_{32}\ H_{32}\ Az_4\ O_4\ Fe$, nous trouvons, pour la formule de la matière albuminoïde:

$$C_{680}\ H_{1098}\ Az_{210}\ S_2\ O_{241}$$

A. Jaquet[1] a trouvé dans l'hémoglobine du sang de chien exactement un atome de fer pour trois de soufre, et ses analyses lui ont donné la formule:

$$C_{758}\ H_{1203}\ Az_{195}\ S_3\ Fe\ O_{218};$$

En en retranchant l'hématine, on trouve:

$$C_{726}\ H_{1171}\ Az_{194}\ S_3\ O_{214}.$$

Ce calcul n'est pas rigoureusement exact, la séparation de l'hématine ne se produisant qu'avec absorption d'eau et d'oxygène[2].

Nous devons donc ajouter quelques atomes d'oxygène et d'hydrogène à nos formules. Ces formules sont cependant ce que nous possédons de plus exact sur les analyses de matières albuminoïdes, et elles serviront à nous orienter provisoirement.

Harnack[3] a préparé une combinaison albuminoïde amorphe, il est vrai, quoiqu'elle soit peut-être pure. Il a précipité avec des solutions de cuivre des solutions neutres de blanc d'œuf. Il est arrivé au curieux résultat que, bien qu'il ait varié le rapport quantitatif entre le blanc d'œuf et le sel de cuivre, les quantités respectives d'albumine et d'oxyde de cuivre contenues dans le précipité s'y trouvaient toujours suivant deux rapports bien distincts. Les précipités contenaient soit 1,34-1,37 en moyenne

[1] ALFRED JAQUET, *Beitr. z. Kenntniss des Blutfarbstoffs. Diss.* Basel, 1889.

[2] Voir là-dessus MAX LEBENSBAUM, *Wien. Sitzungsber.*, t. 95, 2 fascic., mars 1887. Ce travail, fait sous la direction de NENCKI à Berne, contient un exposé de la littérature sur la dissociation de l'hémoglobine. Voir aussi HOPPE-SEYLER, *Zeitschr. f. physiol. Chemie*, t. 13, p. 477, 1889.

[3] E. HARNACK, *Zeitschr. f. physiolog. Chemie*, t. 5, p. 198, 1881.

1,35 Cu; soit 2,56-2,68 en moyenne 2,64 o/o Cu; donc, dans le second cas, exactement deux fois autant d'atomes de cuivre que dans le premier.

Nous consignons dans le tableau suivant les résultats d'une série d'analyses élémentaires concordant parfaitement entre elles :

	I	II
C.	52,50	51,43
H.	7,00	6,84
Az.	15,32	15,34
S.	1,23	1,25
Cu.	1,35	2,64

De la première analyse ressort un rapport entre le soufre et le cuivre de :

$$\frac{x.32}{63,4} = \frac{1,23}{1,36} ; x = 1,805.$$

La seconde analyse donne $x = 0,938$.

Mais, dans ces analyses aussi, la quantité de substance incinérée était beaucoup trop faible pour permettre un dosage exact du cuivre et du soufre[1]. Il est nécessaire de reprendre ces déterminations. Les analyses de Harnack lui donnent, pour la première combinaison, la formule :

$$C_{204} H_{320} Az_{52} O_{66} S_2 Cu.$$

Loew[2] a préparé deux combinaisons d'albumine de blanc d'œuf avec l'argent analogues aux combinaisons de cuivre de Harnack : l'une contenait 2,2 —2,4 o/o de Ag, la seconde en moyenne 4,3 o/o de Ag. En partant des chiffres obtenus par Harnack pour le cuivre, on calcule un équivalent de Ag de 2,3 o/o et de 4,5 o/o. Ces faits plaident en faveur de l'individualité chimique des combinaisons préparées par Loew et par Harnack.

---

[1] Voir O. Loew, *Pflüger's Archiv.*, t. 31, p. 393-395, 1883.
[2] O. Loew, *l. c.*, p. 402.

Il est regrettable que Loew ait négligé de faire l'analyse élémentaire complète de sa préparation.

Comparons maintenant les différentes formules citées ci-dessus :

Albumine du blanc d'œuf . . . . $C_{204}\ H_{322}\ Az_{52}\ O_{66}\ S_2$
Matière albuminoïde de l'hémoglobine de
    cheval. . . . . $C_{680}\ H_{1098}\ Az_{210}\ O_{244}\ S_2$
Matière albuminoïde de l'hémoglobine de
    chien. . . . . $C_{726}\ H_{1171}\ Az_{194}\ O_{214}\ S_3$
Globuline des semences de courges. . . . $C_{292}\ H_{481}\ Az_{90}\ O_{83}\ S_2$

Nous voyons, par l'exposé des différentes formules de matières albuminoïdes connues jusqu'à aujourd'hui, et qui sont le résultat des analyses les plus minutieuses, que toutes ces préparations ont une composition notablement différente qui se manifeste surtout dans la contenance en soufre.

L'harmonie entre les matières albuminoïdes se retrouve jusqu'à un certain point dans leurs produits de décomposition. On a l'impression que ces différentes matières ne sont que le produit de la combinaison des mêmes corps dans différentes proportions. Chauffées avec de l'eau de baryte, elles se dédoublent avec absorption d'eau en des combinaisons dont nous connaissons généralement la composition. Les principales d'entre elles sont l'acide carbonique, l'acide oxalique, l'acide acétique, l'ammoniaque, l'hydrogène sulfuré, l'acide sulfurique et une série d'acides amidés : l'acide aspartique, la leucine, la tyrosine, etc. Ces mêmes acides amidés, ainsi que l'ammoniaque, prennent naissance lorsque l'on cuit les matières albuminoïdes avec des acides. Mais, dans ce cas, au lieu des acides carbonique, oxalique et acétique, nous voyons apparaître une série de bases organiques [1] de composition encore inconnue, qui dégagent de l'acide carbonique lorsqu'on les chauffe avec de l'eau de baryte. Par l'action des ferments sur les matières albuminoïdes, nous voyons aussi se séparer les acides amidés sus-mentionnés. En étudiant la chimie de l'urine nous reviendrons sur ces produits de dédoublement et nous les ferons rentrer dans nos considérations sur la décomposition des substances azotées dans l'organisme (voir leçon 16).

---

[1] F. Drechsel, *Ber. d. math. phys. Classe d. Königl. Sächs. Ges. d. Wissenschaft*, 1889. Séance du 23 avril, p. 117.

Un second groupe d'aliments très rapprochés des matières albuminoïdes au point de vue chimique, est celui des *matières gélatineuses*, quoique leur importance physiologique soit toute différente.

Les matières gélatineuses sont un composant important du tissu conjonctif, des os et des cartilages, et partant entrent pour une partie notable dans la nourriture des carnivores et des omnivores.

Les matières gélatineuses ressemblent aux matières albuminoïdes en ce sens qu'elles sont aussi des substances colloïdes contenant de l'azote et du soufre, et qu'elles peuvent se présenter sous deux formes, celle d'une pseudo-solution non diffusible et la modification coagulée. Seulement les conditions du passage de l'une des modifications à l'autre sont exactement l'opposé de celles qui déterminent cette transformation dans les matières albuminoïdes. Celles-ci, en solution neutre ou acide et en présence de sels, se coagulent à la température d'ébullition ; les substances gélatineuses, au contraire, se dissolvent dans ces conditions[1], pour se coaguler de nouveau par le refroidissement. Les acides minéraux précipitent les solutions des matières albuminoïdes, ce qui n'est pas le cas pour les matières gélatineuses. Il est vrai que la gélatine du cartilage est précipitée par un acide très étendu, mais elle se redissout dans un excès de cet acide, ce qui est exactement l'inverse des globulines qui sont dissoutes par l'acide chlorhydrique très étendu (1 o/oo) et reprécipitées par un excès.

Si donc dans les conditions opposées les matières albuminoïdes et gélatineuses sont dissoutes ou coagulées, il n'y a rien d'étonnant à ce que, dans l'organisme, dans des conditions identiques, l'une d'elles se présente constamment sous la modification dissoute, et l'autre sous la modification solide. Les matières albuminoïdes ne se trouvent dans notre corps qu'à l'état liquide. Elles forment ainsi le composant principal du plasma sanguin et de la lymphe, ou bien elles se présentent sous cette forme demi-liquide, commune à tous les tissus jouant un rôle actif dans les fonctions de l'organisme : la substance contractile des fibres musculaires, les cylindres-axes des fibres nerveuses, le corps protoplas-

---

1 La substance gélatineuse des os se dissout dans l'eau bouillante une fois qu'on a extrait par l'acide chlorhydrique étendu les phosphates et carbonates de chaux ainsi que les sels de magnésie. Cette dissolution est favorisée par une pression élevée. Les sels de chaux et de magnésie paraissent être unis chimiquement à la matière gélatineuse.

matique de toutes les cellules, que nous ne devons pas nous représenter comme composant rigide des tissus vivants, car il exécute continuellement des mouvements amiboïdes[1]. Les matières gélatineuses par contre ne se rencontrent dans les tissus qu'à l'état solide; elles constituent la charpente de notre corps, les os, les cartilages, les ligaments et les tissus conjonctifs de toute espèce.

Je tiens cependant à éviter ici un malentendu, d'après lequel on pourrait supposer que je veuille identifier les matières gélatineuses de l'organisme avec la gélatine coagulée. Dans la transformation des matières gélatineuses en solution de gélatine, nous avons affaire à une transformation profonde (peut-être un dédoublement avec absorption d'eau), tandis que la gélatine ne redevient pas matière gélatineuse par la coagulation.

La composition centésimale des matières gélatineuses est à peu près identique à celle des matières albuminoïdes. Elles sont cependant plus pauvres en carbone et plus riches en oxygène, ce qui peut nous faire dire qu'elles sont les *produits d'un commencement de dédoublement et d'oxydation des matières albuminoïdes dans le corps animal*. La composition centésimale des matières gélatineuses varie, d'après les analyses que nous possédons jusqu'à présent, dans les limites suivantes[2] :

	GÉLATINE DES OS OU DU TISSU CONJONCTIF	GÉLATINE DES CARTILAGES	ALBUMINE
C.	49,3 — 50,8	47,7 — 50,2	50 — 55
H.	6,5 — 6,6	6,6 — 6,8	6,6 — 7,3
Az	17,5 — 18,4	13,9 — 14,1	15 — 19,0
S.	0,56 (?)	0,4 — 0,6 (?)	0,3 — 2,4
O.	24,9 — 26	29,0 — 31,0	19 — 24

Nous savons en effet que certaines combinaisons aromatiques riches

[1] Les matières albuminoïdes solides ne se trouvent ainsi que nous l'avons mentionné plus haut que dans le jaune d'œuf et dans les graines et tubercules des plantes sous forme de cristalloïdes. Ces cristalloïdes ne font pas partie intégrante du tissu vivant, mais sont un matériel inerte, une réserve alimentaire pour la croissance future de l'embryon.

[2] Voir Fr. Hofmeister, *Zeitschr. f. physiol. Chemie*, t. 2, p. 299, 1878, avec un exposé de la littérature.

en carbone, qui apparaissent comme produits de décomposition des matières albuminoïdes sous forme d'indol et de tyrosine, manquent dans les matières gélatineuses [1].

Il est en outre connu que la chaleur de combustion des matières gélatineuses est plus faible que celle des matières albuminoïdes [2], qu'une partie des tensions assimilées par l'organisme avec les matières albuminoïdes a donc déjà été employée lors de la transformation en matières gélatineuses. Nous devons donc *a priori* nous attendre à ce que les matières gélatineuses ne puissent remplacer les matières albuminoïdes des aliments et ne puissent servir à former celles des tissus. Une transformation de cette nature serait en opposition avec les lois générales de la nutrition de l'organisme animal, celle-ci s'accomplissant surtout par dédoublement et par oxydation. La transformation de la gélatine en albumine serait un procédé de réduction synthétique. Les résultats des expériences de Voit [3] sont aussi en parfait accord avec ces déductions aprioristiques.

[1] L'absence de la tyrosine nous explique pourquoi les matières gélatineuses ne donnent pas la réaction de Millon (coloration rouge par la cuisson avec de l'azotate de mercure et l'addition d'acide azotique fumant), réaction commune à toutes les matières albuminoïdes. Tous les oxacides aromatiques et leurs dérivés, dans lesquels se trouve la tyrosine, donnent la même réaction. Par contre le dédoublement des substances gélatineuses donne naissance à des combinaisons inconnues dans le dédoublement des matières albuminoïdes. Si l'on cuit la gélatine des os ou du tissu conjonctif avec des alcalis ou des acides, ou si on la laisse pourrir, on obtient comme produit de décomposition de l'acide *amido acétique* (glycocolle) que l'on n'a jusqu'à présent pas réussi à trouver dans les produits de décomposition des matières albuminoïdes. La gélatine des cartilages donne, par la cuisson avec les acides, une substance qui a la propriété de réduire l'oxyde de cuivre en solution alcaline; cette substance paraît avoir une certaine parenté avec les sucres, mais n'a pas encore été examinée attentivement. D'après H.-A. LANDWEHR (*Pflüger's Archiv.*, t. 39, p. 193 et t. 40, p. 21, 1886), un hydrate de carbone colloïde qu'il nomme « gomme animale » se séparerait de la chondrine par une cuisson prolongée avec de l'eau. MERING prétend avoir découvert, dans les produits de décomposition de la chondrine, une matière albuminoïde, la syntonine (v. MERING, *Ein Beitrag. z. Chem. d. Knorpels*, I, D. Strasbourg, 1873). Cette découverte est en contradiction avec la donnée d'après laquelle les combinaisons aromatiques manqueraient dans les produits de décomposition de la chondrine. Voir sur la question des produits de décomposition des substances albuminoïdes et gélatineuses: M. NENCKI, *Ueber die Zersetzung der Gelatine und des Eiweisses bei der Fäulniss mit Pankreas*. Bern., 1876. JULES JEANNERET, *Journ. f. prakt. Chem.* N. F, t. 15, p. 353, 1877 (travail fait sous la direction de NENCKI), ED. BUCHNER, et TH CURTIUS. *Ber. d. deutsch. chem. Ges.*. t. 10, p. 850, 1886, et R. MALY, *Sitzungsber. d. Kais. Akad. d. Wissensch. Math. Natur. Classe*, t. 98, fasc. II, 6 janvier 1889.

[2] A. DANILEWSKY, *Centralbl. f. d. med.* Wissensch., 1881, n° 26 et 27.

[3] VOIT, *Zeitschr. f. Biologie*, t. 8, p. 297, 1872. L'introduction historique à ce travail est des plus instructives. Elle nous montre toutes les erreurs commises jusqu'à ce jour dans la résolution du problème de la valeur nutritive de la gélatine. Voir aussi un travail ultérieur sur ce sujet: *Zeitschr. f. Biologie*, t. 10, p. 203, 1874 Nous n'arriverons à une compréhension complète de l'importance des aliments qu'une fois que nous aurons pénétré tous les secrets des phénomènes de la nutrition. C'est pourquoi ce sujet devrait former l'épi-.

Il a démontré que la gélatine est incapable de remplacer les matières albuminoïdes des aliments. Des chiens nourris exclusivement de gélatine, ou de gélatine et de graisse, sécrètent plus d'azote qu'ils n'en ont absorbé avec la nourriture ; ils consomment donc des matières albuminoïdes de leurs tissus. Mais si l'on ajoute de la gélatine à une nourriture trop pauvre en albumine pour empêcher une consomption de l'albumine des tissus, on voit se rétablir l'équilibre de l'azote. La gélatine a donc empêché une décomposition des albuminoïdes des tissus, elle a « épargné de l'albumine ». Les graisses et les sucres jouissent d'une propriété analogue, mais pas au même degré que la gélatine, ainsi que l'ont démontré les expériences de Voit.

Tout récemment on a fait la supposition que la gélatine pourrait peut-être remplacer les albuminoïdes si l'on administrait en même temps de la tyrosine. Nous savons aujourd'hui que les contrastes dans la nutrition des plantes et des animaux ne sont pas aussi absolus qu'on le croyait précédemment. On pouvait donc admettre la possibilité d'une synthèse entre la gélatine et la tyrosine avec formation d'albumine. Les premiers essais ont même paru favorables[1], mais un contrôle minutieux de ces expériences a donné un résultat entièrement négatif. Lehmann[2] a nourri deux rats avec un mélange de gélatine, d'amidon de riz, de beurre fondu, d'extrait de viande et de cendres d'os, et six rats avec le même mélange auquel il avait ajouté de la tyrosine. Tous ces animaux ont péri à peu près en même temps au bout de quarante à quarante-sept jours d'expérience. Cette expérience paraît confirmer la thèse de l'*impossibilité d'une formation de matière albuminoïde en partant de la gélatine*. Mais, par contre, nous savons que *tous les tissus gélatineux du corps sont formés par les matières albuminoïdes*. Nous trouvons la constatation de ce fait dans la croissance des herbivores et des nourrissons, dont la nourriture ne contient que de l'albumine et pas de gélatine.

La gélatine ne se trouve comme telle dans la nourriture de l'homme

logue de la chimie biologique. Il est regrettable de ne pouvoir remédier à cet inconvénient. Chaque chapitre de la physiologie implique la connaissance d'autres chapitres. Je crois qu'il est utile de chercher à éveiller d'emblée l'intérêt pour les substances dont nous aurons à étudier le sort et les changements dans l'organisme, en commençant par faire ressortir leur importance pour le procédé vital.

[1]. L. HERMANN et TH. ESCHER, *Vierteljahrschrift d. naturforsch. Ges. in Zurich*, 1876, p. 36.

[2] KARL B LEHMANN, *Sitzungsber. d. Ges. f. Morphol. u. Physiol. in München*, 1885.

que par les exigences de l'art culinaire. Des tissus gélatineux, le tissu conjonctif est d'une digestion facile et partant un aliment ayant sa valeur. La viande, composée pour une bonne partie de tissu conjonctif, disparaît presque complètement dans le tube digestif de l'homme. On a longtemps douté de la digestibilité des cartilages et des os, jusqu'à ce qu'on ait dû se convaincre, par les expériences faites chez Voit[1], qu'on ne retrouve dans les fèces d'un chien qu'une minime partie des cartilages absorbés. Quant à la matière gélatineuse des os, une bonne partie (jusqu'à 53 o/o) manquait aussi dans les fèces. Nous ne connaissons pas jusqu'à quel point l'intestin humain est capable de digérer les cartilages et les os.

Autrefois on comptait aussi parmi les matières gélatineuses la *kératine*, le constituant principal de l'épiderme, des cheveux, des ongles, des sabots, des cornes et des plumes. Mais la kératine se différencie des matières gélatineuses aussi bien que des matières albuminoïdes par la quantité de soufre qu'elle contient — de 4-5 o/o S — et, en outre des matières gélatineuses, par le fait que la tyrosine est un de ses produits de décomposition. Cette dernière propriété en ferait une matière albuminoïde. Il est probable que les kératines des différents tissus ne sont pas identiques et qu'elles ne sont pas des individus chimiques, mais des composés de différentes substances. Les kératines ne jouent aucun rôle comme aliments ; d'après les recherches faites jusqu'ici, elles ne paraissent pas pouvoir être digérées par les mammifères[2]. Certains insectes sont en état de digérer la kératine. La larve de la teigne paraît s'en nourrir presque exclusivement. Dans les cas où la kératine est dissoute, nous voyons qu'elle peut remplacer l'albumine.

Il en est de même pour l'élément principal du tissu élastique, l'*élastine*, que l'on avait autrefois rangée dans la catégorie des matières gélatineuses, et qui occupe une place à part ; son dédoublement donne naissance à une *petite quantité de tyrosine*[3]. Le tissu élastique est digéré presque complètement par le chien[4]. Horbaczewski a fait sur l'homme une

---

[1] J. Etzinger, *Zeitschr. f. Biolog.*, t. 10, p. 84, 1874.

[2] Knieriem, *Ueber die Verwerthung d. Cellulose im thierischen Organismus. Festchrift.* Riga, 1884, p. 6, se trouve aussi *Zeitschr. f. Biologie*, t. 21, p. 67, 1885.

[3] Voir, sur la composition et les propriétés de l'élastine, R.-H. Chittenden et A. S. Hart, *Zeitschr. f. Biologie*, t. 25, p. 368, 1889, avec un exposé de la littérature.

[4] Etzinger, *l. c.* Voir aussi, Morochowetz, *St.-Petersburger med. Wochenschrift*, 1886,

expérience, dans laquelle il a introduit dans l'estomac [1], par une fistule gastrique, un petit sac contenant de l'élastine en poudre. Au bout de vingt-quatre heures, celle-ci était dissoute en partie.

n° 15. A. EWALD et W. KÜHNE, *Verhandl. d. natur. histor. med. Vereins zu Heidelberg.* N. F., t. 1, p. 441, 1877, et CHITTENDEN et HART, *l. c.*
[1] J. HORBACZEWSKI, *Zeitschr. f. physiol. Chem.*, t. 6, p. 330, 1882.

CINQUIÈME LEÇON

LES ALIMENTS ORGANIQUES (SUITE) : HYDRATES DE CARBONE ET GRAISSES. — IMPORTANCE DE CHACUN DES TROIS GROUPES D'ALIMENTS ORGANIQUES.

Nous allons traiter maintenant deux groupes principaux d'aliments qui forment la contre-partie des deux groupes que nous venons d'étudier, en ce sens qu'ils sont exempts d'azote et de soufre. Les SUCRES et les GRAISSES sont composés des trois éléments : carbone, hydrogène et oxygène. Mais leur composition quantitative n'est pas la même : les graisses sont beaucoup plus pauvres en oxygène que les hydrates de carbone, mais, par contre, plus riches en carbone et en hydrogène. C'est pourquoi la chaleur de combustion des graisses doit être aussi plus élevée que celle des sucres.

Il n'est pas possible de déduire d'une manière exacte la chaleur de combustion des substances organiques des chaleurs de combustion connues de leurs éléments, le carbone et l'hydrogène. Car une partie de la chaleur produite par l'union du carbone et de l'hydrogène avec l'oxygène est employée à séparer les atomes d'hydrogène des atomes de carbone et les atomes de carbone entre eux. Cette quantité de chaleur peut être très différente suivant les combinaisons, car les atomes ne sont pas unis avec la même solidité, les quantités de chaleur développées par leur union étant différentes. Il est connu que des combinaisons métamères ont des cha-

---

[1] J'ai admis dans les considérations qui vont suivre la connaissance des propriétés chimiques des sucres et des graisses. Ces corps sont traités en général avec assez de soins et de détails dans les traités de chimie organique, pour que nous n'ayons pas besoin d'y revenir.

leurs de combustion différentes. C'est pourquoi l'on a dû déterminer la chaleur de combustion des aliments directement, au moyen du calorimètre. Les premières déterminations ont été faites par Frankland[1]; ensuite, au moyen d'une méthode perfectionnée, par Stohmann[2] et son élève Rechenberg[3], enfin par Danilewsky[4] et Rubner[5]. Le tableau suivant contient les résultats obtenus par ces auteurs. A côté de chaque chiffre se trouve l'initiale de son auteur. J'ai en outre fait rentrer dans ce tableau les chaleurs de combustion du carbone, de l'hydrogène et de quelques produits de dédoublement des matières alimentaires, pour les utiliser dans des considérations ultérieures. On désigne sous le nom de calorie la quantité de chaleur nécessaire pour chauffer de 1 degré 1 gramme d'eau.

CHALEUR DE COMBUSTION DE 1 GRAMME DE SUBSTANCE EN CALORIES

Hydrogène, F. et S.[6]	34 462
Acide stéarique $C_{18}H_{36}O_2$, Rch.	9 886
» » Rub.	9 745
» » F. et S.	9 717
Graisse de bœuf, D.	9 686
Huile d'olives, St.	9 455
Graisse de porc, Rub.	9 423
Acide stéarique, St.	9 412
Graisse d'homme et de différents animaux, moyenne d'une série de chiffres très rapprochés. (9 319-9 429), St.	9 372
Beurre, St.	9 179
Charbon de bois, F. et S.	8 080
Alcool éthylique, F. et S.	7 184
» Berthelot	6 980
Fibrine végétale, D.	6 231
Hémoglobine de cheval, D.	5 949
Caséine, D.	5 855
Fibrine du sang, D.	5 772
Caséine du lait (trois préparations 5 754-5 693), St.	5 715
Acide butyrique, F. et S.	5 647
Paraglobuline du sérum de cheval	5 634
Globuline cristallisée (préparée par Grübler, des semences de courges), St.	5 595
Albumine de blanc d'œuf (deux préparations 5 565-5 597), St.	5 577
Fibrine du sang (trois préparations 5 487-5 536), St.	5 508
Glutine, D.	5 493
Peptone (préparé par *Drechsel*) D.	4 914
Chondrine, D.	4 909
Peptone, D.	4 876
Amidon, $C_6H_{10}O_5$, Rch.	4 479
Erythrodextrine, Rch	4 325
Glycérine, St.	4 305
Sucre de canne, D.	4 176
» » » $C_{12}H_{22}O_{11}$, Rch.	4 173
Maltose, anhydre $C_{12}H_{22}O_{11}$, Rch.	4 163
Sucre de lait, anhyd. $C_{12}H_{22}O_{11}$, Rch.	4 162

[1] FRANKLAND, *Philos. Mag.*, t. 32, p. 182, 1866.

[2] STOHMANN, *Journal f. prakt. Chem.* N. F., t. 19, p. 115-142, 1879, et *Landwirthschaftl. Jahrb.*, 1884, p. 513-581.

[3] v. RECHENBERG, *Journ. f. prakt. Chem.* N. F., t. 22, p. 1-45 et 223-250, 1880.

[4] B. DANILEWSKY, *Pflüger's Archiv.*, t. 36, p. 237, 1885.

[5] RUBNER. *Zeitschr. f. Biolog.*, t. 21, p. 250 et 337, 1885.

[6] FAVRE et SILBERMANN, *Ann. de chim. et de phys.* (3), t. 34, p. 357, 1852.

CHALEUR DE COMBUSTION DE I GRAMME DE SUBSTANCE EN CALORIES *(suite)*

Cellulose (de papier suédois à filtrer), St.	4 146	Acide acétique, F. et S.	3 505
Amidon, St.	4 116	Acide aspartique, St.	3 423
Sucre de canne, St.	3 959	Glycocolle, St.	3 050
Sucre de lait, hydraté $C_{12} H_{22} O_{11}$, $H_2 O$, Rch.	3 945	Acide succinique $C_4 H_6 O_4$, Rch.	2 996
Dextrose, anhydre $C_6 H_{12} O_6$, Rch	3 939	» » St..	2 937
		Acide urique, Frankl.	2 645
Maltose, hydratée $C_{12} H_{22} O_{11}$, $H_2 O$, Rch.	3 932	» » St.	2 620
		Urée, D.	2 537
Sucre de lait, anhydre, St.	3 877	» St.	2 465
Dextrose, » St.	3 692	» Frankl.	2 121
Sucre de lait, hydraté, St	3 667	Acide tartrique, St.	1 744
Dextrose, hydratée $C_6 H_{12} O_6$, $H_2 O$, Rch.	3 567	» » $C_4 H_6 O_6$, Rch..	1 408
		Acide oxalique, $H_2 H_2 O_4$, Rch.	659
		» » St.	569

Les chaleurs de combustion des aliments non azotés sont les mêmes dans notre corps que dans le calorimètre, les produits de la combustion étant les mêmes. Mais il en est autrement des aliments azotés. L'azote se sépare dans le calorimètre à l'état d'azote libre ; par contre nous trouvons, dans les produits de décomposition et d'oxydation de l'organisme, l'azote combiné avec une partie du carbone et de l'hydrogène en une combinaison organique qui se présente chez l'homme surtout sous forme d'urée. La quantité d'urée qui peut se former des matières albuminoïdes comporte environ 1/3 de leur poids. Nous devons donc retrancher de la chaleur de combustion des matières albuminoïdes 1/3 de la chaleur de combustion de l'urée pour obtenir leur chaleur de combustion dans notre organisme. Le chiffre obtenu de cette manière est encore trop élevé, car l'azote n'abandonne pas seulement l'organisme sous forme d'urée, mais encore dans des combinaisons plus riches en carbone et en hydrogène. Nous devons donc retrancher des chaleurs de combustion des matières albuminoïdes contenues dans notre tableau au moins 800 unités caloriques ; nous obtiendrons de cette manière des chiffres peu supérieurs à ceux des hydrates de carbone. Les hydrates de carbone sont donc à peu près équivalents aux matières albuminoïdes comme réserve d'énergie dans notre corps. Par contre, la chaleur de combustion des graisses est deux fois plus élevée.

Nos connaissances sur l'emploi des tensions introduites dans les organes avec les différents aliments sont encore très incomplètes. Comme le muscle est formé principalement de matières albuminoïdes, on pourrait facilement admettre que les matières albuminoïdes fussent le matériel de travail du muscle. Cette hypothèse a trouvé un défenseur en Liebig qui opposait aux aliments non azotés, les graisses et les hydrates de carbone ou *aliments respiratoires*, les matières albuminoïdes ou *aliments plastiques*. D'après Liebig, les premiers auraient surtout une fonction calorigène. Nous savons aujourd'hui que l'excrétion de l'azote ne subit qu'une faible augmentation par le travail musculaire, tandis que l'excrétion de l'acide carbonique et l'absorption de l'oxygène augmentent considérablement; le *muscle travaille donc principalement avec des matériaux non azotés*. Nous savons qu'une réserve d'hydrates de carbone est amassée dans les muscles sous forme de glycogène, réserve que le travail musculaire fait disparaître. Il paraît donc que les *hydrates de carbone sont la principale source d'énergie du muscle* [1]. Les graisses et les hydrates de carbone peuvent se compenser l'un l'autre, mais seulement jusqu'à un certain point: leur rôle ne paraît pas être identique. La présence simulnée de ces deux aliments dans le lait de tous les carnivores, omnivores et herbivores, paraît être une confirmation de cette thèse, de même que le besoin instinctif que nous avons d'une addition de graisses, même à l'alimentation la plus riche en sucres, et d'une addition de sucres à l'alimentation la plus grasse.

Les graisses sont certainement la source de calorique la plus abondante. Ce que nous savons concernant l'importance de la chaleur animale pour les fonctions vitales peut se résumer en ceci : tous les procédés chimiques et par conséquent toutes les transformations d'énergie et les fonctions qui en dépendent augmentent d'intensité avec l'élévation de la température. On peut démontrer facilement sur les animaux poikilothermes le rapport existant entre l'élévation de la température et les fonctions du système nerveux et musculaire.

Nous ignorons encore absolument à quoi servent les grandes quantités de matières albuminoïdes dont notre organisme a besoin et qu'aucun autre aliment ne peut remplacer. L'expérience nous montre qu'un homme sain, travaillant, a besoin d'absorber sous une forme quelconque au moins

---

[1] Nous traiterons la question de la source de la force musculaire dans la dix-neuvième leçon.

100 grammes d'albumine par jour pour rester en équilibre. S'il en absorbe moins, une partie des matières albuminoïdes de son organisme sera détruite [1], malgré une nourriture riche en hydrates de carbone et en graisses. Les graisses et les sucres ne peuvent compenser l'absence d'albumine que jusqu'à un certain point.

Nous savons, il est vrai, que les éléments riches en matières albuminoïdes de nos tissus, comme c'est le cas pour tous les êtres unicellulaires, sont soumis à une succession rapide des générations ; la multiplication, la mort d'une partie, la croissance et le partage de l'autre, se succèdent d'une façon ininterrompue. Nous pouvons observer sur l'épiderme comment les vieilles cellules meurent continuellement et sont remplacées par le partage des éléments des couches sous-jacentes. Le même phénomène a été démontré pour les cellules épithéliales de l'intestin et de certaines glandes. Un coup d'œil sur la coupe transversale d'un os nous montrera des lamelles osseuses fraîchement formées s'avançant dans les systèmes plus anciens en voie d'être résorbés. En étudiant les phénomènes de la résorption de l'intestin (leçon 12), nous verrons aussi avec quelle rapidité se succèdent les générations de leucocytes. Pourquoi n'en serait-il pas de même pour les tissus qui échappent à notre observation ?

D'un autre côté, le matériel des éléments morts pourrait être employé à l'accroissement des survivants. Tant que nous ne connaîtrons pas de fonction pour l'accomplissement de laquelle les tensions chimiques produites par la décomposition des matières albuminoïdes soient indispensables, nous ne pourrons saisir la nécessité d'une consommation journalière de 100 grammes de ces matières.

Comme cependant les matières protéiques ne peuvent être remplacées par aucun autre aliment, nous serons obligés, dans le choix et la combinaison de nos aliments, de diriger avant tout notre attention sur leur contenance en matières albuminoïdes. Nous trouvons dans le tableau

---

[1] De nombreuses expériences ont été publiées tout récemment, tendant à prouver que des quantités d'albumine de beaucoup inférieures à 100 grammes suffisent à peu près au maintien de l'équilibre dès que l'on ingère à leur place de grandes quantités d'hydrates de carbone. Cet équilibre persisterait-il à la longue, chez un individu travaillant continuellement et donnant normalement cours à ses besoins sexuels ? On lira là dessus C. VOIT, E. VOIT et CONSTANTINIDI, *Zeitschr. f. Biologie*, t. 25, p. 232, 1888 ; HIRSCHFELD, *Virchow's Archiv.*, t. 114, p. 301, 1888, et MUNEO KUMAGAWA, *id.*, t. 116, p. 370, 1889.

suivant la composition moyenne des aliments les plus importants, rangés par ordre ascendant suivant leur contenu en matières albuminoïdes [1] :

PREMIER TABLEAU

100 grammes de l'aliment contiennent à l'état naturel :

	MATIÈRES ALBUMINOÏDES	GRAISSES	HYDRATES DE CARBONE
Pommes.	0,4	—	13
Carottes.	1,1	0,2	9
Pommes de terre.	2,0	0,1	20
Lait de femme	2,4	4,0	6
Choux.	3,3	0,7	7
Lait de vache	3,4	4,0	5
Riz.	8	0,9	77
Maïs.	10	4,6	71
Froment.	12	1,7	70
Blanc d'œuf de poule.	13	0,3	—
Poisson gras (anguille).	13	28	—
Viande de porc grasse.	15	37	—
Vitellus de poule.	16	32	—
Viande de bœuf grasse.	17	26	—
Poisson maigre (brochet).	18	0,5	—
Viande de bœuf maigre.	21	1,5	—
Pois.	23	1,8	58

SECOND TABLEAU

100 grammes de substance séchée contiennent :

	MATIÈRES ALBUMINOÏDES	GRAISSES	HYDRATES DE CARBONE
Pommes.	2,4	—	79
Pommes de terre.	8	0,6	87
Riz.	9	1	89
Carottes.	10	2	82
Maïs.	11	5	81
Froment.	14	2	81

[1] Ces chiffres sont tirés de l'ouvrage de J. KOENIG, *Chemie der menschlichen Nahrungs- und Genussmittel.* 2e Ed., Berlin, 1882, dans lequel nous trouvons un exposé de toutes les analyses faites dans ce domaine.

SECOND TABLEAU (suite)

100 grammes de substance séchée contiennent :

	MATIÈRES ALBUMINOÏDES	GRAISSES	HYDRATES DE CARBONE
Lait de femme.	*18*	*30*	*48*
Choux.	26	5	56
Pois.	27	2	62
Lait de vache.	27	29	38
Viande de porc grasse. . . .	28	71	—
Poisson gras.	30	67	—
Vitellus de poule.	33	65	—
Viande de bœuf grasse. . . .	39	59	
— — maigre.. . .	89	6	
Blanc d'œuf de poule. . . .	89	2	
Poisson maigre.	90	2,5	

Le tableau suivant contient la quantité de chaque substance que nous devons consommer à l'état naturel, pour avoir la quantité normale de 100 grammes de matières albuminoïdes.

TROISIÈME TABLEAU

100 grammes de matières albuminoïdes sont contenus dans :

25 000	gr. de	pommes.
9 000	—	carottes.
5 000	—	pommes de terre.
4 200	—	*lait de femme.*
3 000	—	choux.
3 000	—	lait de vache.
1 250	—	riz.
1 000	—	maïs.
800	—	froment.
750	—	blanc d'œuf de poule.
750	—	poisson gras (anguille).
650	—	viande de porc grasse.
620	—	vitellus de poule.
600	—	viande de bœuf grasse.
550	—	poisson maigre.
480	—	viande de bœuf maigre.
430	—	pois.

Le tableau suivant donne les quantités de substance séchée contenant 100 grammes de matières albuminoïdes.

QUATRIÈME TABLEAU

100 grammes de matières albuminoïdes sont contenus dans :

4 200 gr.	de pommes . . . . séchées.
1 250	—	pommes de terre. . . . . . ,	—
1 100	—	riz. . . . . ,	—
1 000	—	carottes.	—
900	—	maïs.	—
700	—	froment.	—
550	—	*lait de femme*.	—
440	—	choux.	—
370	—	pois. . . . . ,	—
370	—	lait de vache.	—
360	—	viande de porc grasse. .	—
330	—	poisson gras.	—
300	—	vitellus de poule.	—
250	—	viande de bœuf grasse. .	—
112	—	— — maigre .	—
112	—	blanc d'œuf de poule . .	—
110	—	poisson maigre (brochet)	—

Si nous retranchons 100 des chiffres de ce dernier tableau, nous aurons la quantité des autres substances solides, principalement de sucres et de graisses, que nous devons consommer jusqu'à ce que nous ayions absorbé 100 grammes de matières albuminoïdes. Les deux tableaux suivants nous donnent les quantités d'hydrates de carbone et de graisse séparées ; le premier tableau est ordonné d'après les quantités croissantes de sucres, le second d'après les quantités croissantes de graisses.

CINQUIÈME TABLEAU

Avec 100 grammes de matières albuminoïdes sont absorbés simultanément :

	HYDRATES DE CARBONE	GRAISSES
Lait de vache	140	107
Choux	220	21
Pois	230	7
Lait de femme	270	170
Froment	580	14
Maïs	740	46
Carottes	820	20
Riz	990	11
Pommes de terre . .	1090	8
Pommes	3300	0

SIXIÈME TABLEAU

Avec 100 grammes de matières albuminoïdes sont absorbés simultanément :

	GRAISSES	HYDRATES DE CARBONE
Pommes	—	3 300
Blanc d'œuf de poule . .	2	—
Brochet	3	—
Viande de bœuf maigre . .	7	—
Pois	7	230
Pommes de terre	8	1 090
Froment	14	580
Carottes	20	820
Choux	21	220
Riz	30	1 300
Maïs	46	740
Lait de vache	107	140
Viande de bœuf grasse . .	150	—
Lait de femme	170	270
Vitellus de poule	200	—
Anguille	220	—
Viande de porc grasse . .	250	—

Si l'on veut, d'après ces tableaux, se former un jugement sur la valeur nutritive des différents aliments qui y sont contenus, on devra encore prendre en considération les points suivants: la contenance en matières albuminoïdes de la plupart des aliments n'a pas été déterminée exactement. On n'a dosé que l'azote, et, partant de la supposition que les aliments ne contiennent pas d'autre combinaison azotée que des matières albuminoïdes, on en a calculé la quantité en admettant qu'elles contiennent toutes 16 o/o d'azote. Les deux suppositions sont inexactes. La quantité d'azote contenue dans les matières albuminoïdes varie, comme nous l'avons vu, entre 15 et 19 o/o. Quant à la seconde supposition d'après laquelle la totalité de l'azote se trouverait dans les matières protéiques, elle n'est exacte que pour les graines des céréales et des légumineuses. Celles-ci ne renferment en effet pas d'autres substances azotées en quantité appréciable. Mais, dans la plupart des autres végétaux nous trouvons de l'ammoniaque, de l'acide azotique, des amides, des acides amidés, etc., en quantité notable. L'azote de ces combinaisons comporte pour certaines espèces de légumes plus de 1/3 de l'azote total.

On commet encore une grave erreur en voulant calculer la quantité de matières albuminoïdes de la viande, d'après la quantité d'azote. La viande contient beaucoup de matières gélatineuses, et celles-ci jouent dans l'alimentation un rôle tout différent de celui de l'albumine. On devrait comparer les matières gélatineuses de l'alimentation animale aux hydrates de carbone de l'alimentation végétale plutôt qu'aux matières albuminoïdes. Un jugement basé sur les chiffres ci-dessus nous conduirait donc à une exagération de la valeur de la viande et à une dépréciation de celle des végétaux.

Mais d'un autre côté nous devons considérer que la résorption de la viande est beaucoup plus complète que celle des végétaux. De récentes recherches, dans lesquelles on a comparé la quantité d'azote se trouvant dans les aliments ingérés et celle contenue dans les fèces, nous ont donné une mesure exacte de la quantité de matière albuminoïde résorbable dans chaque aliment. Les matières albuminoïdes de la viande disparaissent, pour ainsi dire, complètement pendant leur passage à travers l'intestin. Une quantité notable de la caséine du lait reparaît déjà dans les fèces. La proportion de matière albuminoïde non résorbée est encore bien plus considérable après l'ingestion de végétaux. Le tableau suivant contient le résultat de ces expériences qui, toutes, ont été faites sur des hommes :

ALIMENT	MATIÈRES ALBUMINOÏDES NON RÉSORBÉES EN 0/0 DES MATIÈRES ALBUMINOÏDES INGÉRÉES[1]	AUTEUR
Viande de bœuf, même personne. . . .	2,5 2,8	Rubner[2]
Œufs.	2,9	Rubner
Lait et fromage	2,9 4,9 même personne 3,7	Rubner
Lait [3], quatre expériences sur quatre personnes différentes	6,5 7,0 7,7 12,0	Rubner
Léguminose (farine de céréales et légumineuses).	8,2 10,5	Strümpell[4]
Nouilles de gluten.	11,2	Rubner
Maïs..	15,5	»
Pois et pain.	12-20	Woroschiloff[5]
Nouilles..	17,1	Rubner
Choux	18,5	»
Pain de froment.	19,9	Meyer[6]
Riz	20,4	Rubner
Pain de seigle de Munich.	22,2	Meyer

[1] Ces chiffres sont un peu trop élevés, l'azote des fèces n'étant pas seulement dû aux aliments non résorbés, mais encore aux produits de la désassimilation excrétés par l'intestin. Les expériences de RIEDER faites avec une alimentation non azotée, ont donné pour l'azote éliminé par l'intestin une quantité égale à 8 o/o de l'azote total excrété pendant le temps de l'expérience. *Zeitschr. f. Biologie*, t. 20. p. 478, 1884.

[2] MAX RUBNER, *Zeitschr. f Biol.*, t. 15, p 115, 1879; t. 16, p 119, 1880; t. 19, p. 45, 1883.

[3] Voir encore, sur l'assimilation du lait, W. PRAUSNITZ, *Zeitsch f. Biol.*, t. 25, p. 533, 1880.

[4] A. STRUMPELL, *Deutsch. Arch. f. Klin. Med.*, t. 17. p. 108, 1876

[5] WOROSCHILOFF, *Botkin's Archiv.*, t. 4, p. 1, 1872 (en russe). On trouve un compte rendu malheureusement très inexact de cet important travail dans la *Berlin: Klin. Wochenschr.*, 1873, p. 90.

[6] G. MEYER, *Zeitschr. f. Biolog.*, t. 7, p. 1, 1871.

ALIMENT	MATIÈRES ALBUMINOÏDES NON RÉSORBÉES EN o/o DES MATIÈRES ALBUMINOÏDES INGÉRÉES	AUTEUR
Pain blanc.	18,7 / 20,7 / 24,6 / 25,7 (même personne)	Rubner [1]
Pois écossés et bouillis	17,5 / 27,8 (même personne)	Rubner
Pain de froment Graham.	30,5	»
Pain de seigle	32,0	»
Pommes de terre.	32,2	»
Pain de Harsford-Liebig.	32,4	Meyer
Carottes jaunes, cuites.	39,0	Rubner
Lentilles	40	Strümpell
Pain de son . . . . ,	42,3	Meyer
Lentilles, pommes de terre et pain. . .	53,5	Hofmann [2]

[1] Il est regrettable que RUBNER ait fait toutes ses recherches sur des buveurs de bière. Malgré tout le soin et la peine qu'il s'est donné, elles perdent beaucoup de leur valeur, car de nombreuses expériences nous ont appris que la bière trouble la digestion. Dans l'expérience faite avec le pain de froment le plus fin, la personne en expérience a bu 1 litre 1/2 de bière par jour! L'effet carminatif observé par RUBNER provient-il dans ce cas du pain (*Zeitschr. f. Biol.*, t 19, p. 57)? Il en est de même pour MEYER, qui n'a pas pu mettre la bière de côté et en a bu 2 litres par jour pendant ses expériences. Il n'y aurait rien d'étonnant, si prochainement nous posions à l'examen la question : « Quels sont les aliments les plus importants pour l'homme? » on nous répondait : « L'oxygène et la bière.» Car ces deux corps ne manquent dans aucune des recherches sur la nutrition faites sur l'homme par les physiologistes allemands. Ce que nous devons exiger avant tout d'une expérience scientifique, c'est qu'elle soit faite dans les conditions les plus simples possibles. Nous ne devons pas y introduire inutilement des facteurs qui ne peuvent qu'embrouiller les résultats. Le physiologiste russe WOROSCHILOFF qui, dans ses expériences avec une alimentation exclusivement végétale, s'est assimilé les matières albuminoïdes d'une façon si complète, tout en accomplissant un grand travail physique et intellectuel et en se maintenant en équilibre de nutrition, n'a bu que de l'eau pendant toute la durée de ses expériences (*l. c.*, p. 28). C. VOIT (*Zeitschr. f. Biolog*, t 25, p. 277, 1888) conteste l'action de la bière sur la résorption et s'appuie sur le fait que le buveur de bière de RUBNER s'est assimilé le pain et les pois tout aussi bien que WOROSCHILOFF. C'est une erreur comme nous le montrent les chiffres ci-dessus. En outre, si l'on veut déterminer l'influence de la bière, il est nécessaire de faire sur le même individu des expériences comparatives, toutes choses égales d'ailleurs ; ou bien il faut chercher à éliminer les différences individuelles par un grand nombre d'expériences. Tant que des recherches de ce genre n'auront pas été faites, on devra admettre la possibilité d'une action perturbatrice de la bière, et la laisser de côté dans des expériences où elle n'a rien à voir.

[2] FR HOFMANN, *Die Bedeutung von Fleischnahrung und Fleisch conserven.* Leipzig, 1880, p. 11 et 44.

Si nous comparons le tableau ci-dessus avec le troisième et le quatrième, il ne paraît presque pas possible qu'un homme absorbe en un jour sous forme de végétaux une quantité de nourriture contenant les 100 grammes de matières albuminoïdes nécessaires à l'équilibre. La pomme de terre est particulièrement impropre ; nous devrions en manger jusqu'à 5 kilogrammes pour avoir 100 grammes de matières albuminoïdes dans l'estomac. Mais cette quantité s'élèverait à 7 kilogrammes si nous voulions avoir les 100 grammes résorbés. Des statisticiens anglais prétendent en effet que les ouvriers irlandais qui se nourrissent presque exclusivement de pommes de terre, en consomment en moyenne 4 à 6 1/2 kilogrammes par jour. Cette assertion paraît difficilement acceptable. La personne sur laquelle Rubner [1] a expérimenté, un robuste soldat du Haut-Palatinat, habitué à manger beaucoup de pommes de terre, n'a pu en consommer plus de 3 à 3 1/2 kilogrammes, quoique cette nourriture uniforme lui ait été préparée de différentes manières, avec du sel et du beurre, de l'huile et du vinaigre, en salade, soit étuvée ou grillée, et qu'il en ait mangé toute la journée ! Les pommes de terre absorbées ne contenaient que 78 gr, 5 de matières albuminoïdes dont 28 gr, 1 restèrent non assimilés, de sorte que cet individu, excrétant plus d'azote par les reins qu'il n'en absorbait par l'intestin, se trouvait par conséquent incapable de conserver l'équilibre de nutrition et allait au-devant d'une lente inanition. Un critique sceptique sera pourtant obligé de convenir que bien des ouvriers irlandais consomment journellement 5 kilogrammes de pommes de terre, et se maintiennent avec cela en équilibre. Les différences individuelles sont certainement considérables.

Je ferai encore remarquer qu'une alimentation de ce genre est mieux supportée par des adultes que par des enfants. Les enfants ont à édifier un organisme riche en matières albuminoïdes. L'adulte n'a qu'à conserver la provision acquise ; il accomplit son travail musculaire au moyen des hydrates de carbone que l'alimentation aux pommes de terre lui apporte en excès. La mortalité effrayante chez les enfants de la basse classe n'est probablement en grande partie que le fait d'une alimentation trop pauvre en matières albuminoïdes. De tous les aliments végétaux, les *légumineuses* sont ceux qui contiennent le plus de matières albuminoïdes. En

---

[1] Rubner, *l. c.*, t. 15, p. 146.

préparant celles-ci convenablement, il est facile de se maintenir en
equilibre. Les expériences de Woroschiloff [1] en sont la preuve: pendant
trente jours il s'est nourri exclusivement de pois, de pain et de sucre ;
il a accompli chaque jour pendant une à trois heures un travail de
8528 kilogrammètres et n'a cependant rien perdu de l'albumine de son
corps. L'individu sur lequel Rubner [2] a expérimenté s'est aussi maintenu
en équilibre en se nourrissant de pois.

C'est probablement moins la pauvreté en matières albuminoïdes que
le manque de graisses qui est cause de l'insuffisance d'une alimentation
exclusivement végétale. Un coup d'œil sur le tableau V nous montre
qu'une alimentation composée de céréales et de légumineuses nous donnerait le même rapport des hydrates de carbone aux matières albuminoïdes que celui que nous trouvons dans le lait. La seule différence serait
une grande pauvreté en graisse. On pourrait donc *a priori* s'attendre à
voir prospérer un homme avec une nourriture composée exclusivement
de céréales et de légumineuses avec addition de graisse, ou peut-être
de céréales et de graisse seules. Le lait est l'aliment normal du nourrisson, mais pas de l'adulte. Comme nous venons de le voir, l'adulte a
besoin de relativement moins d'albumine et plus d'hydrates de carbone.
C'est pourquoi il n'y aurait rien d'impossible à ce que le rapport de l'albumine aux hydrates de carbone contenus dans les céréales fût précisément celui qui convient à l'adulte et qu'il n'y manquât que de la graisse.
Certaines expériences paraissent confirmer cette hypothèse. Dans certaines contrées agricoles de la Haute-Bavière, les ouvriers ne se nourrissent que de mets préparés avec de la farine et du saindoux [3] et ils
n'en accomplissent pas moins les travaux les plus pénibles. Si dans cette
alimentation on tirait la graisse du règne végétal, sous forme d'huile
d'olives, de noix, de beurre de cacao, l'idéal des *végétariens* [4] serait
réalisé. D'après les recherches de Panum et Buntzen on a l'impression
qu'il serait possible de nourrir même un carnivore de céréales et de
graisse. Un chien nourri exclusivement d'orge mondé et de beurre s'est

[1] Woroschiloff, *l. c.*

[2] Rubner, *l. c.*, t. 16, p. 125, 1880.

[3] H. Ranke, *Die bayr. Landwirthschaft in d. letzten* 10 *Jahren. Festgabe u. s w.*, p. 160.
Munich, 1872. Liebig, *Sitzungsber. d. bayr Akad.*, II, p. 463, 1869. *Reden u. Abhandlungen*,
p. 121. Voir encore Ohlmuller, *Zeitschr. f. Biolog.*, t. 20, p. 393, 1884.

[4] J'ai publié une critique approfondie du végétarianisme dans une brochure : « *le Végétarianisme.* » Berlin, Hirschwald, 1885.

maintenu pendant deux mois au même poids en jouissant de la plus parfaite santé [1]. Ce temps d'expérience est malheureusement beaucoup trop court.

Les *graisses* de tous les aliments sont résorbées d'une façon très complète [2], bien mieux que les matières albuminoïdes. Il en est de même de tous les *hydrates de carbone* [3], à la seule exception de la *cellulose*. On a considéré celle-ci comme absolument indigeste jusqu'à ce que les expériences faites dans les stations agricoles aient démontré que 60 à 70 o/o de la cellulose disparaît dans l'intestin des ruminants [4]. Des essais faits à la station de Tharand [5] ont démontré que la cellulose de la sciure de bois et du papier, mangée par des moutons, mélangée avec du foin, est digérée en quantité variant de 30 à 80 o/o. Weiske [6] est le premier qui ait répété ces expériences sur l'homme. Il a résorbé personnellement 62,7 o/o de la cellulose d'une alimentation composée de carottes, de choux et de céleri ; une autre personne en a résorbé 47,3 o/o. Knieriem [7] a repris plus tard ces expériences ; il s'est assimilé 25,3 o/o de la cellulose délicate de la salade pommée, tandis que les fibres déjà passablement coriaces de la scorsonère n'ont disparu dans son intestin que pour 4,4 o/o. Ce dernier chiffre tombe déjà dans la limite des erreurs inévitables. Dans nos considérations sur les phénomènes de la digestion nous reprendrons la question de l'assimilation de la cellulose dans l'intestin.

La cellulose comme aliment de l'homme n'a que peu d'importance ; par contre, elle est importante comme *excitant mécanique de la péristaltique de l'intestin*. Les animaux pourvus d'un long canal intestinal ne peuvent s'en passer. Si l'on donne à des lapins une nourriture exempte de cellulose, la propulsion du contenu de l'intestin s'arrête, il se produit de l'inflammation et les animaux meurent au bout de peu de temps. Il

---

[1] *Jahresberichte über die Fortschritte d. Thierchemie*, t. 4, année 1874. Wiesbaden, 1875, p. 365.

[2] RUBNER, *l. c.*, t. 15, p. 189.

[3] RUBNER, *l. c.*, p. 192.

[4] HAUBNER, *Zeitschr. f. Landwirthschaft.*, 1855, p. 177. HENNEBERG et STOHMANN, *Beiträge z. Begründung einer rationellen Fütterung d. Wiederkäuer*, 1860, fasc. I et 1863, fascicule II.

[5] *Der chemische Ackersmann*, 1860, p. 51 et 118.

[6] H. WEISKE, *Zeitschr. f. Biol.*, t. 6, p. 456, 1870.

[7] v. KNIERIEM, *Ueber die Verwerthung der Cellulose im thierischen Organimus. Festschrift*. Riga, 1884. Se trouve aussi : *Zeitschr. f. Biolog.*, t. 21, p. 67, 1885.

suffit d'ajouter de la râclure de corne à la même nourriture, pour que celle-ci soit digérée normalement[1]. D'après les recherches de Knieriem, la râclure de corne n'est pas résorbée du tout ; elle ne peut donc avoir remplacé la cellulose que par ses propriétés mécaniques. De trois souris nourries de lait seulement, une mourut au bout de quarante-sept jours d'un volvulus [2].

L'autopsie d'un lapin mort de l'absence de cellulose dans sa nourriture donna le résultat suivant : estomac vide, présentant des traces d'inflamtion à sa portion pylorique ; intestin grêle rempli de mucosités et enflammé dans toute sa longueur, de même que le cœcum ; celui-ci rempli de matières fécales gluantes, adhérant aux parois et aux plis du cœcum. Si l'on compare ce résultat avec le contenu de l'intestin d'un lapin nourri normalement, la différence saute aux yeux. Le contenu du cœcum est meuble, se détache facilement des parois de l'intestin, et cette consistance n'est produite que par les fibres végétales qui y sont contenues. Celles-ci maintiennent ouverte la communication entre l'anus et l'estomac, ce qui ne pouvait guère être le cas dans l'animal mort en expérience.

Le peu de longueur de l'intestin du carnivore rend superflu un excitant mécanique des mouvements péristaltiques. L'intestin de l'homme est de longueur moyenne. La suppression de la cellulose ne sera donc pas un danger direct, mais elle aura cependant de l'influence sur le mouvement normal de l'intestin. La musculature de l'intestin, comme c'est le cas pour tout autre muscle, s'atrophie si elle reste inactive. Il est donc important de veiller à ce que l'alimentation de l'homme ne soit pas dépourvue de cellulose. La crainte exagérée des « aliments indigestes » que l'on rencontre trop souvent dans la classe aisée, peut avoir pour conséquence un affaiblissement général de la musculature de l'intestin. La constipation chronique ne serait probablement pas si répandue, si l'on nous avait habitués dès notre enfance à supporter une alimentation riche en fibres végétales. On a dernièrement recommandé avec succès le pain de son dans les cas de constipation chronique. C'est un fait connu que l'alimentation lactée pure peut produire la constipation.

---

[1] Knieriem, *l. c.*, p. 6 et 17-19.

[2] N. Lunin, *Ueber die Bedeutung d. anorg. Salze für d. Ernährung des Thieres. Diss.* Dorpat, 1880, p. 15, publié aussi dans *Zeitschr. für physiol. Chem.*, t. 5, p. 37, 1881.

[3] Knieriem, *l. c.*, p. 17.

ALIMENTS A L'ÉTAT NATUREL [1]			ALIMENTS SÉCHÉS	
	CELLULOSE o/o	EAU o/o		CELLULOSE o/o
Farine de riz	0,2	13	Farine de riz	0,2
Fleur de farine de froment	0,3	13	Fleur de farine de froment	0,4
Bolet jaune	0,6	91	Riz	0,7
Concombres	0,6	96	Farine de seigle	1,8
Riz	0,6	13	Seigle	2,4
Oignons	0,7	86	Froment	2,9
Pommes de terre	0,8	75	Pommes de terre	3,1
Choux-fleurs	0,9	91	Noisettes	3,4
Asperges	1,0	94	Lentilles	4,0
Carottes	1,0	89	Fèves	4,1
Melons	1,1	90	Oignons	5
Champignons comest.	1,4	91	Orge	6,2
Pommes (pépins y compris)	1,5	85	Pois	6,4
Farine de seigle	1,6	14	Noix	6,5
Radis	1,6	87	Bolet jaune	6,6
Navets de Teltow	1,8	82	Amandes	6,9
Choux	1,8	90	Epinards	8,1
Petis pois verts, mal mûrs	1,9	78	Petits-pois	8,7
Seigle	2,0	15	Carottes	8,8
Scorsonères	2,3	80	Pommes	10
Fraises	2,3	88	Navets de Teltow	10
Maïs	2,5	13	Scorsonères	12
Froment	2,5	14	Radis	12
Pois	2,6	15	Raifort	12
Raifort	2,8	77	Choux-fleurs	13
Lentilles	3,0	12	Concombres	14
Noisettes	3,3	3,8	Champignons com.	16
Fèves	3,6	14	Asperges	17
Raisins	3,6	78	Choux	18
Poires (pepins inclus)	4,3	83	Fraises	19
Orge	5,3	14	Melon	22
Noix	6,2	4,7	Poires	25
Amandes	6,6	5,4	Framboises	47
Framboises	6,7	86		

D'un autre côté, on a signalé l'inconvénient résultant d'une péristaltique trop active de l'intestin : l'assimilation incomplète des aliments.

[1] Chiffres tirés de l'ouvrage de *König*.

En effet, les expériences de Meyer ont démontré qu'au point de vue pécuniaire il est plus avantageux de se nourrir d'un pain cher, exempt de son, que du pain de son bon marché dont se nourrit généralement la classe pauvre [1]. Fr. Hofmann a fait voir que l'addition d'un peu de cellulose à la viande en diminue la résorption [2]. Les *avantages d'une alimentation riche en cellulose paraissent pourtant primer les inconvénients.*

Dans le tableau ci-dessus, qui a une certaine importance au point de vue diététique, nous donnons la contenance en cellulose des principaux aliments végétaux.

Il n'est pas possible d'indiquer la quantité normale de graisses et d'hydrates de carbone dont notre organisme a journellement besoin, ces substances pouvant se substituer l'une à l'autre ou même être remplacées par des matières albuminoïdes. L'expérience a montré que des hommes travaillant, et pouvant se procurer une nourriture suffisante, consomment en moyenne en vingt-quatre heures 50 à 200 grammes de graisse, 300 à 800 grammes d'hydrates de carbone et 120 à 150 grammes de matières albuminoïdes. Un coup d'œil sur les tableaux V et VI nous fait voir comment on peut varier une alimentation tout en lui conservant la même valeur nutritive. La nourriture devra être d'autant plus riche en hydrates de carbone que l'effort musculaire sera plus grand, et d'autant plus riche en graisses que la température sera plus basse. Les voyageurs au pôle nord racontent s'être bientôt mis au régime des peuplades polaires, et avoir consommé sans peine plusieurs livres de beurre ou d'huile par jour. Mais ces quantités de graisse les dégoûtaient bien vite, dès qu'ils étaient revenus sous des zones tempérées. Les nègres des plantations des tropiques ont une alimentation très pauvre en graisse, mais riche en hydrates de carbone.

---

[1] G. Meyer, *Zeitschr. f. Biol*, t. 7, p. 32 et 33, 1871. Voir aussi Rubner, *Zeitschr. f. Biol*, t. 19, p. 45, 1883.

[2] Voit, *Sitzungsber. der bayr. Akad*, 1869, décembre.

SIXIÈME LEÇON

**LES ALIMENTS ORGANIQUES (FIN): COMBINAISONS ORGANIQUES
CONTENANT DU FER ET DU PHOSPHORE**

Dans nos considérations précédentes nous avons fait connaissance avec
les substances organiques qui, d'après les données physiologiques actuellement en vogue, sont nécessaires à la nourriture de l'homme. Leur
nombre est probablement bien plus considérable.

Il est probable que certaines *combinaisons phosphorées* rentrent encore
dans la catégorie des aliments indispensables à l'homme. Dans chaque
tissu animal et végétal, dans chaque cellule, nous trouvons deux combinaisons organiques complexes riches en phosphore, les LÉCITHINES et
les NUCLÉINES.

Les LÉCITHINES sont des combinaisons dont nous pouvons nous représenter la formation par la réunion d'une molécule de glycérine avec
deux molécules d'acides gras (acide stéarique, palmitique ou oléique),
une molécule d'acide phosphorique et une molécule de *névrine*, avec
perte de quatre molécules d'eau. La constitution de cette molécule
complexe n'est pas encore absolument certaine, plusieurs combinaisons
isomères des composants précités étant possibles [1].

La *névrine* est une base ammoniacale dont la constitution est connue.
A la chaleur elle se dédouble en glycol (alcool éthylénique) et en triméthylamine. A ce dédoublement correspond une synthèse obtenue par

[1] Voir DIAKONOW, *Centralblatt für die med. Wissensch.*, 1868, n° 1, 7, 28, HOPPE-SEY-
LER, *Med. Chem. Unters.*, fasc. II, p. 221, 1867 et fasc. III, p. 405, 1868 : STRECKER, *Ann. d.
Chem u. Pharm.*, t. 148, p. 77, 1868 HUNDESHAGEN, *Zur Synthese des Lecithins. Inaug.
Diss.* Leipzig, 1883.

Wurtz [1], en faisant réagir la chlorhydrine du glycol sur de la triméthylamine.

Nous devons donc donner à la névrine la formule suivante :

$$Az \begin{cases} CH_3 \\ CH_3 \\ CH_3 \\ CH_2 - CH_2 . OH \\ OH \end{cases}$$

On n'a trouvé jusqu'à présent la névrine, dans le règne animal, que comme lécithine. Strecker [2] l'a préparée d'abord en partant de la bile et lui a donné le nom de *choline*. Liebreich [3] l'a trouvée dans les produits de décomposition des combinaisons phosphorées de la substance cérébrale et l'a nommée de ce fait *névrine*. Diakonow a démontré que la névrine est un produit du dédoublement de la lécithine. Dans les tissus végétaux on ne rencontre pas seulement la névrine sous forme de lécithine, mais encore dans d'autres combinaisons. On trouve dans les grains de moutarde un alcaloïde, la sinapine, qui se décompose en névrine et en acide sinapique par la cuisson avec des alcalis. Schmiedeberg et ses élèves [4] ont préparé deux alcaloïdes de la fausse-oronge (*Amanita muscaria*), l'*amanitine* et la *muscarine;* le premier de ceux-ci s'est révélé identique à la névrine. Le second, un poison violent, ne différait du premier que par un atome d'oxygène en plus. On est en effet parvenu, en faisant agir de l'acide azotique fumant sur de la névrine (aussi bien sur la névrine ordinaire que sur celle de la fausse-oronge ou sur la névrine synthétique), à produire un alcaloïde ayant un atome d'oxygène de plus et possédant des propriétés toxiques analogues à celles de la muscarine, particulièrement comme poison cardiaque. Cette proche parenté d'une substance si répandue dans le règne végétal et animal avec un poison aussi violent est du plus haut intérêt. Les recherches

---

[1] Wurtz, *Ann. Chem. Pharm.*, suppl. 6, p. 116 et 197, 1868. *Comp. rend.*, t. 65, p. 1015, 1867 et t. 66, p. 772, 1868.

[2] Strecker, *Ann. Chem. Pharm.*, t. 123, p. 353, 1862; t. 148, p. 76, 1868.

[3] Liebreich, *Ann. Chem. Pharm.*, t. 134, p. 29, 1865.

[4] Schmiedeberg und Koppe, *Das Muscarin, das giftige Alkaloïd des Fliegenpilzes*-Leipzig, 1869. E. Harnack, *Arch f. experim. Pathol. u. Pharm*, t. 4, p 168, 1875. Schmiedeberg und Harnack, *Arch. f. exp. Pathol. u. Pharmakol.*, t. 6, p. 101, 1876.

récentes de Boehm [1] ont établi que la muscarine obtenue artificiellement par oxydation de la névrine n'est pas identique avec la muscarine
de la fausse-oronge ; c'est un isomère présentant certaines différences
d'action pharmacologique. Boehm a trouvé la névrine dans d'autres
champignons et l'a préparée en grandes quantités des résidus du pressu-
rage des graines de cotonnier et des faînes.

Les lécithines et les graisses, qui ont une si grande analogie de composition, ont un caractère commun : la solubilité dans l'alcool et dans
l'éther ; elles se mélangent aussi avec les graisses dans toutes les proportions, tout en ayant la capacité de gonfler dans l'eau et de se transformer
en une masse mucilagineuse. Cette propriété paraît les rendre particulièrement aptes à favoriser l'action des substances dissoutes dans l'eau sur
les corps insolubles, et à prendre part aux différents procédés chimiques
dans les tissus. Mais pour le moment nous ignorons encore complètement quel est le rôle que jouent les lécithines dans les fonctions vitales.

La question qui doit nous intéresser avant tout est celle de savoir si
les lécithines de nos tissus proviennent des lécithines des aliments, ou
si elles sont un produit synthétique d'autres matériaux (peut-être de
graisses, d'albumine et d'acide phosphorique). Des expériences faites
dans le laboratoire de Hoppe-Seyler [2] ont démontré que, sous l'influence
de la digestion pancréatique artificielle, les lécithines se dédoublent facilement en acide glycérophosphorique, en acide gras et en névrine avec
absorption d'eau. Mais nous ne savons pas si, dans la digestion normale,
cette décomposition est complète ou si peut-être une partie est résorbée
telle quelle, et si c'est le cas, quelle quantité peut être résorbée ainsi.
Nous ne savons pas non plus si la lécithine des tissus provient de la
lécithine non décomposée, ou bien si les produits de décomposition de
la lécithine se réunissent de nouveau après l'assimilation, ou bien enfin
si elle peut être formée avec des matériaux étrangers. La résorption
de la lécithine et de ses produits de dédoublement est certainement
complète ; on ne retrouve dans les fèces ni lécithine, ni acide glycérophosphorique. La présence de la lécithine dans le lait [3] paraît plaider en
faveur de son importance comme aliment.

[1] Boehm, *Arch. f. exper. Pathol. u. Pharmakol.*, t. 19, p. 87. 1885.
[2] A. Bókay, *Zeitschr. f. physiol. Chem.*, t. 1, p. 157, 1877.
[3] Tolmatscheff, *Med. chem. Untersuch.*, v. Hoppe-Seyler, fasc. II, p. 272, 1867.

Sous le nom générique de NUCLÉINES [1], on a rangé toute une série de combinaisons organiques phosphorées, qui se trouvent dans tous les tissus d'origine animale ou végétale, surtout dans les noyaux des cellules. Les nucléines sont des corps encore peu connus, et nous n'avons aucune garantie que les corps préparés jusqu'à présent soient purs et représentent des individus chimiques distincts. Les caractères communs à toutes les nucléines sont l'insolubilité dans l'alcool, l'éther, l'eau et les acides étendus, et la solubilité dans les alcalis. Par la cuisson avec de l'eau, le phosphore se sépare de toutes ces substances sous forme d'acide phosphorique ; cette réaction est activée par la présence d'acides ou d'alcalis. Les matières organiques qui sont unies à l'acide phosphorique paraissent être de nature différente, et leur étude est encore bien incomplète. La plupart des nucléines sont des combinaisons avec les matières albuminoïdes ; celles-ci manquent pourtant dans un certain nombre de nucléines. Dans leur dédoublement, beaucoup donnent naissance à de l'hypoxantine et de la guanine, combinaisons cristallines exemptes d'azote, sur lesquelles nous reviendrons dans la chimie de l'urine. Les spécimens de nucléines préparés jusqu'à présent contiennent de 3,2-9,6 o/o de phosphore.

Les nucléines, qui ont avec les matières albuminoïdes des rapports de dissolution analogues et se trouvent généralement réunies dans les mêmes éléments des tissus, peuvent être séparées de ces dernières par digestion artificielle (voir leçons 9 et 10) : les matières albuminoïdes sont transformées en peptones, tandis que les nucléines ne sont attaquées que difficilement par le suc gastrique. Les nucléines ne paraissent pas se trouver ordinairement à l'état libre dans les tissus, mais sous forme de combinaisons avec des matières albuminoïdes (nucléoalbumines), peut-être aussi avec la lécithine, et ce n'est que sous l'influence de la digestion gastrique qu'elles se séparent de ces combinaisons.

Nous sommes dans une ignorance complète quant au rôle des nucléines dans les fonctions vitales.

---

[1] MIESCHER a découvert et étudié les *nucléines* d'abord dans les globules du pus, ensuite dans le jaune d'œuf et le sperme du saumon. *Med. chem. Unters.* de HOPPE-SEY-LER, fasc. IV, p. 441 et 502, 1871. *Verhandl. d. naturf. Ges. zu Basel.*, t. 6, p. 138, 1874, Les dernières recherches sur les nucléines ont été faites par KOSSEL, *Zeitsch. f. physiol Chemie*, t. 3, p. 284, 1879, t. 4, p. 290, 1880 ; t. 5, p. 152 et 267, 1881. *Untersuchungen über die Nucleine.* Strasbourg, 1881 *Zeitschr. f. physiol. Chem.*, t. 6, p. 422, 1882 ; t. 7, p. 7, 1882.

L'importante question de savoir si les nucléines de nos tissus proviennent des nucléines des aliments, et si par conséquent celles-ci rentrent dans la catégorie des aliments indispensables, ou bien si les nucléines se forment par synthèse dans notre organisme, est aussi peu résolue que la question de l'origine des lécithines. La présence des nucléines dans le lait [1] paraît parler en faveur de la première hypothèse, leur digestion difficile par contre serait un argument en faveur de la seconde. Des expériences entreprises dans le laboratoire de Hoppe-Seyler [2] ont démontré que la digestion pancréatique n'est pas plus efficace sur les nucléines que la digestion gastrique. On a trouvé de grandes quantités de nucléine dans les fèces de chien. On n'a pourtant pas encore entrepris le dosage comparatif de la nucléine dans les aliments et dans les fèces. C'est pourquoi nous ne savons pas encore si la nucléine est absolument inassimilable, ou si une partie est assimilée et dans quelle proportion.

L'observation suivante, faite par Miescher [3] sur le saumon du Rhin, parle en faveur de la production par synthèse dans l'organisme des nucléines, aussi bien que des lécithines. Chaque année les saumons de la mer remontent le courant pour venir frayer dans le Haut-Rhin. A l'époque de cette pérégrination l'ovaire augmente de 0,4 à 19-27 o/o du poids du corps. La migration dure de quatre à quatorze mois. Pendant tout ce temps les saumons ne prennent aucune nourriture ; leur intestin est régulièrement trouvé vide. Les matériaux servant à l'accroissement de l'ovaire doivent donc nécessairement être fournis par la musculature du corps, qui forme la masse principale du poids de l'animal. Par des observations comparatives faites sur des exemplaires ayant une colonne vertébrale exactement de la même longueur, Miescher a démontré que les muscles disparaissent en raison du développement des ovaires, et que le gros muscle du tronc à lui seul accuse une diminution de poids et de matières albuminoïdes suffisante pour couvrir l'augmentation de l'ovaire. Les œufs sont très riches en nucléine et en lécithine, tandis que le

---

[1] LUBAVIN a démontré la présence de la nucléine dans le lait, *Med. chem. Unters.*, de HOPPE-SEYLER, fasc. IV, p. 463, 1871. *Ber. der deutsch. chem. Ges.*. t. 10. p. 2237, 1877 ; et t. 12, p. 1021, 1879. HAMMARSTEN a montré que la nucléine du lait y est contenue à l'état de nucléo-albumine, *Zeitschr. f. physiol. Chem.*, t. 7. p. 227, 1883.

[2] BÓKAY, *Zeitschr. f. physiol. Chem.*, t. 1, p. 157, 1877.

[3] MIESCHER, *Stastische u. biologische Beiträge zur Kenntniss vom Leben des Rheinlachses. Separatabdruck aus der schweiz. Litteratur sammlung zur internat. Fischerei. Ausstellung in Berlin*, 1880, p. 183 et *Arch. für Anat. und Physiol.*, 1881. Anatom. Abth., p. 193.

muscle n'en contient que de petites quantités. On trouve dans le muscle beaucoup d'acide phosphorique, mais sous une autre forme, peut-être fixé légèrement aux matières albuminoïdes comme sel de potasse. Miescher conclut de ces observations que, sous l'influence des transpositions chimiques les plus profondes, les combinaisons caractéristiques de l'œuf prennent naissance des matières albuminoïdes, de la graisse et des phosphates des muscles.

Il est possible que la CHOLESTÉRINE rentre aussi dans les aliments indispensables à l'homme. Comme les lécithines et les nucléines, la cholestérine est un composant normal de tous les tissus animaux et végétaux et du lait [1]. Mais nous sommes encore dans l'ignorance sur les origines de la cholestérine ; nous ne savons pas si elle ne se forme que dans la plante et passe de là, directement ou indirectement, avec la nourriture dans l'organisme animal ou si, au moyen d'autres matériaux, elle peut aussi se former dans le corps de l'animal. Elle est analogue aux lécithines et aux graisses par son insolubilité dans l'eau, sa solubilité dans l'éther et l'alcool ; elle en diffère par son insolubilité dans la potasse bouillante. Elle ne peut être saponifiée, car cette combinaison n'est pas un éther, mais un alcool univalent de la composition $C_{25}H_{44}OH + H_2O$. La constitution chimique de cette combinaison n'est pas connue, pas plus que son importance physiologique.

Enfin, parmi les aliments organiques insdispensables à l'homme, il nous reste à considérer certaines COMBINAISONS DE FER.

Notre corps contient une quantité de fer relativement grande. En incinérant des animaux entiers, j'ai trouvé par kilogramme d'animal les quantités de fer suivantes [2] :

Jeune lapin de 14 jours. . . . . 0 gr. 044 Fe.
Jeune chat de 19 jours . . . . 0 » 047 »

En admettant ces chiffres pour l'organisme humain, nous trouvons pour un corps de 70 kilogrammes une quantité de fer de 3,1 à 3,3 grammes. La plus grande partie de ce fer se trouve dans notre corps sous forme

---

[1] TOLMATSCHEFF, *Med. chem. Unters.*, de HOPPE-SEYLER, fasc. II, p. 272, 1867, et SCHMIDT-MULHEIM, *Pflüger's Archiv.*, t. 30, p. 384, 1883.

[2] BUNGE, *Zeitschr. f. Biolog.*, t. 10, p. 319-323, 1874.

de combinaison organique complexe, d'*hémoglobine*, une des parties constituantes du sang. Notre corps contient, d'après Bischoff[1], de 7, 1 à 7,7 o/o de sang, et d'après C. Schmidt[2] le sang contient 0,049- 0,051 o/o de fer, presque exclusivement sous forme d'hémoglobine. La quantité de fer contenue dans le sang d'un homme de 70 kilogrammes serait donc de 2,4 à 2,7 grammes.

La question de l'origine de l'hémoglobine s'impose à nous. La nourriture de la plupart des vertébrés ne contient pas trace d'hémoglobine. Elle manque complètement dans la nourriture des herbivores. Elle manque en outre dans la nourriture de tous les carnivores qui se nourrissent d'invertébrés. On ne trouve de faibles traces d'hémoglobine que chez un petit nombre d'invertébrés [3]. Ce ne sont donc presque exclusivement que les carnassiers se nourrissant de vertébrés qui absorbent de l'hémoglobine préformée. Mais il est probable que chez ceux-ci aussi l'hémoglobine du sang ne provient pas de l'hémoglobine de la nourriture. Celle-ci se décompose rapidement sous l'action des sucs digestifs ; le fer se dédouble sous forme d'hématine, et nous ne savons même pas si une partie de cette hématine est résorbée, des dosages pouvant trancher cette question n'ayant pas encore été faits. Nous retrouvons en tous cas toujours une quantité notable d'hématine dans les fèces après une alimentation riche en hémoglobine.

De quels matériaux se forme donc l'hémoglobine ?

Comme jusqu'à présent on a toujours trouvé des sels de fer inorganiques dans les cendres de tous les aliments, on a admis que le fer était contenu dans notre alimentation à l'état de sels, et que l'hémoglobine était un produit de la synthèse de ces sels avec une matière albuminoïde. On était encore fortifié dans cette croyance par les résultats que l'on croyait observer de l'emploi de préparations de fer inorganique dans le traitement de la chlorose.

La preuve de l'efficacité du fer dans le traitement de la chlorose, pouvant résister victorieusement aux attaques d'une critique serrée, n'a jusqu'à présent pas été faite. Il est notoire que la chlorose est une affec-

---

[1] TH. L.-W. BISCHOFF, *Zeitschr. f. wissensch. Zoologie*, t. 7, p. 331, 1855, et t. 9, p. 65, 1857.

[2] C. SCHMIDT, *Charakteristik d. epidemischen Cholera.* Leipzig et Mittau, 1850, p. 30 et 33.

[3] E. RAY-LANKESTER, *Pflüger's Archiv.*, t. 4, p. 315, 1871. *Proceedings of Royal Soc,* N. 21, p. 70, 1872.

tion qui guérit souvent sans le secours du médecin. Le seul moyen pour prouver que par l'administration de préparations de fer le déficit d'hémoglobine est couvert plus rapidement serait celui de la statistique. Mais jusqu'à présent personne ne s'est donné la peine de rassembler un matériel statistique authentique et suffisant[1]. Ce travail présenterait aussi des difficultés presque insurmontables, cette affection étant rarement traitée dans les hopitaux. Récemment on a cru trouver la preuve d'un rapport de causalité entre l'absorption de préparations de fer et l'augmentation de la production d'hémoglobine en déterminant le nombre des corpuscules sanguins avant et après l'absorption du fer, et en faisant le dosage photométrique de l'hémoglobine dans le sang. Mais on oublie que de cette manière on ne peut démontrer que le *post hoc* et jamais le *propter hoc*[2]. On reconnaîtra le *post hoc* bien mieux et d'une manière bien plus simple à la coloration des joues, des oreilles et des muqueuses. On ne peut démontrer le *propter hoc* que par la voie de la statistique, ce qui n'a pas été fait jusqu'ici.

Il est cependant à remarquer qu'il existe peu de remèdes de l'efficacité desquels les médecins soient aussi convaincus que de celle du fer dans la chlorose. Le fer n'est pas non plus un de ces médicaments de vogue, dont le temps a bientôt raison. L'emploi du fer est aussi vieux que l'histoire de la médecine. Les médecins les plus sceptiques, qui mettent en doute l'efficacité de tous les autres remèdes, croient pourtant au fer. Ils nous assurent que la chlorose, mal souvent si opiniâtre, cède presque sans exception après quelques semaines d'un vigoureux traitement au fer[3].

[1] Lire là-dessus C. LIEBERMEISTER, *Ueber Wahrscheinlichskeitsrechnung in Anwendung auf therapeutische Statistik* dans R. VOLKMANN's, *Sammlung Klinischer Vorträge*, n° 110, 1877. ED. HAGENBACH-BISCHOFF, *Die Anwendung der Wahrscheinlichkeitsrechnung auf die therapeutische Statistik und die Statistik überhaupt. Verhandl d. naturforschenden Ges. in Basel.* Th 6, fasc. III, p. 516, 1878. A. FICK, *Medicinische Physik, Braunschweig*, 1885. Suppl. *Ueber Anwendung der Wahrscheinlichkeitsrechnung auf medicinische Statistik.*

[2] On doit considérer en outre qu'il est impossible de conclure à une augmentation ou à une diminution de la totalité de l'hémoglobine de la masse du sang par des déterminations de la quantité d'hémoglobine contenue dans l'unité de volume du sang. Malgré une quantité absolue de corpuscules sanguins égale, leur quantité dans l'unité de volume peut différer beaucoup, le contenu du système vasculaire étant soumis à de grandes fluctuations par l'entrée et la sortie de la lymphe dans le courant sanguin. Le rapport relatif des corpuscules sanguins au plasma peut varier sans que la quantité absolue des corpuscules change. Voir ANDREESEN, *Ueber die Ursachen der Schwankungen im Verhältniss der rothen Blutkörperchen zum Plasma. Diss.* Dorpat., 1883.

[3] On doit sans doute admettre la possibilité qu'un homme sans idées préconçues, ayant

Tout en reconnaissant un rapport de causalité entre l'administration du fer et l'augmentation de l'hémoglobine dans la chlorose, une question reste cependant pendante : ce rapport est-il vraiment aussi simple et direct qu'on l'admet généralement? Les préparations de fer donnent elles vraiment les matériaux pour la production de l'hémoglobine? Ou bien le fer n'agit-il peut-être qu'indirectement, favorisant la production de l'hémoglobine ou empêchant sa destruction?

On peut faire les objections suivantes à l'hypothèse d'une utilisation directe des préparations de fer comme matériaux de l'hémoglobine : nous ignorons premièrement si les préparations de fer inorganiques sont résorbées. Pour trancher cette question, Hamburger a institué les recherches les plus minutieuses sur un chien [1]. Auparavant, il avait fait à l'animal une fistule biliaire. Malheureusement on dut renoncer à la tentative de recueillir la bile, celle-ci ne coulant que par intermittences et les fèces n'étant pas exemptes de bile. Le chien de 8 kilogrammes recevait journellement 300 grammes de viande contenant 15 milligrammes de fer. Pendant les douze jours que dura l'expérience, le chien reçut donc en tout 180 milligrammes de fer. On en retrouva 38,4 milligrammes dans l'urine, 136,3 dans les fèces et 1,8 dans la bile : en tout 176,5 milligrammes. Pendant les neuf jours suivants on ajouta à la même nourriture chaque jour 49 milligrammes de fer sous forme de sulfate, et pendant les quatre derniers jours l'animal ne reçut de nouveau que la ration de viande primitive sans addition de fer. Pendant ces treize jours, l'animal avait absorbé 195 milligrammes de fer avec la viande et 441 milligrammes sous forme de sulfate, en tout 636 milligrammes. Dans l'urine reparurent 58,4 milligrammes, dans les fèces 549,2, dans la bile 0,2, en tout 608,4 milligrammes.

L'augmentation de l'excrétion du fer par l'urine est insignifiante. La quantité de fer contenue dans l'urine s'est élevée en moyenne, pendant les six jours précédant l'ingestion du sulfate de fer, à 3,6 milligrammes

une bonne mémoire, soit en état de rassembler un riche matériel statistique et d'en tirer une conclusion logique et juste, sans avoir eu besoin pour cela de tenir un protocole écrit. Des milliers d'expériences dans d'autres domaines pratiques, où l'on a aussi affaire à des manifestations vitales complexes, tels que l'agriculture, le jardinage, l'élevage des bestiaux, la chasse, la pêche. ont été faites de cette manière, et confirmées ensuite par la science Mais d'un autre côté, nous avons dans la science le droit de n'accepter aucune conclusion, tant que l'on ne nous présente pas les preuves à l'appui.

[1] E.-W. Hamburger, *Zeitschr. f. physiol. Chem.,* t. 2, p. 191, 1878.

Cette quantité n'a pas varié pendant les cinq premiers jours de l'absorption du sulfate. Dans les six jours qui suivirent, elle a augmenté un peu, en moyenne de 2 milligrammes par jour, donc en tout de 12 milligrammes, pour redevenir ensuite normale. Une seconde expérience faite par Hamburger dans les mêmes conditions, sur un second chien, produisit les mêmes résultats.

. Les différences entre les quantités absorbées et les quantités sécrétées ne nous permettent aucune conclusion; elles rentrent dans les limites des erreurs inévitables. Il est de même difficile de tirer une déduction quelconque de la légère augmentation de fer dans l'urine. Chose importante à noter, c'est que dans les deux expériences cette augmentation ne s'est produite qu'au bout de quelques jours. On pourrait peut-être trouver une explication à ce fait dans les travaux de Kobert[1] et de Cahn[2] sur la résorption des sels de manganèse. Ces auteurs ont démontré que la paroi de l'intestin ne laisse pas traverser les sels de manganèse qui ne sont résorbés qu'une fois que l'épithélium intestinal a été entamé.

- L'impression qu'on retire de cette expérience est que les sels de fer inorganiques ne sont pas du tout résorbés. Cette conclusion pourra ne pas satisfaire un contradicteur sceptique. Il m'objectera d'abord que la quantité de fer dont l'organisme a besoin pour la production de l'hémoglobine est peut-être si petite qu'elle tombe encore dans les limites d'erreur d'un dosage de ce genre. Il pourra m'opposer en outre que l'absence d'augmentation dans la sécrétion du fer par les reins ne permet pas de conclure à l'absence de résorption de celui-ci, le fer pouvant parfaitement être éliminé par une autre voie. La question de la résorption des préparations de fer ne pourra pas être tranchée tant que nous ne serons pas bien fixés sur les voies d'élimination de ce métal.

La quantité de fer que l'on rencontre normalement dans l'urine est toujours minime, tandis que les fèces en contiennent des quantités relativement grandes. Mais dans cette masse on ne sait pas pour quelle part rentre le fer non résorbé et pour quelle part le fer éliminé par l'intestin[3]. C'est pourquoi il est nécessaire de déterminer le fer dans les fèces d'ani-

---

[1] KOBERT, *Arch. f. exper. Path. u. Pharm.*, t. 16, p. 378-380, 1883.
[2] CAHN, *Arch. f. exper Path. u. Pharm*, t. 18, p. 141-143, 1884.
[3] BIDDER u. SCHMIDT, *Die Verdauungssäfte und der Stoffwechsel*. Mitau et Leipzig, 1852, p. 411.

maux affamés. Bidder et Schmidt ont trouvé dans l'urine d'un chat à jeun 0 gr.,0014 à 0 gr.,017 de fer, et dans les fèces six à dix fois plus. Quelle est la voie suivie par le fer pour entrer dans les fèces? On a souvent prétendu que la bile était le véhicule transportant le fer dans l'intestin. Je ne suis jamais parvenu à me convaincre de la chose. Je n'ai jamais trouvé que des traces impondérables de fer dans les cendres de grandes quantités de bile de bœuf, de porc, d'homme et de chien. Hamburger [1] n'a trouvé dans la bile de vingt-quatre heures de chiens nourris à la viande que des traces impondérables de fer, et l'absorption de sulfate de fer par l'estomac ne provoqua pas la moindre augmentation. Parmi les autres sucs se déversant dans l'intestin, le suc gastrique est le plus riche en fer, et sa contenance dépasse de beaucoup celle de la bile. Le fer pourrait aussi être éliminé par la paroi intestinale, peut-être par l'intermédiaire des leucocytes, qui paraissent jouer un rôle actif aussi bien dans l'excrétion que dans la résorption. L'explication la plus plausible me paraît être celle qui fait dériver le fer contenu dans les fèces d'animaux à jeun de la desquamation des cellules épithéliales de l'intestin. D'après les analyses de C. Schmidt [2], l'épithélium intestinal séché contient 0,46 o/o de fer, donc plus que l'hémoglobine!

. Si l'on fait des injections intra-veineuses ou sous-cutanées d'une solution d'un sel de fer, celui-ci apparaît bientôt à la surface de l'intestin. Mais il n'est pas dit que les combinaisons de fer produites par la désassimilation, doivent nécessairement prendre le même chemin.

Buchheim et Mayer [3] ont trouvé, peu d'heures après l'injection d'une solution d'un sel de fer dans la jugulaire d'animaux à jeun, la muqueuse intestinale recouverte d'une sécrétion riche en oxyde de fer. Ce fait paraît être en contradiction avec l'observation faite par Quincke [4] qui, après l'injection de lactate de fer dans la jugulaire, n'a pas trouvé de fer dans les anses intestinales isolées par la méthode de Thiry. Il est vrai qu'il est possible que l'anse intestinale isolée n'ait pas conservé toutes ses fonctions normales, et il n'est pas nécessaire que toutes les parties de l'intestin prennent la même part à l'élimination du fer.

---

[1] HAMBURGER, *Zeitschr. f. physiol. Chem.*, t. 4, p. 248, 1880.
[2] BIDDER u. SCHMIDT, *l. c.*, p. 267.
[3] AUG. MAYER, *De ratione, qua ferrum mutetur in corpore. Diss. Dorpati*, 1850.
[4] H. QUINCKE, *Du Bois's Archiv.*, 1868, p. 150.

En harmonie avec les observations de Mayer sur le fer se trouvent les observations de Cahn sur les sels de manganèse. Des sels de manganèse injectés par la voie intra-veineuse à des lapins, reparurent dans l'urine et dans le contenu de l'estomac et de l'intestin. Après avoir lavé l'intestin et, au moyen d'une circulation artificielle avec une solution de sel marin, l'avoir débarrassé de tout son sang, on trouva dans la paroi intestinale une quantité notable de manganèse. Si par contre on administrait pendant longtemps les sels de manganèse par la voie gastrique, on n'en retrouvait pas trace dans la paroi intestinale, ni dans aucun organe, ni dans l'urine.

Le manganèse trouvé dans la paroi intestinale était donc sans contredit en voie d'être éliminé.

Si nous songeons à la finesse des méthodes qui nous permettent de révéler la présence du manganèse dans les cendres, nous sommes obligés d'accepter la conclusion de la non-résorption du manganèse par la voie intestinale.

Il est regrettable que l'on ne puisse suivre le fer de la même manière dans ses voies de résorption et d'élimination, mais la chose n'est pas possible, le fer étant un composant normal de tous les tissus et de tous les liquides de notre organisme. L'injection de sels de fer dans le sang provoque des symptômes d'intoxication : chute de la pression vasculaire, symptômes intestinaux analogues à ceux qui sont produits par l'arsenic et l'antimoine, troubles de la motilité causés par une paralysie du système nerveux central[1]. Une partie du fer est éliminée par les reins et provoque une affection rénale[2]. On n'observe aucun de ces symptômes lors de l'administration du fer par la voie gastrique. Cette observation milite aussi en faveur de la non-résorption du fer par l'estomac. Cependant il reste encore une objection, quand même celle-ci peut paraître osée. Il serait possible que le fer résorbé par l'intestin, peut-être en passant à travers le foie, fût transformé en une combinaison organique anodine et n'étant pas éliminée par les reins. Une transformation de ce genre serait sans précédent.

Si les arguments ci-dessus sont insuffisants à prouver la non-résorbabilité des sels de fer, ils la montrent cependant probable au plus haut

---

[1] Meyer u. Williams, *Arch. f. exper. Path. und Pharm.*, t. 13, p 70, 1880.
[2] Kobert, *l. c.*

point. Il est tout à croire que les résultats obtenus par Hamburger doivent être interprétés dans le même sens que les expériences non équivoques de Cahn avec les sels de manganèse.

La nature du sel de fer introduit dans l'estomac est assez indifférente au point de vue de sa résorption. Le suc gastrique les transforme tous en chlorure et en perchlorure. Au contact de la paroi abdominale, dont la réaction toujours alcaline est produite par le carbonate de soude, le perchlorure se transforme en oxyde qui, par suite de la présence de matières organiques, reste en solution ; le chlorure est transformé en carbonate ferreux qui reste aussi dissous dans l'acide carbonique et les substances organiques. On ne peut donc pas expliquer la non-résorption par l'insolubilité. Enfin, sous l'action des combinaisons sulfurées et des agents réducteurs — l'hydrogène naissant et d'autres produits de dédoublement facilement oxydables — les combinaisons du fer sont transformées en sulfure et éliminées par les fèces. Les combinaisons des oxydes de fer avec des acides organiques doivent se comporter exactement de la même manière, et nous rangeons aussi les matières albuminoïdes parmi les acides organiques. Les albuminates de fer sont immédiatement décomposés par l'acide chlorhydrique du suc gastrique [1] avec formation de chlorure et de perchlorure de fer.

Notre alimentation doit donc renfermer des combinaisons de fer toutes différentes, inattaquables par les sucs intestinaux, résorbables et formant les matériaux pour la production de l'hémoglobine.

Pour chercher à découvrir ces combinaisons, j'ai entrepris des recherches sur les substances conténant du fer dans le vitellus et le lait [2]. Le vitellus ne contient pas d'hémoglobine ; mais il doit contenir une combinaison dont celle-ci dérive, car l'hémoglobine se forme du vitellus pendant l'incubation sans que rien ne pénètre du dehors. Le lait, comme nourriture exclusive du nourrisson, doit aussi contenir une substance propre à la formation du sang.

---

[1] Si au point de vue de la résorption il est indifférent d'administrer n'importe quelle préparation de fer, on doit pourtant dans la pratique médicale faire entrer d'autres facteurs en considération dans le choix des préparations. Avant tout on doit chercher à ménager la muqueuse gastrique. En solution acide les sels de fer sont corrosifs, ce qui n'est pas le cas pour les solutions neutres. C'est pourquoi l'on doit préférer les pilules dans lesquelles le fer est enveloppé de gomme. L'enveloppe ne se dissout que dans l'intestin, et le fer, se trouvant en contact avec le suc entérique alcalin, ne pourra plus exercer d'action corrosive sur la paroi intestinale.

[2] G. BUNGE, *Zeitschr. f. physiol. Chem.*, t. 9, p. 49, 1884.

Si l'on extrait par l'alcool et l'éther le vitellus des œufs de poule, ces extraits sont exempts de fer. Tout le fer se trouve dans le résidu qui comporte environ un tiers de la substance sèche du vitellus et est formé par les matières albuminoïdes et les nucléines. Ce résidu est très riche en fer, mais celui-ci ne s'y trouve pas à l'état de sel. On peut le démontrer par le fait que le fer ne peut pas en être extrait par l'alcool additionné d'acide chlorhydrique. Tous les sels de fer avec des acides inorganiques ou organiques, parmi lesquels on doit ranger les matières albuminoïdes, abandonnent immédiatement du fer à l'alcool chlorhydrique. Le résidu du vitellus insoluble dans l'éther se dissout facilement dans l'acide chlorhydrique très étendu (1 o/oo). Si l'on ajoute de l'acide tannique ou salicylique à cette solution, il se produit un précipité blanc. Mais si à la même solution on ajoute ne serait-ce qu'une trace de perchlorure de fer, et que l'on agite en y ajoutant de l'acide tannique ou salicylique, on verra immédiatement se produire une coloration bleue ou rouge.

Le fer est contenu dans le vitellus sous forme de combinaison nucléo-albuminée. En digérant le vitellus avec du suc gastrique, les matières albuminoïdes sont transformées en peptone et le fer se trouve dans le résidu non digéré et insoluble, la nucléine [1]. Le fer n'est pas non plus précipitable de cette nucléine par l'alcool chlorhydrique. Elle l'abandonne lentement à l'acide chlorhydrique aqueux, d'autant plus vite que la solution est plus concentrée.

La nucléine contenant le fer est soluble dans l'ammoniaque. Si l'on ajoute un peu de ferro-cyanure de potasse à la solution ammoniacale et là-dessus de l'acide chlorhydrique en excès, il se sépare d'abord un précipité blanc, qui se colore peu à peu en bleu, d'autant plus vite que l'excès d'acide est plus grand et l'acide plus concentré. Si, au lieu de

---

[1] MIESCHER a le premier préparé la nucléine du vitellus. Sa méthode de préparation diffère cependant de la mienne, et je soupçonne que l'action de l'acide chlorhydrique du suc gastrique a séparé la plus grande partie du fer de sa combinaison. Si cela n'était pas le cas, il n'est pas probable que la notable quantité de fer ait échappé à MIESCHER. Dans ma méthode de préparation le ferment pepsique n'agit que très peu de temps sur la solution des nucléo-albuminates dans de l'acide chlorhydrique très étendu. Dans la méthode de MIESCHER un suc gastrique contenant 3-4 o/oo HCl (10 cc. d'acide chlorhydrique fumant sur 1 litre d'eau) agit pendant dix-huit à vingt-quatre heures sur le vitellus extrait par l'alcool et l'éther. Dans ma méthode de préparation la concentration de l'acide chlorhydrique dépasse peu 1 o/oo et on cesse de chauffer à la température du corps dès que la combinaison de nucléine avec le fer commence à se séparer de la solution sous forme d'un trouble nuageux (Voir MIESCHER dans HOPPE-SEYLER, *Med. chem. Untersuch*, p. 504 et 454).

ferro-cyanure, on ajoute à la solution ammoniacale du ferri-cyanure de potasse et de l'acide chlorhydrique, le précipité qui en résulte reste blanc. Le fer se sépare donc de la combinaison organique à l'état d'oxyde ferrique et non à l'état d'oxyde ferreux. Si l'on ajoute une goutte de sulfure d'ammonium à la solution ammoniacale, il ne se produit d'abord pas de changement de couleur; au bout d'un certain temps on distingue une légère coloration verte qui augmente lentement d'intensité, de sorte que le jour suivant le liquide est noir et opaque. Le changement de couleur se produit d'autant plus vite que la quantité de sulfure d'ammonium est plus grande. Le changement de couleur se produit presque instantanément lorsqu'on ajoute du sulfure d'ammonium à une solution ammoniacale d'un albuminate de fer artificiel.

Le fer est donc lié plus fortement dans la nucléine du vitellus que dans les albuminates, mais bien moins que dans l'hématine, dans laquelle on ne peut révéler sa présence à l'aide des réactifs ordinaires. L'analyse élémentaire de cette nucléine m'a donné la composition suivante:

C.	42,11	P.	5,19
H.	6,08	Fe..	0,29
Az..	14,73	O.	31,05
S.	0,55		

L'hémoglobine dérive sans aucun doute de cette combinaison. Car le vitellus ne contient pas d'autres combinaisons de fer que celle-ci en quantité appréciable. C'est pourquoi j'ai proposé pour cette combinaison le nom d'*hématogène*[1]. Si l'on suppose le phosphore séparé de la molécule d'hématogène à l'état d'acide phosphorique, il nous reste une molécule ayant la même contenance en fer que l'hémoglobine. L'hémoglobine du sang de poulet contient 0,34 o/o de Fe[2].

Je n'ai jusqu'à présent pas réussi à isoler les combinaisons de fer du lait. Pour le moment tout ce que je puis dire c'est que ces combinaisons sont également de nature organique. Il en est de même de nos aliments végétaux les plus importants, les céréales et les légumineuses.

---

[1] Le nom de hémoglobinogène vaudrait mieux, mais il est trop long.

[2] A. JAQUET, *Beitr. z. Kenntniss d. Blutfarbstoffes. Diss. Basel*, 1889, et *Zeitsch. f. phy. siol. Chem.* t. XIV, p. 289, 1890.

Le fer de celles-ci aussi se trouve à l'état de combinaison organique très stable. Il en sera probablement de même pour tous les aliments des animaux. L'hémoglobine se forme de combinaisons de fer organiques complexes, élaborées par le processus vital de la plante.

Retournons maintenant à la question de l'action du fer dans la chlorose. Les considérations précédentes nous ont fait entrevoir comme très probables les trois propositions suivantes, qu'il s'agit de concilier ensemble : 1° les préparations de fer inorganiques favorisent la formation de l'hémoglobine chez les chlorotiques; 2° les sels de fer ne sont pas résorbés; 3° notre nourriture ne contient que des combinaisons organiques de fer.

L'hypothèse suivante me paraît pouvoir se concilier avec les trois catégories de faits : nous devons admettre que les préparations de fer préservent les combinaisons de fer organiques de la décomposition dans l'intestin. J'ai mentionné plus haut le fait que le sulfure d'ammonium dédouble lentement ces combinaisons organiques et en sépare le fer. Les sulfures alcalins existent aussi dans l'intestin, surtout dans les cas de troubles de la digestion, si fréquents dans la chlorose. Par la présence des préparations de fer inorganiques, le soufre des sulfures alcalins sera lié avant qu'il ait pu agir sur les combinaisons organiques. Ces combinaisons préservées de la décomposition sont alors résorbées.

La quantité de suc gastrique sécrété dans la chlorose paraît être insuffisante (peut-être par suite de la pauvreté du sang), ce qui permet aux organismes de la fermentation de pénétrer dans l'intestin. L'importance capitale du suc gastrique est probablement dans l'action antiseptique de l'acide chlorhydrique libre (voir neuvième leçon). Une quantité d'acide chlorhydrique insuffisante laisse libre passage aux spores et aux bactéries, et en particulier à celles qui produisent la fermentation butyrique. Dans la fermentation butyrique, de l'hydrogène est mis en liberté. Cet hydrogène naissant agit sur les combinaisons sulfurées des aliments, les réduit et donne naissance aux sulfures alcalins. Ceux-ci détruisent les combinaisons organiques de fer. C'est ce qui rend digne d'attention la nouvelle théorie d'après laquelle l'acide chlorhydrique serait encore plus actif que le fer dans le traitement de la chlorose[1].

[1] ZANDER, *Virchow's Arch.*, t. 84, p. 117, 1881.

L'expérience des médecins qui ont constaté que le fer n'agit efficacément que dans les cas de chlorose typique, et pas dans les autres formes d'anémie, se trouve ainsi en parfait accord avec mon hypothèse. Dans toutes les formes d'anémie où les causes de la perturbation dans la production du sang se trouvent au-delà de la paroi intestinale, il est naturel que les préparations de fer inorganiques restent sans effet. Enfin l'opinion de la plupart des médecins, d'après laquelle le fer ne serait efficace qu'à hautes doses, se trouve aussi d'accord avec ma théorie. Des quantités notables de fer sont nécessaires pour neutraliser les sulfures alcalins de l'intestin; de petites quantités suffiraient comme matériel pour la production de l'hémoglobine.

Qu'il soit cependant bien entendu qu'avec mon hypothèse je n'ai voulu expliquer que le mode d'action du fer et pas du tout la nature de la chlorose. L'étiologie de la chlorose n'en reste pas moins complètement obscure. Il n'est pas dit du tout que les troubles de la digestion soient la cause première de cette affection. Virchow[1] a signalé le fait que les cadavres des chlorotiques présentent généralement un développement insuffisant du système vasculaire, surtout du cœur et des grands troncs artériels, et il est d'avis que cet état n'a pas été produit par le manque de sang, mais qu'il s'agit d'une « aplasie » ou plutôt d'une « hypoplasie ». La prédisposition du sexe féminin à l'époque de la puberté est aussi un argument contre l'opinion qui veut ramener la chlorose à des troubles de l'appareil digestif. Les troubles de la digestion ont pour seul effet d'empêcher l'organisme de réagir contre le mal.

Je voudrais revenir encore sur l'expérience de Hamburger. La petite augmentation du fer éliminé par les reins, qu'il a observée après l'administration du sulfate de fer par la voie gastrique, peut aussi s'expliquer dans le sens de mon hypothèse. Les sels de fer inorganiques ont joué le rôle de préservatifs pour les combinaisons organiques et en ont empêché la décomposition dans l'intestin. En effet le fer apparu dans les urines ne s'y trouvait pas à l'état de sel, mais sous forme de combinaison organique[2].

---

[1] Virchow, *Ueber die Chlorose und die damit zusammenhängenden Anomalien im Gefässapparate, insbesondere über Endocarditis puerperalis*. Discours. Berlin, 1878.

[2] G. Harley a le premier émis l'opinion que le fer contenu dans les urines s'y trouvait à l'état de combinaison organique et cela sous forme de matière colorante. *Verhandl. d. physikalisch. chem. Gesellschaft in Würzburg*, t. 5, p. 1, 1855.

SEPTIÈME LEÇON

LES ALIMENTS INORGANIQUES

Dans les considérations qui précèdent, nous avons laissé de côté les aliments inorganiques, les *sels* et l'*eau*.

La présence de sels inorganiques dans les aliments est indispensable à l'homme, mais dans cette étude nous serons obligés de distinguer nettement l'organisme en état de croissance et l'organisme complètement développé. Il est évident à première vue que le premier a besoin d'une quantité considérable de sels inorganiques pour l'édification de son corps. Nous trouverons dans la composition du lait la meilleure échelle qualitative et quantitative des sels nécessaires à cet effet. Un nourrisson de 6 à 7 kilogrammes [1] consomme journellement environ 1 litre de lait. Celui-ci contient [2] :

K_2O	0,78 grammes.
Na_2O	0,23 »
CaO	0,33 »
MgO	0,06 »
Fe_2O_3	0,004 »
P_2O_5	0,47 »
Cl	0,44 »

[1] Le jeune enfant atteint d'ordinaire ce poids à l'âge de six mois. J'ai choisi ce moment pour le tableau ci-dessus, parce qu'ainsi les chiffres sont plus compréhensibles. Dans ces nombres on n'a qu'à reculer la virgule d'un chiffre à droite pour avoir la quantité de matière inorganique nécessaire à un adulte, en supposant ce besoin proportionnel au poids du corps. Les chiffres obtenus de cette manière n'ont cependant de valeur que comme chiffres maxima. Nos considérations ultérieures nous font admettre comme probable que l'adulte n'a besoin que d'une quantité de sels inorganiques beaucoup plus faible.

[2] G. BUNGE, *Zeitschr. f. Biologie*, t. 10, p. 316, 1874.

Il serait très intéressant de comparer la composition du lait et celle du nourrisson. Malheureusement nous ne possédons pas d'analyse de la cendre totale produite par la combustion d'un jeune enfant. Une analyse comparative de lait de chienne et de la cendre d'un chien de quatre jours m'a donné les résultats suivants [1]. J'y joins une analyse des cendres du sang ainsi qu'une analyse d'un jeune lapin et d'un jeune chat à la mamelle.

100 PARTIES DE CENDRES CONTIENNENT	ANIMAUX A LA MAMELLE			LAIT de CHIENNE	SANG de CHIEN	SERUM de CHIEN
	LAPIN	CHIEN	CHAT			
K_2O..........	10, 8	8, 5	10, 1	10, 7	3, 1	2, 4
Na_2O..........	6, 0	8, 2	8, 3	6, 1	45, 6	52, 1
CaO..........	35, 0	35, 8	34, 1	34, 4	0, 9	2, 1
MgO..........	2, 2	1, 6	1, 5	1, 5	0, 4	0, 5
Fe_2O_3..........	0,23	0,34	0,24	0,14	9, 4	0,12
P_2O_5..........	41, 9	39, 8	40, 2	37, 5	13, 2	5, 9
Cl..........	4, 9	7, 3	7, 1	12, 4	35, 6	47, 6

Cette comparaison produit ce résultat surprenant que le rapport entre les différents sels inorganiques est à peu près identique dans le lait et dans l'ensemble de l'organisme du jeune animal. Cette identité est d'autant plus remarquable, que la composition des cendres du sang est absolument différente. La cellule épithéliale de la glande mammaire ne tire pas sa nourriture du sang directement, mais de la transsudation inter-cellulaire, qui offre une différence encore plus grande dans la composition de ses cendres. La cendre du lait est un peu plus riche en potasse et un peu plus pauvre en soude que la cendre du jeune animal. On peut expliquer ce fait téléologiquement par l'observation que j'ai pu faire dans une série d'analyses [2], qu'à mesure que l'animal grandit il contient relativement plus de potasse et moins de soude. Cela provient probablement de l'augmentation relative de la masse musculaire riche en potasse et de la diminution des cartilages riches en soude. La cendre

[1] BUNGE, *l. c.*, p. 326 et DU BOIS'S, *Archiv.*, 1886, p. 539.
[2] BUNGE, *l. c.*, p. 324.

du lait contient en outre plus de chlore ; mais on doit songer que les chlorures ne servent pas seulement à la formation des organes, mais qu'ils participent encore à l'élaboration des sucs digestifs, et que le chlore de l'intestin n'est peut-être plus complètement résorbé. Les chlorures paraissent en outre jouer un rôle dans la sécrétion rénale. Les produits azotés de la désassimilation ne sont pas éliminés simplement en solution aqueuse ; il est nécessaire qu'une certaine quantité de chlorures participe en même temps à la diffusion [1]. Le fait que les diurétiques ont pour effet d'augmenter l'élimination du chlore en est une preuve.

La cellule épithéliale de la glande mammaire prend donc à un plasma sanguin d'une composition absolument différente les sels inorganiques nécessaires au jeune animal, et cela exactement dans les proportions voulues pour permettre à l'animal de se développer et d'acquérir une composition semblable à celle de ses parents.

Ce fait suffit à lui seul pour réfuter toutes les tentatives d'explication mécanique de la sécrétion des glandes. Il n'est pas non plus permis d'objecter que ce n'est pas la composition du nourrisson qui influence la sécrétion lactée, mais qu'au contraire le nourrisson se développe suivant la composition du lait. Car les jeunes chiens incinérés n'avaient que quatre jours et étaient donc nés avec une cendre identique à la cendre du lait. Nous trouvons aussi une composition des cendres analogue chez des animaux inférieurs n'ayant pas de glande mammaire.

Je dois cependant faire remarquer une différence dans la composition des cendres en ce qui concerne le *fer*. Sa quantité est, comme le montrent les chiffres ci-dessus, très inférieure dans la cendre du lait. Une seconde analyse des cendres de lait de chienne m'a donné 0,10 o/o de Fe_2O_3, donc moins de 1/3 du fer contenu dans les cendres du jeune animal. La différence est encore plus grande dans l'analyse suivante, dans laquelle j'ai incinéré le chien peu d'heures après sa naissance, avant qu'il ait tété, afin de pouvoir déterminer la composition des cendres d'un animal avec élimination de toute nourriture lactée, et comparer les résultats avec ceux de l'analyse des cendres du lait de la mère qui l'a conçu.

---

[1] Les chlorures ne manquent dans l'urine que dans des conditions pathologiques, dans certains états fébriles, surtout dans la pneumonie. Voir là-dessus F. Röhmann, *Zeitschr, f. Klin. Med.*, t. I, p. 512, 1880.

Voici le résultat obtenu [1] :

	CHIEN NOUVEAU-NÉ	LAIT DE CHIENNE		CHIEN NOUVEAU-NÉ	LAIT DE CHIENNE
K_2O	11,42	14,98	Fe_2O_3	0,72	0,12
Na_2O	10,64	8,80	P_2O_5	39,42	34,22
CaO	29,52	27,24	Cl	8,35	16,90
MgO	1,82	1,54			

Le fer seul est une exception remarquable dans la concordance de composition des cendres. Cette concordance a évidemment pour but la plus grande économie possible. L'organisme maternel ne donne rien qui ne soit utilisé par le nourrisson. Chaque excès de l'un des composants des cendres ne pourrait être mis à profit par le jeune animal, il serait donc perdu. Mais cette concordance remarquable paraît ébranlée par la minime proportion de fer contenue dans le lait ! Celle-ci est six fois plus petite que dans les cendres du nouveau-né. L'organisme maternel paraît donc donner de tous les autres sels une quantité six fois supérieure à celle qui est nécessaire. Un sixième seul peut être employé à la formation des organes, les cinq autres sixièmes sont perdus.

Voici la solution de cette apparente contradiction : le *nouveau-né porte en lui à sa naissance la réserve de fer nécessaire à l'élaboration de ses organes.* Les analyses suivantes nous montrent qu'au moment de la naissance l'organisme est le plus riche en fer, et qu'à mesure que l'animal se développe cette richesse diminue :

I KILOGRAMME DU POIDS DU CORPS CONTIENT :

Lapin immédiatement après la naissance. . . . . . . 120 milligr. Fe
Lapin âgé de quinze jours. . . . . 44 » »
Chien âgé de dix heures. . . . , ... 112 » »
Chien de la même portée âgé de trois jours. . . . . 96 » »
Chien d'une autre portée » quatre jours. . . . 75 » »
Chat âgé de quatre jours. . . . . 69 » »
Chat » dix-neuf jours. . . . . 47 » »

Les dosages suivants du fer du foie préalablement débarrassé de son sang chez un chien nouveau-né et chez deux chiens adultes [1] sont en parfait accord avec les chiffres ci-dessus :

CENT PARTIES DE FOIE SÉCHÉ A 110 DEGRÉS CENTIGRADES CONTIENNENT :

Chien nouveau-né.	391 milligr. Fe	
Chiens adultes. { 1	78 »	»
2	43 »	»

Le foie du nouveau-né contient donc de cinq à neuf fois plus de fer que celui de l'adulte. Le fait que la résorption des combinaisons de fer organiques est certainement difficile peut nous expliquer l'opportunité de cette disposition (voir troisième leçon). L'organisme maternel ne dispose de la réserve acquise qu'avec la plus grande économie. La quantité nécessaire au jeune animal peut lui être fournie par la voie placentaire ou par la glande mammaire. La nature a choisi le premier chemin comme le plus sûr. Les combinaisons de fer, passant avec le lait dans le jeune organisme, peuvent encore devenir dans l'intestin la proie des bactéries avant d'être résorbées, tandis que, passant par le placenta, elles sont en sûreté.

Les considérations précédentes nous ont fait voir comment tout a été organisé pour assurer aux tissus la quantité nécessaire de sels inorganiques, et cela dans les meilleures conditions. Nous connaissons maintenant exactement les sels dont le jeune mammifère a besoin pour son développement et la quantité relative de chacun d'eux. Nous pouvons donc aborder la question de savoir si l'enfant, passant de l'alimentation lactée à une alimentation ordinaire, retrouve dans cette nouvelle nourriture les substances inorganiques indispensables. Le tableau suivant, contenant les résultats d'analyses minutieuses des cendres de différents aliments, nous aidera à résoudre cette question. Les aliments sont ordonnés progressivement d'après leur contenance en *chaux*.

[1] G. BUNGE, *Zeitschr. f. physiol. Chem.*, t. 13, p. 399, 1889.

CENT PARTIES DE SUBSTANCE SÉCHÉE CONTIENNENT :

	K_2O	Na_2O	CaO	MgO	Fe_2O_3	P_2O_5	Cl [1]
Viande de bœuf. . .	1,66	0,32	0,029	0,152	0,02	1,83	0,28
Froment.	0,62	0,06	0,065	0,24	0,026	0,94	?
Pommes de terre.. .	2,28	0,11	0,100	0,19	0,046	0,64	0,13
Blanc d'œuf de poule	1,44	1,45	0,130	0,13	0,026	0,20	1,32
Pois..	1,13	0.03	0,137	0,22	0,024	0,99	?
Lait de femme. . . .	0,58	0,17	0,243	0,05	0,003	0,35	0,32
Jaune d'œuf..	0,27	0,17	0,380	0,06	0,040	1,90	0,35
Lait de vache.. . . .	1,67	1,05	1, 51	0,20	0,003	1,86	1,60

Ce tableau nous montre, qu'à part la chaux, les autres composants inorganiques se retrouvent dans tous les aliments en quantité égale ou supérieure à celle contenue dans le lait. *La chaux est donc la seule substance inorganique qui doive nous préoccuper dans le choix des aliments de l'enfant.* Une alimentation composée exclusivement de pain et de viande ne fournirait probablement pas à l'enfant la quantité de chaux suffisante à la formation de son squelette. Les légumineuses en contiennent déjà plus ; mais le seul aliment dont la valeur en chaux soit équivalente à celle du lait est le jaune d'œuf. On devrait donc le donner aux enfants dans le cas où le lait manque ou n'est pas supporté. L'eau de source contient de notables quantités de chaux ; mais nous ne savons pas si celle-ci est assimilable, la chaux contenue dans les aliments étant liée à des substances organiques. C'est aussi pourquoi il n'est pas rationnel de prescrire la chaux aux enfants sous forme de combinaisons inorganiques. Journellement nous voyons prescrire dans la pratique médicale quelques cuillers à thé d'eau de chaux. Cette prescription est déjà irrationnelle par le fait que la quantité de chaux administrée de cette manière est beaucoup trop faible. Une solution saturée de chaux contient moins de cette

---

[1] Le dosage du chlore dans les céréales et les légumineuses n'a jusqu'à présent pas été fait exactement. Les valeurs obtenues sont beaucoup trop faibles. Voir là-dessus BEHAGEL VON ADLERSKRON, *Zeitschr. f. analyt. Chemie*, t. 12, fasc. IV, 1873.

substance que le lait de vache. J'ai trouvé dans un litre de lait de vache 1 gr. 7 de CaO ; un litre d'eau de chaux n'en contient que 1 gr. 3.

Nous ignorons encore complètement la nature et les causes du rachitisme. Il est cependant positif que l'on peut par une nourriture pauvre en chaux produire chez de jeunes animaux en croissance un appauvrissement des os en sels calcaires, se manifestant par une flexibilité et une fragilité anormales. On prétend aussi avoir provoqué dans quelques-unes de ces expériences des cas de rachitisme typique avec toutes les manifestations de cette maladie [1]. Mais il est un fait non moins certain, c'est que beaucoup d'enfants deviennent rachitiques, sans que le manque de chaux de leur nourriture puisse en être rendu responsable. Dans ces cas, l'on est bien plutôt porté à admettre que, par suite de troubles dans la digestion, les sels calcaires sont insuffisamment résorbés, ou que, malgré une résorption suffisante, par suite d'un état anormal des tissus ostéogènes, ces sels ne sont pas assimilés. Tant que des recherches soigneusement faites sur la nutrition d'enfants rachitiques, comparées avec la nutrition d'enfants sains, de même force et du même âge, manqueront, il est inutile d'ergoter sur la valeur de l'une ou de l'autre de ces théories.

Le tableau ci-dessus nous montre en outre que le lait contient de sept à quatorze fois moins de fer que tous les autres aliments, chose qui ne doit pas nous surprendre. Nos considérations sur la forte proportion de fer chez les nouveau-nés nous ont appris que le fer du lait ne suffit pas au développement des organes. Nous devons donc tirer de ce fait une leçon importante, c'est que *le lait ne doit jouer qu'un rôle secondaire dans l'alimentation des enfants ayant dépassé la période d'allaitement et dans celle des anémiques*. L'alimentation principale doit être beaucoup plus riche en fer.

Nous voyons enfin, d'après le tableau ci-dessus, que le lait de vache contient, relativement aux matières organiques, une proportion beaucoup plus forte de sels inorganiques que le lait de femme. L'explication téléologique de ce fait se trouve dans la croissance du veau, beaucoup plus rapide que celle du jeune enfant. En outre cette constatation augmente la probabilité de la supposition que nous avons faite, que l'organisme adulte

---

[1] Erwin Voit, *Zeitschr. f. Biologie*, t. 16, p. 55, 1880. Ce travail contient un exposé de la littérature sur ce sujet. Voir en outre : A. Baginsky, *Virchow's Archiv.*, t. 87, p. 301, 1882, et Seemann, *Zeitschr. f. Klin. Med.*, t. 5, p. 1 et 152, 1882.

peut se maintenir avec de beaucoup plus petites quantités de sels inorganiques. De prime abord nous ne trouvons aucune raison rendant une absorption continuelle de sels indispensable à l'animal adulte. L'importance des aliments inorganiques ne peut en aucune manière être comparée à celle des aliments organiques. Ceux-ci sont pour nous une source d'énergie ; nous absorbons avec eux des tensions chimiques se transformant en force vive et en ce que nos sens reconnaissent sous le nom de manifestations vitales. La nécessité de leur renouvellement continuel n'est pas seulement un résultat de l'expérience, c'est un fait dont nous saisissons d'emblée la portée. Mais pour les sels inorganiques, c'est tout autre chose. Ceux-ci sont déjà des combinaisons oxygénées saturées ou des chlorures n'ayant aucune affinité pour l'oxygène. Leur décomposition et leur oxydation ne mettront pas d'énergie en liberté dans l'organisme ; ils ne peuvent ni être usés, ni mis hors d'état de servir. Quelle est donc la nécessité d'un renouvellement ? — L'eau, elle aussi, se comporte autrement que les sels. Elle sert à l'élimination des produits de désassimilation. Les reins ne peuvent excréter les combinaisons azotées qu'en solution aqueuse. La diffusion des gaz n'est possible dans les poumons, que tant que la surface des alvéoles est humide. L'air expiré est saturé d'humidité. L'évaporation à la surface de la peau joue un rôle d'une haute importance comme modérateur de la chaleur animale. D'emblée aussi nous reconnaissons la nécessité d'une absorption d'eau. Pour les sels il en est autrement. Il serait possible que si l'on n'administrait que des aliments organiques et de l'eau en suffisance, les sels résultant de la destruction des tissus puissent servir encore à la formation de nouveaux tissus. On pourrait s'attendre, malgré les petites pertes inévitables (élimination par les fèces ensuite d'une résorption incomplète des sucs digestifs, desquamation de l'épiderme, chute des cheveux, etc.), à voir l'organisme adulte retenir avec persistance sa réserve de sels et se contenter d'un supplément minime. *Il n'est pas possible de déduire d'emblée la nécessité d'une absorption constante de quantités notables de sels inorganiques pour l'organisme adulte.*

Voyons ce que nous dira l'expérience. Nous pourrions, pendant une période suffisamment longue, nourrir un animal adulte exclusivement d'eau et d'aliments organiques et observer comment, à la longue, il supporterait ce régime et quels troubles en résulteraient. Jusqu'à ces derniers temps, cette expérience fondamentale n'avait été faite qu'une fois, par Forster [1], assistant de Voit à Munich.

Dans les tentatives faites pour préparer une nourriture exempte de cendres, Forster rencontra des difficultés insurmontables. Il arriva bien à produire des graisses et des hydrates de carbone exempts de cendres; mais jusqu'à présent on n'a pas réussi à extraire des matières albuminoïdes toutes les substances inorganiques. L'albumine cristallisée elle-même contient encore tous les composants des cendres en quantité minime. Forster se servit pour ses expériences des déchets de viande ayant servi à la fabrication de l'extrait de viande de Liebig. Après les avoir recuits à plusieurs reprises avec de l'eau distillée, ils contenaient encore o gr.,8 de cendres sur cent parties de substance séchée. Forster nourrit deux chiens avec cette viande, mélangée à de la graisse, du sucre et de l'amidon. Il nourrit en outre trois pigeons avec de la farine d'amidon et de la caséine ne contenant que très peu de sels.

Forster observa un dépérissement rapide des animaux soumis à cette alimentation. Les trois pigeons vécurent treize, vingt-cinq et vingt-neuf jours. Le premier des deux chiens était si misérable après trente-six jours, qu'il serait mort au bout de peu de temps si l'on avait continué l'expérience ; le second agonisait déjà au bout de vingt-six jours. Des chiens ne recevant aucune nourriture peuvent vivre de quarante à soixante jours. La seule suppression des sels inorganiques paraît donc provoquer la mort plus tôt que le manque complet de nourriture.

Forster conclut de ses expériences que l'animal adulte a aussi besoin de notables quantités de sels inorganiques dans son alimentation. Mais nous formulerons une objection à cette conclusion. Forster a négligé complètement un facteur important : *la formation d'acide sulfurique libre du soufre des matières albuminoïdes.*

Les matières albuminoïdes contiennent de 0,5 à 1,5 o/o de soufre ; dans leur dédoublement et leur oxydation, celui-ci est oxydé complètement et se transforme en acide sulfurique. 80 o/o du soufre des aliments reparaissent sous cette forme dans les urines. Dans des conditions normales, cet acide sulfurique est uni aux bases absorbées avec chaque alimentation animale ou végétale. L'alimentation animale contient des phosphates, des carbonates et des albuminates alcalins, l'alimentation

---

[1] J. FORSTER, *Zeitschr. f. Biologie,* t. 9, p. 297, 1873.

végétale contient en outre des tartrates, citrates, malates alcalins, etc., qui, par leur combustion dans l'organisme, se transforment en carbonates. Ces bases neutralisent l'acide sulfurique issu de l'oxydation de l'albumine. Si par contre on a éliminé les sels basiques dans la préparation d'une nourriture exempte de cendres, l'acide sulfurique, ne trouvant pas de bases à neutraliser, s'attaquera aux alcalis faisant partie intégrante des tissus, et arrachant aux cellules une partie de leurs éléments, en hâtera la destruction [1]. Voilà ce qui me paraît être la véritable cause de la mort rapide des animaux de Forster. Je trouve surtout dans cette hypothèse une explication au fait remarquable de ces chiens mourant plus vite que si on les avait affamés complètement [2].

Lunin [3] a cherché à faire la preuve expérimentale de ces déductions *a priori*. Il a nourri une partie de ses animaux avec une nourriture exempte de cendres ; l'autre partie, toutes choses égales d'ailleurs, en ajoutant à la nourriture une quantité de carbonate de soude, suffisant exactement à la neutralisation de l'acide sulfurique produit par l'oxydation du soufre de la nourriture. Il était nécessaire d'expérimenter sur le plus grand nombre possible d'animaux, pour éliminer de cette manière les autres facteurs pouvant par hasard se trouver en cause. Il expérimenta sur des souris, car il n'eût pas été possible de préparer une nourriture exempte de cendres pour un grand nombre d'animaux de plus grande taille.

La nourriture était préparée de la manière suivante : en précipitant par l'acide acétique du lait étendu d'eau et en lavant avec de l'eau contenant de l'acide acétique le précipité floconneux, on obtenait un mélange de graisse et de caséine, ne contenant que 0,05-0,08 de cendres sur cent parties de substance séchée, donc dix fois moins que dans les déchets de viande de Forster. On ajoutait à ce mélange du sucre de canne exempt de cendres, comme représentant du troisième groupe principal d'aliments.

---

[1] Nous verrons plus tard (leçon 16) que l'organisme du chien a la faculté de se préserver de l'action destructive des acides libres en dégageant de l'ammoniaque des combinaisons organiques azotées. Mais comme toute autre, cette faculté a ses limites et il est douteux que l'ammoniaque se trouve précisément aux endroits des tissus où l'acide sulfurique exerce ses ravages.

[2] G. BUNGE, *Zeitschr. f. Biologie*, t. 10, p. 130, 1874.

[3] N. LUNIN, *Ueber die Bedeutung der anorganischen Salze für die Ernährung des Thieres.* Diss. Dorpat, 1880. Publié aussi *Zeitschr. f. physiol. Chemie*, t. 5, p. 31, 1881.

Nourries de cette manière et recevant de l'eau distillée, cinq souris vécurent onze, treize, quatorze, quinze et vingt et un jours. Privées complètement de nourriture, deux souris vécurent quatre jours, et deux, trois jours seulement.

Six souris reçurent la même nourriture additionnée de carbonate de soude. Celles-ci vécurent seize, vingt-trois, vingt-quatre, vingt-six, vingt-sept et trente jours, donc deux fois aussi longtemps que celles dont la nourriture ne contenait pas de bases pour neutraliser l'acide sulfurique.

Une objection se présente cependant à l'esprit : la longévité plus grande des animaux n'est pas une suite de la neutralisation de l'acide sulfurique, mais elle provient de ce qu'ils ont reçu au moins un aliment inorganiqne. Cette objection est réfutée par l'expérience suivante : au lieu de carbonate de soude, on ajouta à la nourriture de sept souris une quantité équivalente de chlorure de sodium, un sel neutre ne pouvant pas neutraliser l'acide sulfurique. Les souris moururent après six, dix, onze, quinze, seize, dix-sept et vingt jours. Bien qu'elles eussent reçu deux composants de l'alimentation inorganique, le chlore et le sodium, ces souris ne vécurent pas plus longtemps que celles ayant reçu une alimentation exempte de cendres, et moitié moins longtemps que celles à la nourriture desquelles on avait ajouté du carbonate de soude. Ces expériences sont donc en parfait accord avec mes déductions aprioristiques. Deux séries d'expériences parallèles furent encore instituées comme contrôle avec du chlorure et du carbonate de potassium ; elles donnèrent des résultats identiques.

Par la neutralisation de l'acide sulfurique la longévité des animaux était doublée, mais elle n'en était pas moins remarquablement courte. A quelle cause attribuer la mort des souris soustraites à l'action de l'acide ? La composition des aliments organiques était-elle peut-être insuffisante ?

Pour trancher la question, on ajouta à la même alimentation organique tous les sels inorganiques du lait, exactement dans les proportions dans lesquelles ils existent dans les cendres et dans un rapport à la quantité de matières organiques identique à celui du lait. Six souris nourries de cette manière vécurent vingt, vingt-trois, vingt-neuf, trente et trente et un jours ; donc exactement le même temps que les souris nourries avec addition de carbonate de soude seul. Sur trois souris nourries exclusivement de lait de vache, la première mourut au bout de quarante-sept jours d'un volvulus de l'intestin : les deux autres vivaient encore en captivité après deux mois et demi, et se portaient parfaitement bien au moment de la clôture des expériences.

Cette observation est digne d'attention. Les animaux peuvent vivre de lait seul. Mais si l'on réunit tous les composants du lait, qui, d'après les connaissances biologiques modernes, sont nécessaires à la conservation de l'organisme, et qu'on veuille en nourrir les mêmes animaux, ceux-ci meurent promptement. Le sucre de canne est-il peut-être impropre à remplacer le sucre de lait ? Ou bien les composants inorganiques du lait sont-ils unis chimiquement aux composants organiques, combinaisons qui seraient seules assimilables ? En précipitant la caséine par l'acide acétique, la petite quantité d'albumine contenue dans le lait reste en solution. Cette albumine pourrait-elle ne pas être remplacée par la caséine ? Ou bien en dehors des graisses, des matières albuminoïdes et des hydrates de carbone, d'autres substances nécessaires au processus vital sont-elles contenues dans le lait ? Il serait utile de continuer ces recherches.

La question de la nécessité de sels inorganiques pour l'animal adulte n'est donc pas encore tranchée. Il est nécessaire avant de la résoudre que nous connaissions exactement tous les aliments organiques indispensables. Nous devons en outre pouvoir combiner tous ces aliments de manière à ce qu'ils ne répugnent pas au goût des animaux, même dans des expériences de longue haleine. Nous devons enfin arriver à neutraliser l'acide sulfurique produit par l'oxydation des matières albuminoïdes sans le secours d'une base inorganique, mais au moyen d'une base organique inoffensive, peut-être la créatinine ou la névrine. Mais même dans ces conditions, il est probable que l'on n'arriverait pas à trancher la question, car il n'est pas en notre pouvoir de faire parvenir la base à l'endroit où l'acide prend naissance, ou parce que les sulfates formés avec la base introduite artificiellement supplantent les sels contenus normalement dans les tissus (voir plus loin, page 110). Pour le moment nous n'avons donc pas la perspective de pouvoir résoudre cette question.

Je voudrais cependant encore étudier spécialement un des sels inorganiques, car il a une importance particulière : je veux parler du *chlorure de sodium*. Il est surprenant que de tous les sels inorganiques de notre corps, nous n'en tirions qu'un seul, le chlorure de sodium, de la nature inorganique, pour l'ajouter à notre alimentation. Pour tous les autres sels les quantités contenues déjà dans les aliments organiques nous suffisent. Il est inutile de nous mettre en peine pour eux. En nous procurant les aliments organiques, nous recevons les sels inorganiques par-dessus le marché. Le sel de cuisine seul fait exception. Cette exception est d'autant plus surprenante que le sel de cuisine ne manque pas dans nos aliments. Tous les aliments animaux ou végétaux contiennent des quantités notables de chlore et de sodium. Pourquoi ces quantités ne nous suffisent-elles pas, et pourquoi devons-nous avoir recours au sel de cuisine ?

Dans les tentatives faites jusqu'ici pour résoudre cette question, on n'a pas tenu compte d'un fait qui me paraît très propre à nous mettre sur la voie d'une solution exacte [1]. Je veux parler de l'observation que l'on a faite que les herbivores seuls ont besoin d'un supplément de sel de cuisine, tandis que ce n'est pas le cas pour les carnivores. Nos carnivores domestiques, le chien et le chat, préfèrent une nourriture peu salée, et montrent une répugnance caractéristique pour les aliments fortement salés, tandis que les herbivores sont avides de sel. On observe la même chose chez les animaux vivant à l'état sauvage. Il est connu que les ruminants et les solipèdes sauvages recherchent les roches, les flaques et les efflorescences salées pour en lécher le sel, et que les chasseurs cherchent ces endroits pour s'y mettre à l'affût, ou répandent du sel pour attirer les animaux. Les descriptions de voyage sont unanimes à nous rapporter ce fait pour les herbivores de tous les pays et de toutes les zones, tandis qu'on n'a jamais rien observé d'analogue chez les carnassiers.

Cette différence est d'autant plus remarquable, que les quantités de chlorure de sodium absorbées avec la nourriture par les herbivores et rapportées à l'unité de poids du corps, ne sont dans la plupart des cas pas beaucoup inférieures aux quantités absorbées par les carnivores. Mais on trouve une différence notable entre les deux espèces d'alimen-

---

[1] G. BUNGE, *Zeitschr. f. Biol.*, t. 9, p. 104, 1873, et t. 10, p. 110, et 295, 1874.

tations pour un autre composant des cendres, la *potasse*. L'herbivore absorbe une quantité de potasse au moins trois ou quatre fois plus grande que le carnivore. Cette considération m'a conduit à la conjecture que la richesse en potasse de l'alimentation végétale pouvait bien être la cause du besoin de chlorure de sodium des herbivores.

En effet, si un sel de potasse, par exemple le carbonate de potasse, se rencontre en solution aqueuse avec du chlorure de sodium, une transposition partielle se produira; il se formera du chlorure de potassium et du carbonate de soude. Mais le chlorure de sodium est le composant inorganique principal du plasma sanguin. Si donc des sels de potasse entrent dans le sang par la résorption de la nourriture, une double décomposition identique se produira. Il se formera du chlorure de potassium et le sel de soude de l'acide auquel la potasse était unie. Au lieu de chlorure de sodium, le sang contient un sel de soude ne faisant pas partie de sa composition normale. Un corps étranger ou tout au moins un excès d'un composant normal (par exemple du carbonate de soude) se trouve dans le sang; mais le rein a pour fonction de maintenir la composition du sang dans des limites constantes, et d'éliminer par conséquent tout corps étranger ou tout excès d'un composant normal. C'est pourquoi le sel de soude ainsi formé sera éliminé en même temps que le chlorure de potassium, et le sang aura perdu une certaine quantité de chlore et de sodium. Pour remplacer cette perte l'organisme doit absorber une quantité de sel supplémentaire, et c'est ce qui explique le besoin de sel de cuisine que l'on observe chez les animaux vivant de substances riches en potasse.

J'ai cherché à démontrer par l'expérience l'exactitude de cette hypothèse. J'ai fait ces expériences sur moi-même, en employant pour cela tous les sels de potasse jouant un rôle dans l'alimentation humaine. Après plusieurs jours d'un régime identique, j'ai ajouté à ma nourriture une certaine quantité de sels de potasse. J'ai régulièrement pu constater une augmentation remarquable de chlore et de sodium dans les urines; 18 grammes de K_2O, pris en vingt-quatre heures en trois doses sous forme de phosphate ou de citrate, enlevaient à l'organisme 6 grammes de chlorure de sodium plus 2 grammes de sodium, car les sels de potasse n'agissent pas seulement sur le chlorure de sodium, mais sur tous les autres sels de soude, albuminate, carbonate et phosphate.

La quantité de potasse absorbée dans ces expériences n'était pas exagérée, elle était encore de beaucoup inférieure aux quantités de potasse pénétrant dans l'organisme avec les principaux aliments végétaux. Elle a cependant suffi pour soustraire à l'organisme 6 grammes de chlorure de sodium, environ la moitié de la quantité contenue dans les 5 litres de sang d'un homme. On ne peut douter de la participation des autres tissus à cette perte. Pour commencer, le sang sera certainement principalement atteint, et je suppose qu'une fois que cette perte sera couverte par une perte relativement petite de la part des tissus, une nouvelle absorption de potasse aurait pour effet une nouvelle déperdition de soude. Nous ne possédons pas d'expériences de ce genre. Nous ne savons pas encore jusqu'à quel point l'organisme continue à abandonner de la soude sous l'influence d'une absorption continue de potasse. On ne peut douter que la limite soit bientôt atteinte, au-delà de laquelle l'organisme retient énergiquement ce qui lui reste de soude.

Mais les quantités de chlore et de sodium dont j'ai pu constater l'élimination me paraissent déjà suffisantes pour faire sentir le besoin de la compensation provoquée par une alimentation végétale riche en potasse. Une faible diminution de chlorure de sodium peut déjà, dans le rôle important qui incombe à ce sel (composition des sucs digestifs, solution des globulines), influencer défavorablement certaines fonctions et avoir pour effet d'éveiller le besoin d'une couverture de la perte.

Comme je l'ai déjà fait remarquer, la quantité de potasse absorbée dans mes expériences n'était pas exagérée, elle s'élevait à 18 grammes. Un homme se nourrissant exclusivement de pommes de terre consomme jusqu'à 40 grammes de potasse par jour. Ceci nous explique pourquoi il ne nous est presque pas possible de manger des pommes de terre sans sel, et pourquoi partout on ne les mange qu'associées à des aliments très salés. De même que la pomme de terre, tous les autres aliments végétaux, les céréales, les légumineuses, sont très riches en potasse, et c'est ce qui nous explique pourquoi la population des campagnes, dont l'alimentation est surtout végétale, réclame plus de sel que celle des villes, consommant beaucoup plus de viande. La statistique a démontré qu'en France la population des campagnes consomme par tête trois fois plus de sel que la population des villes.

Voyons maintenant comment se comportent les peuplades ne consommant pas du tout de végétaux. Nous avons des peuples entiers, chasseurs, pêcheurs et nomades, ayant une alimentation exclusivement animale. Nous devons nous attendre à trouver chez ceux-ci une antipathie pour le sel comme elle existe chez les animaux carnivores. C'est en effet le cas. Pour trancher cette question, j'ai non seulement parcouru un grand nombre de descriptions de voyage, mais j'ai cherché des informations verbales et par correspondance auprès de plusieurs voyageurs contemporains. De cette étude est ressortie la confirmation sans exception d'une loi d'après laquelle, *dans tous les temps et dans tous les pays, les peuples vivant exclusivement de nourriture animale ne connaissent pas le sel ou ont une aversion pour lui, tandis que les peuples se nourrissant principalement de végétaux ont un besoin impérieux de sel et le considèrent comme une substance indispensable.*

On retrouve déjà cette différence dans les antiques usages sacrés des Grecs et des Romains, qui sacrifiaient les victimes vivantes sans adjonction de sel, tandis qu'ils ne présentaient les fruits de la terre à leurs dieux qu'avec du sel. La loi mosaïque ordonne expressément aux Juifs d'offrir avec du sel les fruits de la terre à Jéhovah [1].

Les langues indo-germaniques n'ont pas de mot commun pour sel, pas plus que pour les choses se rapportant à l'agriculture, tandis que les expressions ayant l'élève du bétail pour objet peuvent presque toutes être ramenées à des racines communes. D'après cela il paraît probable que les peuplades indo-germaines, tant qu'elles formaient encore un tout non différencié, paissant leurs troupeaux sur les crêtes et les flancs du Bulur-Tagh, ne connaissaient pas encore le sel. Elles n'ont appris à le connaître qu'après leur séparation, au moment de leur passage à l'agriculture et à l'alimentation végétale. Les descriptions de Tacite nous montrent les Germains au moment où ils abandonnent la vie nomade pour se fixer et se vouer à l'agriculture. Ils ne connaissent pas encore la manière de se procurer le sel, mais ils en ressentent déjà le besoin, car Tacite nous parle d'effroyables guerres de destruction pour la possession de sources salées situées à la frontière des contrées habitées par quelques-unes de ces peuplades.

---

[1] J'ai cité exactement toutes les sources où j'ai puisé ces données et celles qui vont suivre sur l'usage du sel chez les différents peuples dans mon travail intitulé : *Ethnographischer Nachtrag zur Abhandlung über die Bedeutung des Kochsalzes*, etc. *Zeitschr. f. Biolog.*, t. 10, p. III, 1874.

Les langues finnoises ne possèdent aujourd'hui encore aucun mot pour, désigner le sel. Les Finnois de l'Ouest, qui se vouent à l'agriculture, emploient le sel et le désignent par son nom germanique. Les Finnois de l'Est, au contraire, qui vivent encore de leur chasse et sont nomades n'usent pas de sel. Il en est de même de tous les peuples nomades, chasseurs et pêcheurs du nord de la Russie et de la Sibérie. Ce fait ne provient pas de ce qu'ils ne connaissent pas le sel, ou sont inhabiles à se le procurer; non, *ils ont une antipathie déclarée pour le sel*. Dans toutes les parties de la Sibérie, on trouve des dépôts de sel, des lacs et des efflorescences salées. Ces dépôts de sel n'ont pour les chasseurs sibériens d'autre intérêt que celui d'être les lieux de rendez-vous des troupeaux de rennes qui en lèchent le sel. Mais les chasseurs mangent leur viande sans sel. Je tiens ces renseignements d'un grand nombre de voyageurs ayant parcouru toutes les contrées de la Sibérie. Le minéralogiste C. von Ditmar, qui, dans les années 1851-1856, a traversé toute la Sibérie et vécu longtemps chez les Kamtschadales, m'écrivait: « J'ai eu souvent l'occasion, en voyage, lorsque je donnais à ces gens (Kamtschadales, Corèkes, Tschukates, Ainos, Tungouses) de mes aliments salés à goûter, d'observer les grimaces et l'aversion qu'ils provoquaient chez eux. » Ditmar raconte des Kamtschadales qu'ils se nourrissent principalement de poissons et qu'ils les jettent pour l'hiver dans de grandes fosses creusées en terre, où toute la provision se tranforme en une masse répandant une odeur infecte. Ce mets, effroyable et certainement malsain pour un Européen, est le mets favori des Kamtschadales. Par mesure d'hygiène le gouvernement russe chercha, à l'aide de règlements sévères, à introduire la salaison des poissons. On établit des marais salants près du port Pierre-et-Paul et l'on fournit le sel aux Kamtschadales aux prix les plus bas. Les Kamtschadales, peuplade des plus soumises, obéirent à l'ordonnance et salèrent leurs poissons, mais ils ne les mangèrent pas! Ils en restèrent à leurs poissons pourris, et au temps où Ditmar était au Kamtschatka, le gouvernement russe venait de renoncer à ces efforts, en ayant constaté l'inutilité. Ditmar raconte que les descendants des Russes au Kamtschatka cultivent, il est vrai, les légumes européens, mais seulement en petite quantité, et qu'ils préfèrent beaucoup les menus kamtschadales; aussi la consommation du sel a-t-elle diminué chez eux en proportion. Ce n'est qu'à Pierre-et-Paul que l'on consomme des légumes et des céréales en certaine quantité, et la salière ne manque là sur aucune table.

L'astronome L. Schwarz m'a raconté que lui-même, dans un voyage au pays des Tungouses, avait vécu exclusivement de viande de renne et de gibier de plume pendant trois mois; cette nourriture lui convenait parfaitement et il n'a pas ressenti le moindre besoin d'ajouter du sel à ses aliments.

On pourrait peut-être croire que l'aversion des peuplades sibériennes pour le sel n'est pas le fait de l'alimentation animale, mais a un rapport quelconque avec le climat. Voyons donc comment se comportent dans les pays chauds les peuples vivant exclusivement de nourriture animale.

Ce n'est que dans ce siècle qu'on a découvert aux Indes, dans les montagnes du Nilgherry, un peuple de bergers, les *Tudas*. Une ceinture de marais avait empêché jusque-là les Anglais de parvenir jusqu'à eux. Ce peuple n'avait pas l'idée d'une alimentation végétale, il vivait du lait et de la viande de ses troupeaux de buffles, mais ne connaissait pas le sel.

Les *Kirghizes* vivent également de lait et de viande; ils n'usent jamais de sel, bien qu'ils habitent le steppe salé. Je tiens ce fait du baron Dr P. Maydell, qui a vécu de 1845 à 1847 chez les Kirghizes.

Salluste raconte exactement la même chose des *Numides. Numidæ plerumque lacte et farina carne vescebantur et neque salem alia irritamenta gulæ quærebant.* La côte septentrionale d'Afrique est également riche en sel.

Dans des conditions analogues aux Numides de Salluste vivent aujourd'hui les peuplades de *Bédouins* de la presqu'île arabique. A leur sujet on lit dans le voyage de Wrede: « Les Bédouins mangent la viande sans sel, et paraissent trouver l'emploi du sel ridicule. »

Les *Bushmen* de l'Afrique australe sont chasseurs et n'usent pas de sel. Les peuplades nègres par contre sont agricoles. L'intérieur de l'Afrique a peu de sel. Aujourd'hui les nègres ont suffisamment de sel provenant des rapports fréquents qu'ils ont avec les Européens. Mais, parmi les voyageurs d'autrefois, Mungo Park décrit de la manière suivante la faim de sel des nègres : « à l'intérieur du pays le sel est le régal par excellence. C'est un spectacle curieux pour un Européen de voir un enfant sucer un bâton de sel, comme si c'était du sucre. J'ai vu cela maintes fois, quoique dans la classe pauvre les habitants soient si économes de cet article de prix, que lorsqu'on dit de quelqu'un qu'il mange du sel à ses repas, on veut désigner par là un homme riche. J'ai ressenti vivement la rareté de ce produit de la nature. Une *alimentation végétale exclusive éveille en vous une envie de sel si ardente qu'on ne peut la décrire*. Sur la côte de Sierra Leone l'appétit des nègres pour le sel était si grand, qu'ils donnaient tout ce qu'ils possédaient, même leurs femmes et leurs enfants, pour en obtenir».

Lors de la découverte de l'Amérique du Nord, les *Indiens* étaient chasseurs et pêcheurs. Ils n'usaient pas de sel, bien que les prairies de l'Amérique du Nord en fussent abondamment pourvues. Quelques peuplades des rives du Mississipi seules s'occupaient déjà d'agriculture lors de l'arrivée des Espagnols. On raconte d'elles qu'à cette époque déjà elles étaient en guerre pour la possession de sources salées.

Les *Mexicains* étaient cultivateurs et connaissaient la manière de se procurer du sel. Colomb rapporte la même chose des insulaires qu'il trouva dans les îles des Indes Occidentales. Les bergers des Pampas de l'Amérique du Sud, qui ne vivent que de viande et méprisent comme bestiale une alimentation végétale, n'usent pas de sel, quoique les pampas soient couvertes d'innombrables lacs salés. Par contre les *Araucans*, qui étaient déjà cultivateurs lors de la découverte de l'Amérique, se servent aussi bien du sel marin que du sel gemme.

Les indigènes de la *Nouvelle-Hollande* étaient chasseurs et n'usaient pas de sel. Je trouve sur les habitants des îles de Pâques la remarque suivante : « leur nourriture paraît être exclusivement d'ordre végétal », et plus loin : « les indigènes des îles de Pâques boivent avec délices l'eau de mer qui nous donne des nausées ». On raconte la même chose des habitants des îles de la Société et de Tahiti.

La plupart des peuples de l'archipel indien et australien ont une alimentation mixte, et ils absorbent déjà des quantités suffisantes de sel avec les animaux marins dont ils se nourrissent. Je ne trouve qu'un seul peuple des îles des Tropiques qui soit agricole et se nourrisse presque exclusivement de produits de la terre. Ce sont les *Battas*, à Sumatra. Le besoin de sel paraît intense chez ce peuple. J'ai cherché en vain dans les descriptions de voyage une notice à ce sujet, jusqu'à ce que, dans le chapitre où je m'y attendais le moins car il traitaït de la procédure judiciaire dans ce pays, j'aie trouvé la formule solennelle du serment, dont voici le texte : « que mes moissons soient anéanties, que mon bétail périsse, que *je ne goûte plus jamais de sel, si je ne dis pas la vérité* ».

Les observations sus-mentionnées nous montrent qu'en tous temps, dans tous les pays et sous tous les climats, parmi les représentants de toutes les races humaines, il y a eu des peuples usant du sel, d'autres n'en usant pas. Le caractère commun des peuples connaissant le sel est l'alimentation végétale, tandis que l'alimentation animale se retrouve chez les peuples dédaignant ce condiment. Nous voyons des peuplades entières s'habituer au sel en se fixant au sol et en commençant à le cultiver, tandis que d'autres peuples, habitués au sel, en viennent à le dédaigner s'ils émigrent et s'établissent au milieu de peuples carnivores. Nous voyons des voyageurs européens se nourrissant de viande et ne se ressentant en aucune façon du manque de sel, tandis que l'alimentation végétale leur fait éprouver une « envie ardente » de sel. On ne peut donc discuter le rapport de causalité existant entre l'alimentation végétale et le besoin de sel. On pourrait tout au plus se demander si c'est vraiment la richesse en potasse de l'alimentation végétale qui provoque ce besoin. La richesse en potasse n'est pas la seule différence entre l'alimentation végétale et l'alimentation animale. C'est pourquoi, pour appuyer mon point de vue, je me base sur le fait suivant.

Un aliment végétal important, le *riz*, est très pauvre en sels de potasse. Le riz contient six fois moins de potasse que les céréales européennes, le froment, le seigle et l'orge, dix à vingt fois moins que les légumineuses, et vingt à trente fois moins que les pommes de terre. Si nous absorbons sous forme de riz 100 grammes de matières albuminoïdes, nous n'aurons dans cette nourriture que 1 gramme de K_2O. Mais si nous voulions avoir ces 100 grammes de matières albuminoïdes dans un repas composé exclusivement de pommes de terre, nous absorberions en même temps 40 grammes de K_2O. Nous devons donc nous attendre à ne pas trouver le besoin de sel très développé chez les peuples vivant prin-cipalement de riz et de viande. C'est en effet le cas. On le prétend posi-tivement de quelques tribus de Bédouins de la presqu'île arabique et de quelques peuplades de l'archipel indien.

Le tableau suivant reproduit la richesse en potasse et en soude des différents aliments d'origine animale et végétale.

PREMIER TABLEAU

Mille parties de substance séchée contiennent :

ORDONNÉ SUIVANT LA RICHESSE EN POTASSE			ORDONNÉ SUIVANT LA RICHESSE EN SOUDE	
	K_2O	Na_2O		Na_2O
Riz.	1	0,03	Riz.	0,03
Sang de bœuf.	2	19	Pommes.	0,07
Avoine.			Fèves.	0,13
Froment	5-6	0,1-0,4	Pois.	0,17
Seigle.			Trèfle.	0,17
Orge			Avoine.	
Lait de chienne.. . .	5-6	2-3	Froment	0,1-0,4
Lait de femme	5-6	1-2	Seigle.	
Pommes	11	0,1	Orge.. . . . , ...	
Pois.	12	0,2	Pommes de terre. . .	0,3-0,6
Lait d'herbivores.. .	9-17	1-10	Foin de prairie. . . .	0,3-1,5
Foin de prairie.	6-18	0,3-1,5	*Lait de femme.* . . .	1-2
Viande de bœuf.	19	3	Lait de chienne.. . .	2-3
Fèves.	21	0,1	Lait d'herbivores. . .	1-10
Fraises	22	0,2	Viande de bœuf. . .	3
Trèfle..	23	0,1	Sang de. bœuf.. . . .	19
Pommes de terre.. ..	20-28	0,3-0,6		

Le second tableau nous montre que le carnassier se nourrissant d'animaux entiers absorbe des quantités de soude et de potasse presque équivalentes. Ce n'est pas seulement le cas pour les mammifères, mais pour toute la série des vertébrés [1]. Dans la chair des animaux de boucherie débarrassée de son sang, nous trouvons quatre équivalents de potasse pour un équivalent de soude. C'est pourquoi le fait que les peuplades vivant exclusivement de nourriture animale évitent avec soin toute perte de sang lorsqu'ils tuent les animaux devant servir à leur nourriture,

[1] A. von Bezold, *Das chemische Skelett der Wirbelthiere. Zeitschr. f. wissensch. Zoologie,* t. 9, p. 241, 1858. G. Bunge, *Zeitschr. f. Biologie,* t. 10, p. 318, 1874.

est digne d'attention. Je tiens cela de quatre naturalistes ayant vécu dans différentes contrées du nord de la Russie et de la Sibérie, au milieu de peuplades carnivores. L'un d'eux me racontait que lorsque les Samoyèdes mangent un renne, ils trempent auparavant chaque morceau dans le sang de l'animal. Lorsque les Esquimaux du Groënland ont tué un phoque, ils s'empressent de tamponner la blessure [1]. Chez les Massai, une peuplade de l'Afrique orientale, les hommes sont guerriers de dix-sept à vingt-quatre ans. Pendant ce temps ils vivent exclusivement de viande sans sel, et le sang forme pour eux un aliment de haut goût et des plus recherchés [2].

SECOND TABLEAU

A 1 équivalent Na_2O *correspond :*

	ÉQUIVALENTS K_2O		ÉQUIVALENTS K_2O
Sang de bœuf	0,07	Orge	14-21
Blanc d'œuf de poule	0,7	Avoine	15-21
Jaune d'œuf de poule	1,0	Riz	24
Organisme entier des mammifères	0,7-1,3	Seigle	9-57
		Foin de prairie	3-57
Lait de carnivores	0,8-1,6	Pommes de terre	31-42
Betterave	2	Pois	44-50
Lait de femme	1-4	Fraises	71
Lait d'herbivores	0,8-6	Trèfle	90
Viande de bœuf	4	Pommes	100
Froment	12-23	Fèves	110

Les deux bases sont de même contenues en quantités équivalentes dans le lait des carnivores. Par contre la potasse prédomine, ainsi que le montre le tableau ci-dessus, dans le lait de femme et celui des herbi-vores. On voit par là que l'homme et les herbivores peuvent parfaite-

[1] Les sources sont indiquées: *Zeitschr. f. Biologie*, t. 110, p. 115, 1874.
[2] H.-H. JOHNSTON, *The Kilima-Ndjaro*, traduction allemande de W.-V. FREEDEN. Leipzig, 1886, p. 386, 390 et 401.

ment supporter sans addition de sel une nourriture dans laquelle entrent quatre à six équivalents de potasse pour un équivalent de soude. Il y a aussi un grand nombre de végétaux, pour lesquels ce rapport n'est pas plus élevé. Dans le foin de prairie, un mélange de toute sorte d'herbes, ce rapport n'est parfois, comme nous pouvons le voir dans le tableau ci-dessus, que de trois à un. Et, en effet, beaucoup d'herbivores vivant à l'état sauvage, comme les lièvres et les lapins, n'absorbent jamais de sel, de même que dans bien des contrées on ne donne jamais de sel aux mammifères domestiques. Un besoin pressant de sel ne se manifestera chez ces animaux que si on les nourrit exclusivement avec les fourrages les plus riches en potasse et les plus pauvres en soude, avec du trèfle par exemple. Les herbivores sauvages éviteront probablement instinctivement de se nourrir exclusivement des herbes les plus riches en potasse. Mais les animaux domestiques souffriront certainement d'une nourriture riche en potasse sans supplément de sel de cuisine. Je n'irai pas jusqu'à prétendre qu'ils ne pourraient vivre de cette manière. Mais l'expérience des éleveurs nous apprend que les animaux mangent plus et prospèrent mieux si on leur donne du sel, et que l'on voit parfois se produire des suites fâcheuses de la privation de sel[1].

Je ne prétendrai pas non plus que l'homme se nourrissant principalement de végétaux, ne puisse exister sans sel. Mais si nous n'avions pas le sel, nous ne pourrions manger de grandes quantités de végétaux riches en potasse, les pommes de terre par exemple. Le sel nous permet d'augmenter le nombre de nos aliments.

Il est curieux de voir que ce sont précisément les aliments dans lesquels, d'après le tableau ci-dessus, le rapport de la potasse à la soude est le plus élevé (le seigle, les pommes de terre, les pois et les fèves) qui composent l'alimentation principale de l'ouvrier. L'injustice de l'impôt sur le sel saute aux yeux. Plus un homme est pauvre, plus il en est réduit à se nourrir de végétaux riches en potasse, plus aussi il aura besoin de sel. L'impôt sur le sel est un impôt indirect à progression inverse, tel qu'on n'en pourrait imaginer de plus injuste.

---

[1] BARRAL, *Statistique chimique des animaux, appliquée spécialement à la question de l'emploi agricole du sel.* Paris, 1850. BOUSSINGAULT, *Ann. de chim. et de phys.* Série III, t. 22, p. 116, 1848. DEMESMAY, *Journal des Economistes*, 1849, t. 25, p. 7 et 251. DESAIVE, *Ueber den vielseitigen Nutzen des Salzes in der Landwirthschaft.* Trad. allemande de PROTZ. Leipzig, 1852.

Je tiens cependant à relever que les quantités de sel que nous ajoutons à nos aliments sont exagérées. Le sel n'est pas seulement un aliment, mais il est encore un condiment, dont on est facilement porté à abuser. Un coup d'œil sur le tableau suivant nous montre quelle petite quantité de sel est nécessaire pour rétablir dans la plupart des aliments un rapport de la potasse à la soude analogue à celui du lait. Pour une alimentation composée de céréales et de légumineuses, une addition de 1 à 2 grammes de sel par jour serait suffisante ; pour une alimentation au riz, quelques décigrammes suffiraient. Au lieu de cela nous consommons jusqu'à 20 ou 30 grammes de sel par jour et souvent plus encore.

TROISIÈME TABLEAU

à 100 grammes de matières albuminoïdes correspondent :

	K_2O	Na_2O
	gr.	gr.
Sang de bœuf.	0,2	2
Riz..	1	0,03
Viande de bœuf.. . . .	2	0,3
Froment..		
Seigle.	2-5	0,05-0,3
Pois.		
Lait de femme..	5-6	1-2,4
Pommes de terre.. . .	42	0,7

Nos reins sont-ils organisés pour éliminer d'aussi grandes quantités de sel ? Ne leur imposons-nous pas une tâche au-dessus de leurs forces et n'avons-nous pas à en redouter les conséquences ? En nous nourrissant de viande et de pain sans addition de sel, nous n'éliminons en vingt-quatre heures pas plus de 6 à 8 grammes de sels alcalins, tandis qu'en mangeant des pommes de terre avec une addition de sel appropriée, plus de 100 grammes de sels alcalins sont excrétés par les reins dans le même espace de temps. Cet état de choses ne cache-t-il aucun danger? L'usage des boissons alcooliques, que l'on peut sans cela déjà ranger parmi les causes du brightisme, entraine avec lui l'abus du sel, ce qui n'a pas lieu de nous étonner, un abus en entraînant toujours un autre à sa suite. Mais j'ai tenu à appeler l'attention des médecins sur ces questions.

Aucun organe de notre corps n'est traité aussi impitoyablement que les reins. L'estomac surmené réagit, mais le rein est obligé de tout subir avec patience. Le surmenage ne devient sensible qu'une fois qu'il est trop tard pour en écarter les conséquences fâcheuses. Je tiens encore à rappeler le travail minime qui incombe aux reins dans l'alimentation au riz; en vingt-quatre heures, ils n'ont à éliminer que 2 grammes de sels alcalins. Les avantages de l'alimentation au riz sur l'alimentation aux pommes de terre sont évidents, et ce n'est pas sans raison que le riz constitue depuis des milliers d'années la nourriture principale de la majorité de l'humanité (Perses, Indous, Chinois et Japonais). Le riz ne serait-il pas un aliment rationnel pour les brightiques ? Il en est de même pour les affections de l'estomac ; les sels de potasse irritent fortement la muqueuse gastrique [1], et le riz est l'aliment le plus pauvre en potasse.

Je ne puis clore nos considérations sur le sel de cuisine, sans me permettre encore une supposition, qui me revient toujours à l'esprit, et pour l'étude de laquelle j'ai déjà entrepris une série d'expériences délicates, sans avoir eu le courage de les livrer à la publicité. Je sais parfaitement que cette supposition sera traitée de fantaisie, tant que les preuves seront aussi rares et incomplètes. — Mais j'ai la conviction que la grande quantité de chlorure de sodium contenue dans les vertébrés et le besoin que nous avons d'une addition de sel à notre alimentation, ne trouveront une explication satisfaisante que dans la *théorie du transformisme.*

Jetons un coup d'œil sur la distribution des deux alcalis, soude et potasse, à la surface du globe. Dans nos considérations préliminaires sur l'évolution des éléments, j'ai rappelé la lutte entre l'acide silicique et l'acide carbonique pour la possession des bases (voir plus haut, page 16). Dans cette lutte, l'acide carbonique présente une affinité plus grande pour la soude, l'acide silicique pour la potasse. La désagrégation des roches siliciques donne naissance à du carbonate de soude qui se dissout dans l'eau et filtre avec elle vers les profondeurs. La potasse

---

[1] G. BUNGE, *Zeitschr. f. Biologie*, t. 9, p. 130, 1873 et *Pflüger's Archiv.*, t. 4, p. 277 et 208, 1871.

reste avec d'autres bases, surtout avec l'argile unie à la silice, à la surface de la terre, sous forme d'un sel double insoluble. Le carbonate de soude arrivant à la mer se transforme sous l'action des chlorures des terres alcalines ; il se forme du chlorure de sodium et des carbonates terreux insolubles, qui se déposent lentement et forment des montagnes entières de pierre calcaire, de craie, de dolomite. C'est pourquoi l'eau de mer est riche en chlorure de sodium, pauvre en sels de potasse, et la surface de la croûte terrestre riche en sels de potasse, pauvre en sel de cuisine.

Mais la richesse de l'organisme en chlorure de sodium est influencée par la richesse en sel de cuisine du milieu environnant. La soude se comporte d'une manière différente de la potasse. La potasse est un composant indispensable de toute cellule animale ou végétale. Chaque cellule a le pouvoir de tirer du milieu le plus pauvre en potasse la quantité qui lui est nécessaire et de se l'assimiler. C'est pour cela que toutes les plantes terrestres et marines sont riches en potasse. La soude ne paraît pas jouer un rôle aussi important. Quantité de plantes terrestres ne contiennent que des traces de soude [1]. Les plantes marines et celles qui croissent sur l'emplacement de mers desséchées, dans le steppe salé, sont seules riches en soude. Cette règle n'a que peu d'exceptions apparentes. Ainsi les *chénopodées* et les *arroches* contiennent des quantités notables de chlorure de sodium. Mais ce sont des plantes de décombres et de fumier, ne croissant que sur un sol riche en chlorure de sodium et ayant leurs proches parents dans la flore du steppe salé ; elles nous sont probablement venues de là. Parmi nos plantes cultivées, la betterave est seule riche en soude ; c'est aussi une chénopodée originaire des bords de la mer.

Il en est de même des animaux invertébrés. Les invertébrés marins et leurs proches parents terrestres sont seuls riches en chlorure de sodium. Les représentants typiques de la faune terrestre, les insectes, en contiennent très peu. J'ai pu me convaincre par l'analyse qu'ils n'en contiennent pas plus que la plante qui les nourrit.

Malgré un milieu pauvre en chlorure de sodium, les vertébrés terrestres en contiennent une quantité remarquablement élevée. Mais

---

[1] G. BUNGE, *Liebig's Annalen*, t. 172, p. 16, 1874.

cette exception à la règle n'est qu'apparente. Rappelons-nous que les premiers vertébrés ayant habité notre planète étaient tous marins. La richesse en chlorure de sodium des vertébrés terrestres actuels serait-elle peut-être une preuve de plus des rapports généalogiques que les observations morphologiques nous forcent à accepter ? Chacun de nous a passé par un état de développement où il avait la corde dorsale et les fentes branchiales de nos ancêtres marins. Pourquoi la richesse en chlorure de sodium ne serait-elle pas un héritage de cette époque éloignée ?

Si cette hypothèse était exacte, nous devrions trouver les vertébrés, dans leur développement individuel, d'autant plus riches en chlorure de sodium qu'ils sont plus jeunes, et c'est en effet le cas. De nombreuses analyses m'ont démontré que l'embryon du mammifère est plus riche en chlorure de sodium que le nouveau-né, et que cette richesse en chlore et en sodium diminue à partir de la naissance, à mesure que le jeune animal se développe. Le tissu le plus riche en soude est le cartilage ; c'est aussi le tissu le plus ancien. Au point de vue histologique, il est identique au tissu qui, aujourd'hui encore, persiste pendant toute la vie dans le squelette des sélaciens marins. Le squelette de l'homme a également une origine cartilagineuse, mais il est déjà en grande partie remplacé par un squelette osseux avant la naissance. Nous ne trouvons pas d'explication téléologique à ce fait, que l'on ne peut expliquer que par la théorie du transformisme. On ne peut pas admettre que l'état cartilagineux soit absolument nécessaire à la formation du squelette osseux. Car ce n'est en effet pas le cas ; le tissu osseux ne procède pas du cartilage. Le cartilage est complètement résorbé, et le tissu osseux produit par l'enveloppe périchondrique croît dans l'espace occupé auparavant par le cartilage. A cela s'ajoute le fait que le tissu le plus ancien, le cartilage, est en même temps le plus riche en soude.

Tous ces faits trouvent une explication naturelle dans la supposition que les vertébrés terrestres étaient à l'origine des habitants de la mer et qu'ils sont, actuellement encore, en train de s'adapter à leur milieu pauvre en sel de cuisine. Nous modérons artificiellement ce procédé d'adaptation, en utilisant les dépôts de sel laissés sur la terre ferme par le flot salé en retrait.

HUITIÈME LEÇON

LES ALIMENTS D'ÉPARGNE

A côté des aliments proprement dits, l'homme absorbe encore d'autres substances qui ne lui servent ni à la production de force vive ni au remplacement des parties usées de son organisme. Nous associons ces substances à notre nourriture surtout à cause des sensations gustatives et odorantes agréables qu'elles nous procurent, et à cause de leur effet sur d'autres parties du système nerveux. On désigne ces substances sous le nom d'*épices* et d'*aliments d'épargne*. Ils nous sont aussi indispensables que les aliments proprement dits.

On doit remarquer en effet que nos aliments organiques les plus importants sont absolument dépourvus d'odeur et de saveur. Nous ne pouvons sentir que des substances volatiles, et le goût ne se manifeste que pour les corps se dissolvant dans l'eau. Nos aliments organiques n'ont ni l'une ni l'autre de ces propriétés. Ils ne sont pas volatils et sont presque tous insolubles dans l'eau. Les graisses ne se mélangent pas du tout à l'eau, les matières albuminoïdes gonflent mais ne se dissolvent pas. Les sucres sont les seuls représentants des hydrates de carbone qui soient solubles; ils ont aussi une saveur douce. Si donc la nourriture provoque en nous une impression, c'est une impression douce, agréable. Mais comme la plupart des aliments n'agissent pas sur nos sens, il est important que les corps solubles et volatils qui se trouvent dans la nature mêlés aux aliments agissent sur les organes du goût et de l'odorat et y provoquent des sensations agréables.

Ces sensations ne nous invitent pas seulement à manger, mais elles favorisent encore la digestion. L'observation journalière nous montre que le simple aspect de mets parfumés et appétissants augmente la sécrétion salivaire. On peut observer sur des chiens munis d'une fistule gastrique, une augmentation simultanée de la sécrétion gastrique. Il suffit de leur montrer de loin un morceau de viande pour voir apparaître le phénomène. Il est donc probable que les impressions agréables des organes de l'odorat et du goût, excitent par voie réflexe l'activité de toutes les glandes digestives, en même temps que les mouvements du tube intestinal, qui jouent un rôle dans la digestion et la résorption. Une excitation bienfaisante des sens impressionne agréablement le moral, et a de cette manière aussi une heureuse influence sur tous les organes du corps. Par contre, il est connu que de mauvaises odeurs ou des substances ayant un goût désagréable peuvent provoquer des troubles de la digestion allant jusqu'au vomissement. On ne peut donc douter de l'importance des épices. Au bout de peu de temps nous éprouverions un dégoût insurmontable pour une alimentation insipide et sans odeur.

Mais l'homme ne se contente pas d'absorber ces substances dans la mesure dans laquelle elles se trouvent naturellement mélangées aux aliments; il les sépare artificiellement et les consomme à part ou mélangées avec une faible proportion d'aliments. Voilà ce qui constitue le grand danger; l'homme met ainsi de côté le modérateur qui a pour effet d'arrêter l'animal dès qu'il se sent rassasié et d'empêcher une absorption immodérée de nourriture. Le danger d'intempérance n'est pas grand tant qu'il s'agit de substances n'intéressant que le sens du goût ou de l'odorat; car nos nerfs s'émoussent d'autant plus vite que ces sensations sont plus intenses, et le dégoût s'empare de nous. Mais l'homme isole aussi les aliments d'épargne qui ne nous tentent pas par leur action sur les sens, mais par leur action sur les fonctions cérébrales: les narcotiques. Il sait les distinguer, bien qu'ils ne décèlent leur présence ni par leur goût ni par leur odeur, et se rencontrent dans des plantes n'ayant aucune valeur nutritive (opium, thé, café, haschish, etc.). Il va plus loin: si la nature ne lui prépare pas elle-même le poison, il le prépare au moyen de substances inoffensives, d'aliments même, comme le sucre qui sert à la préparation de l'alcool. Consciemment il trouble l'harmonie des forces inconscientes et en fait une source de terrible misère.

Aussi longtemps que nous ignorerons le mode d'action chimique des aliments d'épargne sur le système nerveux, ceux-ci n'appartiendront pas à la chimie biologique, mais rentreront dans le cadre de la physiologie spéciale du système nerveux ou de la toxicologie. Je ne parlerai donc que de quelques-unes de ces substances, que l'on s'obstine à considérer comme aliments proprement dits. Dans cette catégorie rentrent, en première ligne, les boissons alcooliques.

Il est connu que l'ALCOOL est brûlé en grande partie dans notre corps. Une petite portion seulement est éliminée telle quelle par les reins et par les poumons[1]. L'alcool est donc, à n'en pas douter, une source de force vive dans notre corps. Mais cela ne veut pas dire qu'il soit un aliment. Pour motiver cette supposition, il faudrait pouvoir prouver que la force vive mise en liberté par sa combustion trouve son emploi dans l'accomplissement d'une fonction normale. Il ne suffit pas que des tensions chimiques se transforment en force vive. La transformation doit avoir lieu au bon moment, à un point fixe de tissus déterminés. Les éléments des tissus ne sont pas organisés de manière à pouvoir être alimentés par une substance quelconque. Nous ignorons si l'alcool peut jouer un rôle dans l'accomplissement des fonctions musculaires ou des fonctions nerveuses (voir leçon 19).

On m'objectera peut-être que la force vive produite par la combustion de l'alcool profitera toujours à l'organisme, ne serait-ce que sous forme de chaleur, en admettant qu'elle ne trouve pas son emploi dans l'accomplissement d'une fonction organique quelconque. La combustion de l'alcool produirait une économie d'autres aliments.

Mais on ne peut pas même concéder cela. Car si l'alcool augmente, d'un côté, la production de chaleur, de l'autre, il en augmente aussi la déperdition.

Paralysant les centres vasomoteurs, l'alcool provoque une dilatation des vaisseaux, principalement des vaisseaux cutanés et, par conséquent, une perte de chaleur. Le résultat final est un abaissement général de la température, ainsi qu'on a pu le constater.

En général, les propriétés de l'alcool sont exclusivement paralysantes.

[1] VICT. SUBBOTIN, *Zeitschr. f. Biologie*, t. 7, p. 361, 1871. DUPRÉ, *Proceedings of royal Soc.*, V. 20, p. 268, 1872 et *The Practitioner*, V, 9, p. 28, 1872. ANSTIE, *the Practitioner*, V, 13, p 15, 1874. AUG. SCHMIDT, *Centralbl. f. d. medic. Wissensch.*, 1875, n° 23. H HEU-BACH, *Ueber die Ausscheidung des Weingeistes durch den Harn Fiebernder*, Diss Bonn, 1875. C BINZ, *Arch. f. exper. Path. u. Pharm.*, t. 6, fasc. V-VI, 1877. H. HEUBACH, *Quantitat. Bestimmung des Alkohols im Harn. Arch f. exper. Path. u. Pharm.*, t. 8, p 446 1878. G. BODLÄNDER, *Pflüger's Arch.*, t. 32, p. 398, 1883.

Il est possible de ramener à une paralysie toutes les manifestations qu'une observation superficielle pourrait nous faire considérer comme le résultat de l'action excitante de l'alcool [1].

On dit communément que l'alcool nous réchauffe par les temps froids. Ce sentiment de chaleur provient, en premier lieu, ainsi que nous venons de le voir, de la paralysie des centres vasomoteurs qui fait affluer le sang en plus grande quantité à la surface du corps, et peut-être aussi de la paralysie de l'organe central percevant la sensation du froid.

L'excitation apparente provoquée par l'alcool dans le domaine psychique n'est pas autre chose qu'un symptôme de paralysie. La première fonction cérébrale atteinte au commencement de l'intoxication alcoolique est le jugement, la critique. Par suite, le naturel reprend le dessus, libre du frein de la critique. L'homme devient franc et communicatif; il est sans soucis et jouit de la vie, car il n'en distingue déjà plus clairement les écueils.

L'action paralysante de l'alcool se manifeste surtout en ce qu'il engourdit tout sentiment de malaise et de douleur, et les douleurs les plus amères, les douleurs morales, les chagrins et les soucis sont les premières atteintes. De là la bonne humeur qui règne, en général, dans la société des buveurs. Jamais cependant on ne verra un sot rendu spirituel par l'usage des alcooliques. Ce préjugé si répandu repose sur une illusion; ce n'est également qu'un symptôme de paralysie cérébrale à son début. Plus l'homme perd la faculté de se juger, plus sa suffisance augmente. Les gesticulations et les déploiements de force inutiles des individus ivres sont aussi en rapport avec la paralysie cérébrale. Le frein que l'homme de sang-froid oppose à chaque mouvement inutile afin de ménager ses forces n'existe plus. De là aussi découlent l'augmentation de l'activité cardiaque et l'accélération du pouls, effets qui sont toujours mis en avant comme preuve de l'action excitante de l'alcool. L'augmentation de l'activité cardiaque n'est pas un effet de l'alcool, mais c'est un résultat de la

---

[1] Voir là-dessus l'exposé court et clair dans SCHMIEDEBERG, *Grundriss der Arzneimittellehre*, 2, éd. Leipzig, 1888, p. 25-27. L'ancienne théorie d'après laquelle l'alcool à petites doses aurait une vertu excitante a trouvé dernièrement encore un défenseur en BINZ, *Der Weingeist als Heilmittel. Verhandlg. des VII Congresses für innere Medicin zu Wiesbaden*, 1888. BINZ omet cependant les travaux de SCHMIEDEBERG et de ses élèves ZIMMERBERG (Diss. Dorpat, 1869) et MAKI (Diss. Strasbourg, 1884).

situation dans laquelle les alcooliques sont consommés. Si l'on donne du vin à quelqu'un couché tranquillement dans son lit, on peut se convaincre que l'action cardiaque ne subit aucune modification [1]. Il en est tout autrement dans une société où l'on boit : la critique est mise de côté, on parle à tort et à travers ; l'individu a perdu tout empire sur lui-même, il gesticule, il s'emporte sans cause ; de là, l'augmentation de l'activité cardiaque.

Parmi les symptômes de paralysie que l'on interprète généralement comme excitation, il faut citer aussi l'engourdissement de tout sentiment de fatigue. On admet généralement que l'alcool fortifie le corps fatigué et le rend apte à un nouveau travail et à de nouveaux efforts. Le sentiment de fatigue est comme la soupape de sûreté de notre machine. Celui qui endort cette sensation pour continuer à travailler, ressemble à un mécanicien qui condamnerait la soupape afin de pouvoir surchauffer sa machine. Le préjugé de l'action fortifiante de l'alcool sur l'homme fatigué est surtout fatal à la classe des travailleurs. Par son fait nous voyons de pauvres gens dépenser pour du vin ou de l'eau-de-vie une bonne partie d'un salaire suffisant à peine à leur subsistance, au lieu d'employer cet argent à l'achat d'une nourriture saine et abondante qui, seule, peut leur donner la force nécessaire à l'accomplissement de leurs pénibles travaux.

La grande difficulté à extirper ce préjugé d'une action fortifiante de l'alcool provient des expériences des buveurs par habitude. Si l'on supprime tout d'un coup l'alcool à un homme habitué à en prendre régulièrement, celui-ci devient gauche et maladroit, ses aptitudes et son goût pour le travail diminuent, pour ne reprendre leur essor que sous l'influence de nouvelles doses d'alcool. On n'est actuellement pas en état d'expliquer ce fait, mais il est tout à fait analogue à l'action d'autres poisons sur des individus qui en ont pris l'habitude. Si on supprime la morphine à un morphinomane, il devient incapable de travailler, il perd le sommeil, l'appétit ; la morphine le fortifie. En revanche, celui qui n'est accoutumé à aucun narcotique ne sera jamais rendu plus habile par l'emploi de l'un d'eux.

L'inutilité ou plutôt l'effet nuisible de doses même modérées d'alcool

---

[1] SCHMIEDEBERG, *l. c.*, p. 26. ZIMMERBERG, *Unters. üb. den Einfluss des Alkohols auf die Thätigkeit d. Herzens*. Diss. Dorpat, 1869.

a été prouvé bien mieux par les expériences en masse faites sur les armées que par les déductions scientifiques. On a constaté que les soldats, en temps de paix ou de guerre, sous tous les climats, par le chaud, le froid, la pluie, supportent bien mieux les grandes fatigues lorsqu'on leur supprime complètement les breuvages alcooliques [1]. Les expériences faites dans la marine ont conduit aux mêmes résultats. De nos jours des milliers de vaisseaux marchands anglais et américains prennent la mer sans avoir une goutte d'alcool à bord. La plupart des baleiniers sont abstinents et n'ont pas d'alcool à bord malgré les énormes dépenses de force exigées d'eux.

Ce qui est vrai pour les fatigues physiques l'est aussi pour les fatigues intellectuelles. Tous ceux qui ont tenté l'expérience s'accordent à reconnaitre qu'un travail intellectuel quelconque se fait plus facilement si l'on s'abstient complètement de boissons alcooliques. L'alcool ne fortifie donc personne, il engourdit seulement le sentiment de fatigue.

Parmi les sentiments les plus pénibles engourdis par l'alcool, se trouve aussi l'ennui. Comme le sentiment de fatigue, l'ennui joue dans notre organisme le rôle d'un appareil régulateur. De même que la fatigue nous force au repos, l'ennui nous pousse au travail et à l'activité, sans lesquels notre organisme s'atrophie et la santé n'est pas possible. Si l'on ne combat pas l'ennui par une activité quelconque, celui-ci prend possession de nous et finit par nous dominer d'une force vraiment diabolique. Il est intéressant d'observer à quels moyens désespérés les paresseux ont recours pour échapper sans effort au démon de l'ennui. Sans relâche, il les pousse d'un lieu à un autre, de distraction en distraction. Mais ces tentatives de fuite seraient vaines, les hommes seraient enfin forcés d'occuper leurs muscles et leur cerveau d'une manière quelconque, afin de retrouver le repos et la satisfaction, de combler le vide intérieur, s'ils n'avaient pas l'alcool. L'alcool les délivre du démon d'une manière agréable et douce. Les buveurs, seuls ou en société, n'ont pas conscience de leur nullité et du vide qui existe en eux. Ils n'ont pas besoin d'intérêt, d'idéal ; ils sont sous le charme et le bien-être de la narcose. Rien n'est plus fatal au développement d'un individu, rien ne détruit et n'ensevelit au même degré ce qu'il a de meilleur, rien ne tue avec une égale

---

[1] Voir A. BAER, *Der Alkoholismus*. Berlin. 1878, p. 103-108. On trouvera en outre dans cet ouvrage une indication exacte des sources.

sûreté le dernier reste d'énergie, comme l'engourdissement prolongé de l'ennui par l'alcool.

A cet égard je tiens à faire remarquer que la bière est la plus nuisible de toutes les boissons alcooliques, car on n'est porté à abuser d'aucune autre comme de celle-ci pour combattre l'ennui. On considère en général avec horreur celui que l'eau-de-vie a poussé au vol et à l'assassinat; mais le spectacle de milliers d'individus qui s'abrutissent et se dégradent dans la bière nous laisse froids et indifférents. Ce qui fait de la bière la plus dangereuse de toutes les boissons alcooliques, c'est qu'elle est aussi la plus séduisante. Dans toutes les classes de la société, on considère comme une honte d'être adonné à l'eau-de-vie ; une consommation immodérée de bière brune ou blonde est dans bien des pays un sujet d'orgueil pour l'élite intelligente de la nation. On ne s'accoutume à aucune boisson aussi vite qu'à la bière, et aucune autre ne dégoûte aussi vite d'une alimentation normale et saine. Aucune autre boisson ne porte autant à l'intempérance. Les défenseurs de la bière ont l'habitude de mettre en avant ses qualités nutritives. Il est vrai que la bière contient des hydrates de carbone — sucre et dextrine — en quantité relativement considérable. Mais ceux-ci ne manquent pas dans l'alimentation de l'homme, ils s'y trouvent au contraire généralement en excès. Nous n'avons donc aucune raison d'ajouter des hydrates de carbone à notre alimentation, surtout sous une forme aussi dispendieuse. On a en outre prétendu, en faveur des boissons alcooliques, qu'elles ralentissent la nutrition. On a en effet observé, après l'absorption d'une quantité d'alcool modérée, une légère diminution dans la sécrétion de l'urée [1]. Mais je ne puis comprendre comment on peut se baser sur ce fait pour recommander l'usage de l'alcool. A quoi bon ralentir la nutrition ! N'est-elle pas précisément la source de force dans notre corps ? L'intensité de la nutrition, de cette transformation de la tension en force vive, est influencée par un appareil nerveux complexe, la stimulant ou la modérant, suivant les besoins particuliers de chaque organe. Vouloir agir par des

---

[1] A.-P. Fokker, *Nederlandsch Tijdschrift voor Geneeskunde*, 1871, p. 125. Imm. Munk, *Verh. d. physiol. Ges. zu.* Berlin, 1879. L. Riess, *Zeitschr. f. Klin. Medizin.*, t. 2, p. 1, 1880. D'autres auteurs, entre autres Parkes (*Proc. of the royal Soc.*, t. 20, p. 402, 1872), prétendent malgré les recherches les plus minutieuses n'avoir découvert aucune action de l'alcool sur la sécrétion azotée. H. Keller, *Zeitschr. f. physiol. Chem.*, t. 13, p. 128, 1888, a fait dernièrement sur lui-même des expériences très minutieuses dans ce sens.

toxiques sur ce mécanisme nerveux automatique est d'autant moins admissible que nous ignorons encore absolument comment il fonctionne.

Sur quoi pouvons-nous nous baser pour juger si la nutrition est trop lente ou trop rapide?

En outre, à des doses plus fortes, l'alcool provoque la sécrétion azotée au lieu de la diminuer[1]. Il paraît agir sous ce rapport d'une manière analogue à celle de certains toxiques, tels que le phosphore et l'arsenic, qui augmentent la sécrétion de l'azote, tout en provoquant une diminution dans l'absorption de l'oxygène et la production de l'acide carbonique, et occasionnent de cette manière un dépôt graisseux dans les organes. La production de la graisse sous l'influence de ces poisons paraît avoir lieu aux dépens des matières albuminoïdes. L'azote avec une petite quantité de carbone se dédouble de la molécule d'albumine, et le reste, exempt d'azote, se dépose sous forme de graisse dans les organes. Nous étudierons plus loin en détail la manière dont s'accomplit ce procédé (leçon 20). L'engraissement des organes chez les buveurs est probablement dû en partie à une action analogue. Malheureusement les expériences faites jusqu'ici touchant l'influence de l'alcool sur l'absorption de l'oxygène et la production de l'acide carbonique n'ont pas encore donné de résultats définitifs[2].

Sous l'influence d'un préjugé généralement répandu, on admet que l'alcool favorise la digestion. En réalité, c'est exactement le contraire. Chacun peut facilement observer sur lui-même que le temps qui s'écoule depuis le repas jusqu'au moment où l'on ressent de nouveau la faim varie suivant que le repas a été accompagné de vin on non. Ce temps est notablement plus long pour le même repas accompagné de vin ou de bière. De nombreuses expériences, notamment des expériences directes faites sur des sujets munis d'une fistule gastrique[3], ou au moyen de la sonde œsophagienne[4], s'accordent pour démontrer que des doses

---

[1] IMM. MUNCK, *l. c.*

[2] Les expériences souvent citées de BOECK et BAUER (*Zeitschr. f. Biol.*, t. 10, p. 361, 1874) ne permettent pas de tirer une conclusion certaine, l'expérience étant de trop courte durée. Il en est de même du travail de WOLFERS, *Arch. für die gesammte Physiol.*, t. 32, p. 222, 1883. N. SIMANOWSKY et C. SCHOUMOFF (*Pflüger's Arch.*, t. 33, p. 251, 1884) ont démontré que, sous l'influence de l'alcool, l'oxydation du benzol en phénol dans l'organisme est diminuée.

[3] F. KRETSCHY, *Deutsch. Arch. . Klin. Med.*, t. 18, p. 527, 1876.

[4] WILH. BUCHNER, *Deutsch. Arch. f. Klin. Med.*, t. 29, p. 537, 1881. EMIL SCHÜTZ,

modérées de bière et de vin suffisent pour ralentir et troubler sensiblement la digestion.

Les boissons alcooliques pervertissent le sens du goût; l'appétit du buveur est presque exclusivement tourné vers la viande. Les aliments dont jouit le plus l'homme au goût intact et délicat, ceux vers lesquels l'enfant tend instinctivement les bras, — les fruits sucrés et, en général, tous les mets doux, — répugnent au buveur. Dès qu'on renonce à l'alcool, l'appétit redevient celui d'un enfant, et l'instinct se trouve ici en parfait accord avec les résultats de la physiologie, qui a établi que le sucre est la source de la force musculaire.

Cinq millions d'individus de toutes classes et de toutes conditions vivent actuellement en Angleterre heureux et contents sans boire une goutte d'alcool, et la statistique des compagnies d'assurances sur la vie démontre que ces abstinents vivent notablement plus longtemps que les buveurs modérés[1]. Ce fait seul suffit pour qu'il soit inutile d'insister plus longtemps sur la valeur de l'alcool comme aliment d'épargne.

Dans les considérations précédentes, j'ai principalement eu en vue les effets d'une consommation modérée d'alcool. Il n'entre pas dans le cadre de mon sujet de traiter ici les conséquences de l'abus des boissons alcooliques[2]. Chacun sait que toute une série de maladies résulte des abus alcooliques, et qu'il n'y a pas un seul organe de notre corps qui soit à l'abri de son action destructive. Personne n'ignore non plus que 70-80 o/o des crimes, 80-90 o/o de toutes les ruines matérielles et morales, et 10-40 o/o des suicides sont, dans la plupart des pays civilisés, causés par l'abus de l'alcool. Si l'on songe que par la modération on n'est jamais parvenu à guérir un ivrogne, si l'on songe en outre à ce qu'on peut faire par la puissance de l'exemple, chaque individu consciencieux doit sentir

---

Prager med. Wochenschr., 1885, n° 20. BIKFALVI, *Maly's Jahresbericht für Thierchemie*, 1885, p. 273. MASSANORI OGATA, *Arch. f. Hygiene*, t. 3, p. 204, 1885. KLIKOWICZ, *Virchow's Arch*, t. 102, p. 360, 1885.

[1] Voir un exposé de la statistique dans JAMES WHYTE, *Does the use of alcohol shorten life?* Manchester, 1889.

[2] Lire à ce sujet le travail de BAER, *Der Alkoholismus. Seine Verbreitung und seine Wirkung auf den individuellen und socialen Organismus, sowie die Mittel ihn zu bekämpfen.* Berlin, 1878. En outre les revues paraissant à Londres, *The medical temperance journal*, l'organe d'une association de quatre cent deux médecins et de cent cinq étudiants en médecine, ayant tous fait vœu d'abstinence, et *the alliance news*. Voir aussi G. BUNGE, *L'alcoolisme*, trad. franç par A. JAQUET. Paris, Monnerat, 1888.

le besoin de travailler à l'anéantissement de l'alcoolisme, et cela en donnant le premier l'exemple[1].

L'alcool considéré comme agent thérapeutique doit être distingué nettement de l'alcool consommé seulement comme boisson d'agrément. De nos jours beaucoup de médecins envisagent l'alcool comme indispensable. C'est précisément son action narcotique et paralysante qui le fait estimer. C'est un anesthésique faible, agissant comme calmant dans les cas d'excitation réflexe du cerveau et de la moelle épinière. L'alcool est en outre employé comme antipyrétique, mais nous n'avons pas encore de preuves irréfutables en sa faveur dans ce domaine[2]. Il va de soi que les boissons alcooliques ne doivent être ordonnées que dans des affections aiguës, pour adoucir des états passagers, mais jamais dans des cas chroniques, et cela pour les mêmes raisons qui font proscrire la morphine ou le chloral dans les maladies chroniques, à moins qu'il ne s'agisse d'euthanasie, d'adoucissement de la mort. Certains médecins abusent d'une façon effrayante de la prescription de l'alcool, et il existe peu de buveurs qui ne puissent s'appuyer sur une autorité médicale pour excuser leur vice.

Il est désirable que, même pour les cas où l'emploi de l'alcool pourrait être indiqué, on cherche à le remplacer par un autre médicament, car on ne parviendra jamais à déraciner dans le peuple le préjugé de l'action fortifiante et vivifiante de l'alcool, tant qu'on continuera à l'ordonner comme remède. Espérons que les hôpitaux fondés en Amérique et en Angleterre, dans lesquels on a proscrit absolument l'alcool, nous donneront peu à peu, sur la base d'un riche matériel statistique, la preuve que l'alcool n'est pas plus indispensable en médecine que dans la vie ordinaire.

[1] L'histoire de la lutte contre l'alcool nous montre la nullité des résultats des sociétés de tempérance de toute espèce, qui n'ont eu que le ridicule en partage, tandis que les sociétés d'abstinence complète se réjouissent des résultats les plus brillants Dans l'Amérique du Nord, sous leur influence, on est arrivé à l'interdiction absolue de la vente de l'alcool dans les cinq Etats du Maine, Jowa, Vermont, Rhode-Island et Kansas ; dans les autres Etats, un parti qui progresse tous les jours tend à arriver au même résultat. Le nombre de ceux qui ont fait vœu d'abstinence complète s'élève en Angleterre à 5 millions, en Norwège à 100,000, en Suède à 300,000, en Danemark à 30,000, en Suisse à 6,000.

[2] Il serait faux de chercher à réfuter les théories émises pour expliquer l'efficacité de l'alcool dans les diverses maladies Le premier principe de la dialectique exige que celui qui avance un fait en fournisse en même temps la preuve. Que l'on invite les partisans de l'alcool à prouver en même temps leurs assertions, et l'on verra combien est peu solide la base sur laquelle elles reposent.

Le THÉ et le CAFÉ sont des aliments d'épargne bien plus inoffensifs que l'alcool. Leur action, loin d'être paralysante, stimule au contraire tout effort physique ou intellectuel. Pour ces boissons le danger d'intempérance n'existe pour ainsi dire pas. Certaines personnes, il est vrai, ressentent directement les effets d'une consommation immodérée de thé ou de café qui, avec le temps, peut devenir une source de maladie. Mais dans ces cas, il est facile aux personnes atteintes de renoncer à ces boissons. Chaque médecin peut observer que ses malades obéissent quand il leur défend le thé ou le café, ce qui n'est presque jamais le cas pour l'alcool. L'homme ne deviendra jamais l'esclave du thé ou du café, et en tout cas il n'est jamais arrivé qu'un individu, sous l'influence de ces boissons, ait perdu la conscience de ses actes jusqu'à en devenir criminel.

Le thé et le café contiennent un principe actif commun, la *caféine* ou la *théine*, proche parent de la *xanthine*, combinaison azotée cristallisable, que l'on retrouve en petite quantité comme composant normal de tous les tissus de notre corps. Nous nous occuperons de la *xanthine* en traitant de la chimie de l'urine (leçon 16). La caféine est une triméthyl-xanthine que l'on peut préparer artificiellement en partant de cette dernière [1].

C'est un fait vraiment surprenant que les peuples les plus divers, dans toutes les parties du monde, aient su indépendamment les uns des autres différencier la caféine dans des végétaux n'ayant aucun rapport les uns avec les autres. Les Arabes l'ont découverte dans la fève du café, les Chinois dans le thé, les indigènes de l'Afrique centrale dans la noix de cola (*Cola acuminata*), les Bushmen dans les feuilles d'une espèce de *Cyclopia*, les habitants de l'Amérique du Sud dans le thé de Paraguay (*Ilex paraguayensis*) et dans les graines de la *Paulinia sorbilis*, les Indiens de l'Amérique du Nord dans le thé d'Apalaches fait des feuilles de plusieurs espèces d'Ilex. Ce fait est d'autant plus frappant que la caféine ne trahit sa présence ni par son odeur ni par son goût. A cela s'ajoute encore le fait d'un rapport étroit entre la caféine et un des composants de notre organisme. Est-ce un effet du hasard? Ou bien serait-il possible que la caféine, grâce à sa constitution analogue, puisse pénétrer dans les mêmes éléments organiques que la xanthine et y jouer le rôle d'un excitant.

---

[1] EMIL FISCHER, *Liebigs Annalen*, t. 215, p. 253, 1882.

La caféine est détruite en grande partie dans les tissus. Des recherches entreprises à Dorpat dans le laboratoire de Dragendorff [1] ont démontré que la quantité de caféine absorbée avec une infusion ordinaire de thé ou de café — une tasse de café contient environ o, gr. 1 de caféine ; cette même quantité est contenue dans 2 à 10 grammes de feuilles de thé sèches — ne laisse pas de traces dans l'urine. Celles-ci n'apparaissent que lorsqu'on absorbe o, gr. 5 de caféine.

La caféine est sans effet sur la consomption des matières albuminoïdes dans l'organisme ; la sécrétion azotée n'est ni augmentée ni diminuée, ainsi que Voit [2] l'a démontré par une série d'expériences minutieuses. Je n'ai pas l'intention de m'étendre en détail sur l'action de la caféine, je renvoie pour cela aux traités de pharmacologie. La caféine n'est pas le seul agent actif du thé et du café. Nous trouvons encore dans le thé des huiles éthérées, et le café contient certaines substances aromatiques qui se forment lors de sa torréfaction. Ce fait explique la différence d'action des deux boissons.

Le principe actif de la fève de CACAO se rapproche beaucoup de la caféine. La *théobromine* est une diméthyl-xanthine. Elle se trouve réunie à la caféine dans les graines de la *Paulinia sorbilis*, qui servent à préparer la *pâte de Guarana*. Filehne [3] a étudié l'action de la théobromine sur les muscles et le système nerveux central, et l'a comparée sous ce rapport à la caféine et la xanthine. Il arrive au résultat curieux que l'action pharmacologique est en rapport avec la série chimique: caféine (triméthyl-xanthine), théobromine (diméthyl-xanthine) et xanthine ; on ne connaît pas de monométhyl-xanthine.

La fève de cacao n'est pas seulement un aliment d'épargne, mais elle joue un rôle important comme aliment proprement dit. La graisse forme environ la moitié de son poids, et elle contient en outre environ 12 o/o

---

[1] RICH. SCHNEIDER, *Ueber das Schicksal des Coffeïns und Theobromins im Thierkörper, nebst Untersuchungen über den Nachweis des Morphins im Harn.* Diss. Dorpat, 1884. SCHUTZKWER (*Das Coffein und sein Verhalten im Thierkörper, Diss. Konigsberg,* 1883) sur o,2 gr. de caféine injectée sous la peau d'un chien, n'en a retrouvé que o,012 gr. dans l'urine MALY et ANDREASCH (*Studien über Caffeïn und Theobromin.* V. publication : *Monatshcfte der Chemie,* 1883) ont retrouvé o,066 gr. de caféine dans l'urine d'un petit chien auquel on avait fait avaler o,1 gr. de cette substance.

[2] C. VOIT, *Unters. üb d. Einfluss. d. Kochsalzes, des Kaffees und der Muskelbewegungen auf den Stoffwechsel.* Munchen, 1860, p. 67-147.

[3] WILHELM FILEHNE, *Du Bois' Arch.,* 1886, p. 72. avec un exposé de la littérature. Voir aussi KOBERT, *Arch. f. experim. Pathol. und Pharmakol.,* t. 15, p. 22, 1882.

de matières albuminoïdes. Le chocolat devrait jouer un rôle dans l'approvisionnement des troupes en campagne. Il n'est presque pas possible d'emporter sous une autre forme, à même poids et à même volume, autant de matière alimentaire.

De tous les aliments d'épargne, le plus inoffensif est, sans contredit, le bouillon ou l'EXTRAIT DE VIANDE. Celui-ci n'est autre chose que le résidu de l'évaporation du bouillon de viande. On n'est jusqu'à présent pas encore parvenu à établir un effet narcotique des matières extractives de la viande. Celles-ci ne paraissent agir que sur les nerfs du goût et de l'odorat. On ne saurait trop apprécier cette action bienfaisante. Mais il ne faut pas vouloir encore attribuer à l'extrait de viande une valeur nutritive ou fortifiante. Comme il règne à ce sujet des préjugés étonnants, même chez les médecins, je me permettrai de l'étudier avec quelques détails.

Jusqu'à nos jours on admettait communément que l'extrait de viande contenait tous les principes importants de la viande. C'est de là que provient l'expression de *consommé*, pour un bouillon de viande qui a cuit pendant longtemps avec beaucoup de viande. A cette idée se rattachait la représentation obscure, mystique, qu'une toute petite quantité de substance — une pointe de couteau d'extrait de viande suffit pour préparer une assiette de bouillon — pouvait être une source de force importante, et que les matières extractives de la viande étaient une espèce de force condensée.

Voyons un peu quelles sont les substances qui peuvent donner au bouillon une valeur nutritive. Le seul aliment qui soit extrait du muscle par l'eau bouillante est la matière gélatineuse. Les matières albuminoïdes se coagulent à la chaleur, et si la viande n'est plus absolument fraîche, le glycogène qui s'y trouve est déjà dédoublé en sucre ou même en acide lactique. Mais la quantité de colle est elle-même minime. On peut en juger par le fait qu'une solution aqueuse contenant 1 o/o de colle se coagule déjà à froid. Cette coagulation se produit bien dans les jus de rôtis, mais rarement dans les bouillons. Le contenu du bouillon en matières gélatineuses est donc ordinairement inférieur à 1 o/o. En outre, on cherche à éviter dans la préparation de l'extrait de viande le passage de trop grandes quantités de matières gélatineuses dans la solution, car leur décomposition facile pourrait entraver la conservation de la préparation. Les autres composants de l'extrait de viande sont des produits de décomposition des aliments, produits d'oxydation ou de dédoublement dans l'organisme. On ne peut donc les considérer comme aliments, puisqu'ils ne peuvent produire de force vive, du moins en quantité suffisante pour qu'elle puisse entrer en ligne de compte.

Malgré cela on n'en a pas moins prétendu jusqu'à ces derniers temps que la *créatine* et la *créatinine* [1], composants importants de l'extrait de viande, formaient la source d'énergie du muscle. Les travaux de Meissner [2] et de Voit [3] ont réfuté cette assertion en montrant que la créatine et la créatinine absorbées reparaissent intactes dans l'urine dans les vingt-quatre heures qui suivent l'absorption. Il n'est pas possible qu'une substance qui ne peut être ni oxydée ni dédoublée soit une source d'énergie, outre que la quantité de créatine et de créatinine absorbée avec le bouillon est si minime qu'on ne peut la compter comme matériel actif du muscle.

On a prétendu en outre qu'une addition d'extrait de viande augmente la valeur nutritive des aliments végétaux au point de la rendre égale à celle de la viande fraîche. Mais Voit et ses élèves [4] ont démontré la fausseté de cette assertion par des expériences sur des hommes et des animaux. Ils ont prouvé que l'extrait de viande ne favorise en aucune manière l'assimilation des aliments végétaux et qu'il ne diminue pas non plus la désassimilation des matières albuminoïdes dans l'organisme. On a enfin tenté d'expliquer l'importance de l'extrait de viande comme aliment par son contenu élevé en sels nutritifs. Mais, comme je l'ai fait voir plus haut, notre alimentation, loin d'avoir besoin d'une addition de sels, en contient toujours en excès. Même pour l'organisme en voie de développement, il n'y a qu'un seul sel, la chaux, dont la quantité pourrait être trop faible ; or c'est précisément en chaux que l'extrait de viande est pauvre. Ses cendres ne contiennent que 0,23 o/o de CaO. [5]. Un individu consommera difficilement plus de 30 grammes d'extrait de viande. Cette quantité est produite par 1 kilogramme de viande et ne contient que

[1] Pour la constitution chimique et l'importance physiologique de ces substances, voir leçon 16.

[2] MEISSNER, *Zeitschr. f. rationnelle Medicin.*, t. 24, p. 97, 1865 ; t. 26, p. 225, 1866, et t. 31, p. 283, 1868.

[3] C. VOIT, *Zeitschr. f. Biologie*, t. 4, p. 111, 1868.

[4] ERNST BISCHOFF, *Zeitschr. f. Biologie*, t. 5, p. 454, 1869, et C. VOIT, *Zeitschr f. Biologie*, t. 6, p. 359 et 360, 1870.

[5] G. BUNGE, *Pflüger's Archiv.*, t. 4, p. 238, 1871.

o gr, 015 de chaux, c'est-à-dire la quantité contenue dans 10 centimètres cubes de lait de vache !

Il ne reste donc plus qu'à ranger l'extrait de viande parmi les aliments d'épargne. Jusqu'à aujourd'hui on a prétendu que l'extrait de viande possédait des propriétés vivifiantes et rafraîchissantes au même degré que le thé et le café. Malheureusement il n'a pas encore été possible de lui découvrir une action quelconque sur les nerfs ou les muscles. Nous tenons de Kemmerich [1] la seule expérience instituée dans ce sens. S'appuyant sur la dose de potasse contenue dans l'extrait de viande, Kemmerich a prétendu que les sels de potasse agissaient à petites doses comme excitants cardiaques, à hautes doses, au contraire, comme paralysants. Partant de là, il met en garde contre l'emploi excessif de l'extrait de viande.

En ce qui concerne les sels de potasse, voici ce que j'ai à remarquer [2]. L'action excitante que Kemmerich a constatée sur le cœur n'est pas le fait de la potasse, mais provient de ce que Kemmerich a expérimenté exclusivement sur des lapins. Ces animaux s'effrayent très facilement ; on peut leur injecter les substances les plus indifférentes, telles qu'une solution de sel ou de sucre, et toujours on verra une accélération du pouls se produire. Il suffit même pour obtenir cet effet d'introduire une sonde œsophagienne dans l'estomac de l'animal. J'ai pu me convaincre par des expériences réitérées sur l'homme et les animaux que l'absorption de sels de potasse ne produit jamais d'accélération du pouls.

Kemmerich a provoqué l'action inhibitrice de la potasse en introduisant dans l'estomac de ses lapins des quantités insensées de sels de potasse. Cinq grammes d'un sel de potassium injectés dans l'estomac d'un lapin de 1000 grammes équivalent à 300 grammes de ce sel que l'on ferait avaler à un homme. De plus il ne faut pas oublier que les lapins ne peuvent vomir ; il est par exemple impossible de provoquer une paralysie du cœur chez des chiens au moyen de sels de potasse introduits dans l'estomac, ces animaux vomissant immédiatement dès qu'on leur administre ces sels en quantités un peu considérables. Il en est de même

---

[1] KEMMERICH, *Pflüger's Archiv.*, t. 2, p. 49, 1869.

[2] G. BUNGE, *id.*, t, 4, p. 235, 1871 et *Zeitschr. f. Biologie*, t. 9, p. 130, remarque, 1873. LEHMANN a confirmé dernièrement mes résultats dans : *Archiv. f. Hygiene*, t. 3, p. 249, 1885

pour l'homme. J'ai pu me rendre compte sur moi-même que les doses (env. 12 grammes) qui sont encore supportées sans provoquer de vomissements, sont sans aucune action sur le cœur. Dans les cas d'intoxication provoquée par l'absorption stomacale des sels de potasse chez l'homme, la mort n'a jamais été le fait d'une paralysie du cœur, mais bien d'une gastro-entérite. Les sels de potasse ont une action locale corrosive. On trouve, chez les animaux auxquels on a administré ces sels, la muqueuse de l'estomac constamment hyperémiée, parfois couverte d'ecchymoses. Si l'on a administré les sels de potasse en solutions très concentrées ou même sous forme de poudres, la gastro-entérite peut avoir des conséquences fatales.

Il est facile de provoquer la paralysie cardiaque chez tous les animaux par une injection intra-veineuse de sels de potasse. J'ai pu me convaincre que si l'on injecte à un chien o gr. 1 de ClK dans la jugulaire, le cœur cesse de battre presque instantanément. L'arrêt du cœur peut survenir aussi après une injection sous-cutanée. Mais jamais on ne voit une accélération du pouls précéder la paralysie.

On n'a du reste pas besoin d'expériences pour démontrer l'innocuité absolue des sels de potasse pris intérieurement. On n'a qu'à songer aux quantités de potasse contenues dans certains aliments végétaux. J'ai déjà dit plus haut qu'un individu qui se nourrit exclusivement de pommes de terre absorbe en vingt-quatre heures plus de 50 grammes de sels de potasse.

Les sels de potasse, pris en grandes quantités, ne paralysent donc pas plus le cœur qu'ils ne le stimulent pris à petites doses. Et quand même cela serait, nous n'avons aucune raison pour prendre spécialement dans du bouillon des sels qui sont contenus en bien plus grande quantité dans notre alimentation ordinaire. Cinq grammes d'extrait de viande servent à préparer une assiette de bouillon et contiennent o gr. 5 de potasse, c'est-à-dire une quantité égale à celle qui est contenue dans une petite pomme de terre. La seule tentative faite jusqu'à présent pour démontrer l'action excitante de l'extrait de viande est donc restée sans résultat.

On a souvent aussi attribué une action sur le système nerveux aux composants organiques de l'extrait de viande, mais sans jamais fournir de preuves à l'appui. En ce qui concerne la créatine et la créatinine,

Voit[1] a observé que l'on peut administrer 6 gr. 3 de créatine et 8 gr. 6 de créatinine à un chien sans qu'il se produise un effet quelconque. Kobert[2] a prétendu dernièrement avoir découvert une action de la créatine sur le muscle, mais on ne peut tirer de conclusions de ses expériences faites sur des grenouilles avec de très fortes doses de créatine. Les petites doses de créatine que nous absorbons avec le bouillon — environ o gr. 2 par assiette — ne peuvent avoir d'influence sur les fonctions musculaires de l'homme. Même si l'on fait abstraction des observations de Voit sur le chien, on peut déduire ce fait d'un raisonnement *a priori*. Nos muscles contiennent environ 3 o/oo de créatine[3]. La masse musculaire d'un individu adulte comporte environ 30 kilogrammes, et contient donc 90 grammes de créatine. Nous ne savons pas si la petite quantité de créatine absorbée avec une tasse de bouillon et que nous retrouvons intacte dans les urines parvient jusqu'aux muscles. Les produits azotés de la nutrition sont constamment éliminés des muscles dans le sang, et il est peu probable que le contraire se produise. Et même si cela était le cas pour une faible quantité de créatine, celle-ci n'entrerait pas en ligne de compte à côté des 90 grammes contenus normalement dans la musculature.

Un critique sceptique devra nécessairement concéder la possibilité d'une action de l'un des composants organiques de l'extrait de viande, bien que cette action ne soit pas encore démontrée. Tout ce que nous pouvons dire de l'extrait de viande, c'est que nous nous en servons volontiers pour son goût et son odeur agréables.

Mais ce fait suffit amplement pour expliquer les effets rafraîchissants, vivifiants et fortifiants de l'extrait de viande; il suffit aussi pour le faire recommander comme un aliment d'épargne précieux.

---

[1] C. Voit, *Ueber die Entwicklung der Lehre von der Quelle der Muskelkraft u. s. w.*, p. 39, 1870, ou *Zeitschr. für Biologie*, t. 6, p. 343, 1870.

[2] Kobert, *Archiv. f. exper. Pathol. u. Pharmakol.*, t. 15, p. 56, 1882.

[3] Fr. Hofmann, *Zeitschr. f. Biologie*, t. 4, p. 82, 1868. M. Perls, *Deutsch. Arch f. Klin. Medic.*, t. 6, 243, 1869.

NEUVIÈME LEÇON

SALIVE ET SUC GASTRIQUE

Les considérations précédentes nous ont fait faire connaissance avec les aliments. Nous allons maintenant les suivre dans leur passage à travers l'organisme et étudier les modifications successives qu'ils subissent après leur absorption.

La *salive*[1] est le premier liquide avec lequel les aliments entrent en contact. Celle-ci est sécrétée par trois glandes spéciales et par les petites glandes de la muqueuse buccale. La quantité de salive sécrétée en vingt-quatre heures est considérable et s'élève, d'après Bidder et Schmidt[2], à 1,500 centimètres cubes. On pourrait s'attendre à ce que ce liquide jouât un rôle important dans la digestion, mais jusqu'à présent on n'a pu lui attribuer aucune action effective. L'effet de la salive est nul sur la plupart des aliments; il se borne à dédoubler l'amidon en sucre et en dextrine. Mais cette action elle-même est de peu d'importance en comparaison de l'énergique action diastasique du suc pancréatique. La salive n'agit que très peu de temps sur les aliments, car elle n'est active qu'autant que ceux-ci ont une réaction faiblement alcaline. Le suc gastrique entrave immédiatement son action ou même la suspend complètement[3]. Ce n'est donc qu'une portion minime de l'amidon absorbé qui

---

[1] Les phénomènes de la sécrétion salivaire ont été étudiés par BERNARD, LUDWIG et HEIDENHAIN de la façon la plus détaillée, et les résultats de ces études comptent parmi les plus belles conquêtes de la physiologie moderne. Ces travaux ne nous ont cependant rien révélé sur les procédés chimiques de l'activité glandulaire. Je crois pouvoir me dispenser de m'étendre sur ces recherches, qui se trouvent rapportées en détail dans tous les traités de physiologie.

[2] BIDDER und SCHMIDT, *Die Verdauungssäfte und der Stoffwechsel.* Mitau et Leipzig, 1852, p. 14.

[3] O. HAMMARSTEN, Compte rendu dans *Panum's Jahresbericht über die Leistungen d. Ges. Medecin.*, 6° année, t. I, 1871.

est dédoublée par le ferment diastasique. Mais cette action n'est même pas commune à tous les mammifères; elle manque chez les carnivores, ce qui téléologiquement ne doit pas nous surprendre. Or comme chez les carnivores la quantité de salive sécrétée est très abondante, nous pouvons déduire de là que ce n'est pas dans sa propriété diastasique que réside l'importance de la salive.

On a espéré faire la lumière sur le rôle de la salive, en extirpant à un chien toutes les glandes salivaires[1], afin d'observer quels troubles en résulteraient. Le résultat de ces expériences fut négatif; on observa seulement que le chien buvait plus qu'à l'ordinaire.

Le rôle de la salive paraît être essentiellement mécanique. Elle humecte les aliments et les prépare à la déglutition. Cette sécrétion continue nettoie en même temps la cavité buccale. Si des restes d'aliments séjournaient dans la bouche, les acides résultant de leur décomposition pourraient attaquer les dents. La sécrétion continue d'une salive alcaline y met obstacle. D'après cette hypothèse nous devons nous attendre à ne pas trouver de glandes salivaires chez les mammifères aquatiques, qui absorbent une nourriture déjà mouillée et dont la bouche est rincée par l'eau. C'est en effet le cas; les glandes salivaires manquent complètement chez les cétacés et sont rudimentaires chez les pinnipèdes.

La nourriture arrivée dans l'estomac subit l'action d'un second suc, le *suc gastrique*, qui se distingue de tous les autres sucs digestifs par sa réaction acide. Cette réaction acide provient de l'acide chlorhydrique libre, ainsi que l'a démontré Carl Schmidt[2]. Après avoir dosé exactement le chlore et toutes les bases : ammoniaque, soude, potasse, magnésie, chaux et peroxyde de fer, il trouva qu'une fois ces bases saturées par l'acide chlorhydrique, il restait encore une quantité de cet acide équivalente à 2,5-4 grammes par litre de suc gastrique. Carl Schmidt fit en outre l'analyse volumétrique du suc gastrique et obtint des résultats presque identiques à ceux de l'autre méthode.

Quant à la raison d'être de cet acide libre dans le suc gastrique, la

---

[1] C. FEHR, *Ueber die Extirpation sämmtlicher Speicheldrüsen beim Hunde.* Diss. Giessen, 1862.

[2] BIDDER u. SCHMIDT, *Die Verdauungssäfte und der Stoffwechsel* Mitau et Leipzig, 1852, p. 44 et 45.

plupart des auteurs lui attribuent un rôle dans la digestion des matières albuminoïdes. Celles-ci sont avec les matières gélatineuses les seuls aliments qui soient modifiés par le suc gastrique. Elles sont transformées en *peptones* [1], qui se distinguent des matières albuminoïdes et gélatineuses en ce qu'elles ont perdu les propriétés colloïdes de celles-ci, ne se coagulent plus, diffusent plus facilement à travers des membranes animales et surtout paraissent particulièrement aptes à être assimilées. Cette action peptonisante est attribuée à un ferment, la *pepsine* [2]. Mais la pepsine n'est active qu'en présence d'acides libres. C'est pourquoi l'on a cru jusqu'à aujourd'hui que le rôle de l'acide chlorhydrique dans l'estomac était de favoriser l'action de la pepsine.

Cette hypothèse ne nous satisfait pas. Nous savons que le ferment du pancréas a une action peptonisante bien plus énergique que le suc gastrique, et que cette action atteint toute son intensité lorsque la réaction est faiblement alcaline. Pourquoi donc les glandes gastriques ont-elles la peine de séparer du sang alcalin un acide libre, quand l'organisme est en état d'arriver au même résultat par un moyen bien plus simple, en sécrétant un liquide alcalin ! L'acide libre doit donc avoir encore une autre raison d'être.

Aujourd'hui où nos connaissances sur les procédés de décomposition et les moyens de les combattre ont fait de si grands progrès, et où nous savons que les acides minéraux sont des agents antiseptiques très puissants, nous sommes portés à croire que l'acide chlorhydrique libre contenu dans l'estomac a une destination analogue. Il tue à leur arrivée dans l'estomac les microorganismes qui pourraient provoquer une décomposition des aliments dans les intestins et troubler de cette manière la résorption, ou qui par leurs produits de décomposition deviendraient la cause de troubles désagréables ou même dangereux pour la santé.

---

[1] Nous parlerons plus loin (leçons 10 et 12) des *peptones* et de leur importance.

[2] Voir à la dixième leçon les essais faits pour isoler la *pepsine*. On admet encore dans le suc gastrique un autre ferment que la pepsine, le *ferment lab,* dont le rôle est de provoquer la coagulation du lait dans l'estomac. On ignore encore l'importance physiologique de cette coagulation. C'est pourquoi je ne m'y arrêterai pas, et je renverrai aux travaux de HAMMARSTEN, *Upsala Läkareforennings Forhandlingar*, 8, p. 63, 1872 ; 9, p. 363 et 452, 1874. On trouvera un compte-rendu détaillé de ces travaux dans MALY, *Jahresbericht für Thierchemie. Zur Kenntniss des Caseins und der Wirkung des Labferments.* Upsala, 1877 ALEX. SCHMIDT, *Beitrag zur Kenntniss der Milch.* Dorpat, 1874, Sur les ferments en général, voir la dixième leçon.

Mᵐᵉ N. Sieber [1] a déterminé dans le laboratoire de Nencki à Berne
le degré de concentration de l'acide chlorhydrique nécessaire pour empêcher le développement des microbes de la putréfaction, et est arrivée
aux résultats suivants : 50 grammes de viande hâchée dans un vase
ouvert avec 300 centimètres cubes d'acide chlorhydrique à 0,1 o/o contenaient, au bout de vingt-quatre heures, quelques coques et bacilles
isolés ; ces organismes avaient augmenté après quarante-huit heures, et
le troisième jour la solution avait une mauvaise odeur et une réaction
faiblement acide. Dans la même expérience faite avec un acide à 0,25 o/o,
quelques organismes immobiles apparaissaient le septième jour et le
neuvième jour une forte moisissure s'était développée sur toute la
masse. Dans une troisième expérience faite avec un acide chlorhydrique
à 0,5 o/o, il n'y avait pas trace de décomposition le septième jour.
Miquel [2] est arrive au même résultat et a montré que 0 gr.,2 à 0 gr.,3
d'un acide minéral suffisent pour empêcher la putréfaction de 100 centimètres cubes de bouillon.

Le suc gastrique d'un chien recueilli par une fistule, après la ligature
préalable de tous les conduits salivaires, contient d'après huit analyses
de C. Schmidt [3] 0,25-0,42 o/o de HCl, en moyenne 0,33 o/o ; Heidenhain [4]
a trouvé dans le liquide du grand cul-de-sac de l'estomac, dans trente-six
dosages, 0,46-0,58, en moyenne 0,52 o/o d'acide chlorhydrique. Un
dosage fait dans le laboratoire de Hoppe-Seyler [5] de l'acide chlorhydrique libre contenu dans le suc gastrique de l'homme révéla une quantité de 0,3 o/o de ClH.

Nous constatons donc de cette manière le fait remarquable que l'acide
chlorhydrique du suc gastrique suffit exactement pour empêcher le
développement des organismes fermentescibles. Cette concordance n'est
certainement pas un effet du hasard !

On pourrait objecter que le suc gastrique est dilué par la salive et les
aliments ingérés. Mais, d'un autre côté, l'on doit songer que, par le fait
de la peristaltique de l'estomac, de nouvelles particules de son contenu
se trouvent constamment en contact avec la muqueuse et sont de cette

[1] N. Sieber, *Journal f. praktische Chemie*, t. 19, p. 433, 1879.
[2] Miquel, *Centralbl. f. allg. Gesundheitspflege*, t. 2, p. 403, 1884.
[3] Bidder u. Schmidt, *l. c*, p. 61.
[4] Heidenhain, *Pflüger's Arch.*, t. 19, p. 153, 1879.
[5] Dionys Szabo, *Zeitschr. f. physiol. Chemie*, t. 1, p. 155, 1877.

manière soumises à l'action d'un acide chlorhydrique assez concentré pour détruire les bactéries. Et en effet nous ne constatons jamais de fermentations notables dans un estomac sain. Mais si, par le fait de conditions pathologiques, la sécrétion ne se fait plus normalement, nous voyons la fermentation et la décomposition se produire abondamment.

L'action antiseptique du suc gastrique avait déjà frappé Spallanzani [1] au siècle dernier. Ayant arrosé des morceaux de viande avec du suc gastrique, il voyait ceux-ci préservés pendant plusieurs jours de la décomposition, tandis que d'autres morceaux arrosés d'eau présentaient au bout de peu de temps des traces non équivoques de pourriture. Un serpent avait avalé un lézard; seize jours après Spallanzani ouvrit l'estomac du serpent : il trouva le lézard à moitié digéré, mais non décomposé. Spallanzani a même fait l'observation que le suc gastrique n'oppose pas seulement une barrière à la décomposition, mais qu'il est en état de l'arrêter lorsque celle-ci a déjà commencé à se manifester. Ayant introduit de la viande corrompue dans l'estomac de différents animaux, il observa qu'au bout d'un certain temps cette viande avait complètement perdu sa mauvaise odeur.

On connaît toute une série d'êtres inférieurs chez lesquels l'extrémité antérieure du tube digestif produit un liquide très riche en acides minéraux libres, mais qui ne possède aucune espèce d'action digestive sur les aliments organiques. Ce fait important, qui est une preuve de plus en faveur de la théorie qui voit dans l'action antiseptique le principal rôle du suc gastrique, a été observé en premier lieu par Troschel [2]. Il se trouvait à Messine avec son maître, Johannes Müller, et y faisait des recherches sur une grande limace marine, le *Dolium galea*. Tout d'un coup, au milieu d'une expérience, il vit s'échapper de l'ouverture buccale de l'un de ces animaux un jet de liquide transparent qui tomba sur le sol dallé de marbre en provoquant aussitôt un violent dégagement d'acide carbonique. Ces animaux pèsent de 1 à 2 kilo-

---

[1] SPALLANZANI, *Expériences sur la digestion*, trad. par SÉNEBIER. Nouv. éd. Genève, 1784, p. 95, 97, 145, 320-330. Nous recommandons cet ouvrage aux commençants comme le type d'une recherche exempte de toute idée préconcue, d'une logique parfaite, d'un scepticisme inébranlable et de la joie éprouvée par la découverte de la vérité. Il en est du reste de même de tous les écrits de SPALLANZANI.

[2] TROSCHEL, *Poggendorff's Annalen.*, t. 93, p. 614, 1854 ou *Journal für prakt. Chemie*, t. 63. p. 170, 1854 (compte rendu mensuel de l'Académie de Berlin, août 1854).

grammes, et les deux glandes sécrétant le suc acide dans la cavité buccale pèsent de 80 à 150 grammes. En saisissant l'animal d'une certaine
manière, il lance son liquide avec force au dehors, de sorte qu'il est
facile de le recueillir. La quantité secrétée par chaque animal est minime,
quoique dans un cas Troschel en ait obtenu trois onces de Prusse. Il lui
fut donc facile d'en recueillir une quantité suffisante à des recherches
ultérieures.

De retour à Bonn, Troschel remit cette substance au chimiste Boedeker
pour qu'il en fît l'analyse. Boedeker fit d'emblée la remarque que ce
liquide ne présentait pas la moindre trace de décomposition, bien qu'il
eût été recueilli plus de six mois auparavant. L'analyse y révéla une
quantité si considérable d'acide sulfurique, qu'après la saturation de
toutes les bases, il restait encore 2,7 o/o d'acide sulfurique libre. Le liquide
contenait en outre 0,4 o/o d'acide chlorhydrique.

Panceri et de Luca [1] confirmèrent les résultats de Troschel et Boedeker.
Ils trouvèrent dans trois analyses de la salive du *Dolium galea* 2,3, 3,4
et 4,1 o/o d'acide sulfurique libre. Ils déterminèrent en outre la présence
d'acide sulfurique libre dans la salive d'autres espèces du même groupe.

Maly [2] a repris dernièrement l'étude de la salive du *Dolium galea*. Il dosa
l'acide libre et il trouva 0,8 et 0,98 o/o de SO_4H_2. Ce suc n'a pas la moindre
propriété digestive sur les aliments organiques ; l'albumine et l'amidon
restent absolument intacts. Frédéricq [3] a constaté aussi une réaction acide
des glandes salivaires de l'*Octopus vulgaris*, mais pas d'action sur les aliments organiques.

Une question se pose en ce moment : comment peut-on expliquer ce
fait remarquable de tissus organiques alcalins secrétant les acides minéraux les plus forts à l'état libre ? Brücke [4] a démontré par l'expérience
suivante que le tissu de la muqueuse gastrique a en effet une réaction
alcaline : ayant détaché un morceau de la muqueuse gastrique d'un lapin
que l'on venait de sacrifier de la couche musculaire sous-jacente, il en
enlevait la couche superficielle. Le morceau comprimé entre deux
feuilles de papier de tournesol donnait une réaction alcaline, tandis

---

[1] S. DE LUCA et P. PANCERI, *Comptes rendus*, t. 65, p, 577 et 712, 1867.
[2] MALY, *Sitzungsber. d. K. Akad. d. Wissensch. Math. naturw. Classe*. Wien., 1880 ; t. 81,
2ᵉ partie, séance du 11 mars, p. 376.
[3] LÉON FRÉDÉRICQ, *Bulletins de l'ac. roy. de Belgique*, 2ᵉ sér., t. 46, n° 11, 1878.
[4] BRÜCKE, *Sitzungsber. d. Wien. Akad.*, t. 37, p. 131, 1859.

qu'une réaction acide se produisait dès que l'on touchait la surface de la muqueuse.

L'acide chlorhydrique produit par les glandes gastriques provient évidemment du chlorure de sodium contenu dans le sang. Le sang et la lymphe contiennent en outre du carbonate de soude, qui leur communique une réaction alcaline. Par quel procédé l'acide chlorhydrique produit par le chlorure de sodium est-il séparé du plasma alcalin ? Le procédé ne peut s'expliquer que de deux manières : la séparation de l'acide chlorhydrique peut être le fait d'une consommation de force vive, ou bien le résultat de son remplacement par un autre acide dans sa combinaison avec le sodium. En ce qui concerne la première hypothèse, nous ne connaissons qu'une seule forme d'énergie qui soit capable de dissocier le chlorure de sodium en solution aqueuse, c'est le courant électrique. Il fut une époque dans l'histoire de la physiologie, où l'on voulait attribuer à l'électricité tous les phénomènes que l'on ne pouvait expliquer autrement. A ce moment-là aussi, on admettait que la production de l'acide chlorhydrique dans l'estomac était due à l'action de courants électriques. Nous n'avons aucune raison à l'appui de cette théorie, du reste abandonnée aujourd'hui.

Quant à la seconde possibilité, elle a trouvé un obstacle dans le préjugé qu'un acide ne peut être remplacé dans un sel que par un acide plus fort. Sur quelle base repose ce préjugé ? Qu'est-ce en somme qu'un acide fort et un acide faible ? Voici la définition qui me semble la plus plausible : de deux acides, le plus fort est celui qui exige pour être séparé de la même base la plus grande consommation de force vive, et qui, dans son union avec cette base, met le plus d'énergie en liberté. Considéré de cette manière, et comme l'ont démontré des recherches calorimétriques, l'acide sulfurique est plus fort que l'acide chlorhydrique, l'acide chlorhydrique plus fort que l'acide lactique, et celui-ci plus fort que l'acide carbonique. Mais on ne doit pas déduire de ce fait que l'acide le plus faible soit incapable de se substituer jamais à un acide plus fort. Les travaux de Jul. Thomsen[1] démontrent à l'évidence que chaque acide peut mettre en liberté une partie des autres acides combinés aux bases. L'acide le plus faible peut même accaparer la plus grande partie des bases présentes.

[1] JUL. THOMSEN, *Thermochem. Untersuchungen. Poggendorff's Annalen*, t. 138-143, 1869-1871.

Si l'on ajoute de l'acide chlorhydrique dilué à une solution de sulfate de soude, on constate une absorption de chaleur et la température de la solution baisse. Cela provient de ce que l'acide chlorhydrique plus faible s'est substitué à l'acide sulfurique plus fort ; la dissociation de la soude et de l'acide sulfurique a exigé une plus grande quantité d'énergie que n'en a produit la combinaison avec l'acide chlorhydrique. Ces expériences sont des plus faciles à suivre à l'aide du calorimètre. Comme l'on connaît la chaleur de combinaison de l'acide chlorhydrique et de l'acide sulfurique avec la soude, et que l'on peut calculer exactement l'abaissement de température produit par l'action de l'acide chlorhydrique sur le sulfate de soude, on peut déterminer exactement la quantité d'acide sulfurique mis en liberté par l'acide chlorhydrique. Thomsen a trouvé que si l'on met en présence des quantités équivalentes d'acide chlorhydrique et de sulfate de soude, l'acide chlorhydrique accapare les deux tiers de la soude en laissant l'autre tiers à l'acide sulfurique. L'acide le plus faible a par suite une action double de l'acide le plus fort. Nous ne pouvons donc nous baser sur la définition donnée plus haut de la force d'un acide. Nous sommes obligés de nous représenter d'une autre manière la force différente de l'attraction chimique, et c'est ce que Thomsen a nommé *l'avidité*. L'avidité de l'acide chlorhydrique est donc double de celle de l'acide sulfurique.

Thomsen a trouvé l'avidité des acides organiques beaucoup inférieure. L'avidité de l'acide oxalique est quatre fois plus faible que celle de l'acide chlorhydrique, celle de l'acide tartrique vingt fois, et celle de l'acide acétique trente-trois fois. Si donc l'on fait agir les unes sur les autres des quantités équivalentes d'acide chlorhydrique, d'acide acétique et de soude en solution aqueuse, l'acide acétique n'attirera que 1/34 de la soude présente, les 33/34 restants seront liés par l'acide chlorhydrique. Mais si, au lieu d'un équivalent d'acide acétique, nous en avons une quantité plus grande en présence d'un équivalent d'acide chlorhydrique et de soude, l'acide acétique s'emparera de plus de 1/34 de la soude, et d'autant plus que sa quantité sera plus grande. On nomme ce phénomène « *effet de masse* ». C'est par effet de masse que l'acide dont l'avidité est la plus faible peut s'unir aux bases et dissocier des acides d'une avidité supérieure. L'acide carbonique lui-même déplace par effet de masse une petite quantité de tout autre acide. L'on doit enfin admettre que l'eau elle-même, l'acide le plus faible, est à même de dissocier de petites quantités de sels des acides les plus forts. Si nous dissolvons dans l'eau du chlorure de sodium, la solution contiendra, en outre, une faible trace d'acide chlorhydrique libre et de soude caustique. On peut démontrer la mise en liberté des acides les plus forts par l'effet de masse de l'eau au moyen de certains sels métalliques, dont les sels basiques sont peu solubles. Si par exemple on dilue fortement une solution d'azotate de bismuth, il se séparera un sel basique, et la solution contiendra de l'acide azotique libre. L'effet de masse de l'acide faible est renforcé encore par l'affinité de l'acide fort pour l'eau.

Nous possédons encore d'autres moyens que la thermochimie pour démontrer la substitution de forts acides minéraux par des acides organiques beaucoup plus faibles. Maly [1] a institué l'expérience suivante : il a versé une solution de sel de cuisine et d'acide lactique au fond d'un vase cylindrique, et rempli ensuite le vase d'eau, en ayant bien soin d'éviter un mélange avec la solution placée au fond du vase. Après un certain temps il a décanté la couche supérieure pour en faire l'analyse. Il a trouvé que celle-ci contenait plus de chlore que l'équivalent du sodium présent. Une certaine quantité d'acide chlorhydrique libre avait donc diffusé dans l'eau.

En présence de ces faits, nous n'avons plus lieu de nous étonner de ce qu'un acide libre puisse être séparé du sang alcalin. Le sang contient toujours de l'acide carbonique à l'état libre. Par un effet de masse, celui-ci peut dissocier une petite quantité de chlorure de sodium et mettre de l'acide chlorhydrique en liberté. Cette quantité peut être des plus minimes, mais il suffit que l'acide chlorhydrique libre, qui fait équilibre à l'acide carbonique, ait diffusé au dehors, pour que l'effet de masse de l'acide carbonique agisse de nouveau, et ainsi de suite.

L'existence d'acide chlorhydrique libre ne présente donc rien d'extraordinaire. Mais l'énigme de ce procédé réside dans la faculté que possède la cellule épithéliale d'évacuer l'acide chlorhydrique produit constamment dans la même direction et le carbonate de soude dans la direction opposée. C'est la même énigme que nous retrouvons dans tous les tissus vivants. Chaque cellule a le pouvoir d'attirer ou de rejeter, suivant

---

[1] MALY, *Liebig's Annalen*, t. 173, p. 250-257, 1874.

ses besoins, certaines substances, et de les séparer dans des directions différentes [1]. La question qui nous occupe maintenant n'est donc pas une énigme nouvelle, et en somme l'explication de chaque phénomène de la nature ne consiste qu'à ramener un problème en apparence nouveau à des problèmes anciens.

L'acide carbonique paraît aussi jouer un rôle dans les glandes salivaires du Dolium galea et y mettre des acides minéraux en liberté sous l'influence de sa masse. De Luca et Panceri ont fait l'observation que ces glandes, incisées et immergées dans l'eau, dégageaient une grande quantité de bulles gazeuses. Ayant recueilli ce gaz, ils purent constater qu'ils avaient affaire à de l'acide carbonique, la potasse caustique l'absorbant entièrement. Une glande de 75 grammes peut dégager environ 200 centimètres cubes d'acide carbonique. Si l'on considère que l'eau sous laquelle on recueille le gaz en absorbe une quantité notable et qu'après cela la glande est encore saturée d'acide carbonique, on voit qu'elle en contenait une quantité équivalente au moins à quatre fois son volume. L'eau absorbe à la température ordinaire environ son volume d'une atmosphère d'acide carbonique pur ; nous voyons donc que l'acide carbonique contenu dans la glande s'y trouvait sous une pression de plus de quatre atmosphères, à moins qu'une partie de l'acide carbonique n'eut existé dans la glande sous forme de combinaison instable. Ce point pourrait être élucidé par la détermination de la pression d'acide carbonique nécessaire pour empêcher le dégagement de ce gaz.

Il est très possible qu'une grande quantité d'acide carbonique soit mise en liberté par les cellules épithéliales des glandes gastriques, soit sous l'influence d'un ferment, soit par l'oxydation de combinaisons organiques. Mais rien ne nous oblige à attribuer à l'acide le plus faible la mise en liberté des acides minéraux. Il est possible que des ferments contenus dans les cellules épithéliales aient le pouvoir de séparer des acides organiques de combinaisons organiques neutres, par exemple de l'acide lactique du sucre, qui est un composant normal de la lymphe et du plasma sanguin. Il serait même possible que l'acide minéral le plus fort, l'acide sulfurique, ne fût qu'un produit de fermentation d'une combinaison organique sulfurée neutre, telle que l'albumine. On admettra

---

[1] Voir plus haut pages 5 et 99, et plus loin page 158, et leçon 17.

cette possibilité si l'on songe à un exemple tiré de la chimie organique. Le mironate de potassium, une combinaison neutre, se dédouble par l'action d'un ferment en glucose, en essence de moutarde et en bisulfate de potassium. Le bisulfate de potassium en solution aqueuse se dédouble immédiatement, comme l'a démontré Graham [1], en acide sulfurique libre et en sulfate neutre. L'acide sulfurique libre pourrait encore être le produit de l'oxydation de combinaisons organiques sulfurées. Nous ne sommes pour le moment pas encore en état de dire d'après lequel de ces procédés la glande produit l'acide libre. Je n'ai voulu signaler toutes ces possibilités que pour montrer que nous n'avons nullement besoin de chercher un refuge dans l'électricité.

L'acide chlorhydrique libre n'est pas produit par toutes les glandes de la muqueuse gastrique indistinctement. La muqueuse de la portion pylorique, qui se différencie déjà des autres parties par sa coloration plus pâle, sécrète un suc alcalin qui ne contient que de la pepsine, tandis que les glandes des autres portions de la muqueuse produisent un suc acide contenant de la pepsine et de l'acide chlorhydrique libre. Klemensiewicz [2] et Heidenhain [3] ont démontré ce fait de la manière suivante.

Ayant fait une incision dans la ligne blanche d'un chien à jeun depuis quarante-huit heures, et attiré l'estomac hors de la plaie, ils firent la résection de la portion pylorique en évitant d'intéresser les gros vaisseaux. Ayant réuni les bords de la plaie par une suture, ils firent la reposition de l'estomac. Le pylore réséqué, fermé par une suture à l'un de ses bouts, fut fixé par l'autre bout dans la plaie extérieure. Une antisepsie rigoureuse, jointe à une diète absolue pendant quelques jours, leur permit de conserver en vie les animaux opérés. Heidenhain put observer pendant dix semaines l'un des chiens opérés par lui. Le suc limpide et de consistance visqueuse, sécrété par le pylore isolé, présenta constamment une réaction alcaline, et mélangé à de l'acide chlorydrique de 0,1 o/o, une action peptonisante sur les matières albuminoïdes. Comme l'acide chlorhydrique, à la température du, corps, est impuissant à transformer l'albumine en peptone, nous devons admettre l'existence d'un ferment

---

[1] GRAHAM, *Liebig's Ann.*, t. 77, p. 80, 1881.

[2] RUDOLF KLEMENSIEWICZ, *Sitzunzsberichte d. Wiener Akad. Math. nat. Classe*, t. 71 3ᵉ partie, p. 249, 1875.

[3] HEIDENHAIN, *Pflüger's Archiv.*, t. 18, p. 169, 1878 et t. 19, p. 148, 1879.

dans le suc pylorique. Heidenhain a ensuite isolé le reste de la muqueuse gastrique comme il l'avait fait pour le pylore. Après avoir découpé un morceau de l'estomac en parallélogramme et refermé l'ouverture, il forma un cul-de-sac du morceau isolé et le sutura dans la plaie extérieure. Un des chiens opérés de cette manière put être observé pendant cinq semaines. Le liquide sécrété par un cul-de-sac ainsi formé, renferme une quantité notable d'acide chlorhydrique libre et présente une action peptonisante énergique ; il contient donc aussi le ferment.

On est allé encore plus loin dans la recherche du lieu de formation de l'acide chlorhydrique, et l'on a cru pouvoir assigner ce rôle à certaines cellules du grand cul-de-sac de l'estomac, mais les raisons en faveur de cette hypothèse ne sont pas probantes. Cela me conduirait trop loin si je voulais prendre en considération toute la littérature sur ce sujet [1].

Mais s'il est possible de conserver en vie des animaux auxquels on a fait l'extirpation du pylore ou de la plus grande partie du grand cul-de-sac, ne serait-il pas possible qu'ils supportassent aussi l'extirpation complète de l'estomac, et que l'on parvint de cette manière à se rendre compte jusqu'à un certain point de l'importance des fonctions gastriques ? Le chirurgien Czerny et ses assistants Kaiser et Scriba ont en effet pratiqué cette hardie vivisection, dont Kaiser [2] a publié les résultats en 1878. L'un des chiens auxquels on avait extirpé presque complètement l'estomac a survécu vingt et un jours à l'opération, l'autre, opéré le 22 décembre 1876, vivait encore au moment de la publication. On avait commencé par ne donner à ces animaux que de petites quantités de lait et de viande hachée, mais au deuxième mois le second des animaux opérés n'avait plus besoin de soins particuliers ; il mangeait avec les autres chiens tout ce qu'on leur donnait, et cela sans vomir. Son poids, qui était de 5 850 grammes avant l'opération, était tombé au 22 janvier à 4 490 grammes, pour reprendre de nouveau et atteindre 7 000 grammes le 10 septembre. En 1882, Ludwig et son élève Ogata [3] étaient occupés à des recherches sur les fonctions de l'estomac. Curieux de savoir ce

---

[1] On trouvera un exposé de la littérature dans HERMANN, *Handbuch der Physiologie*, t. 5, 1re partie. Leipzig, 1883, à l'article de HEIDENHAIN, *Physiologie der Absonderungsvorgänge*.

[2] F.-P. KAISER, dans Czerny, *Beiträge zur operativen Chirurgie*. Stuttgart, 1878, p. 141.

[3] M. OGATA, *Du Bois' Archiv.*, 1883, p. 89.

qu'était devenu le chien de Czerny, Ludwig écrivit à Heidelberg. Czerny répondit en lui envoyant l'animal vivant et en pleine santé à Leipzig. Avec l'assentiment de Czerny, on sacrifia le chien au printemps 1882. On trouva à l'autopsie, près du cardia, un point où un petit reste de la paroi gastrique existait encore et formait une poche remplie d'aliments. Le chien avait donc vécu plus de cinq ans, pour ainsi dire sans estomac. Ludwig et Ogata [1] sont partis d'une autre méthode pour éliminer les fonctions de l'estomac et en étudier l'effet sur la digestion. Ils ont établis une fistule intestinale au-dessous du pylore, par laquelle ils introduisaient directement les aliments dans le duodenum, en fermant le pylore au moyen d'un ballon en caoutchouc que l'on remplissait d'eau jusqu'à ce que l'occlusion pylorique fût complète et que l'on fût sûr que le suc gastrique ne pouvait plus pénétrer dans l'intestin.

De cette manière on put injecter à la fois de grandes quantité d'aliments (œufs, viande hachée) sans qu'il se produisit de troubles. Deux injections par jour suffisaient à maintenir le chien en équilibre de nutrition. La composition des fèces ne différait en rien de celle des fèces normales. De temps en temps cependant on trouvait le tissu conjonctif de la viande moins attaqué qu'à l'état normal. Mais la forme sous laquelle on injectait la nourriture n'était pas indifférente. Pour être assimilée la viande hachée devait être injectée crue ; la viande cuite était rejetée à peu près intacte, peu d'heures après, par l'anus. La peau de porc hachée et bouillie était au contraire digérée beaucoup plus complètement que la peau crue. Ludwig et Ogata ont tiré de leurs recherches la conclusion que l'estomac n'est indispensable ni comme magasin pour la nourriture absorbée, ni comme producteur du suc digestif.

On n'a pas essayé d'injecter de la viande corrompue à des chiens privés d'estomac et que les chiens normaux supportent parfaitement ; de cette manière on aurait pu constater facilement l'importance des fonctions gastriques. L'action antiseptique du suc gastrique a malheureusement ses limites. Certaines bactéries, quelques-unes pathogènes, offrent surtout à l'état de spores une grande résistance à l'action des agents chimiques, et le suc gastrique en particulier est impuissant contre elles. Falk [2] a constaté entre autres que le virus de la tuberculose n'est pas attaqué

[1] M. OGATA, *l. c.*, p. 91.
[2] FALK, *Virchow's Archiv.*, t. 93, p. 117, 1883.

par le suc gastrique. La bactérie du charbon est tuée par le suc gastrique ou par l'acide chlorhydrique à 0,11 o/o; mais les spores de cette bactérie ne sont généralement pas atténuées par le suc gastrique ou l'acide chlorhydrique dilué. Ces données ont été confirmées plus tard par Frank [1]. Le bacille virgule, que l'on admet comme spécifique du choléra, est tué facilement par l'acide chlorhydrique dilué; c'est pour cela qu'il n'est pas possible d'infecter des animaux en leur introduisant ce bacille dans l'estomac, tandis qu'on provoque facilement des accidents cholériformes si l'on injecte le bacille dans l'intestin grêle ou dans un estomac dont on a préalablement neutralisé l'acide au moyen d'une solution de soude [2].

Les bactéries de la fermentation lactique et butyrique paraissent plus résistantes à l'action de l'acide chlorhydrique. En tout cas on les trouve souvent, peut-être même constamment, dans l'intestin de l'homme [3], et l'on observe régulièrement après l'absorption d'hydrates de carbone une faible fermentation lactique et butyrique dans l'estomac. On a souvent prétendu que cette réaction pouvait être provoquée par un ferment non organisé, mais sans le démontrer positivement [4]. On trouve encore normalement plusieurs autres espèces de microorganismes dans les fèces de l'homme [5]. Mais il est encore impossible de dire s'ils parviennent dans l'intestin par la voie de l'estomac ou par un autre chemin.

L'acidité du suc gastrique peut être diminuée considérablement dans des conditions pathologiques; dans la gastrite, la sécrétion de l'acide chlorhydrique est entravée, celle du mucus alcalin produit par la surface épithéliale augmentée, et dans les cas aigus une transsudation séreuse vient peut-être encore augmenter la quantité d'alcalis du suc gastrique, à tel point que sa réaction peut devenir alcaline. Dans ces conditions si favorables au développement des organismes fermentescibles [6], on

---

[1] EDMUND FRANK, *Deutsche med. Wochenschrift*, 1884, n° 24.

[2] NICATI et RIETSCH, *Rev. scient.*, 1884, II, p. 658, etc, ou *Semaine médicale*, 18 sep. 1884. R. KOCH, *Deutsche med. Wochenschr.*, 1884, n° 45.

[3] H. NOTHNAGEL, *Centralbl. f. d. med. Wissensch.*, 1881, n° 2, et *Zeitschr. f. Klin. Med.* t. 3, p. 275, 1881.

[4] Voir à ce sujet FERDINAND HUEPPE, *Mittheilungen aus dem kaiserl. Gesundheitsamte*, t. 2, p 309. Berlin, 1884. NENCKI et SIEBER, *Jour. f prakt. Chemie*, t 26. p. 40, 1882.

[5] BERTHOLD BIENSTOCK, *Zeitschr. f. klin. Med.*, t. 8, p. 1, 1884. L. BRIEGER, *Zeitschr. f. physiol. Chemie*, t. 8, p. 306, 1884.

[6] W. DE BARY, *Beitr. zur Kenntniss der niederen Organismen im Mageninhalte* (*Arch. f. exper. Pathol. u. Pharmakol.*, t. 20, p. 243, 1885). Ce travail contient une description des

observe une production abondante d'acide lactique et d'acide butyrique. On a aussi trouvé de l'acide acétique ; celui-ci provient probablement de l'oxydation de l'alcool par l'oxygène de l'air avalé. L'alcool est produit par la fermentation des hydrates de carbone. Le champignon de la levûre, que l'on trouve en effet dans le contenu de l'estomac, n'est pas seul capable de provoquer cette fermentation ; certaines bactéries paraissent avoir la même faculté [1].

Si les acides organiques formés dans l'estomac pénètrent dans l'œsophage, ils y provoquent, par l'excitation de la muqueuse déjà enflammée du pharynx et de l'œsophage, le sentiment particulier de brûlure que l'on nomme pyrosis. On a l'habitude de combattre ce symptôme avec du carbonate de soude ou de magnésie, sans songer que de cette manière, loin de détruire la cause, on ne fait que l'augmenter. Les acides libres étant neutralisés par le médicament, les fermentations et le développement des bactéries n'en deviennent que plus intenses. Le seul traitement rationnel du pyrosis consisterait à mettre le malade à la diète, jusqu'à ce que l'estomac ait eu le temps de se vider et d'être désinfecté par l'acide chlorhydrique sécrété normalement.

On a récemment étudié la composition du suc gastrique dans les différentes maladies [2], et trouvé que l'acide chlorhydrique libre manque souvent, tandis que ce n'est jamais le cas pour la pepsine [3]. C'est pour cela qu'on ordonne souvent de l'acide chlorhydrique dilué contre la dyspepsie. Un grand nombre de médecins prétendent avoir obtenu de bons résultats

microorganismes que l'on rencontre dans l'estomac dans des conditions pathologiques, avec un exposé de la littérature.

[1] L. BRIEGER, *Zeitschr. f. physiol. Chem.*, t. 8, p. 308, 1884.

[2] Voir à ce sujet O. MINKOWSKI. *Mittheilungen aus der med. Klinik zu Königsberg*, 1888, p. 148, avec une critique de la littérature parue antérieurement.

[3] On a souvent prétendu que parfois l'acide chlorhydrique libre était remplacé en totalité ou en partie par de l'acide lactique, surtout dans certaines maladies, mais aussi dans le suc gastrique normal. On a même voulu donner à cette observation une valeur diagnostique, et on a indiqué toute une série de réactions commodes pour révéler la présence de l'acide chlorhydrique libre. Mais le temps n'a pas encore produit la preuve irréfutable de l'absence totale de l'acide chlorhydrique dans certaines affections, et la valeur de ces réactions ne s'est pas confirmée. On n'a pas non plus prouvé que l'acide lactique est un composant normal du suc gastrique ; quant à moi, je suis plutôt disposé à croire que l'acide lactique que l'on rencontre dans l'estomac est toujours un produit de fermentation des hydrates de carbone des aliments, et non un produit de sécrétion des glandes gastriques. Le travail de A. CAHN et J. VON MERING (*Die Säuren d. gesunden und kranken Magens. Deutsch. Archiv f. Klin. Med.*, contient une critique de toute la littérature parue à ce sujet, t. 39, p. 233, 1886).

de cette médication. Je voudrais cependant mettre en garde contre un emploi trop général de ce médicament, surtout contre son emploi prolongé dans des affections chroniques. L'acide chlorhydrique est excrété en partie à l'état libre par les reins. Nous ne pouvons pas savoir si de cette manière nous ne surmenons pas cet organe, et si nous ne provoquons pas des lésions dans le tissu rénal. Nous ne savons pas non plus quels tissus l'acide chlorhydrique traverse avant de parvenir au rein, et si sa présence n'en trouble pas le chimisme normal. Une diminution de l'alcalinité n'est certainement pas indifférente, car c'est d'elle que dépend l'intensité des oxydations et des réductions, ainsi que nous sommes en droit de l'admettre par analogie avec les procédés chimiques en dehors de l'organisme.

Tant que l'observation de tous ces procédés nous échappe, il est important d'agir avec la plus grande prudence dans la prescription d'agents aussi énergiques que le sont les acides minéraux. Dans la plupart des cas le médecin fera mieux de mettre ses malades à la diète, jusqu'à ce que l'estomac vide se soit désinfecté lui-même par la sécrétion d'acide chlorhydrique non dilué. Même chez des individus anémiques et affaiblis, si l'on attend que par une diète absolue l'estomac soit désinfecté, et que la sécrétion normale ait repris son cours, on obtiendra de meilleurs résultats qu'en ordonnant de l'acide chlorhydrique, du vin de pepsine(!) ou d'autres préparations semblables, et en cherchant à persuader un malade de prendre une nourriture qu'il repousse instinctivement. Les préparations de pepsine ou de pancréatine sont des drogues inutiles, que nous n'avons aucune raison d'ordonner.

Je voudrais encore attirer l'attention sur le fait qu'il est parfaitement irrationnel de boire aux repas ; le suc gastrique étant par là fortement dilué et perdant de cette manière ses propriétés antiseptiques. Le principe de ne boire que quelques heures après le repas, lorsqu'on a vraiment soif, est ancien et constitue une règle de diététique importante (il est curieux de voir que l'instinct des enfants leur fait précisément refuser les soupes). Pendant les épidémies de choléra on devra éviter tous les aliments volumineux et réduire les boissons à un minimum, afin de ne pas atténuer l'effet antiseptique de l'acide chlorhydrique de l'estomac.

Une question qui a donné beaucoup de mal aux physiologistes et aux médecins est celle de l'autodigestion de l'estomac. Pourquoi l'estomac ne se digère-t-il pas lui-même ? Ses tissus, composés entièrement de matières albuminoïdes et gélatineuses, s'y prêteraient cependant parfaitement. Dès que la vie s'éteint, on observe souvent en effet sur le cadavre une digestion de la paroi gastrique ; il se produit par places un ramollissement et une résolution de la muqueuse, et cela précisément chez des individus sains et forts, morts subitement pendant la digestion. L'ancienne théorie qui considérait la « gastromalacie » comme le résultat d'une affection pathologique est aujourd'hui définitivement abandonnée[1].

Le refroidissement du cadavre seul met un terme à l'autodigestion. Si l'on tue un chien et qu'on le maintienne à la température du corps, on verra quelques heures après, non seulement que l'estomac est complètement digéré, mais que les organes voisins, le foie et la rate, sont aussi attaqués. Pourquoi cette résolution ne se produit-elle pas déjà chez l'animal vivant ? J. Hunter[2] qui, le premier, posa la question, croyait qu'un principe vital « living principle » mettait un obstacle à l'autodigestion. Cl. Bernard[3] réfuta cette hypothèse par l'expérience suivante : il introduisit à travers une fistule la cuisse d'une grenouille vivante dans l'estomac d'un chien. La cuisse fut bientôt digérée, quoique la grenouille fût encore en vie. Le principe vital n'avait donc pas préservé la cuisse de la grenouille. Pavy[4] introduisit l'oreille d'un lapin vivant dans la fistule gastrique d'un chien. Quelques heures après, l'oreille était digérée en grande partie.

Pavy[5] croyait avoir trouvé dans la richesse en vaisseaux sanguins de la muqueuse gastrique l'explication de sa résistance à l'action du suc digestif. D'après lui, l'irrigation constante des tissus par la lymphe et le sang alcalin mettrait obstacle à l'action de la pepsine, qui n'agit qu'en solution acide. Si l'on interrompt la circulation, l'autodigestion se produit.

---

[1] Voir ELSÄSSER, *Die Magenerweichung der Säuglinge.* Stuttgart et Tübingen, 1846. Les pathologistes et les cliniciens les plus éminents se sont rattachés à la manière de voir d'ELSÄSSER, qui considérait la gastromalgie comme une réaction cadavérique. Ce n'est que dans des cas exceptionnels qu'on a pu constater de la gastromalgie avec perforation de l'estomac avant la mort, W MAYER, *Gastromalacia ante mortem.* D.-J Erlangen, 1871.

[2] J. HUNTER, *On the digestion of the stomach after death. Philosophical Transactions,* 1772, et *Observations on certain parts of the animal œconomy.* Londres, 1786.

[3] CL. BERNARD, *Leçons de physiologie expérimentale etc.,* II, p. 406. Paris, 1856.

[4] F.-W. PAVY, *On the gastric juice,* etc. Guy's Hospital Reports Vol. II, p. 265, 1856.

[5] F.-W. PAVY, *On the immunity, enjoyed by the stomach from being digested by its own secretion during life. Philosophical Transactions.* Vol. 153, part. I, p. 161, 1863 et *On gastric erosion.* Guy's Hospital Reports. Vol 13, p. 494, 1868. Voir aussi GAETANO GAGLIO, *Lo Sperimentale.* Settembre, 1884.

Pavy montra que, chez le chien, la ligature des vaisseaux de l'estomac provoque la digestion d'une partie de la muqueuse ; il vit même se produire une perforation de l'estomac chez un lapin. Ayant ouvert l'estomac d'un chien, il fit la ligature d'une portion de la paroi postérieure, de telle sorte que le morceau lié proéminât dans l'estomac ; ce morceau fut digéré exactement comme un aliment. Pavy tira de ces expériences la conclusion que les alcalis du sang empêchent l'autodigestion de l'estomac. Cette conclusion a été généralement acceptée, bien qu'elle ne fût pas exacte. Les alcalis ne sont pas les seules substances amenées par le sang aux cellules épithéliales ! Les cellules des glandes tirent du sang tout ce qui leur est nécessaire pour vivre. Si on les prive de nourriture, les fonctions vitales qui résistent à l'action du ferment pepsique s'éteindront nécessairement. Pourquoi le pancréas ne se digère-t-il pas lui-même ? Le suc pancréatique est pourtant actif en solution neutre ou alcaline.

Cette question est encore une énigme pour nous, mais l'énigme n'est pas nouvelle : de même que la cellule épithéliale d'une glande gastrique peut sécréter de l'acide chlorhydrique libre tout en restant elle-même alcaline, de même la cellule épithéliale de la glande pancréatique peut séparer un ferment sans pour cela en contenir. Ne pouvons-nous pas constater le même phénomène dans chaque cellule végétale ! Le suc qui remplit les interstices du corps protoplasmatique est acide ; la cellule elle-même, comme tout protoplasma contractile, est alcaline. Le suc inter-cellulaire est souvent vivement coloré, la cellule qui a produit la matière colorante est elle-même incolore. Dès que la vie s'éteint, dès que les manifestations vitales, les mouvements amiboïdes, cessent, on voit disparaître cette faculté de séparation des substances, les lois de la diffusion entrent en vigueur et le protoplasma s'imbibe de matière colorante. Chaque cellule de notre corps possède cette même faculté inexplicable de séparer les substances et les distribuer d'une façon opportune (voir plus haut, page 150 et leçon 17).

Pavy invoque en faveur de son hypothèse le fait que si l'on introduit de grandes quantités d'acide dans un estomac dont la circulation est intacte, on voit se produire une autodigestion. D'après Pavy, les alcalis seraient dans ce cas impuissants à empêcher l'action de l'acide. Il a injecté 3 onces (93 grammes) d'acide chlorhydrique contenant 3 drachmes

(12 grammes) de ClH (!!) dans l'estomac d'un chien, et fait la ligature du pylore et de l'œsophage en ayant soin de ne pas intéresser les vaisseaux. Après une heure quarante minutes, mort de l'animal. L'autopsie faite immédiatement montra une digestion complète de la muqueuse gastrique, avec perforation de l'estomac près du cardia. Mais nous ne pouvons tirer aucune conclusion de cette expérience ; la quantité d'acide injecté était beaucoup trop forte, et Pavy aurait tout aussi bien pu détruire la paroi de l'estomac par une injection de potasse caustique.

On a souvent cherché à expliquer le mode de formation de l'ulcère rond par une autodigestion. Mais le danger d'autodigestion n'est pas de beaucoup si grand qu'on le croyait autrefois. De nombreuses expériences ont démontré que la paroi de l'estomac présente après des lésions mécaniques de toute espèce une tendance prononcée à une guérison rapide. Nous n'avons pour cela pas de meilleure preuve que les résultats de la résection du pylore chez les hommes et les animaux. Virchow[1] a donné l'explication la plus plausible de l'étiologie de l'ulcère rond, en admettant pour cela un trouble quelconque dans la circulation. Panum[2] a réussi en effet à provoquer par l'obturation des artérioles de la muqueuse gastrique des infarctus hémorrhagiques suivis d'ulcération. Ce résultat est en parfait accord avec les expériences de Pavy. Mais ce n'est qu'exceptionnellement qu'on est parvenu à découvrir dans l'ulcère rond de l'homme une obturation artérielle par un thrombus ou une embolie. C'est pourquoi on a admis comme cause de formation de l'ulcère rond une acidité exagérée du suc gastrique, sans avoir cependant de raison effective pour cela. Remarquons en passant que l'ulcère rond a son siège généralement près du pylore et à la petite courbure de l'estomac, et exceptionnellement au cul-de-sac, où l'acidité est la plus forte. L'étiologie de l'ulcère rond est actuellement encore inconnue.

Je mentionnerai encore en terminant la résorption des aliments comme fonction de l'estomac. Il est hors de doute que la muqueuse gastrique résorbe les aliments, seulement nous ne savons pas dans quelle proportion. Les difficultés techniques liées à l'étude de cette question

[1] Virchow, *Virchow's Archiv.*, t, 5, p. 181, 1853.
[2] Panum, *Virchow's Archiv.*, t. 25, 1862.

sont considérables, et les résultats obtenus jusqu'à présent sont contradictoires. Je recommanderai à ceux qui voudraient s'orienter dans cette question les travaux de Tappeiner [1], d'Anrep [2] et de Mead Smith [3].

[1] TAPPEINER. *Ueber Resorption im Magen. Zeitschr. f. Biolog.*, t. 16, p. 497-507. 1880.
[2] B. v. ANREP, *Die Aufsaugung im Magen des Hundes. Du Boï's Arch* , 1881, p. 504-514.
[3] R MEADE SMITH, *Du Boï's Arch* , 1884, p. 481.

DIXIÈME LEÇON

LA DIGESTION DANS L'INTESTIN. — LE SUC PANCRÉATIQUE ET SON ACTION FERMENTESCIBLE. — LES FERMENTS EN GÉNÉRAL. — L'ACTION DU SUC PANCRÉATIQUE SUR LES HYDRATES DE CARBONE, LES GRAISSES ET LES MATIÈRES ALBUMINOIDES. — DÉFINITION ET ROLE DES PEPTONES.

La durée du séjour des différents aliments dans l'estomac varie pour chacun d'eux. Elle ne dépend pas seulement de la qualité de la nourriture, mais croît aussi avec la quantité d'aliments absorbés. La constitution mécanique, l'état de division des aliments a aussi une influence sur la rapidité de leur passage dans l'estomac, de même que le degré de la faim et en général la disposition de l'estomac avant le repas. Cette dernière, composée des facteurs physiques et psychiques les plus différents, est d'une grande importance. Les nombreuses observations faites sur des individus munis d'une fistule gastrique ont démontré que les différents aliments séjournent de trois à dix heures dans un estomac sain[1]. Dans des conditions pathologiques, ce séjour est de plus longue durée, ainsi que l'ont révélé de nombreuses expériences faites avec la sonde œsophagienne. L'estomac se vide peu à peu, par toutes petites portions. Cette observation a été faite par W. Busch[2] sur une femme qui, à la suite d'un coup de corne de taureau, avait un anus contre nature à peu de distance au-des-

---

[1] W. BEAUMONT, *Neue Versuche und Beobachtungen über den Magensaft und die Physiologie der Verdauung.*, traduct. de B. LUDEN, Leipzig, 1834. O. VON GRUNEWALDT, *Succi gastrici humani indoles physic. et chim.* Diss. Dorpati, 1853. *Ann. Chem. Pharm.*, t. 92, S. 42, 1864. E. V. SCHRÖDER, *Succi gastrici humani vis digestiva,* Diss. Dorpati, 1853. F. KRETSCHY, *Deutsches Archiv. f. Klin. Medic.*, t. 18, p. 527, 1876. JUL. UFFELMANN, *Arch. f. Klin. Med.*, t. 20, p. 535, 1877.

[2] W. BUSCH, *Arch. f. pathol. Anat. u. Physiol.*, t. 14, p. 140, 1858.

sous du duodenum, par lequel s'écoulait le contenu de l'estomac sans pouvoir pénétrer dans l'autre ouverture de l'intestin grêle. Il a vu apparaître les premières portions de la nourriture absorbée, au bout de quinze à trente minutes, à l'orifice de la fistule.

Au moment où les aliments arrivent dans l'intestin, ils sont soumis à l'action de trois sucs, qui ont tous une réaction alcaline; ce sont le suc pancréatique, le suc entérique et la bile. Ceux-ci agissent sur la bouillie acide sortant de l'estomac, qu'on nomme le *chyme*, le neutralisent peu à peu, de telle sorte qu'arrivé au bas de l'intestin il présente généralement une réaction alcaline.

Étudions d'abord l'action du pancréas.

Le PANCRÉAS est une glande éminemment digestive. Autant que nous pouvons en juger, son suc n'a d'autre effet que de transformer chimiquement tous les groupes d'aliments et de les rendre assimilables. Il transforme les substances albuminoïdes en peptones, dédouble l'amidon en sucres solubles, les graisses en glycérine et en acides gras. C'est pourquoi nous retrouvons chez presque tous les animaux un suc dont l'action est analogue à celle du pancréas. Bien que les invertébrés soient privés d'une digestion pancréatique |et d'une sécrétion biliaire, on a pourtant trouvé partout où l'on a institué des recherches à cet effet, un procédé analogue à l'action du pancréas [1]. Ce procédé se retrouve même chez les organismes inférieurs, chez les bactéries; un liquide contenant des bactéries agit sur les trois groupes principaux de matières alimentaires d'une manière analogue au suc pancréatique. Les ferments pancréatiques n'ont manqué que chez quelques parasites de l'intestin [2].

L'explication téléologique de ce fait est simple, ces animaux nageant continuellement dans un aliment prêt à être assimilé.

Avant de nous occuper plus spécialement du suc pancréatique chez l'homme et les mammifères et de son action chimique sur les trois groupes d'aliments, permettez-moi de vous donner une idée de ce que nous savons actuellement sur la nature des FERMENTS. Nous nous sommes déjà servis de

---

[1] HOPPE-SEYLER, *Ueber Unterschiede im chemischen Bau und der Verdauung höherer und niederer Thiere. Pflüger's Archiv.*, t. 14, p. 395, 1877. Voir en outre les nombreux travaux de PLATEAU sur ce sujet, parus de 1874-1877, en même temps que les travaux de FRÉDÉRICQ et KRUKENBERG. On trouvera un exposé de la littérature sur la digestion des animaux inférieurs dans l'ouvrage de KRUKENBERG: *Vergleichend physiologische Studien II. Grundzüge einer vergleichenden Physiologie der Verdauung.* Heidelberg, 1882.

[2] L. FRÉDÉRICQ, *Bulletins de l'Acad. royale de Belgique.* 2e Sér., t. 46, n° 8, 1878.

ce mot à différentes reprises, et il est temps de nous demander quelle notion nous y rattachons.

Tenons-nous en d'abord à ce que l'observation nous apprend. Il est probable que jusqu'à présent personne n'a vu de ferments. Ce que nous pouvons voir et observer, n'est que l'effet pour la production duquel le ferment hypothétique a donné l'impulsion. Ce procédé consiste toujours dans le dédoublement d'une combinaison complexe avec mise en liberté de force vive, de chaleur. Dans cette action nous voyons toujours de la tension transformée en force vive. Les atomes passent d'un équilibre instable à un équilibre plus stable. Des affinités plus fortes sont saturées. En nous servant de la terminologie que nous avons adoptée dans nos considérations antérieures, nous dirons que la cause proprement dite réside dans la tension accumulée dans la molécule complexe, que l'effet est de la force vive, et nous en sommes à étudier l'impulsion, le motif déterminant. Dans certains cas on définit cette impulsion sous le nom de ferment. Recherchons donc quels caractères communs ont les motifs déterminants dans tous les procédés de ce genre, et ce qui les distingue les uns des autres. Une série d'exemples facilitera notre étude.

La *nitroglycérine* se décompose en acide carbonique, en eau, en azote et en oxygène, avec une forte production de chaleur :

$$2\,[C_3H_5(OAzO_2)_3] = 6\,CO_2 + 5\,H_2O + 6\,Az + O.$$

Les atomes passent d'un équilibre très instable à des combinaisons stables. L'oxygène, par exemple, qui n'a qu'une affinité très faible pour l'azote, tandis que son affinité pour le carbone et l'hydrogène est beaucoup plus grande, est lié à l'azote dans la molécule de nitroglycérine, et se retrouve dans les produits de décomposition combiné au carbone et à l'hydrogène. L'impulsion à cette réaction est donnée par un ébranlement mécanique, un coup, ou par la chaleur, en un mot par un mouvement.

Le *chlorure d'azote* fait explosion avec production de lumière et de chaleur et se décompose en ses éléments :

$$Az\,Cl_3 + Az\,Cl_3 = Az_2 + Cl_2 + Cl_2 + Cl_2.$$

Dans ce cas aussi nous avons un passage de l'état instable à l'état stable.

Des affinités plus fortes ont été saturées. Nous avons de nombreuses raisons pour admettre que les éléments à l'état libre, ne sont pas composés d'atomes isolés, mais que ceux-ci sont réunis en molécules. L'affinité des atomes d'azote et de chlore les uns pour les autres est vraisemblablement plus grande que l'affinité des atomes d'azote pour les atomes de chlore. Un ébranlement mécanique ou une élévation de température suffisent à provoquer cette transposition.

. L'*iodure d'azote,* d'une composition analogue au chlorure d'azote, fait explosion surtout sous l'effet d'ébranlements périodiques, tels que des ondulations d'une longueur d'onde et d'une vitesse déterminées. Le son grave d'une plaque sonore ou d'une corde reste sans effet, tandis que l'explosion se produit sur une plaque rendant un son aigu. Ce phénomène est certainement analogue à celui que nous observons sur certains objets élastiques, qui rendent un son lorsqu'ils sont frappés par des ondes sonores provenant d'un autre objet en vibration. Nous savons que ces vibrations ne se produisent que pour un son d'une hauteur déterminée. Nous pouvons parfaitement nous figurer que si des ondes d'une longueur déterminée frappent une molécule facilement décomposable, les atomes entrant en vibration soient éloignés de leur position d'équilibre instable au point de passer à un équilibre plus stable.

Le contact de certaines substances peut aussi provoquer l'explosion du chlorure d'azote. C'est le cas pour le phosphore et ses combinaisons non oxygénées, pour le sélénium, l'arsenic et certaines résines (d'autres résines sont absolument sans effet), pour des huiles grasses, etc. Dans ce cas aussi nous pouvons admettre la formation par attouchement de certains mouvements, tels que d'ondes caloriques, dont l'intensité à la température ordinaire est déjà très grande.

Sous l'influence de la constellation des molécules en contact, ces ondes prendraient une certaine direction, un rythme particulier.

Le *chlorate de potasse* se décompose en chlorure et en oxygène sous l'effet d'une élévation de température. Le même effet se produit à une température beaucoup inférieure, dès que nous ajoutons au chlorate de potasse certaines substances comme l'oxyde de fer ou de cuivre et le peroxyde de manganèse. La présence de ces substances modifie peut-être les ondes caloriques de telle manière que les atomes de chlorate de potasse entrent plus facilement en vibration et de là perdent l'équilibre.

L'*eau oxygénée* se décompose au contact du platine, de l'or, de l'argent, du peroxyde de manganèse. On parle alors d'un effet de contact, d'une action catalytique. Nous pouvons nous figurer la production de ce phénomène exactement comme dans les exemples précédents. Mais nous pouvons supposer aussi que la substance active dans l'action catalytique produit une attraction sur l'un des atomes de la molécule instable. Il ne se produit pas de combinaison avec cet atome, mais les atomes de la molécule n'en sont pas moins arrachés à leur équilibre instable et passent à un équilibre stable. Cette hypothèse peut s'appliquer aussi aux exemples ci-dessus.

La *glucose* se dédouble en *alcool* et en *acide carbonique* :

$$C_6H_{12}O_6 = 2\,CO_2 + 2\,C_2H_6O.$$

On peut constater directement l'élévation de température accompagnant cette réaction. En outre, on a démontré que la chaleur de combustion de l'alcool est plus faible que celle du sucre qui l'a produit. Dans ce dédoublement, une partie des tensions chimiques accumulées dans le sucre a donc été mise en liberté sous forme de chaleur. Les atomes du sucre ont passé d'un équilibre peu stable à un équilibre plus stable. De plus fortes affinités ont été saturées. Nous ignorons encore quel est dans ce cas le motif déterminant. Tout ce que nous savons, c'est que la réaction ne se produit qu'avec le concours de cellules organiques et à une certaine température (10-40 degrés centigrades). Nous admettons également dans ce cas un mouvement donnant l'impulsion à la réaction, par analogie avec les exemples que nous venons de citer. Le mouvement pourrait provenir des fonctions vitales de la cellule vivante. Mais nous pouvons admettre aussi que certaines substances produites par la cellule agissent par effet de contact, d'une manière analogue aux substances citées plus haut. On désigne ces cellules sous le nom de *ferments.*

Le *sucre de canne* se dédouble en quantités équivalentes de dextrose et de lévulose. On a de même pu dans ce cas constater directement un dégagement de chaleur [1]. La levûre joue également un rôle dans ce dédouble-

---

[1] A. KUNKEL, *Pflüger's Archiv.*, t. 20, p. 509, 1879.

ment. Mais la présence de la cellule vivante n'est pas indispensable pour cela ; un extrait aqueux de ces cellules tuées préalablement par de l'éther suffit à la production de la réaction. On peut admettre que les atomes d'une molécule quelconque de cet extrait sont en vibration, ou que différentes molécules vibrent les unes contre les autres, et que la résultante de ces vibrations donne l'impulsion au dédoublement de la saccharose. En attendant on a admis, sans avoir de raison positive pour cela, qu'un individu chimique unique était contenu dans l'extrait de la levûre, et que sa présence provoquait la décomposition ; on a donné à ce ferment le nom d'*invertine*[1]. Je reviendrai plus tard sur les essais qu'on a fait pour isoler les ferments.

Par la cuisson avec des acides étendus, l'amidon se transforme en glucose. Il n'est pas possible de démontrer directement le dégagement de chaleur qui accompagne cette réaction. Nous devons cependant admettre un dégagement de chaleur, la chaleur de combustion de la glucose étant inférieure à celle de l'amidon. L'impulsion est peut-être donnée par un mouvement se produisant par le fait que la constellation des molécules d'acide et d'amidon donne au mouvement calorique une certaine direction. Ou bien nous devons admettre que les molécules de sucre qui composent l'amidon sont attirées par les molécules d'acide, sans que pour cela elles forment avec celles-ci de combinaison durable. La molécule de sucre est ensuite arrachée à son état d'équilibre instable pour passer à un équilibre plus stable, et cela avec les éléments de l'eau. La transformation de l'amidon en sucre est accompagnée d'absorption d'eau, comme c'est le cas dans le dédoublement de la saccharose mentionné ci-dessus, et probablement aussi dans toutes les décompositions semblables. Je reviendrai plus tard sur ce point.

L'amidon peut se dédoubler déjà à une température relativement basse en dextrine et en maltose, lorsqu'il se trouve en contact avec certaines substances contenues dans l'orge germé ou dans la salive et le suc pancréatique. Dans ce cas également on parle de ferments et on en a vue des individus chimiques. Mais ces substances hypothétiques n'ont peut-être pour effet que de déterminer un mouvement particulier provoquant la décomposition de la molécule d'amidon. Il n'est pas possible d'observer

---

[1] EDUARD DONATH, *Berichte d. deutsch. chem. Gesellschaft.*, t. 8, p. 795, 1875, et t. 11, p. 1089, 1878. M. BARTH, *ibid.*, t. 11, p. 474, 1878.

un dégagement de chaleur dans la décomposition de l'amidon par les ferments. Maly [1] a au contraire observé une absorption de calorique. Ce phénomène peut s'expliquer de la manière suivante : l'amidon est insoluble dans l'eau, tandis que les produits du dédoublement sont solubles ; au moment où ils passent de l'état solide à l'état liquide, une certaine quantité de chaleur est absorbée. Cette quantité de chaleur absorbée est supérieure à celle qui est mise en liberté par le dédoublement. Le dédoublement est nécessairement accompagné d'un dégagement de chaleur, car la chaleur de combustion de la maltose et de la dextrine est inférieure à celle d'une quantité équivalente d'amidon.

Hoppe-Seyler [2] et ses élèves [3] ont montré que le formiate de chaux se décompose sous l'action de certaines bactéries en carbonate de chaux, en acide carbonique et en hydrogène, avec dégagement de chaleur :

$$
\begin{array}{c}
H \\
\diagup \\
C\!=\!O \\
\diagdown \\
O \\
\diagdown \\
Ca + 2HOH = \\
\diagup \\
O \\
\diagup \\
C\!=\!O \\
\diagdown \\
H
\end{array}
\qquad
\begin{array}{c}
OH \\
\diagup \\
C\!=\!O \\
\diagdown \\
O \\
\diagdown \\
Ca + 2H_2 = CaCO_3 + CO_2 + H_2O + 2H_2. \\
\diagup \\
O \\
\diagup \\
C\!=\!O \\
\diagdown \\
OH
\end{array}
$$

Si l'on tue les bactéries avec de l'éther, la décomposition suit quand même son cours. Ce ferment se comporte donc d'une façon analogue à l'invertine. Sainte-Claire Deville et Debray [4] ont fait cette découverte importante que l'iridium, le rhodium et le ruthenium en poudre très fine (préparés par voie humide) ont le pouvoir identique de décomposer l'acide formique en acide carbonique et en hydrogène, tandis que le platine ou le palladium préparés de la même manière n'ont pas cette faculté.

---

[1] MALY, *Pflüger's Archiv.*, t. 22, p.111, 1880.
[2] HOPPE-SEYLER, *Pflüger's Archiv.*, t. 12, p. 1, 1876.
[3] LEO POPOFF, *Pflüger's Archiv.*, t. 10, p.113, 1875.
[4] H. SAINTE-CLAIRE DEVILLE et H. DEBRAY, *Comp. rend.*, t. 78, 2, p. 1782, 1874.

Nous voyons donc *qu'une cellule vivante, une substance organique et un métal peuvent produire le même effet.*

Une décomposition analogue à celle de l'acide formique est celle de l'acide acétique en acide carbonique et en gaz des marais ; cette réaction se produit dans les mêmes conditions :

$$\begin{array}{c} CH_3 \\ | \\ C{=}O \\ \backslash \\ O \\ \backslash \\ \quad\quad Ca + 2HOH = \\ / \\ O \\ / \\ C{=}O \\ | \\ CH_3 \end{array} \qquad \begin{array}{c} OH \\ | \\ C{=}O \\ \backslash \\ O \\ \backslash \\ \quad Ca + 2CH_4 = CaCO_3 + CO_2 + H_2O + 2CH_4. \\ / \\ O \\ / \\ C{=}O \\ | \\ OH \end{array}$$

Une certaine quantité de chaleur est certainement mise aussi en liberté dans cette décomposition, car la chaleur de combustion de l'hydrure de méthyle est inférieure à celle d'une quantité équivalente d'acide acétique.

Les exemples cités nous font voir que ce que nous connaissons de l'action des ferments n'est en somme pas autre chose que ce que nous sa vons des substances catalysantes. Ce sont des corps dont la présence est necessaire pour provoquer le mouvement qui fera passer un groupe d'atomes d'un équilibre instable à un équilibre plus stable. Nous parlons d'une action catalytique quand la substance qui produit cet effet est une combinaison inorganique ou un élément. Si par contre nous avons affaire à des substances organiques de composition inconnue, nous parlons de fermentation. Nous n'avons pour le moment aucune raison pour faire une différence entre l'action des ferments organisés (cellules vivantes) et celle des substances non organisées. Nous pouvons parfaitement nous représenter un procédé de fermentation identique dans les deux cas, mais nous ne savons rien de positif sur le rôle de l'une ou de l'autre de ces deux catégories de ferments.

Le dédoublement par les ferments organisés parait se produire dans l'intérieur même de la cellule ; de sorte que l'énergie mise en liberté de cette manière trouve son emploi dans le processus vital de la cellule. Le fait que la fermentation alcoolique est d'autant plus active et la quantité de sucre dédoublée dans l'unité de temps d'autant plus grande qu'il y a moins d'oxygène présent, parle en faveur de cette hypothèse. L'oxygène ayant libre accès, nous avons une double source d'énergie pour l'accomplissement des fonctions vitales : l'oxydation et le dédoublement. L'absence d'oxygène fait tarir l'une de ces sources et l'autre en est alors d'autant plus mise à contribution[1]. Ce fait a une portée incalculable pour la compréhension des fonctions vitales même chez les êtres supérieurs[2].

Comme je l'ai mentionné plus haut, le dédoublement est accompagné dans toutes les fermentations d'une absorption d'eau. C'est pourquoi celles-ci ne se produisent qu'en présence de l'eau. Les exceptions à cette règle ne sont qu'apparentes. C'est ainsi que, dans la fermentation alcoolique, la glucose $C_6H_{12}O_6$ se dédouble en $2C_2H_6O$ et $2CO_2$, ainsi apparemment sans absorption d'eau. Mais n'oublions pas que l'acide carbonique, comme tous les autres acides bibasiques, doit avoir 2OH en solution aqueuse :

$$C \diagup \overset{OH}{\underset{OH}{\diagdown}} = O \quad = CO_2 + H_3O.$$

La fermentation butyrique $C_6H_{12}O_6 = C_4H_8O_2 + 2CO_2 + 2H_2$ et la fermentation lactique $C_6H_{12}O_6 = 2C_3H_6O_3$ paraissent également faire exception. Nous devons cependant nous représenter ces procédés accompagnés d'absorption d'eau, par analogie avec d'autres fermentations. Voir à cet égard les travaux de Hoppe-Seyler[3] et Nencki[4].

---

[1] BREFELD, *Landw. Jahrb. v. Nathusius u. Thiel.*, 1874. Fasc. 1. *Verhandl. d. Würzburger phys. med. Gesellsch.* N. F., t. 8, p. 96, 1874. PASTEUR. *Etudes sur la bière.* Paris, 1876, chap. VI, p. 229. HOPPE-SEYLER, *Ueber die Einwirkung des Sauerstoffes auf Gährungen. Festschrift.* Strasbourg, 1881. NENCKY, *Arch f. exper. Pathol. u. Pharmakol.* t. 21, p. 299, 1886.

[2] Le fait observé par FRAENKEL (*Virchow's Archiv.*, t. 67, p. 283, 1876, que, chez les chiens, la destruction des matières albuminoïdes est augmentée jusqu'au double, lorsqu'il existe un obstacle au libre accès de l'oxygène, est peut-être un phénomène analogue. Voir encore HERM OPPENHEIM, *Pflüger's Archiv.*, t. 23, p. 490 et suiv., 1880.

[3] HOPPE-SEYLER, *Pflüger's Arch.*, t. 12, p. 14, 1876.

[4] NENCKI, *Journ. f. prakt. Chem.*, t. 17, p. 105, 1879.

On a cherché à bien des reprises à isoler les ferments non organisés. Les liquides à ferments donnent en effet des précipités qui conservent les propriétés fermentescibles. Mais nous n'avons aucune garantie de l'individualité chimique de ces précipités toujours amorphes. Chaque fois qu'on en a fait l'analyse, on leur a trouvé une composition semblable à celle des matières albuminoïdes et des peptones. Il n'est pas impossible que le ferment ne soit qu'une petite parcelle de la substance analysée, parcelle si petite qu'elle ne modifie pas le résultat de l'analyse.

Un caractère commun à tous les ferments est leur solubilité dans l'eau, d'où ils sont précipitables par l'alcool et de nouveau solubles dans l'eau. La plupart des ferments se dissolvent aussi dans la glycérine ; une addition d'alcool les précipite de cette solution [1]. C'est là-dessus que reposent tous les essais faits jusqu'à présent pour isoler les ferments. Mais les propriétés des ferments énoncées ci-dessus sont partagées encore par bien d'autres composants des tissus et des sécrétions. C'est pourquoi l'on dut avoir recours à d'autres procédés pour obtenir un isolement plus complet. Certains ferments, comme la pepsine, ne diffusent pas à travers les membranes [2], et ont une grande tendance à être entraînés lors de la séparation de précipités indifférents [3]. On a également tiré parti de cette propriété dans les essais d'isolement ; mais une description de toutes ces méthodes m'entraînerait trop loin, et je me contenterai de renvoyer aux travaux de Brücke [4], Danilewsky [5], Cohnheim [6], Aug. Schmidt [7], Hüfner [8], Maly [9], Kühne [10], Barth [11] et O. Löw [12].

[1] V. Wittich, *Pflüger's Arch.*, t. 2, p. 193, 1869 et t. 3, p. 339, 1870.

[2] Krasilnikow, *Medicinisky Wjestnik*, 1864. Diakonow fait une courte mention de ce travail dans Hoppe-Seyler, *Med. chem. Unters.*, p. 241. Voir en outre A. Schœffer, *Centralbl. f. d. med. Wissensch.*, 1866, p. 641. v. Wittich, *Pflüger's Arch*, t. 5, p. 443, 1872. Olof Hammarsten, *Om pepsinets indiffusibilitet. Upsala läkareförennings förhandlingar.*, t. 8, p 565, 1873.

[3] Brücke, *Sitzungsber. d. Wiener Akad*, t. 43, p. 601, 1861. A. v. Heltzl, *Beiträge zur Lehre d. Verdauungsfermente des Magensaftes*. Dorpat, 1864.

[4] Brücke, *Sitzungsber. d. Wiener Akad.*, t. 37, p. 131, 1859, et t 43, p. 601, 1861.

[5] A. Danilewsky, *Virchow's Arch.*, t. 25, p. 279, 1862.

[6] J. Cohnheim, *Virchow's Arch.*, t. 28, p. 241, 1863.

[7] Aug. Schmidt, *Ueber Emulsin u. Legumin Diss. Tübingen*, 1871.

[8] Hufner, *Journ. f. prakt. Chem.*, t. 5, p. 372, 1872.

[9] Maly, *Pflüger's Arch.*, t. 9, p. 592, 1874.

[10] Kuhne, *Verhandl. d. naturhist. med. Vereins zu Heidelberg*. N. F , t. 1, 1876, et t. 3, p. 463, 1886.

[11] M. Barth, *zur Kenntniss d. Invertins. Ber. d. deutsch. chem. Ges.*, t. 2, p. 474, 1878.

[12] O. Löw, *Pflüger's Arch* , t. 27, p. 203, 1882.

Une température déterminée est nécessaire à chaque ferment pour qu'il développe son maximum d'activité. Cette température doit être différente pour les ferments digestifs des animaux à sang chaud et ceux des animaux à sang froid. En effet l'expérience confirme une déduction que nous pouvions faire *a priori* pour des raisons purement téléologiques.

Si l'on extrait avec de l'acide chlorhydrique étendu (2-3 o/oo) la muqueuse gastrique d'un mammifère tué depuis peu de temps, on obtient un suc gastrique artificiel qui peptonise rapidement toutes les matières albuminoïdes à la température du corps. A la température ordinaire cette action est très faible, et généralement elle cesse déjà à 10 degrés centigrades. A o degré centigrade on n'a jamais pu constater la plus faible trace de digestion. Fick et Murisier[1] ont trouvé par contre que le suc préparé avec la muqueuse gastrique de la grenouille, du brochet et de la truite, dissout encore régulièrement l'albumine coagulée à o degré. Hoppe-Seyler[2] a confirmé ces résultats; il a trouvé que le suc gastrique artificiel du brochet dissolvait la fibrine plus vite à 15 degrés qu'à 40; le maximum d'activité se produisait environ à 20 degrés. A quelques degrés au-dessus de zéro, l'action était plus lente qu'à 15 degrés, tout en restant cependant encore très nette. Fick et Hoppe-Seyler ont tiré de ces faits la conclusion que le suc gastrique des animaux à sang chaud contient un ferment différent de celui des animaux à sang froid. Cette conclusion ne me paraît cependant pas obligée. Le même ferment peut ne pas se comporter de la même manière en présence de substances différentes et, du reste (ainsi que je viens de le faire remarquer), rien ne nous oblige à considérer les ferments comme des individus chimiques. Peut-être la rencontre de plusieurs substances est-elle nécessaire à la production du genre de mouvement qui donne l'impulsion à la destruction de la molécule complexe.

La diastase, qui transforme l'amidon en sucre, développe comme la pepsine son maximum d'activité à une température différente, suivant la source qui l'a produite. Le ferment diastasique du pancréas et de la salive agit le plus rapidement de 37 à 40 degrés centigrades,

---

[1] MURISIER. *Verhandl. d. phys. med. Gesellsch. zu Würzburg*, t. 4, p. 120, 1873.
[2] HOPPE-SEYLER, *Pflüger's Arch.*, t. 14, p. 395, 1877.

celui de l'orge en germination de 54 à 63 degrés centigrades [1].

En chauffant les solutions aqueuses des ferments solubles à plus de 70 degrés, on les détruit tout comme les ferments organisés. Les solutions restent alors inactives, même après qu'on les a refroidies. Par contre on peut soumettre les ferments séchés à de très hautes températures sans qu'ils perdent leur propriété spécifique. Hüfner[2] a chauffé son ferment pancréatique séché à 100 degrés centigrades sans que pour cela il devînt inactif. Alexandre Schmidt[3] et Salkowski ont montré qu'il en est de même pour la pepsine. Salkowski[4] a chauffé de la pepsine jusqu'à 150 degrés centigrades, du ferment pancréatique et de l'invertine pendant des heures jusqu'à 160 degrés centigrades, et montré qu'une fois refroidis et dissous dans l'eau ils avaient conservé leur activité. On a cru trouver dans ce fait un moyen de différenciation entre les ferments non organisés et les ferments organisés. Des recherches récentes ont cependant démontré que les spores de certaines bactéries supportent une température de 110 à 140 degrés centigrades, sans que la vie et la faculté de reproduction en souffrent[5].

On a de même voulu voir dans la résistance à l'action de l'alcool absolu un signe caractéristique des ferments solubles qui les différencie des ferments organisés Mais les spores de certaines bactéries ont également cette faculté. Koch[6] a fait voir par exemple que les spores de la bactérie charbonneuse peuvent être conservées cent dix jours dans l'alcool absolu sans être tuées. Par contre l'action prolongée de l'éther (trente jours) paraît tuer toutes les spores, tandis que, d'après les expériences faites jusqu'ici, les ferments non organisés conserveraient leur activité. L'acide cyanhydrique, le chloroforme, le benzol, le thymol et la thérébentine ne tuent comme l'éther que les ferments organisés, sans rendre inactifs les ferments de l'autre catégorie.

Après ces considérations sur les ferments en général, revenons au *suc*

---

[1] J. KJELDAHL, *Meddelelser fra Carlsberg Laboratoriet Kjöbenhavn.*, 1879. *Maly's Jahresberichte für Thierchemie.* 1879, p. 382

[2] HUFNER, *Journ. f. prakt. Chem*, N. F., t. 5, p. 372, 1872.

[3] ALEX. SCHMIDT, *Centralbl f. d. med. Wissensch.*, 1876, n° 29.

[4] SALKOWSKI, *Virchow's Arch.*, t. 70, p. 158, 1877, et t. 81, p. 552, 1880. Voir aussi HÜPPE, *Mittheil. aus. d. Kaiserl. Gesundheitsamte*, t. 1, 1881.

[5] R. KOCH u. WOLFFHÜGEL, *Mittheil. aus d. Kaiserl. Gesundheitsamte*, t. 1, 1881. MAX WOLFF, *Virchow's Arch.*, t. 102, p. 81, 1885.

[6] R. KOCH, *Ueber Desinfection. Mittheil. d. Kaiserl. Gesundheitsamtes*, t. 1, 1881.

pancréatique et à son action. J'ai dit déjà que le suc pancréatique agit sur les trois groupes principaux d'aliments. Pour expliquer cette triple activité, on a admis l'existence de trois ferments, mais jusqu'à présent nous n'avons aucune raison sérieuse en faveur de cette hypothèse. Dans ses tentatives réitérées d'isolement des ferments pancréatiques, Hüfner[1] a toujours obtenu des préparations agissant sur les trois groupes d'aliments.

En ce qui concerne l'action sur les *hydrates de carbone*, on a spécialement étudié les transformations de l'amidon insoluble. Le procédé de la digestion de l'amidon est loin d'être aussi simple qu'on était tenté de le croire précédemment. Tout récemment encore on croyait que le ferment pancréatique, celui de la salive et celui de l'orge en germination, la diastase, agissait sur l'amidon de la même manière que lorsqu'on le cuit avec de l'acide sulfurique étendu. Dans ce dernier procédé l'amidon est transformé complètement en glucose avec absorption d'eau, et la dextrine n'apparaît que comme produit intermédiaire. Des recherches récentes[2] ont démontré que le sucre formé dans la digestion artificielle ne correspond qu'à la moitié de l'amidon absorbé, et que ce sucre n'est pas de la glucose mais de la maltose $(C_{12}H_{22}O_{11} + H_2O)$. Le reste de l'amidon a été transformé en dextrine, qu'une action prolongée des ferments est incapable de transformer en sucre. On a aussi distingué deux dextrines : l'une est colorée en rouge par l'iode, l'autre reste

[1] Hüfner, *Journ. f. prakt. Chem.*, t. 5, p. 372, 1872. Voir pour les essais d'isolement de trois ferments différents: A. Danilewski, *Virchow's Arch.*, t. 25, p. 279, 1862. Lossnitzer. *Einige Versuche über die Verdauung d. Eiweisskörper.* Diss. Leipzig, 1864 Victor Paschutin, *Du Bois' Archiv.*, 1873, p. 382. Kühne, *Verhandl. d. naturhist. med. Vereins zu Heidelberg.* N. F. I, 1876. Heidenhain et son élève Podolinski arrivent au résultat que le ferment dissolvant l'albumine n'est pas préformé dans la glande pancréatique, mais qu'il prend naissance par la sécrétion d'une substance formée dans la glande *Pflüger's Arch.*, t. 10, p. 557, 1875, et t. 13, p. 422, 1876. Voir aussi Giov. Weiss, *Virchow's Arch.*, t. 68, p. 413, 1876.

[2] Musculus, *Comp. rend.*, t. 50, p. 785, 1860, ou *Ann. d. chim. et phys.*, III Série, t. 60, p 203, 1860. *Comp. rend.*, t. 68, p. 1267, 1869; t. 70, p. 857, 1870 ; t. 78, 2. p. 1413, 1874. *Ann. chim. et phys.*, V Série, t. 2, p 385, 1874, Payen, *Ann. chim. et phys.* IV Série, t. 4. p. 286, 1865 L. Coutaret, *Comp. rend.*, t. 70, p 382, 1870. Aug. Schwarzer, *Journ f. prakt. Chem.*, N F., t. I, p. 212, 1870. E. Schulze u. Märker *Dingler's polytechnisches Journ.*, t. 206, p. 245. 1872. Brücke, *Sitzungsber d. Wiener Akad.*, t. 65, Abth, 3, p. 126, 1872. C. O' Sullivan, *Journ. of chem. Soc.* Sér. II vol X, p. 579, 1872. E. Schulze, *Ber. d. deutsch chem., Ges.*, t. 7, p. 1048, 1874. Nägeli, *Beiträge zur Kenntniss der Stärkegruppe*, Leipzig, 1874. O. Nasse, *Pflüger's Arch*, t. 14, p. 473, 1877. Musculus et v. Mering, *Zeitschr. f. physiol. Chem..* t. I, p 395, 1878 et t. 2, p. 403, 1878. Musculus et G. Gruber, *Zeitschr. f. physiol. Chem*, t 2, p. 177, 1878 Voir en outre l'exposé des travaux sur ce sujet chez v. Mering, *Du Bois' Archiv.*, 1877, p. 389-395.

incolore. On a en outre reconnu qu'il existe entre l'amidon et les dextrines un produit intermédiaire, qu'on a nommé « amidon soluble », et qui est encore coloré en bleu par l'iode. Enfin on a dû se convaincre que l'amidon n'est pas un individu chimique et que les couches concentriques du grain d'amidon sont formées de différents hydrates de carbone en quantités variables.

Les produits définitifs de la transformation de l'amidon dans l'organisme vivant sont certainement différents de ceux que l'on obtient par la digestion artificielle : l'amidon paraît se transformer complètement en glucose. Dans une digestion pancréatique artificielle prolongée de l'amidon, on voit peu à peu apparaître de la glucose à côté de la maltose [1]. On n'a pu trouver de dextrine ni de maltose dans le sang et les tissus [2], et chez le diabétique qui ne peut détruire les hydrates de carbone absorbés, on ne trouve que de la glucose dans les urines, après absorption d'amidon.

Les transformations de la cellulose dans l'intestin nous sont aussi peu connues que celles de la dextrine. En dehors de l'organisme la cellulose n'est attaquée ni par le suc pancréatique, ni par aucun autre suc digestif. Et cependant, comme nous l'avons déjà vu plus haut, une bonne partie de la cellulose disparaît dans l'intestin. Il est possible que les cellules épithéliales de l'intestin aient le pouvoir de dissoudre la cellulose par l'action d'un ferment et peut-être aussi de transformer la dextrine en sucre. On a déjà plusieurs fois observé cette faculté chez des êtres unicellulaires. Je ne rappellerai que l'exemple cité de la vampyrelle, qui dissout la cellulose de la membrane cellulaire des algues. Quelques auteurs ont prétendu que la cellulose ne trouvait aucun emploi comme aliment dans notre corps, mais qu'elle était décomposée en acide carbonique et en gaz des marais par les bactéries de l'intestin. Hoppe-Seyler [3]

---

1 Musculus et v. Mering, *Zeitschr. f. physiol. Chemie*, t. 2, p. 403, 1879. Horace T. Brown et John Héron. *Liebig's Ann.*, p. 204. p. 228, 1880.

2 On trouve chez v. Mering, *Du Bois' Arch.*, 1877, p. 413 et chez A.-M. Bleile, *Du' Bois' Arch*, 1879, p. 70, une allusion à la présence d'hydrates de carbone colloïdes dans le sang de la veine porte. Il ne s'agit certainement ici que de petites quantités, ne se rencontrant peut-être qu'exceptionnellement. Les expériences de Bleile montrent précisément que la grande masse de la dextrine se transforme en sucre, car il a vu augmenter le sucre du sang de la veine porte chez des animaux auxquels il n'avait donné que de la dextrine.

3 Hoppe-Seyler, *Ber. d. deutsch. chem. Ges.*, t. 16, p. 122, 1883, et *Zeitschr. f. physiol. Chem.*, t. 10, p. 404, 1886.

a en effet démontré à l'évidence qu'une décomposition de la cellulose par les bactéries existe, et il est probable qu'elle se produit aussi dans l'intestin [1]. Mais on peut douter que toute la cellulose contenue dans le canal intestinal en disparaisse de cette manière [2].

L'action du suc pancréatique sur les *graisses* est analogue à son action sur les hydrates de carbone : il provoque un dédoublement avec absorption d'eau. Les graisses sont, comme on le sait, des éthers : combinaisons d'un alcool trivalent, de la glycérine, avec trois molécules d'acides monobasiques, spécialement des acides stéarique, palmitique et oléique. On trouve en outre dans certaines graisses de petites quantités d'acides gras volatils, tels que de l'acide butyrique dans les graisses du lait. Le ferment pancréatique dédouble la molécule de graisse avec absorption de trois molécules d'eau en glycérine et en trois molécules d'acide gras. C'est Cl. Bernard [3] qui a découvert cette action du suc pancréatique. Il n'est pas possible de dire exactement quelle est la quantité de graisse qui est dédoublée de cette manière dans l'intestin. Elle est probablement minime, car le dédoublement des graisses se fait (du moins dans les expériences de digestion artificielle) avec une grande lenteur, tandis que leur résorption est très rapide. Mais il suffit du reste amplement qu'une toute petite quantité de graisse soit dissociée. De cette manière la masse de graisse est rendue apte à être émulsionnée et à traverser sous cette forme la paroi intestinale.

L'émulsion des graisses se produit de la manière suivante : on sait que les graisses neutres ne peuvent être saponifiées, c'est-à-dire dédoublées en glycérine et en sels alcalins d'un acide gras (savons), que par des alcalis libres. *Les carbonates alcalins n'agissent pas du tout sur les graisses*

---

[1] H. Tappeiner, *Zeitschr. f. Biolog.*, t. 20, p. 52, 1884, et t. 24, p. 105, 1888.

[2] Comparez H. Weiske, *Chem. Centralbl.*, t. 15, p. 385, 1884. Henneberg et Stohmann, *Zeitschr. f. Biolog.*, t. 21, p. 613, 1885.

[3] Bernard, *Ann. d. chim. et de physique*, III Série, t. 25, p. 474, 1849. Voir aussi Ogata, *Du Bois' Arch.*, 1881, p. 515. D'après ces recherches faites dans le laboratoire de Ludwig, la dissociation des graisses commencerait déjà dans l'estomac. Marcet, *The medical times and gazette*, new series, V, 17, p. 210, 1858 était déjà arrivé au même résultat. La dissociation des graisses dans l'estomac n'est probablement pas le fait d'un ferment non organisé, mais est provoquée par les organismes de la putréfaction. On a expliqué de la même manière la dissociation des graisses dans la digestion pancréatique. Les expériences toutes récentes de Nencki, *Arch. für exper. Pathol. u. Pharmakol.* t. 20, p. 373, 1886, ont cependant prouvé que le ferment pancréatique, en présence du phénol, dissocie une masse de graisse aussi considérable qu'en présence d'un antiseptique.

neutres, mais bien sur les acides gras libres. L'acide carbonique est remplacé dans ses sels par l'acide plus fort, et il se forme un sel alcalin de l'acide gras. Les acides gras et les glycérides neutres se mélangent intimement dans chaque proportion. Dans un tel mélange de graisse et d'un peu d'acide gras, les molécules d'acide gras se trouvent partout entre les molécules des glycérides neutres. Si maintenant l'on fait agir une solution de carbonate de soude sur un pareil mélange, il se produira une solution de savon entre les molécules des graisses neutres. De cette manière, toute la masse de graisse est transformée immédiatement en une émulsion très fine formée de petites gouttes microscopiques. Une graisse neutre toute fraîche ne peut être émulsionnée par une solution de soude. Mais si par contre on prend de la graisse rance, c'est-à-dire de la graisse dans laquelle une partie des acides gras a déja été mise en liberté par l'action des organismes de la putréfaction, l'émulsion se produira sans peine. Lorsqu'on agite ensemble une solution étendue de soude et de l'huile rance, on voit les deux liquides se mélanger immédiatement, et former un mélange homogène, opaque, d'un blanc laiteux. L'examen microscopique nous apprend que l'huile a été transformée en une masse de gouttelettes d'une petitesse extrême.

D'autres solutions alcalines, telles que le phosphate de soude Na_2HPO_4, agissent d'une manière analogue au carbonate de soude ou de potasse, et peuvent se combiner avec les acides gras libres en formant des savons. Ce sel, en contact avec des acides gras, donne un savon et du phosphate acide de soude NaH_2PO_4. La bile agit d'une manière analogue, ainsi que nous le verrons bientôt, en raison de son contenu en sels alcalins facilement décomposables [1].

Le suc pancréatique contient du carbonate de soude, car, d'après l'analyse des cendres [2], ce suc contient plus de soude qu'il ne lui en faut pour

---

[1] On connaît de longue date l'action émulsive de solutions alcalines en chimie technique ; elle trouve son application dans la fabrication du rouge turc. MARCET est le premier qui ait signalé à son importance en physiologie. *The medical times and Gazette.* N. S., V, 17, p. 209, 1858. En outre : BRÜCKE, *Sitz ingsber. d. Wiener Akad. Math. nat. Classe,* t 61, Fasc II, p. 362, 1870. STEINER, *Du Boi's Archiv.,* 1874, p. 286 JOH. GAD, ebend , 1878, p. 181, GEORG QUINCKE, *Pflüger's Arch.,* t. 19, p. 129 et MAX v. FREY, *Du Bois' Arch ,* 1881, p. 382.

[2] BIDDER und SCHMIDT, *Die Verdauungssäfte und der Stoffwechsel.* Mitau et Leipzig, 1852, p. 245. L'acide sulfurique indiqué dans cette analyse ne doit pas entrer en ligne de compte, car il s'est formé lors de l'incinération du soufre des matièrcs albuminoïdes.

saturer les acides minéraux présents. Le reste de la soude est partagé entre deux acides faibles : l'albumine et l'acide carbonique. Le suc intestinal contient, ainsi que nous allons le voir bientôt, une notable quantité de carbonate de soude. Soumise à l'action de ces sucs alcalins, la graisse sera bientôt pulvérisée en gouttelettes microscopiques, qui seront transportées par les cellules épithéliales dans les dernières ramifications des vaisseaux chylifères.

Il nous reste encore ·à étudier l'action du suc pancréatique sur les *matières albuminoïdes*. Soumises à l'action du suc pancréatique comme à celle du suc gastrique, celles-ci perdent leurs propriétés colloïdes ; elles deviennent diffusibles [1] et ne se coagulent plus ; elles sont transformées en *peptones*. Les *substances gélatineuses* subissent aussi une transformation analogue ; elles sont dissoutes, et les solutions perdent la propriété de se prendre en gelée par le refroidissement [2].

On a longtemps discuté au suc pancréatique la faculté de peptoniser les matières albuminoïdes, jusqu'à ce que Corvisart [3] l'eût démontrée d'une manière définitive. Kühne [4], qui avait assisté aux expériences de Corvisart, a fait ensuite en Allemagne les expériences les plus approfondies sur cette question. A l'aide de fistules pancréatiques, il se procura le suc du pancréas de onze chiens et montra qu'il peut dissoudre à 40 degrés centigrades, dans un temps variant de une demi-heure à trois heures, des quantités étonnantes de fibrine cuite et d'albumine, de telle manière que, sans présenter la moindre trace de putréfaction, la plus grande partie de ces substances est transformée en un corps qui ne se coagule plus à la température d'ébullition et diffuse facilement à travers un parchemin végétal.

Si l'on prend un pancréas frais, qu'on le coupe en petits morceaux et qu'on le soumette avec une grande quantité de fibrine et de l'eau, pendant trois à six heures, à une température de 40 degrés centigrades, la glande se dissout avec la fibrine jusqu'à ne laisser qu'un résidu insignifiant. Après dissolution complète la réaction reste alcaline. Une petite

---

[1] On a contesté la diffusibilité des peptones. Voir v. Wittich, *Berl. Klin. Wochenschrift*, 1872, n° 37.

[2] Fr. Hofmeister, *Zeitschr. f. physiol. Chemie*, t. 2, p. 299, 1878. Ce travail contient un exposé de la littérature antérieure.

[3] Corvisart, *Sur une fonction peu connue du pancréas, la digestion des aliments azotés.* *Gaz. hebdom.*, 1857, n° 15, 16, 19.

[4] W. Kühne, *Vircho'ws Arch.*, t. 39, p. 130, 1867.

quantité seulement de l'albumine dissoute est précipitable par la chaleur et l'acide acétique [1]. La solution filtrée est évaporée entre 60 et 70 degrés centigrades jusqu'au 1/6 de son volume primitif. Si maintenant on y ajoute de l'alcool à 95 o/o, les peptones se précipitent en flocons. Si après avoir filtré on évapore le liquide restant et qu'on laisse refroidir, on verra d'abord se séparer des cristaux de *tyrosine;* en poussant l'évaporation plus loin, il se déposera des cristaux de *leucine.*

382 PARTIES DE FIBRINE SÉCHÉE ET 15,2 DE PANCRÉAS DONNENT :

11,0 résidu non dissout.	}	53,5
42,0 albumine coagulée.		
211,2 peptone.	}	256,1
13,3 tyrosine.		
31,6 leucine.		

On peut déduire de là que cent parties de fibrine produisent 61 o/o de peptones, 3,9 de tyrosine, 9,1 de leucine et 26 o/o de produits actuellement encore inconnus.

On pourrait supposer que les acides amidés, la leucine et la tyrosine, ne dérivent pas de l'action du ferment pancréatique sur l'albumine, mais qu'ils sont un produit d'une fermentation provoquée par les organismes de la putréfaction. Le suc et la glande pancréatiques présentent une tendance marquée à la putréfaction, et la réaction alcaline favorise encore son développement. Ce fait a un grand inconvénient pour les études sur la digestion pancréatique artificielle, et les rend beaucoup plus difficiles que celles sur la digestion gastrique. Nous savons, en effet, que les organismes de la putréfaction ont le pouvoir de dédoubler des peptones et des acides amidés des matières albuminoïdes. Pour répondre

[1] Au sujet des produits intermédiaires entre l'albumine et les peptones apparaissant dans la digestion pancréatique aussi bien que dans la digestion stomachale : Globuline, acidalbumine, parapeptone, propeptone, albumoses, etc., voir : MEISSNER, *Zeitschr. f. rat. Med.*, III. Reihe, t. 7, p. 1, 1859. BRÜCKE, *Sitzungsber der Wiener Akad.*, t. 37, p. 131, 1859. KÜHNE et CHITTENDEN, *Zeitschr. f. Biolog.*, t. 19, p. 159, 1833 ; t. 20, p 11, 1884 ; t. 22, p. 409, 1886. R. HERTH, *Monatshefte f. Chemie*, t. 5, p 266, 1884. KÜHNE, *Verhandl. d. nat. med. Vereins zu Heidelberg*, N. F., t. 3, p. 286, 1885. SCHMIDT-MÜLHEIM *Du Bois' Archiv.*, 1880, p. 36. HANS THIERFELDER, *Zeitschr. f. physiol. Chem.*, t. 10, p. 577, 1886. R. NEUMEISTER, *Zeitschr. f. Biol.*, t. 23, p. 381 et 402, 1887 et *Ueber d nächste Einwirkung gespannter Wasserdämpfe auf Proteïne*, etc. Munich, 1889.

à cette objection, Kühne[1] s'appuie sur des expériences dans lesquelles il a ajouté de l'acide salicylique comme antiseptique. Il montre que l'acide salicylique, ajouté en quantité suffisante pour empêcher le développement des microorganismes, ne détruit pas l'action du ferment pancréatique, et que les acides amidés se forment quand même.

Kühne est d'avis que des acides amidés se forment aussi dans l'intestin de l'animal vivant. Il a fait à un chien vivant une ligature de l'intestin au-dessus de l'orifice du canal pancréatique et une seconde ligature quatre pieds au-dessous. Ayant introduit deux canules à l'endroit des ligatures, il a fait passer à travers l'intestin un courant d'eau à 40 degrés, jusqu'à ce qu'elle sortît complètement claire. Là-dessus il a introduit un morceau de fibrine dans l'anse intestinale isolée et refermé la plaie. Quatre heures après il a sacrifié l'animal et extirpé l'intestin ligaturé. On put déceler dans le contenu la présence de peptones, de tyrosine et de leucine.

Il est déjà *a priori* douteux qu'à l'état normal la quantité d'acides amidés formés dans l'intestin soit bien considérable, et cela pour des raisons purement téléologiques. Ce serait une dilapidation des tensions chimiques qui, par ce dédoublement, seraient sans raison transformées en force vive, et il est peu probable qu'après une dissociation aussi profonde, une réunion des produits puisse s'effectuer de nouveau de l'autre côté de la paroi intestinale. En effet, Schmidt-Mülheim[2], qui a examiné le contenu de l'intestin d'un grand nombre de chiens nourris exclusivement de viande, n'a jamais pu y révéler que des traces d'acides amidés, quand ils ne manquaient pas complètement.

Lorsque l'on cuit des albuminoïdes avec des acides étendus et des alcalis, on observe de même une production de peptones; si l'action se prolonge, il se forme des acides amidés. Nous avons donc à nous poser cette question : *Quelle est la nature de la transformation qui de l'albumine fait de la peptone.*

Comme les peptones apparaissent sous forme de produits intermédiaires dans la formation des acides amidés, dont la nature comme produits de dédoublement des matières albuminoïdes est hors de doute, on est tenté de croire que les peptones sont précisément les premiers pro-

---

[1] Kühne, *Verhandl. d. naturhist med. Vereins zu Heidelberg*, N. F., t. 1, Fasc. III, 1876.
[2] Schmidt-Mülheim, *Du Bois' Arch.*, 1879, p. 39.

duits de ce dédoublement. L'analogie qui existe entre l'action du ferment et celle des acides et des alcalis sur des combinaisons organiques complexes de constitution connue, est une raison de plus en faveur de cette hypothèse. Ces procédés sont tous un dédoublement avec absorption d'eau. Les mêmes ferments pancréatiques qui dédoublent les graisses en glycérine et en acides gras avec absorption d'eau, l'amidon en dextrine et en sucre, transforment aussi les matières albuminoïdes en peptones. Aussi rien n'est pour nous plus aisé que de conclure à la production des peptones par dédoublement des matières albuminoïdes avec absorption d'eau.

L'hypothèse qui voit dans les albuminoïdes colloïdes et insolubles des produits de polymérisation des peptones solubles, à l'égal des hydrates de carbone colloïdes et insolubles (glycogène, gomme, amidon, cellulose), qui sont en effet des polymères des sucres solubles, a quelque chose de séduisant. Les molécules de peptone se réuniraient de nouveau en molécules d'albumine après la résorption, comme les molécules de sucre se réunissent en glycogène dans les tissus animaux, ou en amidon et en cellulose dans les tissus végétaux. Mais n'oublions pas que cette hypothèse n'est qu'une conclusion par analogie. Nous ne savons aujourd'hui encore rien de certain sur la nature des peptones. Nous ne savons pas si les peptones proviennent du dédoublement des albuminoïdes (encore moins si les produits de ce dédoublement sont identiques entre eux ou s'ils sont différents) ou s'ils se forment des albuminoïdes par transposition des atomes, sans modification de la grandeur de la molécule, ou par absorption d'eau.

Dans toutes les recherches entreprises jusqu'à présent, on a commis la faute capitale de s'être servi de substances impures. On s'est généralement servi de la fibrine du sang pour préparer la peptone. Nous ne savons pas combien de matières albuminoïdes différentes sont contenues dans cette substance. Mais ce dont nous pouvons être certains, c'est que la fibrine contient des noyaux et des débris de leucocytes, des leucocytes entiers et des résidus de globules rouges. Il n'est pas possible que l'analyse d'un conglomérat de substances et d'organismes hétérogènes, comparée à l'analyse d'un mélange des produits de transformation, puisse donner un résultat satisfaisant. Et cependant les recherches de ce genre comptent parmi les plus minutieuses et les plus exactes dans la littérature des peptones [1]. Aujourd'hui que nous sommes en état de préparer des combinaisons cristallisées d'albumine, nous ne pouvons plus accorder de valeur à des recherches sur la constitution des peptones, lorsque le matériel employé pour ces recherches est autre qu'une substance pure cristallisée.

Comme il n'est pas possible de faire cristalliser les peptones de leur solution, ou d'en obtenir des combinaisons cristallisées ou même des combinaisons d'une composition constante, Maly [2] s'est servi de la précipitation fractionnée pour déterminer si la solution de peptone qu'on obtient par digestion artificielle de la fibrine ne contient qu'une peptone ou est un mélange de plusieurs peptones. Pour cela Maly ajoute de l'alcool à la solution concentrée de peptone, jusqu'à ce qu'une partie se soit précipitée en un amas floconneux (première fraction); au liquide filtré il ajoute de nouveau de l'alcool (deuxième fraction), et enfin il évapore la solution alcoolique restante (troisième fraction). Si la solution de peptone en contenait plusieurs espèces, on devrait s'attendre à ce que les différentes fractions eussent une composition différente, car il n'est pas admissible que les différentes peptones aient exactement le même degré de solubilité dans l'alcool étendu. Les résultats obtenus par Maly, dans l'analyse de ses trois fractions, le portèrent à admettre que la solution ne contenait qu'une seule peptone. L'élève de Maly, Herth [3], arriva au même résultat dans une série d'expériences instituées avec du blanc d'œuf.

Les chiffres de Maly et de Herth n'ont pas réussi à me convaincre du bien fondé de leur conclusion. En particulier il est regrettable que, dans leurs analyses élémentaires, ces auteurs aient omis de déterminer le soufre. Le dosage du soufre aurait pu, mieux que tout autre, nous indiquer une différence éventuelle. Si nous admettons que les matières albuminoïdes sont des combinaisons des peptones, nous devons déjà pour cette raison admettre l'existence de différentes peptones (peptones riches en soufre et peptones contenant peu de soufre, ou peptones contenant du soufre et peptones exemptes de soufre), car la contenance en

---

[1] Voir la critique de R. MALY, *Pflüger's Arch.*, t. 20, p. 315, 1879.

[2] R. MALY, *Pflüger's Arch.*, t. 9, p. 585, 1874.

[3] ROBERT HERTH (*Labor. de Maly à Graz*), *Zeitschr. f. physiol. Chem.*, t. I, p. 277, 1877. Comparez aussi : A. HENNINGER, *De la nature et du rôle physiologique des peptones*. Paris, 1878. *Comp. rend.*, t. 86, p. 1413, 1464, 1878.

soufre des divers albuminoïdes présente des différences remarquables
(voir plus haut, page 55). Si par contre nous ne considérons pas les
peptones comme produits de dédoublement des matières albuminoïdes,
nous sommes obligés d'admettre autant de peptones différentes qu'il y a
de composés albuminoïdes. Il y a donc nécessairement plusieurs peptones. Tout récemment Krüger [1] a voué un soin particulier aux dosages
de soufre dans des analyses d'albumine et de peptones. Malheureusement
il n'a pas travaillé avec une substance pure, mais s'est servi de la fibrine
et du blanc d'œuf qui, comme l'albumine du sérum sanguin, contient au
moins deux albuminoïdes différents, une albumine et une globuline.

Les déterminations de carbone, d'hydrogène et d'azote des préparations de peptones les plus pures, ont jusqu'ici toujours donné des
résultats rentrant dans les limites entre lesquelles la composition des
différentes matières albuminoïdes varie [2].

. Avant de nous occuper de la question de savoir si toute l'albumine a
besoin d'être peptonisée avant d'être résorbée, ou si une portion est
aussi assimilée telle quelle, avant d'étudier en outre si les peptones
sont de nouveau régénérées en albumine après la résorption et à quel
endroit cette régénération s'accomplit, nous étudierons encore le rôle
des autres sucs digestifs, de la bile et du suc intestinal en particulier.

[1] ALBERT KRÜGER, *Pflüger's Arch.*, t. 43, p. 244, 1888, avec un exposé de la littérature antérieure sur le soufre des différents albuminoïdes et les différents modes de liaison du soufre.

[2] KÜHNE et CHITTENDEN sont arrivés dans ces derniers temps à des résultats différents.
Zeitschr. f. Biol., t. 22, p. 423, 1886. De nouvelles recherches devront nous donner la
cause de cette contradiction. On a cherché à élucider la question des peptones par des
études comparatives des propriétés *optiques* des albuminoïdes et des peptones, de leur
pouvoir réfringent et de leurs rapports vis-à-vis de la lumière polarisée. Mais ces
recherches n'ont pas non plus abouti à des résultats concordants et définitifs. Voir là-
dessus BÉCHAMP, *Comp. rend.*, t. 94, p. 883, 1882. A POEHL, *Ueber das Vorkommen und die
Bildung des Peptons ausserhalb des Verdauungsapparates und über die Rückbildung des
Peptons in Eiweiss. Diss. Dorpat.* Saint-Pétersbourg, 1882, et *Ber. d. deutsch. chem. Ges*,
1883, p. 1152. Le fait observé par A. DANILEWSKI, que la chaleur de combustion des peptones est inférieure à celle des substances albuminoïdes (*Centralbl. f. d. medic Wissensch.*,
1881, n° 26 et 27) peut être interprété de différentes manières. Ce fait peut tout aussi bien
se rapporter à l'hypothèse du dédoublement qu'au point de vue qu'une absorption d'eau
représente le facteur principal de la peptonisation. On a en outre prétendu à différentes
reprises qu'il était possible de régénérer les albuminoïdes en faisant agir sur les peptones
des substances qui leur enlèvent de l'eau. Mais toutes ces données ont un caractère de
communications provisoires, et nous ne pouvons encore en entreprendre la critique. Voir
HENNINGER, *Comp. rend.*, t. 86, p. 1464, 1878. HOFMEISTER, *Zeitschr. f. physiol. Chem*,
t. 2, p. 206, 1878 et t. 4, p. 267, 1880. A. DANILEWSKI, *Centrabl. f. d. medic Wissensch.*,
1880, n° 42. SCHMIDT-MÜLHEIM, *Du Bois' Arch.*, 1880, p. 36. A. POEHL. *l. c.* et *Ber.
d. deutsch. chem. Gesell.*, 1881, p. 1355 et 1883, p. 1163. O. LOEW, *Pflüger's Arch.*, t. 31,
p. 405, 1883, et R. NEUMEISTER, *Zeitschr. f. Biolog.*, t. 23, p. 394, 1887.

ONZIÈME LEÇON

LE SUC ENTÉRIQUE ET LA BILE

C'est à la vivisection hardie de Thiry [1] que nous devons d'avoir pu recueillir et examiner le SUC ENTÉRIQUE sécrété par les glandes de Lieberkühn. Après avoir ouvert le ventre à des chiens à jeun depuis vingt-quatre heures, par une incision dans la ligne blanche, il attira une anse intestinale à l'extérieur et en réséqua une portion de 10 à 15 centimètres, en ayant soin de ne pas intéresser le mésentère. Cela fait, il réunit par une suture les deux bords de la plaie intestinale. Ayant ensuite fermé l'un des bouts de la portion réséquée et replacé celui-ci dans l'abdomen, il sutura l'autre extrémité aux bords de la plaie extérieure. Bien que Thiry ne connût pas encore le traitement antiseptique des plaies, il parvint cependant, dans un certain nombre de cas, à éviter le développement d'une péritonite et à provoquer une guérison rapide de la plaie. Les animaux pouvaient recommencer à manger à partir du deuxième ou du cinquième jour, et se maintenaient pendant des mois dans un état parfaitement normal. Quincke [2] a répété ces expériences; un de ses chiens survécut neuf mois à l'opération et succomba victime d'un accident.

Par l'application d'irritants mécaniques et chimiques (spécialement d'acides), on arrive à provoquer dans l'anse intestinale isolée une sécrétion abondante de suc intestinal. On peut se le procurer d'une façon très commode en introduisant dans l'intestin de petites éponges qu'on retire au bout d'un certain temps et dont on exprime le suc entérique.

[1] THIRY, *Sitzungsber. d. Wiener Akad.*, t. 50, p. 77, 1864.
[2] H. QUINCKE, *Du Bois' Arch.*, 1868, p. 150. Voir aussi LEUBE, *Centrabl. f. d. med. Wissensch.*, 1868, p. 289.

Thiry et Quincke opposèrent les considérations suivantes à l'objection qu'on aurait pu faire que le suc entérique obtenu de cette manière n'est pas un produit normal : 1° on n'a jamais pu découvrir à l'examen microscopique, même plusieurs mois après l'opération, d'altérations appréciables dans la structure histologique de la paroi intestinale, en particulier des glandes de Lieberkühn ; 2° la circulation et l'innervation ne paraissent pas troublées dans le mésentère, les réflexes sont intacts ; 3° les parasites de l'intestin continuent à vivre dans l'anse isolée, notamment un Nématode et un *Taenia serrata*, ce dernier détachant de temps à autre des proglottides mûrs et des œufs. Si l'on considère que ces parasites vivent dans des conditions spéciales et qu'ils ne peuvent exister que dans certaines portions de l'intestin de certains animaux, on conviendra que ce dernier argument a aussi sa valeur.

A l'examen, il fut démontré que le suc de l'anse intestinale recueilli de cette manière est sans action sur les trois groupes principaux d'aliments. Les graisses et l'amidon ne subirent aucun changement ; quant aux albuminoïdes, la fibrine seule serait dissoute d'après les données de Thiry, tandis que d'autres albuminoïdes, tels que des morceaux de muscle, de blanc d'œuf coagulé, resteraient intacts. La gélatine ne perdit pas la faculté de se prendre en gelée. Quincke ne put pas même confirmer l'action sur la fibrine ; d'après lui le suc entérique est absolument inactif vis-à-vis de tous les aliments. K.-B. Lehmann [1] arriva au même résultat en examinant le suc entérique d'une chèvre. On a fait en outre un grand nombre d'expériences de digestion avec des extraits de muqueuses intestinales de différents animaux. Dans ces expériences on n'a pu constater aucune action quelconque, si ce n'est peut-être une action saccharifiante minime sur l'amidon cuit. Mais cette donnée est sans valeur, car il est possible d'extraire de chaque tissu un ferment agissant lentement sur l'amidon cuit.

Dernièrement Demant [2] a institué une série de recherches sur l'activité du suc entérique de l'homme. Demant eut l'occasion, à la clinique

---

[1] K.-B. Lehmann, *Pflüger's Arch.*, t. 33, p. 180, 1884. J. Wenz, *Zeitschr. f. Biolog.*, t. 22, p. 1, 1886 Ayant repris les expériences de Thiry sur des chiens, L. Vella est arrivé à un résultat différent (*Moleschott's Unters. z. Naturlehre u. s. w*, t. 13, p 40, 1881). Il trouva le suc entérique actif sur les trois groupes d'aliments. Nous ne sommes pour le moment pas en état d'expliquer cette contradiction apparente.

[2] Bern. Demant, *Virchow's Arch.*, t. 75, p. 419, 1879.

de Léube à Erlangen, de recueillir, dans un cas d'anus contre nature après herniotomie, un suc entérique parfaitement pur, qui s'écoulait de la portion inférieure de l'intestin. De la fistule inférieure une portion de l'intestin faisait hernie à l'extérieur. D'ordinaire il ne s'écoulait que peu de suc par cette ouverture, par contre la sécrétion devenait abondante après le repas, et on pouvait recueillir dans un verre, sans toucher la muqueuse, le suc qui tombait goutte à goutte. De cette manière on pouvait recueillir 14-25 centimètres cubes en vingt-quatre heures. La sécrétion se produisait donc sans excitation mécanique ou chimique directe de la muqueuse, par la seule excitation réflexe partant des portions supérieures du canal digestif. Il est donc probable que Demant a vraiment recueilli un suc normal et non pas une exsudation inflammatoire de la muqueuse, provoquée par une excitation anormale.

Le suc entérique humain examiné par Demant se révéla également comme absolument inactif sur tous les albuminoïdes, sur la fibrine et sur les graisses. Il n'exerçait qu'une action minime sur l'amidon cuit, et encore cette action ne se produisait-elle, à 36 ou 38 degrés centigrades, qu'au bout de cinq heures.

Si donc le suc entérique n'agit pas sur les aliments, quel est son rôle ? Sa composition chimique ne nous donne-t-elle aucun éclaircissement à cet égard ? Quincke a trouvé le suc entérique remarquablement pauvre en éléments organiques ; il n'en contient que 0, 5 o/o, surtout sous forme d'albumine. Thiry avait trouvé un chiffre un peu plus élevé. Les deux savants trouvèrent 0,9 o/o de sels inorganiques, principalement du carbonate de soude. Thiry et Quincke virent une effervescence se produire par l'addition d'acides au suc entérique. Demant a observé la même chose avec du suc entérique humain.

C'est vraisemblablement dans son contenu élevé en carbonate de soude qu'il faut chercher la signification du suc entérique. Son rôle consiste à neutraliser les acides du contenu intestinal et à émulsionner les graisses avec l'excès de carbonate de soude. Il ne s'agit pas seulement de sursaturer l'acide chlorhydrique de l'estomac, mais en outre de neutraliser la quantité souvent bien plus considérable d'acides produits dans le canal intestinal par les fermentations butyrique et lactique. La sécrétion de carbonate de soude doit donc être d'autant plus intense que le contenu de l'intestin est plus acide. Car une sursaturation du carbonate de soude aurait pour conséquence un arrêt dans la résorption des graisses. Un mécanisme réflexe veille à ce que le cas ne se produise pas. Thiry et Quincke ont observé que la sécrétion du suc entérique alcalin augmente immédiatement d'une manière sensible si l'on excite la muqueuse avec des acides.

On a objecté à cette acception de l'émulsion et de la résorption des graisses par le carbonate de soude du suc entérique, que la résorption des graisses commence déjà dans les portions supérieures de l'intestin, à un endroit où la réaction du contenu intestinal est encore régulièrement acide. On voit même pendant la digestion les vaisseaux chylifères du duodenum colorés en blanc par les globules graisseux résorbés. Le contenu de l'intestin a parfois même une réaction acide jusqu'au cœcum[1]. Je voudrais de mon côté seulement faire observer que la réaction à l'intérieur de la bouillie alimentaire n'a aucune importance, et que ce qui nous intéresse seulement, c'est la réaction du chyme au point de contact avec la paroi intestinale. Or le mécanisme réflexe dont nous venons de parler agit de telle sorte que celle-ci reste constamment alcaline.

Mais, à mon avis, le carbonate de soude du suc entérique joue encore un autre rôle. Les aliments sont imbibés d'acide chlorhydrique dans l'estomac ; les molécules d'acide chlorhydrique se trouvent entre les plus petites particules des aliments organiques. Arrivée dans l'intestin, la masse alimentaire entre en contact avec une solution de carbonate de soude qui diffuse à l'intérieur. Entre chacune des plus petites particules d'aliments, le carbonate de soude réagit avec l'acide chlorhydrique, et il se produit du chlorure de sodium avec dégagement d'acide carbonique. Cet acide carbonique, au moment de son expansion, fait éclater toutes ces petites particules alimentaires ; il en résulte une désagrégation plus complète du chyme, qui facilite l'action des sucs digestifs et la résorption des aliments dans l'intestin.

En terminant, je dois encore faire mention d'une autre hypothèse sur la nature du suc entérique, défendue par Hoppe-Seyler[2], en opposition avec mon acception sur le rôle de ce suc. D'après Hoppe-Seyler, il

---

[1] PH. CASH, *Du Bois' Arch.*, 1880, p. 323.
[2] HOPPE-SEYLER, *Physiologische Chemie*, Berlin, 1881, p. 270 et 275. ARTHUR HANAU, *Zeitschr. f. Biologie*, t. 22, p. 195, 1886.

n'existe probablement pas de sécrétion spéciale des glandes de Lieberkühn ou de la muqueuse intestinale; en tous cas nous n'avons pour le
moment aucune preuve de son existence. L'identité de composition
qualitative qui existe entre le suc intestinal, le plasma sanguin et la lymphe,
nous porte à admettre que le liquide obtenu par la fistule de Thiry n'est
pas autre chose qu'une transsudation provoquée par une excitation anormale.

A cette acception je ne poserai qu'une question. Comment se fait-il
que le contenu de l'intestin qui, dans les parties supérieures de l'intestin
grêle, après s'être mélangé au suc pancréatique et à la bile, présente
encore une réaction acide, soit presque régulièrement alcalin [1] dans les
portions inférieures de l'intestin, malgré une fermentation butyrique et
lactique incessante ?

· D'après Hoppe-Seyler, les glandes de Lieberkühn n'ont d'autre but
que d'augmenter la surface de résorption de l'intestin, et ce que l'on prend
pour l'épithélium glandulaire n'est autre chose que la continuation de
l'épithélium des valvules conniventes. Mais d'un autre côté Heidenhain[2]
a fait la remarque que l'épithélium des glandes de Lieberkühn a une
structure morphologique toute différente de celle de l'épithélium des
valvules, que le contenu de l'intestin ne pénètre jamais dans les glandes
tubuleuses, et qu'elles ne peuvent par conséquent servir à la résorption.

Il nous reste encore à considérer la BILE, produit de la sécrétion du
foie, comme dernier suc déversé dans le canal digestif. La sécrétion biliaire n'est pas la seule fonction du foie. On peut s'en rendre compte
immédiatement en comparant le volume considérable de l'organe et la
petite quantité de bile sécrétée, avec le volume d'autres glandes et la
quantité de leurs sécrétions. Le foie de l'homme a un poids variant de
1 500 à 2 000 grammes et produit en vingt-quatre heures environ 400 à
600 grammes de bile[3], tandis que la parotide, qui ne pèse que 24 à 30 gr.,

---

[1] On trouve une donnée différente chez SCHMIDT-MÜLHEIM (*Du Bois' Arch.*. 1879, p. 56),
qui a trouvé la réaction du contenu des parties inférieures de l'intestin grêle faiblement
acide chez six chiens nourris de viande bouillie.

[2] HEIDENHAIN, *Pflüger's Arch.*, t. 43, suppl., p 25, 1888.

[3] Voir, pour les méthodes d'installation des fistules biliaires et de détermination de la
quantité de bile sécrétée en vingt-quatre heures: SCHWANN, *Arch. f. Anat u. Physiol.*,
1844, p. 127. BLONDLOT, *Essai sur les fonctions du foie*, etc. Paris, 1846. BIDDER und
SCHMIDT, *Die Verdauungssäfte und der Stoffwechsel*. Leipzig und Mitau, 1852, p. 58.
J. RANKE a déterminé la quantité de bile sécrétée par l'homme en vingt-quatre heures, sur

sécrète dans le même temps 800 à 1000 grammes de liquide. Ce fait seul suffit pour nous faire admettre la probabilité d'une autre fonction du foie. Nous étudierons plus tard les procédés chimiques multiples et complexes qui s'acccomplissent dans le foie, de même que la production de la bile en partant des éléments du sang (leçon 18). Pour le moment nous ne nous occuperons que de la bile proprement dite et de son importance pour la digestion.

Les sucs digestifs que nous avons étudiés jusqu'à présent ne contiennent, abstraction faite des ferments que nous ne pouvons isoler, pas de principes spécifiques. Autant que nous pouvons en juger, ils ne contiennent que des substances que nous retrouvons partout dans notre organisme. Par contre, la masse principale de la bile séchée est formée de combinaisons organiques spéciales, qu'on ne retrouve pas ailleurs dans le corps animal, ou seulement en traces insignifiantes. C'est pourquoi nous étudierons d'abord ces combinaisons d'un peu plus près.

Les composants principaux de la bile sont les sels de soude de deux acides complexes : l'acide *glycocholique* et l'acide *taurocholique*. Le premier de ces acides, cuit avec des acides ou des alcalis, ou soumis à l'action de ferments, se dédouble avec absorption d'eau en un acide exempt d'azote, *l'acide cholalique*, et en une combinaison azotée, le *glycocolle* (sucre de gélatine), le second en *acide cholalique* et en une combinaison contenant de l'azote et du soufre, la *taurine* [1].

Malgré de nombreuses recherches [2], nos connaissances sur la constitu-

---

des individus munis de fistules biliaires (*Die Blutvertheilung und der Thätigkeitswechsel der Organe.* Leipzig, 1871, p. 39 et 145). v. WITTICH, *Pflüger's Arch.*, t. 6. p 181, 1872. H. WESTPHALEN, *Deutsch. Arch. f. Klin. Med.*, t. 11, p. 588, 1873. GERALD F. YEO et E.-F. HERROUN, *Journ of. physiol.*, V, 5, p. 116, 1884, Les quantités de bile de vingt-quatre heures indiquées pour l'homme sont certainement trop faibles, car dans les cas de fistules biliaires observés chez des hommes, le canal cholédoque était encore ouvert et une partie de la bile s'écoulait dans l'intestin. On a trouvé chez les animaux auxquels on avait fait la ligature du canal cholédoque des quantités de bile bien plus considérables, relativement au poids de leur corps. BIDDER et SCHMIDT (*l. c.*, p 114-209) ont trouvé chez le chien une sécrétion de 13-29 grammes de bile en vingt-quatre heures par kilogramme de l'animal, chez le chat en moyenne 14,5 gr., chez le mouton, 25,4, chez le lapin 136,8.

[1] Les travaux de ADOLF STRECKER (*Liebigs's Annalen*, t. 65, p. 130, 1848, t. 67.p,1, 1848 et t. 70, p. 149, 1849) forment la base de tous les travaux ultérieurs sur les acides de la bile. Parmi les travaux plus récents, je citerai celui de HEINRICH BAYER, fait sous la direction de HOPPE-SEYLER, *Ueber die Säuren der menschlichen Galle, Zeitschr. f. physiol. Chem.*, t. 3, p. 293, 1879 Ce travail contient un exposé de la littérature antérieure.

[2] Dans ces derniers temps, TAPPEINER s'est surtout occupé de la constitution de l'acide cholalique: *Zeitschr. f. Biolog*, t. 12, p. 60, 1876. *Sitzungsber. d. Wiener Akademie*, t. 87, 2 part., 1878. *Ber. d. deutsch. chem. Ges.*, t. 12, p. 1627, 1879. LATSCHINOFF, *Ber. d.*

tion de *l'acide cholalique* sont encore bien incomplètes. Les acides cholaliques que l'on tire de la bile de différents animaux paraissent cependant, malgré l'identité de la plupart de leurs propriétés chimiques et physiques, avoir une composition différente. H. Bayer a trouvé, pour l'acide cholalique de la bile humaine, la composition $C_{48}H_{28}O_4$; pour la bile de bœuf, que l'on a étudiée tout spécialement, on a trouvé la composition $C_{24}H_{40}O_5$.

Nous connaissons, par contre, exactement la constitution du *glycocolle*. On peut le préparer synthétiquement en partant de l'acide monochloracétique et de l'ammoniaque; c'est donc de l'*acide acétamique* $CH_2(AzH_2)COOH$. Cette combinaison ne se trouve pas à l'état libre dans l'organisme, mais elle apparaît encore unie à un autre acide que l'acide cholalique, sous forme d'acide hippurique. Nous la rencontrerons prochainement encore. Le glycocolle tire sans aucun doute son origine des albuminoïdes de l'organisme. Par la cuisson avec des acides étendus on peut le dédoubler artificiellement de la gélatine, et la gélatine est un dérivé de l'albumine. C'est de la gélatine que le glycocolle tient son nom de « sucre de gélatine ».

La *taurine* trahit son origine albuminoïde déjà par le soufre qu'elle contient. Kolbe[1] est parvenu à en faire la synthèse de la manière suivante: le sel d'argent de l'acide chloréthylène sulfureux $C_2H_4ClSO_3Ag$, chauffé à 100 degrés centigrades dans un tube de verre scellé avec une solution concentrée d'ammoniaque, produit du chlorure d'argent et de l'*acide amido-éthylène sulfureux* $C_2H_4(AzH_2)SO_3H$. Cet acide est identique avec la taurine que l'on prépare en partant de la bile.

Le rapport quantitatif des acides tauro et glychocolique varie dans la bile des différents mammifères: dans la bile du bœuf c'est l'acide glycocholique qui prévaut; la bile des carnivores paraît ne contenir que de l'acide taurocholique; c'est du moins le cas pour la bile du chien[2]. Dans la bile de l'homme on rencontre ces deux acides en quantités très

deutsch chem. Ges., t. 12, p. 1518, 1879; t. 13, p. 1052 et 1911, 1880; t. 15, p. 713, 1882 et t. 18, p. 3039, 1885 HAMMARSTEN, *Nova Acta Reg. Soc. Scient. Upsal.*, sér. III, 1881. KUTSCHEROFF, *Ber. d. deutsch chem. Ges.*, t. 12, p. 2325, 1879, et CLÈVE, *Comp. rend*, t. 91, p. 1073, 1880, et *Efversigt af Kongl. Vetenskaps Akad. förh.*, n° 4, 1882.

[1] KOLBE, *Ann. d. Chem. u. Pharm.*, t. 122, p. 33, 1862.

[2] STRECKER, *Ann. d. Chem. u. Pharm.*, t. 70, p. 178, 1849. HOPPE-SEYLER, *Journ. f. prakt. Chem.*, t. 89, p. 283, 1863.

variables, mais l'acide glycocholique prévaut toujours[1]. Jacobsen a même trouvé dans un cas la bile humaine complètement exempte de soufre. Dans trois autres cas, le soufre ne se trouvait dans la bile qu'à l'état de sulfate[2].

Au nombre des composants spécifiques, nous rangeons encore les *matières colorantes* de la bile. La bile de la plupart des vertébrés en contient deux : l'une d'un brun rouge, la *bilirubine*, et une verte, la *biliverdine*. La seconde se forme facilement, par oxydation de la première. Suivant que l'une ou l'autre de ces deux matières colorantes est contenue en plus grande quantité dans la bile, celle-ci est jaune, brune ou verte. On est arrivé à faire cristalliser ces deux combinaisons. La *bilirubine* a la composition $C_{32}H_{36}Az_4O_6$, la *biliverdine* $C_{32}H_{36}Az_4O_8$[3]. Elles sont en relation générique étroite avec l'hématine, un des produits de dédoublement de l'hémoglobine ; nous verrons plus tard comment ces combinaisons en dérivent.

La bilirubine et la biliverdine se comportent comme des acides ; elles forment des combinaisons solubles avec les alcalis et des combinaisons insolubles avec les terres alcalines. C'est sur la production de ces dernières combinaisons dans les canaux biliaires que repose la formation de certains calculs, dans des conditions que nous ignorons encore. La quantité de matières colorantes contenues dans la bile normale est très petite. Stadelmann[4] a trouvé par exemple dans la bile sécrétée par un chien en vingt-quatre heures en moyenne 0 gr. 16 de bilirubine. Ces substances ne paraissent avoir aucune importance pour les fonctions digestives.

A part ces composants spécifiques, la bile contient en outre constamment des *savons*, de la *lécithine* et de la *cholestérine* (voir leçon 6). Cette dernière s'y trouve même en quantité notable, jusqu'à 2,5 o/o. Elle est

[1] O. JACOBSEN, *Ber. d. deutsch. Chem. Ges*, t. 6, p. 1026, 1873. TRIFANOWSKI, *Pflüger's Arch.*, t. 9, p. 492, 1874. SOCOLOFF, t. 12, p. 54, 1876. HAMMARSTEN, *Upsala Läkareförenings förhandlingar.*, 13, 574, 1878. HOPPE-SEYLER, *Physiologische Chemie*, Berlin, 1881, p. 301. GERALD F. YEO et E.-F. HERROUN, *Journ. of physiol.*, V, 5, p 116, 1884.

[2] O. JACOBSEN, *l. c.*, p. 1028.

[3] STÄDELER, *Vierteljahrschr. d. Zürcher naturf. Ges.*, t. 8, p. 1, 1863. *Ann. d. Chem.*, t 132, p. 323, 1864. THUDICHUM, *Journ. f. prakt. Chem.*, t 104, p. 193, 1868. MALY, *Journ. f. prakt. Chem.*, t. 104, p. 28, 1868 ou *Sitzungsber. d. Wiener Akad. d. Wissensch*, t. 57, 2 part., 1868 ; t. 70, 3 part., 1874 ; t. 72, 3 part., 1875. *Ann. d. Chem. u. Pharm.*, t. 181, p. 106, 1876.

[4] ERNST STADELMANN, *Arch. f. exper. Path. u. Pharm.*, t 15, p. 349, 1882.

absolument insoluble dans l'eau pure et n'est maintenue en solution dans la bile que par les savons et les sels des acides de la bile. Dans des conditions pathologiques dont la nature nous est inconnue, la cholestérine se dépose dans les canaux biliaires et y forme des concrétions, soit pures, soit mélangées avec du carbonate de chaux ou le sel de calcium de la bilirubine. La *mucine* est enfin aussi un composant constant de la bile. Celle-ci ne paraît cependant pas être un produit des cellules hépatiques, mais bien des cellules épithéliales qui tapissent la vésicule et les canaux biliaires. Landwehr [1] a entrepris une série de recherches approfondies

| DANS 1000 PARTIES DE BILE | TIRÉES DE LA VÉSICULE BILIAIRE | | | | | | | FISTULE BILIAIRE |
| | FRERICHS [2] | | GORUP-BESANEZ [3] | | TRIFANOWSKI [4] recueillie à des autopsies | | HOPPE-SEYLER [5] prise du cadavre | JACOBSEN [6] |
	homme, 18 ans, mort par strangulation	homme, 22 ans, mort suite d'une blessure	homme, 49 ans, décapité	femme, 29 ans, décapitée	I	II		
Eau	860,0	859,2	822,7	898,1	908,8	910,8	—	977,4
Matières solides	140,0	140,8	177,3	101,9	91,2	89,2	—	22,6
Mucine					24,8	13,0	12,9	2,3
Autres substances insolubles dans l'alcool	26,6	29,8	22,1	14,5	4,6	14,6	1,4	
Taurocholate de soude					7,5	19,3	8,7	—
Glycocholate de soude	120,2	91,4	107,9	56,5	21,0	4,4	30,3	10,1
Palmitate et stéarate de soude	—	—	—	—	8,2	16,3	13,9	1,4
Oléate de soude	—	—	—	—				0,1
Graisse	3,2	9,2				3,6	7,3	
Lécithine	—	—	47,3	30,9	5,2	0,2	5,3	0,05
Cholestérine	1,6	2,6			2,5	3,4	3,5	0,56
Sels inorganiques	6,5	7,7	10,8	6,3	—	—	—	8,5
KCl	—	—	—	—	—	—	—	0,28
NaCl	2,5	2,0	—	—	—	—	—	5,5
Na_2CO_3	—	—	—	—	—	—	—	0,95
Na_3PO_4	2,0	2,5	—	—	—	—	—	1,3
$CaCO_3$	—	—	—	—	—	—	—	—
$Ca_3(PO_4)_2$	1,8	2,8	—	—	—	—	—	0,37
$Mg_2P_2O_7$			—	—	—	—	—	Traces
$CaSO_4$	0,2	0,4	—	—	—	—	—	—
$FePO_4$	Traces	Traces	—	—	—	—	—	Traces

[1] H.-A. LANDWEHR, *Zeitschr. f. physiol. Chem*, t. 8, p. 114 et 122, 1883 et t. 9, p. 361, 1885, en outre *Centralbl. f. d. medic. Wissensch.*, 1885, p. 369. Comparez aussi HAMMARSTEN, *Zeitschr. f. physiol. Chem.*, t. 12, p. 163, 1887.

[2] FRERICHS, *Hannover. Ann. Jahrg.*, V, 1, 1845.

[3] v. GORUP-BESANEZ, *Prager Vierteljahrschr.*, t. 3, p. 86, 1851.

[4] TRIFANOWSKY, *Pfluger's Arch.*, t. 9, p. 492, 1874.

[5] HOPPE-SEYLER, *Physiologische Chemie.* Berlin, 1881, p. 301.

[6] O. JACOBSEN, *Ber. d. deutsch. chem. Ges.*, t. 6, p. 1026, 1873. La bile fut prise à un homme sain par une fistule biliaire ouverte pendant plusieurs semaines à des intervalles de quelques jours.

sur les propriétés chimiques de la mucine. Il arrive au résultat que la mucine est une combinaison de l'albumine avec un hydrate de carbone colloïde qu'il désigne sous le nom de « gomme animale ».

Comme exemples de la variabilité de composition de la bile humaine, je citerai les analyses ci-dessus.

Ces analyses nous montrent que la bile tirée de la vésicule biliaire est beaucoup plus concentrée que celle que l'on obtient au moyen d'une fistule. Il se produit donc une résorption d'eau dans la vésicule. Les analyses de bile de chien de Hoppe-Seyler[1] concordent parfaitement avec ce fait. Il a comparé chez le même animal la bile amassée dans la vésicule pendant que l'animal était à jeun, avec la sécrétion recueillie par une fistule temporaire.

100 PARTIES DE BILE CONTIENNENT :

	BILE DE LA VÉSICULE		BILE FRAICHEMENT SÉCRÉTÉE	
	I	II	I	II
Mucine	0,454	0,245	0,053	0,170
Taurocholate alcalin	11,959	12,602	3,460	3,402
Cholestérine	0,449	0,133	0,074	0,049
Lécithine	2,692	0,930	0,118	0,121
Graisses	2,841	0,083	0,335	0,239
Savons	3,155	0,104	0,127	0,110
Autres substances organ. insolubles dans l'alcool	0,973	0,274	0,442	0,543
Substances inorgan. non dissoutes dans l'alcool	0,199	—	0,408	—
c.-a.-d. K_2SO_4	0,004	—	0,022	—
Na_2SO_4	0,050	—	0,046	—
NaCl	0,015[2]	—	0,185	—
Na_2CO_3	0,005	—	0,056	—
$Ca_3(PO_4)_2$	0,080	—	0,039	—
$FePO_4$	0,017	—	0,021	—
$CaCO_3$	0,019	—	0,030	—
MgO	0,009	—	0,009	—

Après avoir appris à connaître la composition de la bile, nous allons

---

[1] HOPPE-SEYLER, *Physiologische Chemie.* Berlin, 1881, p. 302.
[2] La plus grande partie du Na Cl était dissoute par l'alcool et n'a pas été dosée.

étudier maintenant quel est son rôle dans la digestion. On a déjà beaucoup discuté sur cette question. On a même voulu contester à la bile un rôle quelconque dans les fonctions vitales, et on l'a considérée comme un émonctoire analogue à l'urine. Le simple fait que la bile se déverse dans le duodenum, donc dans la partie supérieure de l'intestin, rend déjà cette hypothèse douteuse. Si la bile était un produit d'excrétion, on devrait s'attendre à voir déboucher le canal cholédoque à la partie inférieure du rectum, comme les uretères dans le cloaque des vertébrés inférieurs. La bile doit donc avoir un rôle quelconque à remplir dans le long chemin qu'elle a à parcourir à travers tout l'intestin. Le fait que la plus grande partie des composants de la bile est de nouveau résorbée par l'intestin rend l'hypothèse ci-dessus encore plus invraisemblable.

Les acides de la bile sont dédoublés par l'intestin en acide cholalique, en glycocolle et en taurine. Le glycocolle, substance très soluble, disparaît complètement[1]. Une petite partie seulement de l'acide cholalique est évacuée avec les fèces, et nous ne savons rien de certain sur le sort de la taurine[2].

Si la bile était un émonctoire comme l'urine, la quantité d'azote et de soufre qu'elle contient devrait varier en proportion de la quantité d'albuminoïdes détruits dans l'organisme. Mais il n'en est rien. Les expériences que Kunkel[3] et Spiro[4] ont faites sur des chiens munis de fistules biliaires, ont démontré qu'une petite partie seulement du soufre et de l'azote des albuminoïdes absorbés reparaît dans la bile, et que cette quantité varie peu si l'on augmente l'absorption de l'albumine. Si la quantité d'albuminoïdes contenue dans la nourriture du chien est augmentée de huit fois, l'excrétion du soufre et de l'azote par la bile n'augmente que du double.

Tous ces faits donnent à la bile l'importance d'une sécrétion égale à toutes celles qui se déversent dans le canal digestif et jouent un rôle évident dans la digestion. Mais le fait suivant donne de nouveau à la

---

[1] Sur le sort du glycolle, voir leçon 16.

[2] SALKOWSKI est l'auteur de recherches approfondies sur les transformations de la taurine (*Ber. d. deutsch. chem. Ges.*, t, 5, 1872, t. 6, p. 744, 1191 et 1312, 1873. *Virchow's Arch.*, t. 58, p. 460, 1873.

[3] A. KUNKEL, *Unt. über den Stoffwechsel in der Leber.* Würzburg, 1875. *Ber. d. sächs. Ges. d. Wissensch.* Séance du 14 nov. 1875. *Pflüger's Arch.*, t. 14, p. 344, 1876.

[4] P. SPIRO, *Du Bois' Arch.*, 1880. Vol. supplémentaire, p. 50 (du labor. de Ludwig à Leipzig).

bile une importance particulière. La sécrétion biliaire commence déjà au troisième mois de la vie, tandis que toutes les autres glandes digestives n'entrent en fonctions qu'après la naissance, avec la première absorption de nourriture [1].

On a cherché à trancher la question de l'importance de la bile dans la digestion intestinale, en faisant dériver toute la bile sécrétée à l'extérieur, afin d'observer les troubles digestifs qui en résultent [2]. On a pu se convaincre que les chiens auxquels on avait pratiqué la fistule biliaire digéraient l'albumine et les hydrates de carbone aussi complètement que les chiens normaux. On pouvait les nourrir parfaitement de pain et de viande maigre. Seule la graisse était incomplètement digérée et reparaissait en quantité notable (plus de la moitié après une forte absorption) dans les fèces. C'est pour cette raison que les fèces ont une couleur variant du gris clair au blanc, et non parce qu'elles sont exemptes de matières colorantes biliaires. La couleur noire des fèces de viande normales ne provient pas des matières colorantes de la bile, mais de l'hématine et du sulfure de fer. Si l'on fait digérer les fèces d'un chien à fistule biliaire ou d'un ictérique dans de l'éther qui dissout la graisse, on voit apparaître la coloration foncée. La résorption incomplète de la graisse est cause que les autres aliments sont aussi digérés incomplètement. La graisse entoure les albuminoïdes et ceux-ci sont décomposés par les organismes de la putréfaction dans l'intestin. C'est ce qui explique l'odeur particulière de putréfaction que répandent les fèces et les gaz intestinaux des chiens à fistule biliaire. L'haleine même de ces animaux a une odeur pestilentielle, qui disparaît dès qu'on leur donne une nourriture maigre. On a observé qu'un grand nombre de chiens à fistule biliaire maigrissaient en peu de

---

[1] ZWEIFEL, *Unt. über den Verdauungsapparat der Neugeborenen.* Berlin, 1874. W. PREYER, *Specielle Physiologie des Embryo.* Leipzig, 1885, p. 306, donne un exposé de la littérature assez considérable sur les fonctions des glandes digestives pendant la vie embryonnaire.

[2] SCHWANN, *Arch. f. Anat. u. Physiol.*, 1844, p. 127. BLONDLOT, *Essai sur les fonctions du foie et de ses annexes.* Paris, 1846. BIDDER u. SOHMIDT, *l. c.* KÖLLIKER u. MÜLLER, *Verh. d. phys. med. Ges. zu Würzburg.*, t. 5, p. 232, 1854; t. 6, 1855 ARNOLD, *Zur Physiologie der Galle. Denkschrift für Tiedemann. Mannheim*, 1854, et *Die physiologische Anstalt der Universität Heidelberg*, 1858. C. VOIT, *Beitr. z. Biolog. Festgabe.* TH. L.-W. BISCHOFF, *zum Doctorjubiläum.* Stuttgart, 1882, p. 104. F. RÖHMANN, *Pflüger's Arch.*, t. 29, p. 509, 1882. Les observations faites sur des ictériques correspondent parfaitement aux résultats fournis par les chiens à fistule biliaire. Voir à cet égard: FRIEDR. MÜLLER, *Sitzungsber. der. d. physikal. med. Ges. zu Würzburg.*, 1885, n° 7.

temps d'une façon étonnante ; quelques-uns même périrent de faim Ce fait n'a pas lieu de nous étonner, si nous nous souvenons combien la chaleur de combustion de la graisse est élevée, et quelle difficulté on a à remplacer par d'autres aliments cette puissante source de force. La digestion des grandes quantités d'albuminoïdes et d'hydrates de carbone qui seraient nécessaires pour cela est encore entravée par la graisse non résorbée. C'est pourquoi seuls les chiens dont la nourriture était exempte de graisse pouvaient se maintenir en équilibre de nutrition, en en absorbant des quantités considérables.

Le fait que la *bile favorise la résorption de la graisse* est donc acquis d'une manière certaine. Cette faculté s'explique déjà par l'action émulsive de la bile dont nous avons parlé plus haut. Ainsi que nous l'avons vu, la bile partage cette propriété avec le suc pancréatique et le suc entérique. C'est pourquoi l'absence de bile n'abolit pas complètement la résorption de la graisse, mais ne fait que la diminuer. La bile pourrait cependant avoir encore une autre fonction que celle de favoriser l'émulsion de la graisse. Wistinghausen [1] a montré que l'huile traverse une membrane animale imbibée de bile sans qu'une pression soit nécessaire pour cela ; tandis qu'elle ne traverse qu'à haute pression une membrane imbibée d'eau. Mais la paroi intestinale ne peut être comparée à une membrane morte. Thanhoffer [2], qui découvrit le premier les fonctions actives des cellules épithéliales de l'intestin de la grenouille dans la résorption de la graisse, a observé en même temps que les mouvements des pseudopodes sont plus actifs lorsque les cellules épithéliales sont imbibées de bile.

Il n'a pas été possible de découvrir une action de la bile sur les albuminoïdes dans des essais de digestion artificielle. On lui a, il est vrai, attribué une faible action diastasique, mais les preuves invoquées à l'appui de cette assertion sont sans valeur.

On a aussi reconnu à la bile une action antiseptique. On s'est basé pour cela sur les procédés de putréfaction que l'on observe dans l'intestin des chiens à fistule biliaire. Mais, ainsi que nous l'avons vu plus

---

[1] WISTINGHAUSEN, *Experimenta quædam endosmotica de bilis in absorptione adipum neutralium partibus.* Diss. Dorpat, 1851. STEINER a publié une traduction allemande de cette dissertation. *Du Bois' Arch.*, p. 137, 1873.

[2] LUDWIG VON THANHOFFER, *Pflüger's Arch.*, t. 8, p. 406, 1874.

haut, l'absence de la bile n'est qu'indirectement la cause de cette putré-faction. L'action antiseptique de la bile est, en tout cas, très faible, car la bile elle-même n'est pas à l'abri de la décomposition. Il suffit de la laisser pendant peu de jours à la température du laboratoire pour qu'elle prenne déjà une mauvaise odeur. La théorie de l'action antiseptique de la bile a retrouvé récemment deux défenseurs en Maly et Emich [1]. Ceux-ci ont découvert que les acides de la bile, en particulier l'acide taurocholique, s'opposent au développement des organismes de la putréfaction, avec une puissance qui, dans bien des cas, ne le cède que peu à celle de l'acide salicylique et du phénol; ces données ont été confirmées ensuite par V. Lindberger [2]. En tout cas, les acides libres de la bile sont seuls antiseptiques, tandis que ce n'est pas le cas pour leurs sels. Ceci explique le fait qu'une bile alcaline ou neutre se décompose rapidement hors du corps. Mais il est possible que, dans les portions supérieures de l'intestin, en vertu de la réaction fortement acide qui y règne, les acides de la bile puissent développer leur action antiseptique.

[1] MALY et FR. EMICH, *Monatshefte für Chemie*, t. 4, p. 89, 1883.
[2] V. LINDBERGER, *Bulletin de la Soc. imp. des naturalistes de Moscou*, 1884.

DOUZIÈME LEÇON

LES VOIES DE RÉSORPTION ET LES PREMIÈRES TRANSFORMATIONS DES ALIMENTS RÉSORBÉS.

Dans nos études précédentes, nous avons considéré les transformations successives des aliments dans l'intestin, et la préparation qu'ils ont à subir avant d'être résorbés. Nous allons étudier maintenant les voies de résorption des différents aliments.

Cette question a été résolue d'une manière tout à fait inattendue par Ludwig et ses élèves Röhrig[1], Zawilski[2], v. Mering[3] et Schmidt-Mülheim[4]. Pendant longtemps on était disposé à croire que le courant principal des aliments passait par le canal thoracique. Mais les expériences de Ludwig ont démontré que les graisses seules passent par cette voie. Toute la masse des aliments dissous (hydrates de carbone, albuminoïdes et sels) choisit l'autre route qui conduit de l'intestin au cœur, en passant à travers le système de la veine porte et le foie. Les solutions aqueuses traversent la paroi des capillaires de la muqueuse intestinale et pénètrent directement dans le sang. Les globules de graisse seuls sont transportés dans les canaux chylifères par l'activité des cellules épithéliales[5]. Si l'on prépare sur un chien vivant l'endroit où le canal thoracique débouche dans la veine jugulaire interne[6], on peut introduire une canule dans ce

---

[1] A. Röhrig, *Ber. d. sächs Ges. d. Wissensch. Mat. phys. Classe*, t. 26, p. 1, 1874.

[2] Zawilski, *Arbeiten aus d. physiol. Anstalt zu Leipzig. Jahrg.*, II, 1876, p. 147.

[3] von Mering, *Du Bois' Arch.*, 1877, p. 379.

[4] Ad Schmidt-Mülheim, *id.*, p. 549.

[5] Voir plus haut, p. 5 et 6, les considérations sur les voies de résorption des globules graisseux.

[6] Voir, pour la méthode, les expériences de contrôle et l'autopsie consécutive, A Röhrig, *l. c*, p. 12 et 13, et Schmidt-Mülheim, *l. c*, p. 559-561.

canal et déterminer la quantité de chyle qui s'en écoule pendant l'unité de temps. On a pu se convaincre que cette quantité n'est pas plus considérable pendant la nutrition que chez l'animal à jeun[1]. La seule différence est que le liquide, qui est transparent lorsque l'animal est à jeun, est rendu blanc et opaque pendant la digestion par les globules graisseux qu'il contient.

La quantité de sucre contenue dans le chyle pendant une digestion de sucre et d'amidon[2] varie entre 0,1 et 0,2 o/o, et on trouve toujours une quantité de sucre identique dans le chyle du canal thoracique et dans le sérum du sang artériel[3]. Tout le sucre du chyle a donc traversé les parois des capillaires de l'intestin avec les composants du plasma sanguin, pour pénétrer dans les vaisseaux chylifères. v. Mering[4] introduisit une canule dans le canal thoracique d'un chien qui venait d'absorber 100 grammes de glucose et 100 grammes d'amidon, pour en recueillir le chyle ; pendant les quatre heures et demie qui suivirent ce repas, l'animal produisit 350 centimètres cubes de chyle qui ne contenaient que 0 gr. 45 de sucre. Nous sommes donc forcés d'admettre que le sucre passe directement de l'intestin dans les capillaires, et pénètre dans le système de la veine porte. Les faits observés par Mering sont d'accord avec cette hypothèse. Chez l'animal à jeun, le sérum du sang de la veine porte contient une quantité de sucre égale à celle des veines hépatiques et du sang artériel. Après un repas composé d'hydrates de carbone, la proportion de sucre augmente dans le sang de la veine porte, mais reste invariable dans celui des veines hépatiques[5].

Voici l'interprétation de ces faits qui me paraît la plus vraisemblable: le rôle du foie consiste à régulariser la proportion de sucre dans le sang. Le sucre est une source de force importante pour les muscles et d'autres organes, et il est nécessaire que cet aliment circule toujours en quantité suffisante dans les capillaires des organes. En effet, les dosages de sucre

---

[1] ZAWILSKI, *l. c.*, p. 161 et 162.

[2] v. MERING, *l. c.*, p. 398 et sv. et p. 382-384.

[3] Les corpuscules sanguins sont exempts de sucre ou n'en contiennent qu'une quantité minime. Voir v. MERING, p. 382 et A.-M. BLEILE, *Du Bois' Arch.*, 1879, p. 62 et suivantes.

[4] VON MERING, *l. c.*, p. 398.

[5] VON MERING, *l. c.*, p. 410-415. On trouvera, p. 407-410, la description d'une méthode perfectionnée pour recueillir le sang de la veine porte et des veines hépatiques, et p. 402-406, un exposé de la littérature antérieure sur le sucre du sang de la veine porte et des veines hépatiques.

dans le sang, faits par un grand nombre d'expérimentateurs et dans les conditions les plus variées (chez l'animal à jeun et après un repas copieux), ont donné des résultats très semblables. La quantité de sucre contenue dans la masse du sang varie généralement entre 0,05 et 0,15 o/o et comporte rarement plus de 0,2 o/o. Dès qu'elle dépasse 0,3 o/o (par l'injection de solutions de sucre dans le sang, ou dans des conditions pathologiques), on observe l'apparition de sucre dans les urines. A l'état normal, le foie y met obstacle. Dès que, par la digestion des hydrates de carbone, la proportion de sucre augmente dans le sang de la veine porte et menace d'envahir la masse du sang, le foie l'arrête au passage et l'emmagasine sous forme d'un hydrate de carbone colloïde, le *glycogène*, que nous devons considérer comme un produit de polymérisation du sucre (voir leçon 18). Mais dès que, par suite de la destruction dans les organes, la proportion de sucre menace de baisser dans le sang, le foie abandonne une partie de sa provision. Le foie contient un ferment qui peut, à chaque instant, dédoubler le glycogène en sucre avec absorption d'eau (leçon 18). Ce sucre parvient au cœur, charrié par le sang de la veine hépatique [1].

Si nous poursuivons cette discussion téléologique, nous en arrivons à nous demander pourquoi la proportion de graisse du sang n'est pas aussi réglée d'une manière analogue. Le torrent de graisse se déverse librement dans le tronc veineux brachio-céphalique gauche, et de là presque directement dans le cœur. N'y a-t-il là aucun danger? Le sang contient, en effet, souvent une quantité considérable de graisse. Si l'on saigne un chien quelques heures après l'avoir nourri d'aliments gras en quantité suffisante, et que l'on défibrine le sang, on peut observer, une fois que les corpuscules sanguins se sont déposés, que le sérum est d'un blanc laiteux; parfois il se forme même à la surface une véritable couche de crème. Et cependant, toute cette graisse contenue dans le sang ne présente aucun danger, car les globules graisseux sont si petits qu'ils traversent les capillaires sans difficulté. Peu à peu la graisse disparaît de nouveau du sang; elle traverse probablement les parois des vaisseaux

---

[1] On doit donc trouver la proportion de sucre contenue dans le sang des veines hépatiques tantôt supérieure, tantôt inférieure à celle du sang de la veine porte. On peut, de cette manière, expliquer les contradictions apparentes des différents auteurs. Il est en outre possible que l'excitation produite sur le foie, par l'introduction d'une canule dans les veines hépatiques, puisse provoquer une perte de glycogène et une augmentation de sucre dans la veine hépatique. Comparez A. BLEILE, *Du Bois' Arch.*, 1879, p. 71 et 75.

capillaires et se dépose dans les cellules du tissu conjonctif (leçon 20). Une destruction de la graisse dans les vaisseaux sanguins n'est pas admissible ; nous ne connaissons pas de procédés d'oxydation s'accomplissant dans le sang (leçon 14).

La graisse qui pénètre dans le sang dans des circonstances anormales se comporte tout différemment. Ainsi, dans les fractures d'os longs, lorsque la moelle a été broyée, ou dans des cas de contusions graves d'organes contenant beaucoup de graisse, on voit souvent des gouttelettes de graisse être aspirées dans les vaisseaux lymphatiques et se déverser dans le sang avec la lymphe. Si une quantité assez considérable de ces gouttelettes se répand dans le sang, il peut arriver qu'elles obstruent les vaisseaux capillaires des poumons à un tel point qu'il en résulte un œdème pulmonaire suffisant pour causer la mort du blessé, qui succombe en présentant tous les symptômes de l'asphyxie. Il peut arriver aussi que la graisse soit éliminée par les reins, et la présence de gouttes de graisse dans l'urine dans des cas de fractures n'est pas une rareté. On pourrait se demander pourquoi cette graisse, qui des tissus se répand dans le sang, n'y est pas émulsionnée en gouttelettes microscopiques, le sang contenant pourtant aussi du carbonate de soude et d'autres sels alcalins basiques. Mais nous avons déjà dit plus haut (page 176) que le carbonate de soude ne peut émulsionner qu'une graisse contenant une certaine quantité d'acides gras libres, et non pas les glycérides neutres de la graisse fraîche. Or, il n'est pas possible de s'imaginer de graisse plus fraîche que celle qui sort des tissus vivants pour pénétrer immédiatement dans le sang.

On n'a pu encore trancher d'une façon définitive la question de savoir si toute la graisse de l'intestin passe dans les vaisseaux chylifères, ou si une partie traverse directement les parois des capillaires des valvules intestinales pour pénétrer dans le sang. Si le cas se produit, la quantité de graisse qui prend cette dernière voie est, en tous cas, insignifiante. Zawilsky n'a trouvé que très peu de graisse dans le sang d'un chien qui venait d'absorber une nourriture très grasse et dont on avait détourné à l'extérieur le torrent chylifère au moyen d'une canule introduite dans le canal thoracique. Si la graisse entrait dans le sang des valvules de l'intestin en quantité notable, on devrait s'attendre à trouver, après un repas riche en aliments gras, une plus forte proportion de graisse dans le sang de la veine porte que dans le sang artériel. Des recherches comparatives, instituées dans le laboratoire de Heidenhain [1], donnèrent un résultat identique pour les deux espèces de sang. L'analyse de cinq portions de sang provenant de cinq chiens différents donna une moyenne de :

	RÉSIDU SEC	GRAISSE dans la TOTALITÉ DU SANG	GRAISSE dans le RÉSIDU SEC
Carotide.	22,34 o/o	0,86 o/o	3,65 o/o
Veine porte.	22,84 o/o	0,85 o/o	3,35 o/o

Nous avons maintenant encore à étudier les voies de résorption des *matières albuminoïdes*. L'étude de cette question est particulièrement difficile, car les albuminoïdes sont déjà le composant principal du sang et de la lymphe. Si nous songeons quelle quantité de sang traverse les capillaires de l'intestin dans l'unité de temps, nous pourrons tout de suite nous convaincre que ce serait une illusion de vouloir démontrer une augmentation d'albuminoïdes dans le sang, produite par la résorption intestinale. C'est pourquoi Ludwig et Schmidt-Mülheim choisirent une autre méthode : après avoir fait la ligature du canal thoracique d'un chien, ils trouvèrent que la résorption des albuminoïdes n'était absolument pas altérée ; l'albumine avait donc dû prendre la voie de la veine porte. J'emprunte à Schmidt-Mülheim la description de l'une de ces expériences [2].

« Poids de l'animal : 14 kg. 37. Le chien, préparé par un jeûne de quatre jours, urine immédiatement avant l'opération. Nous commençons par lier des deux côtés les deux veines du cou et des extrémités antérieures, de même que les troncs lymphatiques. Le chien absorbe, une heure après cette opération, 400 grammes de viande, et pendant l'après-midi une nouvelle portion de 400 grammes. L'animal paraît se trouver parfaitement bien, il ne présente aucune espèce de troubles. Quarante-huit heures après l'opération, l'animal est sacrifié par la section des carotides. A l'autopsie, on trouve le passage du chyle dans le sang absolument

---

[1] HEIDENHAIN, *Pfluger's Arch.*, t. 41, livraison supplémentaire, p. 95, 1888.
[2] SCHMIDT-MULHEIM, *l. c.*, p. 565. Exp. V.

intercepté. Le contenu de l'intestin donne à l'analyse 7 gr. 37 d'azote. Il résulte de là que, malgré un arrêt complet du courant chylifère, 583 gr. 24 d'albumine ont été résorbés. L'urine sécrétée après l'opération contenait 21 gr. 95 d'azote, quantité correspondant donc à la nourriture absorbée». Quatre expériences faites de la même manière donnèrent le même résultat. Nous voyons donc que l'albumine, comme tous les éléments dissous dans l'eau, *parvient directement dans le sang en passant à travers les parois des capillaires de l'intestin.*

Mais une autre question s'impose à nous. *Toute l'albumine résorbée de cette manière doit-elle auparavant être transformée en peptone, ou bien une partie peut-elle être résorbée telle quelle ? A priori* rien ne paraît s'opposer à l'hypothèse d'une résorption de l'albumine non modifiée. Si en effet des globules graisseux microscopiques (même des leucocytes entiers) peuvent quitter les capillaires et pénétrer dans les tissus, nous ne voyons pas pourquoi une molécule d'albumine ne pourrait pas trouver son chemin à travers la paroi des capillaires. Voit et Bauer [1] ont cherché à démontrer le fait expérimentalement. Ayant isolé à ses deux bouts par une double ligature une anse intestinale d'un chien ou d'un chat vivant, après l'avoir débarrassée préalablement de son contenu par un massage soigneux, ils y injectaient une solution d'albumine. Ensuite ils remettaient le tout en place et refermaient la plaie extérieure. La richesse en albumine de la solution injectée était connue ; on déterminait la quantité injectée par une double pesée de la seringue à injection. Quelques heures après, ils sacrifiaient l'animal et déterminaient la quantité d'albumine contenue dans l'anse intestinale. Régulièrement il en avait disparu une quantité notable (en 1-4 heures 16-33 o/o de blanc d'œuf et 28-95 o/o de l'albumine du suc musculaire acide, «acidalbumine»). On pourrait peut-être objecter que l'anse intestinale n'avait pas été complètement débarrassée de la pepsine et de son ferment pancréatique. Mais Bauer et Voit ont pu constater que le reste de l'albumine contenue dans l'anse intestinale était toujours complètement coagulable par la chaleur et qu'il ne se trouvait pas de peptone à côté de l'albumine.

Voit et Bauer ont, en outre, injecté des solutions d'albumine dans le

---

[1] C. VOIT et J. BAUER, *Zeitschr. f. Biolog*, t. 5, p. 562, 1869.

rectum de chiens à jeun et constaté une augmentation de l'urée dans l'urine sécrétée. Ils ont tiré de ce fait la conclusion qu'une certaine quantité d'albumine a été résorbée telle quelle. Eichhorst est arrivé au même résultat par des expériences analogues [1]. Mais dans ces expériences on n'a pas tenu compte du fait qu'il est possible que le ferment pancréatique parvienne jusqu'au rectum. Par contre cette objection ne touche pas les recherches de Czerny et Latschenberger [2], qui ont expérimenté sur un individu ayant un anus contre nature à l'S iliaque. Par cette ouverture on pouvait donc nettoyer le rectum avant chaque expérience. Ayant injecté une solution d'albumine et lavé le rectum 23-29 heures après, ils trouvèrent, en déterminant l'albumine contenue dans l'eau de lavage, que 60-70 o/o de l'albumine injectée avait disparu. Quelques auteurs sont même allés jusqu'à prétendre que seule l'albumine intacte peut servir à remplacer les éléments usés des tissus, tandis que les peptones se décomposent rapidement et ne servent que de combustible à l'organisme.

Certaines observations paraissent, en effet, confirmer cette manière de voir. Un animal à jeun est très économe de sa provision d'albumine. La sécrétion de l'urée est réduite à un minimun. Mais si on lui donne un repas riche en albuminoïdes, on voit dans les douze heures qui suivent apparaître dans les urines une quantité d'azote qui correspond presque à la quantité d'albuminoïdes absorbés. On pourrait *a priori* s'attendre à ce que l'animal se maintînt en équilibre d'azote pour peu qu'on lui donne, alliée à une quantité suffisante de graisse et d'hydrates de carbone, une quantité d'albumine équivalente à celle qui est détruite par l'organisme pendant un jour de jeûne. Mais en réalité ce n'est pas le cas. Si l'on donne à un chien une quantité d'albumine égale à celle qu'il a usée étant a jeun, il sécrète plus d'azote qu'il n'en a absorbé, et se consume donc lui-même. L'équilibre de nutrition n'est rétabli que lorsqu'on lui donne une quantité d'albumine trois fois plus grande que celle dont il a besoin en réalité [3].

Ludwig et Tschiriew [4] injectèrent dans la veine d'un chien du sang

[1] HERMANN EICHHORST, *Pflüger's Arch* , t. 4, p. 570, 1871.
[2] V. CZERNY et J. LATSCHENBERGER, *Virch. Arch.*, t. 59, p. 161, 1874
[3] VOIT, *Zeitschr. f. Biolog.*, t. 3, p. 29 et 30, 1867.
[4] S. TSCHIRIEW, *Arbeiten aus d. physiol.* Institut zu Leipzig, 1874, p. 441.

défibriné d'un autre chien, ce qui provoqua une augmentation insignifiante de la sécrétion azotée. Si par contre ce chien absorbait par la voie de l'estomac la même quantité de sang, on voyait se produire une augmentation proportionnelle de l'azote dans l'urine. Forster [1] parvint au même résultat dans des expériences analogues.

Les albuminoïdes se comportent donc d'une manière absolument différente suivant la voie par laquelle ils arrivent au sang et aux tissus. L'albumine qui provient de la résorption intestinale est rapidement détruite On a cherché à tirer parti de ces faits pour prouver que les peptones ne sont pas assimilables. On a prétendu que l'albumine résorbée par la paroi intestinale était en grande partie peptonisée, et par conséquent se décomposait rapidement, et que la petite quantité d'albumine résorbée telle quelle pouvait seule contribuer à l'élaboration des éléments organiques. Mais, aujourd'hui, nous devons interpréter ces données différemment, à présent que nous savons que les peptones peuvent être régénérées en albumine après la résorption. Les expériences suivantes en sont la preuve : Plosz [2] nourrit pendant dix-huit jours un chien âgé de dix semaines avec un lait artificiel, dans lequel la caséine et les albuminoïdes étaient remplacés par des peptones. L'animal se trouva parfaitement bien de cette alimentation, et pendant la durée de l'expérience son poids augmenta de 501 grammes (de 1335 à 1836 grammes), donc de 37,5 o/o. Il est presque impossible qu'une telle augmentation de poids se soit produite sans que les tissus contenant des albuminoïdes y soient pour quelque chose. Les peptones doivent donc avoir produit de l'albumine.

Plosz et Gyergyai [3] firent une seconde expérience sur un chien adulte. Pendant six jours on donna à l'animal une nourriture dans laquelle les albuminoïdes étaient remplacés par des peptones. Pendant ce temps il augmenta légèrement de poids, et la sécrétion de l'azote resta un peu au-dessous de l'absorption. Il est difficile d'expliquer cette expérience autrement qu'en admettant une formation d'albumine par les peptones.

Les albuminoïdes des tissus de l'organisme proviennent donc de deux

---

[1] J. FORSTER, *Zeitschr. f. Biolog.*, t. 11, p. 496, 1875.
[2] P. PLOSZ, *Pflüger's Arch.*, t. 9, p. 323, 1874. Voir aussi MALY, *Pflüger's Arch.*, t. 9, p. 609, 1874.
[3] P. PLOSZ et A. GYERGYAI, *Pflüger's Arch.*, t. 10, p. 545, 1875.

sources : de l'albumine résorbée telle quelle et de celle qui se forme par la régénération des peptones. Schmidt-Mülheim [1] a cherché a déterminer la proportion des albuminoïdes ingérés qui sont peptonisés dans l'intestin. Pour cela il donna de la viande cuite à six chiens qu'il tua une, deux, quatre, six, neuf et douze heures après le repas, et examina le contenu de l'estomac et de l'intestin. Il trouva que l'estomac aussi bien que l'intestin contenait toujours notablement plus de peptone que d'albumine dissoute ; d'où l'on peut conclure que la plus grande partie des albuminoïdes ne sont résorbés qu'après avoir été préalablement peptonisés.

Voyons maintenant quel est le sort des peptones résorbées. On ne les trouve dans le sang d'animaux en digestion qu'en quantité très faible ou pas du tout. La plus grande quantité trouvée par Schmidt-Mülheim dans le sérum s'élève à 0,028 o/o ; Hofmeister en a trouvé dans le sang 0,055 o/o. On ne les trouve pas dans le sang d'animaux à jeun [2]. Le chyle n'en contient pas (comme du reste on pouvait s'y attendre), même à un moment où on les trouve dans le sang [3]. Si l'on injecte de la peptone dans le sang, elle passe dans les urines [4] et, au bout de dix à seize minutes, il n'est plus possible de déterminer sa présence dans le sang [5]. Hofmeister a montré en outre qu'après des injections sous-cutanées de peptone, on la retrouve au bout de six à neuf heures en grande partie (jusqu'à 72 o/o) dans les urines [6].

L'urine normale ne contenant jamais de peptone, il doit donc exister une cause qui empêche les peptones résorbées de l'intestin d'être de nouveau éliminées par les urines. La plus grande partie n'arrive évidemment pas telle quelle dans la grande circulation, mais est auparavant déjà régénérée en albumine. Où s'accomplit donc cette régénération ? L'on est d'emblée porté à attribuer cette fonction au foie. Si l'on considère les peptones comme produits de dédoublement des albuminoïdes, nous

[1] Schmidt-Mülheim, *Du Bois' Arch.*, 1879, p. 43.

[2] Schmidt-Mülheim, *Du Bois' Arch*, 1880, p. 38-42. Hofmeister, *Zeitschr. f. physiol. Chem*, t. 5, p. 149, 1881 et t. 6, p. 60-62 et 66.

[3] Schmidt-Mülheim, *Du Bois' Arch.*, 1880, p. 41. Hofmeister, *Arch. f. exper. Path. u Pharm.*, t. 19, p. 17, 1885.

[4] P. Plosz et A. Gyergyai, *Pflüger's Arch.*, t. 10, p. 552, 1875. Fr. Hofmeister. *Zeitschr. f. physiol*, *Chem.*, t. 5, p. 131, 1881.

[5] Schmidt-Mülheim, *Du Bois' Arch.*, 1880, p. 46-48. Fano, *Du Bois' Arch.*, 1881, p. 281.

[6] Fr. Hofmeister, *Zeitschr. f. physiol. Chem.*, t. 5, p. 132-137, 1881.

aurions dans le foie un procédé analogue à la formation du glycogène par le sucre dans celle de l'albumine par les peptones. Mais le sang de la veine porte ne contient pas de peptones du tout, ou du moins pas plus que le sang artériel [1].

Il ne nous reste donc plus qu'à admettre que la régénération des peptones en albumine s'accomplit déjà en grande partie dans la paroi intestinale elle-même. Les observations de Hofmeister concordent en effet avec cette hypothèse. Il examina avec le plus grand soin les organes de chiens en digestion, et trouva que les parois de l'estomac et de l'intestin sont les seules parties de l'organisme dans lesquelles on trouve constamment des peptones pendant la digestion. Dans la plupart des cas il trouva aussi des peptones en petite quantité dans le sang, et dans quatre cas sur dix dans la rate, mais jamais il ne parvint à déterminer la présence de peptones dans aucun des autres organes et tissus [2]. Hofmeister démontra en outre que les peptones de l'intestin sont toutes contenues dans la muqueuse et jamais dans les couches sous-jacentes [3]. Enfin il établit ce fait important que la peptone contenue dans la muqueuse de l'estomac et de l'intestin subit rapidement une modification [4]. Il prit l'estomac d'un animal que l'on venait de tuer et le partagea en deux moitiés égales en le fendant dans le sens de la longueur, ou bien un morceau de l'intestin qu'il partagea aussi exactement que possible par deux incisions longitudinales. Après avoir lavé soigneusement la muqueuse avec une solution diluée de sel de cuisine, il jeta une des moitiés immédiatement dans l'eau bouillante, tandis qu'il conservait encore pendant quelque temps l'autre moitié à l'humidité, à une température de 40 degrés centigrades, avant de la jeter dans l'eau bouillante. Il trouva régulièrement plus de peptone dans la première moitié que dans la seconde, et s'il attendait deux ou trois heures avant de plonger celle-ci dans l'eau bouillante, toute trace de peptone avait disparu. Un nouveau dédoublement de la peptone dans la muqueuse ne paraît pas vraisemblable ; il ne nous reste donc pas d'autre ressource que d'admettre une régénération des peptones en matières albuminoïdes dans la

---

[1] SCHMIDT-MÜLHEIM, *l. c.*, p. 43.

[2] HOFMEISTER, *Zeitschr. f. physiol. Chem.*, t. 6, p. 51, 1882.

[3] HOFMEISTER, *Arch f. exper. Path. u. Pharm.*, t. 19, p. 9 et 10, 1885.

[4] HOFMEISTER, *Zeitschr. f. physiol. Chem.*, t. 6, p. 69-73, et *Arch. f. exper. Path. u. Pharm.*, t. 19, p. 8-15.

muqueuse intestinale. Cette régénération est vraisemblablement un procédé vital, pour la démonstration duquel Hofmeister cite l'observation suivante. Ayant jeté une moitié de l'estomac immédiatement dans l'eau bouillante, il plongeait l'autre pour quelques minutes dans de l'eau à 60 degrés centigrades et l'abandonnait ensuite pendant deux heures à une température de 40 degrés. A l'examen, il trouvait une quantité de peptone égale dans les deux moitiés. Nous savons qu'une température de 60 degrés centigrades suffit pour tuer les cellules animales, mais qu'elle est sans effet sur l'action des ferments non organisés. La transformation de la peptone en albumine doit donc être un effet d'une fonction vitale des cellules survivantes de la muqueuse gastrique.

L'observation suivante, faite par Salvioli [1] dans le laboratoire de Ludwig à Leipzig, est en parfait accord avec les résultats de Hofmeister. Après avoir isolé une anse intestinale pourvue de son mésentère chez un chien que l'on venait de tuer, il y injecta 10 centimètres cubes d'une solution contenant 1 gramme de peptone, et sutura les deux extrémités. Ayant introduit une canule dans la ramification de l'artère mésentérique correspondant à l'anse intestinale isolée, il entretint pendant quatre heures une circulation artificielle avec du sang défibriné, dilué avec une solution de sel de cuisine et chauffé à la température du corps. Pendant tout le temps que dura la circulation artificielle, l'intestin réagit énergiquement. L'expérience terminée, il examina le contenu de l'intestin, et y trouva environ 1/2 gramme d'albumine coagulable avec des traces de peptone. Le sang qui avait servi à la circulation artificielle ne contenait pas non plus de peptone. Mais si, par contre, il ajoutait de la peptone au sang avant de commencer l'expérience, il retrouvait celle-ci plusieurs heures après, malgré un passage réitéré du sang à travers l'intestin. Les peptones disparaissent donc dans la paroi intestinale dans leur passage de l'intestin au sang.

Revenons maintenant à une observation que nous avons déjà mentionnée plus haut, pour l'étudier de plus près. Nous avons vu que la régénération des peptones en matières albuminoïdes dans l'intestin n'est le plus souvent pas complète. Les peptones se retrouvent en partie dans le sang pendant la digestion. Pourquoi celles-ci ne passent-elles pas

---

[1] Gaetano Salvioli, *Du Bois' Arch.*, 1880, suppl., p. 112.

dans les urines et quelle est donc leur signification ? Ce fait devait aussi frapper Hofmeister [1], car d'après ses calculs, la quantité de peptone contenue dans le sang après une injection sous-cutanée est bien inférieure à celle que l'on trouve dans le sang d'animaux en digestion, et pourtant celle-là est éliminée par les reins. Les peptones résorbées par la voie intestinale se comportent donc d'une autre manière que celles que l'on introduit artificiellement dans le sang. Pour expliquer la chose, Hofmeister admet que les peptones provenant de la résorption intestinale ne sont pas contenues dans le plasma, mais dans les corpuscules lymphatiques. A l'appui de sa thèse, il fournit les arguments suivants: 1° les quantités notables de peptones que l'on trouve dans le pus sont contenues principalement, peut-être même exclusivement, dans les corpuscules [2]; 2° si l'on examine le sang d'un animal en digestion, on trouve que le sérum ne contient pas trace de peptones, tandis que la couche supérieure du caillot, qui est composée presque exclusivement de leucocytes, en contient jusqu'à 0,09 o/o [3]; 3° la proportion relative de peptones contenues dans la rate, dont le tissu est très riche en leucocytes, est toujours plus élevée que celle du sang du même animal; 4° le tissu adénoïde, qui ne contient que relativement peu de leucocytes chez l'animal à jeun, est littéralement envahi par ceux-ci chez l'animal en digestion [4]; 5° les cellules du tissu adénoïde con tiennent plus de figures kariokynésiques chez les animaux en digestion que chez les animaux à jeun [5]. Enfin J. Pohl [6], un élève de Hofmeister, a montré que le nombre des leucocytes augmente notablement dans le sang pendant la digestion d'une alimentation riche en albuminoïdes, tandis que ce n'est pas le cas pendant la résorption des hydrates de carbone, des graisses, des sels et de l'eau. Pohl a démontré en outre que cette augmentation de leucocytes provient de la paroi intestinale, car il les a trouvés constamment en plus grande quantité dans les veines que dans les artères mésentériques.

Les corpuscules lymphatiques paraissent donc n'être pas seulement les véhicules de transport des peptones dans le courant sanguin. Leur proli-

1 HOFMEISTER, *Zeilschr. f. physiol. Chem.*, t. 5, p 148, 1881.
2 HOFMEISTER, *Zeitschr. f. physiol. Chem.*, t. 4, p. 274 et svt., 1880.
3 HOFMEISTER, *Zeitschr. f. physiol. Chem.*, t. 6, p. 67, 1882.
4 HOFMEISTER, *Zeitschr. f. physiol. Chem..* t. 5, p. 150, 1881.
5 HOFMEISTER, *Arch. f. exper. Path. u. Pharm.*, t. 19, p. 32, 1885 ; t. 20, p. 291-305, 1885 et t. 22, p. 306, 1887.
6 JULIUS POHL, *Arch. f. exper. Path. u. Pharm.*, t. 25, p. 31, 1888.

fération et leur développement paraissent être liés intimement à la résorption et à l'assimilation des aliments azotés. Mais le nombre des corpuscules lymphatiques de notre organisme est constant; il doit donc se produire, en même temps que l'assimilation de l'albumine et une nouvelle prolifération des leucocytes, une destruction correspondante de ces éléments. Peut-être peut-on expliquer ainsi l'augmentation de destruction des matières albuminoïdes après un repas riche en aliments protéïques.

Nous ne sommes cependant pas obligés d'admettre que la totalité des peptones qui disparaissent dans l'intestin soit transformée en matières albuminoïdes dans les corpuscules lymphatiques du tissu adénoïde, et que cette transformation ne puisse se produire que par assimilation, par la croissance et la division des cellules lymphatiques. Heidenhain[1] a signalé ce fait que le nombre des figures kariokynésiques que l'on observe parmi les corpuscules lymphatiques du tissu adénoïde est beaucoup trop petit pour justifier une telle supposition. Heidenhain est d'avis que la transformation des peptones s'accomplit déjà en grande partie dans les cellules épithéliales de l'intestin, et que celles-ci déversent les albuminoïdes ainsi formés dans le plasma sanguin du réseau capillaire des valvules intestinales situé immédiatement au-dessous de l'épithélium.

Mais qu'advient-il donc des peptones qui de l'intestin parviennent directement dans le sang ? Ainsi que nous l'avons vu, elles disparaissent bientôt, mais sans passer dans les urines. A quel endroit subissent-elles donc une transformation ? Hofmeister [2] recueillit l'une après l'autre deux portions du sang de la carotide d'un chien en digestion. Il détermina immédiatement la quantité de peptones contenues dans la première portion, tandis qu'il n'examina la seconde qu'après l'avoir laissée pendant deux heures et demie à une température de 37 degrés centigrades. Il trouva la même quantité de peptones dans les deux portions. Ayant ensuite mis à nu les carotides et les crurales d'un ch en vivant sur la plus grande étendue possible, il les lia de même que les artères collatérales. Une demi-heure après il extirpa les troncs liés et en vida le contenu, dans lequel il trouva des peptones. Les peptones ne sont donc pas détruites dans le sang ; elles doivent passer des capillaires dans les tissus. En effet, on a trouvé pendant la digestion le sang veineux

---

[1] Heidenhain, *Pflüger's*, *Arch.* t. 41, fasc. supp., p. 72-74.
[2] Hofmeister, *Arch. f. exper. Path. u. Pharm.*, t. 19, p. 23, 1885.

exempt de peptones, tandis que le sang artériel en contenait des quantités notables[1].

Les connaissances que nous avons acquises nous mettent maintenant en état de comprendre la cause de l'apparition des peptones dans les urines dans différents états pathologiques. Nous avons vu que les peptones sont éliminées par les reins dès qu'elles entrent dans le sang par une autre voie que celle de la résorption intestinale, ce qui est vraisemblablement le cas toutes les fois qu'il existe de la peptonurie. Nous avons alors probablement affaire à une destruction des éléments des tissus, avec formation de peptones qui se déversent dans le sang[2]. C'est le cas dans les maladies accompagnées de collections purulentes avec décomposition du pus, telles que nous les voyons se produire dans les cavités pleurale et péritonéale, dans les abcès, dans les arthrites, dans la méningite cérébrospinale épidémique, dans la pyélonéphrite, dans la bronchite blennorrhagique et dans certains cas de phtisie avec cavernes et rétention des matières. On peut expliquer de la même manière l'apparition de peptones dans les urines dans la période de résolution de la pneumonie franche. Hofmeister a pu en effet constater une forte proportion de peptones dans les portions malades de poumons pneumoniques.

---

[1] HOFMEISTER, *Arch. f. exper. Path. u. Pharm.*, t. 19, p. 30, 1885.
[2] EM. MAIXNER, *Prager Vierteljahrschrift*, t. 143, p. 75, 1879. HOFMEISTER, *Zeitschr. f. physiol. Chem.*, t. 4, p. 265, 1880. R. v. JAKSCH, *Zeitschr. f. Klin. Med.*, t. 6. p. 413, 1883. H. PACANOWSKI, *id.*, t. 9, p. 429, 1885.

TREIZIÈME LEÇON

LE SANG ET LA LYMPHE

Nous avons suivi les aliments jusqu'au moment de leur entrée dans le sang; il est temps que nous tournions notre attention vers le *sang* lui-même.

Le phénomène qui nous frappe tout d'abord lorsque nous examinons du sang, est précisément celui qui donne tant de mal à l'analyse chimique; je veux parler de la *coagulation*.

Aussitôt que le sang a abandonné les vaisseaux de l'animal vivant, une partie de ses albuminoïdes passe de l'état de solution apparente à la modification coagulée. La quantité de ces substances colloïdes, que l'on nomme ordinairement *fibrine*, est relativement peu considérable. Elle comporte généralement 0,1 à 0,4 o/o du poids du sang. Et cependant le sang tout entier est transformé en une masse gélatineuse par le passage de cette petite quantité à l'état coagulé. Si l'on abandonne cette masse à elle-même, elle se contracte peu à peu pour atteindre parfois la moitié de son volume primitif. En se contractant, elle exprime le liquide intercellulaire, tandis que les globules sanguins sont retenus presque entièrement. Le *sérum* est ainsi séparé du *caillot*. Le sérum est donc le plasma moins la fibrine; le caillot se compose des éléments globulaires retenus par les trabécules de la fibrine et d'un peu de sérum.

Si par contre on bat vivement le sang pendant la coagulation, les substances coagulables se séparent sous forme de filaments et de flocons, qui adhèrent à la baguette et s'enchevêtrent autour de celle-ci. On obtient de cette manière le *sang défibriné*, qui reste liquide et se compose du sérum dans lequel les globules sanguins sont suspendus.

Si nous songeons à la tendance qu'ont les substances colloïdes à passer à l'état coagulé, le phénomène de la coagulation du sang n'a rien qui doive nous surprendre. Il n'est pas non plus particulier au sang; la lymphe et le chyle se coagulent également. L'apparition de la rigidité cadavérique dans le muscle mort repose sur un procédé analogue, et il est probable qu'à la mort de chaque tissu, animal ou végétal, une partie des matières albuminoïdes dissoutes en apparence se coagule. La coagulation n'est donc pas un phénomène vital; elle témoigne au contraire d'un commencement de décomposition dans un sang qui cesse de vivre. On pourrait donc admettre que des considérations sur la coagulation du sang ne rentrent pas dans le domaine de la physiologie.

La coagulation du sang a cependant une importance physiologique, en ce sens qu'elle représente la réaction de l'organisme se garantissant lui-même contre la mort par hémorrhagie en suite de lésion d'un vaisseau. La coagulation au point lésé arrête l'écoulement du sang.

Mais par contre, la recherche des causes et de la nature de la coagulation du sang, est d'un haut intérêt pour la pathologie. Car nous savons que dans des conditions pathologiques le sang peut se coaguler à l'intérieur des vaisseaux, et provoquer de la sorte les troubles les plus divers, voire même devenir une cause de mort.

Une question d'une importance capitale est par exemple celle de savoir quelles sont les causes qui empêchent la coagulation à l'état normal dans les vaisseaux vivants. Quelle est en somme la nature du procédé, quelles sont les substances qui se séparent, et dans quelles conditions se produit-il? Malgré bien des recherches, nous ne sommes pas encore en état de répondre à ces questions d'une manière satisfaisante. Considérons donc de plus près le peu que nous savons à ce sujet.

Nous savons avant tout que le *contact du sang avec une paroi vasculaire normale empêche la coagulation* [1]. Si on lie à deux endroits un vaisseau sanguin d'un animal vivant, le sang contenu dans la portion liée, peut rester plusieurs heures sans se coaguler, mais se prend en quelques minutes dès qu'on le laisse s'écouler à l'extérieur. Brücke a montré que si l'on extirpe le cœur d'une tortue, après avoir lié les gros

---

[1] E. Brücke, *Virchow's Arch*, t. 12, p. 81 et 172, 1857.

vaisseaux, le sang reste liquide dans le cœur qui continue à battre. Ayant introduit dans quelques troncs vasculaires de petits tubes de verre s'adaptant étroitement à la paroi vasculaire, de telle sorte que le sang ne soit en contact qu'avec le verre, il a vu le sang se coaguler dans les vaisseaux où il avait introduit les tubes de verre, mais rester liquide dans les autres et dans le cœur. Ce fait ne se produit pas seulement pour le verre, mais pour chaque corps étranger introduit dans l'appareil circulatoire.

Si on lie un vaisseau sanguin, le sang se coagule après un certain temps, de la ligature jusqu'au point de départ de la prochaine branche collatérale. La coagulation commence toujours au point de ligature, à un endroit où la tunique endothéliale a été lésée par la contusion. On peut admettre aussi que la nutrition de tout l'endothélium jusqu'à la prochaine ramification est incomplète; car, par suite de la stagnation du sang dans le vaisseau, les aliments spécifiques nécessaires ne sont plus renouvelés, de sorte que les cellules perdent leur structure normale, qui mettait obstacle à la coagulation. On explique aussi de cette manière la formation des thromboses [1], comme conséquence de la dégénérescence athéromateuse des artères, de la compression d'un vaisseau par une tumeur, etc.

Nous savons en outre que la coagulation du sang est toujours précédée de la mort des leucocytes, dont les produits de destruction paraissent jouer un rôle dans la production du caillot [2]. Mantegazza [3] a signalé le fait que les liquides contenant des leucocytes, tels que le sang, la lymphe, les transsudations pathologiques, peuvent seuls se coaguler spontanément, et qu'ils perdent cette propriété dès que l'on

---

[1] Voir le mode de formation des thromboses dans Virchow, *Gesammelte Abhandlungen zur Wissench. Medicin.* Francfort-s -M.; 1856, p 59 732 F. W. Zahn, *Virchow's Arch.* t 62 p. 81, 1875. J.-C. Eberth u. Schimmelbusch, *Virch. Arch.*, t. 103, p 39, 1886 et t. 105. p. 331 et 456. 1886. Ce dernier travail contient un exposé de la littérature.

[2] William Addison a défendu le premier le point de vue que la fibrine est produite par la décomposition des leucocytes. *The London medical Gazette* n s., vol. I. For the session, 1840-1841, p. 477 et 689. Lionel S. Beal, *Quarterly journal for microscopical science* t. 14. p. 47, 1864. Paolo Mantegazza. *Ricerche sperimentali sull' origine della fibrina e sulla causa della coagulatione del sangue.* Milano, 1871. Mantegazza a publié ce travail en allemand en 1876 dans *Moleschott's Untersuchungen z. Naturlehre des Menschen u. d. Thiere*, t 11, p. 523-577. E. Tiegel, *Notizen über Schlangenblut, Pfluger's Arch*, t. 23, p. 278, 1880.

[3] Mantegazza, *Moleschott's Unt. z. Naturlehre*, t. 11, p. 552 et 557.

réussit à en éloigner les leucocytes. Joh Müller [1] a trouve que si l'on dilue du sang de grenouille avec une solution de sucre et qu'on le filtre, les globules rouges sont retenus sur le filtre, mais le plasma se coagule. Il en a conclu que les substances qui provoquent la coagulation sont contenues dans le plasma. Mais Mantegazza a démontré que dans cette expérience les leucocytes avaient passé à travers les pores du filtre, et que lorsque l'on parvient à les retenir sur un filtre particulièrement fin, le plasma ne se coagule plus [2].

Ayant passé un fil de soie à travers une veine d'un animal vivant, Mantegazza trouvait déjà, deux minutes après, le fil couvert de leucocytes et tout autour de la fibrine en voie de formation. Si l'expérience durait plus longtemps, le fil se recouvrait d'un fort caillot blanc gorgé de leucocytes. D'autres corps étrangers introduits dans la circulation se comportent de la même manière, et le caillot qui se dépose est d'autant plus fort que leur surface est plus rude et retient les leucocytes. Le caillot ne se forme pas sur un fil de platine mince et soigneusement poli.

Zahn [3] arriva par des expériences analogues à un résultat identique. S'il introduisait des petites baguettes de verre à surface absolument lisse dans le cœur d'animaux vivants, celles-ci ne provoquaient pas la coagulation. Mais il suffisait de les rayer légèrement d'un trait de lime, pour qu'à cet endroit il se produisît un caillot. Zahn a démontré en outre qu'une accumulation de leucocytes précède toujours la formation des thromboses.

Enfin nous devons à Alexandre Schmidt [4] une série de recherches approfondies sur les rapports qui existent entre les globules blancs et la

[1] Johannes Muller, *Handb. d. Physiol. des Menschen*, 4 éd., Coblenz, 1844, t. 1, p. 104.

[2] Mantegazza, *l. c.*, p. 556, et *l. c.*, p. 558-563.

[3] F.-W. Zahn, *l. c.*, p. 104-112.

[4] Alexandre Schmidt a publié un résumé de ses travaux sur la coagulation du sang, sous le titre : *Die Lehre von den fermentativen Gerinnungsersch. in den eiweissartlgen thierischen Körperflüssigkeiten.* Dorpat, 1876. On trouvera dans les thèses de doctorat de ses élèves les travaux ultérieurs d'A. Schmidt, L. Birk et J. Sachsendahl, 1880, N. Bojanus et Ferd. Hoffmann, 1881, Ed von Samson-Himmelstjerna et N. Heyl, 1882, H. Freitag F. Slevogt, Fr. Rauschenbach et Ed. von Götschel, 1883, O. Groth et W. Gromann, 1884. Jacob von Samson-Himmelspjerna, 1885. Voir en outre O. Hammarsten, *Pflüger's Arch.*, t. 14, p. 211, 1877, et t. 30, p 437, 1883, et L. Frédéricq, *Bull. de l'Acad. roy. de Belgique*, série 2. t. 64, n° 7, juillet 1877. *Annales de la Soc. de méd. de Gand*, 1877. *Recherches sur la constitution du plasma sanguin.* Gand, Paris, Leipzig, 1878.

coagulation du sang. Le sang de cheval se prête admirablement à une étude de ce genre. Il présente deux particularités qui le distinguent du sang des autres vertébrés : il se coagule lentement et les globules rouges se déposent rapidement. On peut ainsi recueillir le plasma une fois que les globules rouges se sont déposés, avant l'apparition de la coagulation. On peut retarder celle-ci encore plus par le froid. Si l'on reçoit le sang qui coule de la veine du cheval directement dans un vase plongé dans de l'eau glacée, les globules rouges ont le temps de se déposer complètement, et l'on voit se former au-dessus une couche grisâtre provenant du dépôt plus lent des leucocytes. On peut maintenant décanter la plus grande partie du plasma et filtrer le reste. Les leucocytes, rendus rigides par le froid, restent sur le filtre, et l'on obtient un plasma pur et clair qui ne se coagule que lentement à la chaleur en produisant un tout petit caillot. Si l'on ajoute des leucocytes à ce plasma, il se forme un caillot compacte. Si on laisse se coaguler le sang à la température du laboratoire, après avoir laissé aux globules le temps de se déposer, le caillot le plus ferme est formé par la couche grisâtre mentionnée plus haut.

Mon collègue de Dorpat a eu l'amabilité de répéter plusieurs fois devant moi ces expériences sur le sang non coagulé. On est d'emblée surpris de l'énorme quantité de globules blancs. Leur nombre est sans aucun doute bien supérieur à celui du sang défibriné. Mais ce qui frappe plus encore, c'est la diversité des formes que l'on rencontre : on trouve toutes les formes intermédiaires entre les petits leucocytes, dont le diamètre dépasse à peine celui d'un globule rouge, et tels qu'on les trouve dans le sang défibriné, et de grandes cellules jaunâtres, granuleuses, contenant un noyau et ayant un diamètre plus que double (globules granulés de Schmidt[1]). Après la coagulation ces derniers éléments ont disparu. Schmidt et ses élèves prétendent avoir observé leur destruction au microscope, et leur transformation en amas granulés[2], qui passent peu à peu dans la fibrine. Ces globules granulés et les formes intermé-

---

[1] On trouve, dans la thèse de doctorat de GEORG SEMMER : *Ueber die Faserstoffbildung im Amphibien und Vogelblute und die Entstehung der rothen Blutkörperchen der Säugethiere*. Dorpat, 1874, une reproduction de ces globules granulés et des produits de leur destruction.

[2] MANTEGAZZA, *l. c.*, p. 563, a observé aussi des granules dans le plasma du sang de cheval.

diaires qui les rattachent aux leucocytes paraissent être moins nombreux et disparaître plus rapidement dans le sang d'autres mammifères, de sorte qu'il est difficile de les observer au microscope [1].

Les observations définitives nous manquent encore, pour que nous puissions décider si les leucocytes détruits fournissent eux-mêmes une partie du matériel destiné à la formation des substances coagulables, ou si certains produits de décomposition, agissant à la manière des ferments, ne font que donner l'impulsion à la coagulation de certaines substances albuminoïdes contenues dans le plasma.

Je tiens à relever encore l'importance de l'observation suivante : une partie des substances nécessaires à la coagulation paraît être encore contenue dans le sang, même après que l'on en a séparé la fibrine. Alexandre Schmidt a montré que, lorsqu'on ajoute du sang défibriné ou du sérum à de la lymphe ou à des transsudations séreuses, qui livrées à elles-mêmes ne se coagulent que lentement en ne produisant qu'une faible quantité de fibrine, en peu de temps toute la masse liquide se prend en gelée. Il n'est pas rare que la sérosité des cavités pleurale et péricardique de l'homme et du cheval soit complètement exempte de leucocytes, et de là non coagulable. Mais ces deux liquides se coagulent promptement pour peu qu'on y ajoute un peu de sérum. On explique de la même manière la coagulation que l'on observe dans les vaisseaux après une transfusion de sang défibriné. Armin Köhler [2] a montré que si l'on saigne un lapin, que l'on défibrine le sang et qu'on l'injecte de nouveau dans les vaisseaux du même animal, la mort se produit par la coagulation du sang. C'est la raison pour laquelle on a presque complètement renoncé à la transfusion du sang dans la thérapeutique chirurgicale [3].

Ces considérations sur la coagulation du sang nous montrent toutes

[1] A l'aide des microscopes perfectionnés, on a récemment découvert dans le sang des granules et de petites plaques, que l'on considère comme des éléments préformés, et auxquels on a attribué un rôle dans la formation du caillot sanguin. ALEXANDRE SCHMIDT ne veut voir dans ces éléments que des produits de destruction de ses globules granulés. Voir à ce sujet. G. HAYEM, *Comptes rendus*, t. 86, p. 58, 1878. J. BIZZOZERO, *Virchow's Arch.*, t. 90, p. 261, 1882. M. LÖWIT, *Sitzungsber. d. Wiener Akad.*, t. 89. p. 270, et t. 90, p 80, 1884 et L.-C. WOOLDRIDGE, *Beiträge z. Physiologie. Carl Ludwig zu seinem 70 ten Geburtstage*, etc , p. 221, 1887.

[2] ARMIN KÖHLER, *Ueber Thrombose u. Transfusion, Eiter u. septische Infection und deren Beziehungen zum Fibrinferment.* Dorpat, 1877.

[3] E. VON BERGMANN, *Die Schicksale der Transfusion im letzten Decennium.* Berlin, 1883. Exposé critique intéressant de la littérature sur la transfusion du sang. A. LANDERER, *Virchow's Arch.*, t. 105, p. 351, 1886.

les difficultés que rencontre la recherche chimique du sang, surtout lorsqu'il s'agit d'une analyse quantitative du plasma et des globules séparés. On n'a jusqu'à présent pas encore analysé le plasma pur et intact, tel que Schmidt nous a appris à le séparer du sang de cheval. On s'est contenté d'analyser le sérum, et on a reporté sur le plasma les résultats obtenus. On a additionné la fibrine et le sérum, croyant avoir ainsi déterminé la composition du plasma. Nous savons aujourd'hui que ce calcul n'est pas du tout aussi simple qu'il en a l'air. Nous ne connaissons pas plus les éléments du plasma qui participent à la formation de la fibrine, que les produits de décomposition des leucocytes qui passent dans le sérum. Nous ne savons pas ce que nous devons retrancher de la composition du sérum et ce que nous devons y ajouter pour obtenir celle du plasma.

Les difficultés sont tout aussi grandes, si nous tentons d'isoler les globules rouges du sérum, et de les analyser dans toute leur pureté. Nous ne pouvons employer ici les moyens que possède le chimiste pour séparer un précipité. On peut bien, il est vrai, rassembler sur un filtre les gros globules du sang des amphibies, mais pas ceux des mammifères. Ceci ne provient pas seulement de leur petitesse, car ils ont un volume bien plus considérable que les cristaux de sulfate de baryum ou d'oxalate de chaux, que l'on retient cependant facilement sur un filtre. Les globules rouges passent à travers le filtre en raison de leur nature molle et flexible, qu les façonne à la forme des pores du papier. Il ne nous reste donc qu'un moyen, c'est la décantation. Mais la décantation seule ne nous sert à rien; nous devons en même temps laver, et avec quoi laverons-nous? L'eau, dont on se sert ordinairement, ne peut être employée dans ce cas ; car elle dissout l'hémoglobine des globules rouges, en ne laissant que de petits disques pâles, peu réfringents et d'un faible poids spécifique, les *stromata*[1]. Si, au lieu d'eau, on emploie une solution contenant 1,5-3 o/o de sel de cuisine, les globules rouges ne sont pas attaqués d'une façon appréciable. Dans une solution plus concentrée ils se ratatinent, dans une solution plus diluée ils gonflent et abandonnent de l'hémoglobine. On peut donc, par la décantation et par un lavage avec une solution diluée de sel de cuisine, séparer complètement les globules

---

[1] Voir, pour les propriétés et la composition des stromata, L. WOOLDRIDGE, *Du Bois'
Arch.*, 1881, p 387.

rouges du sérum. Mais cette opération ne modifie-t-elle pas la composition primitive des hématies? N'est-il pas à craindre que du sel ou de l'eau ne diffuse dans les globules rouges, ou inversement que des composants des hématies passent dans l'eau de lavage? Nous pouvons cependant être assurés que les globules rouges n'ont pas abandonné d'hémoglobine, ce que nous reconnaîtrions immédiatement grâce à son pouvoir colorant intense. Il est en outre probable que les substances colloïdes, les albuminoïdes des globules, n'ont pas non plus diffusé à l'extérieur. Nous pouvons donc déterminer de cette manière la proportion d'hémoglobine et d'albuminoïdes contenus dans une quantité donnée de globules. Il suffit de déterminer encore la somme d'hémoglobine et d'albuminoïdes et la proportion de sérum et de globules du sang. Cette méthode de dosage quantitatif du sang a été proposée par Hoppe-Seyler[1]. Un exemple facilitera la compréhension du raisonnement[2].

ON TROUVE DANS 100 GRAMMES DE SANG DE PORC DÉFIBRINÉ :

(1)   18,92   ⎫
(2)   18,88   ⎬ en moyenne 18,90 albuminoïdes + hémoglobine

DANS LES GLOBULES DE 100 GRAMMES DU MÊME SANG

(1)   15,04   ⎫
(2)   15,13   ⎬ en moyenne 15,07 albuminoïdes + hémoglobine
(3)   15,03   ⎭

LE SÉRUM DE 100 GRAMMES DE SANG CONTIENT DONC :

$$18,90 - 15,07 = 3,83 \text{ grammes albuminoïdes.}$$

DANS 100 GRAMMES DE SÉRUM ON TROUVE, PAR ANALYSE DIRECTE :

(1)   6,74   ⎫
(2)   6,79   ⎬ en moyenne : 6,77 albuminoïdes.

---

[1] Hoppe-Seyler, *Handb. d. physiolog. u. patholog. chem.* Analyse, § 272, 5 éd., p. 441. Berlin, Hirschwald, 1883. L'exécution de cette méthode est beaucoup facilitée par l'emploi de la force centrifuge (Voir L. von Babo, *Liebig's Ann.*, t. 82, p 301, 1852) car, sans cela, il faudrait des semaines pour le lavage des globules, qui ne pourrait s'opérer même à une basse température sans décomposition et perte d'hémoglobine. D'excellentes centrifuges faisant jusqu'à deux mille tours à la minute sont fournies par M. F. Runne, constructeur d'instruments de physiologie à Bâle.

[2] G. Bunge, *Zur quantitaven Analyse d. Blutes. Zeitschr. f. Biol.*, t. 12, p. 191, 1876.

LA QUANTITÉ DE SÉRUM CONTENUE DANS 100 GRAMMES DE SANG DÉFIBRINÉ

EST DONC :

$$\frac{3,83}{6,77}.\ 100 = 56,6\ \text{o/o sérum};$$

$$100 - 56,6 = 43,4\ \text{o/o globules sanguins}.$$

On n'a maintenant plus qu'à doser chaque élément dans le sang entier et dans le sérum, pour pouvoir calculer dans quelle proportion il est contenu dans les deux composants du sang défibriné.

Pour éprouver le degré d'exactitude de cette méthode, j'ai cherché à déterminer dans le même sang le rapport du sérum et des globules par une méthode différente. Il suffit pour cela que le sérum contienne un élément que nous soyons sûrs de ne pas retrouver dans les globules. C'est en effet le cas pour quelques espèces de sang dont le sérum contient du sodium, tandis que les globules en sont exempts. Des expériences antérieures de C. Schmidt [1] et d'un élève de Hoppe-Seyler, Sacharjin [2], avaient déjà rendu la chose probable; les analyses suivantes, faites par moi, le prouvent d'une façon définitive.

Si l'on sépare, à l'aide de la force centrifuge, les globules du sang de porc défibriné de leur sérum, il se dépose au fond du cylindre une couche dense de globules ne contenant que très peu de sodium (sept fois moins que le sérum). Mais il suffit que cette couche ne contienne que 1/7 de liquide intercellulaire pour nous expliquer la provenance du sodium. On peut reconnaître facilement ce liquide intercellulaire au microscope. Pour le cas donc où les globules contiendraient du sodium, cette quantité serait minime, et nous ne commettrions pas une bien grosse erreur en attribuant le sodium des globules au sérum. Voici les résultats de l'analyse :

Le sang entier contient : (1) 0,2403 ⎫ en moyenne : 0,2406 o/o Na_2O.
  (2) 0,2409 ⎭

---

[1] C. SCHMIDT, *Charakteristik der epidemischen Cholera*. Leipzig et Mitau, 1850
[2] G. SACHARJIN, *Zur Blutanalyse, Virchow's Arch.*, t. 21, p. 387, 1861.

Le sérum (1)   0,4283)
                     (en moyenne : 0,4272 o/o Na_2O.
          (2)   0,4260)

$$\frac{0,2406}{0,4272} \cdot 100 = 56,3 \text{ o/o sérum}$$

$$100 - 56,3 = 43,7 \text{ o/o globules sanguins.}$$

Ces chiffres correspondent d'une façon remarquable avec ceux que l'on obtient par la méthode de Hoppe-Seyler.

Dans un dosage de sang de cheval par la méthode de Hoppe-Seyler, j'ai obtenu :

Sérum 46,5 o/o et globules 53,5 o/o;

par le dosage au moyen de la proportion de soude :

Sérum 46,9 o/o et globules 53,1 o/o.

Cette concordance n'est évidemment par un effet du hasard. Mais elle nous permet de conclure que *la méthode de Hoppe-Seyler fournit des résultats exacts et que, dans le sang de porc et de cheval, toute la soude est contenue dans le liquide intercellulaire.*

Malheureusement ce n'est pas le cas pour toutes les espèces de sang. Les globules du sang de bœuf et de chien contiennent aussi de la soude, et cette méthode exacte et commode, qui nous permet de contrôler sur certaines espèces de sang le degré d'exactitude d'autres méthodes, n'est pas applicable dans tous les cas.

Les tableaux suivants contiennent les résultats de mes analyses de sang :

I 000 PARTIES DE SANG DÉFIBRINÉ CONTIENNENT :

	PORC		CHEVAL		BŒUF	
	436,8 GLOBULES	563,2 SÉRUM	531,5 GLOBULES	468,5 SÉRUM	318,7 GLOBULES	681,3 SÉRUM
Eau	276,1	517,9	323,6	420,1	191,2	622,2
Matières solides	160,7	45,3	207,9	48,4	127,5	59,1
Matières albuminoïdes et hémoglobine	151,6	38,1	—	—	123,6	49,9
Autres subtances organiques	5,2	2,8	—	—	2,4	3,8
Matières inorganiques	3,9	4,3	—	—	1,5	5,4
K_2O	2,421	0,154	2,62	0,13	0,238	0,173
Na_2O	0	2,406	0	2,08	0 667	2,964
CaO	0	0,072	—	—	0	0,070
MgO	0,069	0,021	—	—	0,005	0,031
Fe_2O_3	—	0,006	—	—	—	0,007
Cl	6,657	2,034	1,02	1,76	0,521	2,532
P_2O_5	0,903	0,106	—	—	0.224	0,181

	1000 Parties de GLOBULES CONTIENNENT			1000 Parties de SÉRUM CONTIENNENT		
	PORC	CHEVAL	BŒUF	PORC	CHEVAL	BŒUF
Eau	632,1	608,9	599,9	919,6	896,6	913,3
Matières solides	367,9	391,1	400,1	80,4	103,4	86,7
Matières albuminoïdes et hémoglobine	347,1	—	387,8	67,7	—	73,2
Autres matières organiques	12,0	—	7,5	5,0	—	5,6
Matières inorganiques	8,9	—	4,8	7,7	—	7,9
K_2O	5,543	4,92	0,747	0,273	0,27	0,254
Na_2O	0	0	2,093	4,272	4,43	4 351
CaO	0	—	0	0,136	—	0,126
MgO	0,158	—	0,017	0,038	—	0 045
Fe_2O_3	—	—	—	—	—	0,011
Cl	1,504	1,93	1,635	3,611	3,75	3,717
P_2O_5	2,067	—	0,703	0,188	—	0,266

Pour donner aussi un synoptique de la composition du sang humain, je cite ici les analyses de mon venéré maître Carl Schmidt [1], qui jusqu'à présent non pas été surpassées. Je ferai remarquer seulement que la méthode qu'il a employée pour déterminer la proportion de globules devait donner des résultats trop élevés.

[1] G. SCHMIDT, *Charakteristik der epidem. Cholera.* Mitau et Leipsig, 1850, p. 29 et

SANG D'UN HOMME DE 25 ANS

1 000 *grammes de sang*

Globules	513,02
Eau	349,69
Substances non volatiles à 120°	163,33

Hématine	7.70 (y compris 0,512 Fe)
Caséine du sang, etc	151.89
Composants inorganiques	3,74 (moins le fer)

Chlore	0 898	Chlorure de potassium	1.887
Acide sulfurique	0,031	Sulfate » »	0.068
» phosphorique	0,605	Phosphate » »	1,202
Potassium	1,586	» » sodium	0.325
Sodium	0.241	Soude	0,175
Phosphate de chaux	0,048	Phosphate de chaux	0,048
» » magnésie	0.031	» » magnésie	0.031
Oxygène	0,200	Total	3,736

1 000 *grammes de liquide intercellulaire* (Plasma)

Liquide intercellulaire (Plasma)	486,98
Eau	439,02
Substances non volatiles à 120°	47,96

Fibrine	3.93
Albumine, etc	39,89
Composants inorganiques	4,14

Chlore	1,722	Sulfate de potassium	0,137
Acide sulfurique	0.063	Chlorure de »	0,175
» phosphorique	0,071	» » sodium	2.701
Potassium	0.153	Phosphate » —	0,132
Sodium	1,661	Soude	0,746
Phosphate de chaux	0,145	Phosphate de chaux	0.145
» » magnésie	0,106	» » magnésie	0,106
Oxygène	0,231	Total	4,142

Poids spécifique = 1,0599

---

1 000 *grammes de globules*

Eau	681,63
Substances non volatiles à 120°	318,37

Hématine	15,02 (y compris 0,998 de fer)
Caséine du sang. etc	296.07
Composants inorganiques	7,28 (moins le fer)

Chlore	1,750	Sulfate de potassium	0,132
Acide sulfurique	0,061	Chlorure » »	3,679
Acide phosphorique	1.355	Phosphate » »	2.343
Potassium	3,091	» » sodium	0.633
Sodium	0.470	Soude	0.341
Phosphate de chaux	0,094	Phosphate de chaux	0,094
» » magnésie	0,060	» » magnésie	0,060
Oxygène	0,401		

Total des composants inorganiques moins le fer.... 7,282

Poids spécifique = 1,0886

1 000 *grammes de liquide intercellulaire* (*plasma*)

Eau	901,51
Substances non volatiles à 120°	98,49

Fibrine	8,06
Albumine, etc	81,92
Composants inorganiques	8,51

Chlore	3,536	Sulfate de potassium	0,281
Acide sulfurique	0,129	Chlorure » »	0,359
» phosphorique	0,145	» » sodium	5,546
Potassium	0,314	Phosphate » »	0,271
Sodium	3,410	Soude » »	1,532
Phosphate de chaux	0,298	Phosphate de chaux	0,298
» » magnésie	0,218	» » magnésie	0,218
Oxygène	0,455		

Total des composants inorganiques.... 8,505

Poids spécifique = 1,0312

1 000 grammes de sérum

Eau...	908,84
Substances non volatiles à 120°...	91,16
Albumine, etc..	82,59
Composants inorganiques..	8,57

Chlore...	3,565	Sulfate de potassium..............................		0,283
Acide sulfurique............................	0,130	Chlorure »		0,362
» phosphorique.....................	0,146	» » sodium...............................		5,591
Potassium....................................	0,317	Phosphate »	=	0,273
Sodium.......................................	3,438	Soude..		1,545
Phosphate de chaux......................	0,300	Phosphate de chaux...............................		0,300
» » magnésie..................	0,220	» » magnésie.................		0.220
Oxygène......................................	0,458	Total des composants inorganiques..................		8,574

Poids spécifique = 1,0292

SANG D'UNE FEMME DE 30 ANS

1 000 grammes de sang

Globules..	396,24	Liquide intercellulaire (plasma)......................	603,76
Eau..	272,56	Eau...	551,99
Substances non volatiles à 120°...........	123,68	Substances non volatiles à 120°...................	51,77
Hématine........................	6.99 (y compris 0,489 de fer)	Fibrine..	1,91
Caséine du sang, etc..........	113,14	Albumine, etc......................................	44,79
Composants inorganiques......	3,55 (moins le fer)	Composants inorganiques........................	5,07

Chlore..............	0,643	Sulfate de potassium .	0,062	Chlore..............	2,202
Acide sulfurique......	0,039	Chlorure »	1,353	Acide sulfurique... ..	0,060
Acide phosphorique ..	0,302	Phosphate »	0,835	» phosphorique..	0,144
Potassium...........	1,412	Potasse.............	0,340	Potassium...........	0,200
Sodium	0,648	Soude..............	0,874	Sodium.............	1,916
Phosphate de chaux...} » » magnésie}	0,086	Phosphate de chaux..} » » magnésie}	0,086	Phosphate de chaux..} » » magnésie}	0,332
Oxygène	0,370			Oxygène	0,211

Sulfate de potassium..		0,131
Chlorure »		0,270
» » sodium...		3,417
Phosphate de soude..	=	0,267
Soude............		0,648
Phosphate de chaux..} » » magnésie}		0,332

Total des composants organiques moins le fer...... 3,550

Total des composants inorganiques................. 5,065

Poids spécifique = 1,0503

1 000 *grammes de globules*

Eau.............................	687,88
Substances non volatiles à 120°...................	312,12

Hématine.................	18,48 (y compris 1,229 de fer)
Caséine du sang, etc.........	284,68
Composants inorganiques....	8,96 (moins le fer)

Chlore..............	1,623		Sulfate de potassium..	0,157
Acide sulfurique......	0,072		Chlorure »	3,414
» phosphorique...	0,913		Phosphate »	2,108
Potassium............	3,565	=	Potasse..............	0,857
Sodium..............	1,635		Soude................	2,205
Phosphate de chaux..	0,218		Phosphate de chaux..	0,218
» » magnésie			» » magnésie	
Oxygène.............	0,933			

Total des composants inorganiques moins le fer... 8,959

Poids spécifique = 1,0883

1 000 *grammes de liquide intercellulaire*

Eau.............................	914,25
Subtances non volatiles à 120°...................	85,75

Fibrine............................	3,16
Albumine, etc.......................	74,20
Composants inorganiques...............	8,39

Chlore...............	3,647		Sulfate de potassium..	0,217
Acide sulfurique......	0,100		Chlorure »	0,447
» phosphorique..	0,237		» » sodium....	5,659
Potassium............	0,332	=	Phosphate »	0,443
Sodium..............	3,173		Soude................	1,074
Phosphate de chaux..	0,550		Phosphate de chaux..	0,550
» magnésie			» » magnésie	
Oxygène.............	0,351			

Total des composants inorganiques............... 8,390

Poids spécifique = 1,0269

1 000 *grammes de sérum*

Eau....................	917,15
	82,85
Substances non volatiles à 120°...................	74,43
Albumine, etc.....	8,42
Composants inorganiques..	

Chlore...............	3,659		Sulfate de potassium..........	0,218
Acide sulfurique......	0,100		Chlorure » »	0,448
» phosphorique...	0,238		» » sodium....	5,677
Potassium............	0,333	=	Phosphate » »	0,444
Sodium..............	3,183		Soude................	1,077
Phosphate de chaux..	0,552		Phosphate de chaux..	0,552
» » magnésie			» » magnésie	
Oxygène.............	0,351			

Total des composants inorganiques........................ 8,416

Poids spécifique = 1,0261.

Hoppe-Seyler [1] et ses élèves ont exécuté des dosages plus exacts encore des composants organiques des globules du sang.

100 PARTIES DE MATIÈRES ORGANIQUES DES GLOBULES ROUGES CONTIENNENT :

	SANG HUMAIN		CHIEN	HÉRISSON	OIE	COULEUVRE
	I	II				
Oxyhémoglobine..........	86,8	94,3	86,5	92,3	62,7	46,7
Matières albuminoïdes et nucléines..............	12,2	5,1	12,6	7,0	36,4	45,9
Lécithine	0,7	0,4	0,6	0,7	0,5	0,9
Cholestérine............	0,3	0,3	0,4	—	0,5	

L'hémoglobine [2] est donc le seul composant organique spécifique des globules rouges. Elle forme aussi la plus grande partie de la substance sèche. Nous avons déjà étudié la composition et le mode de formation de l'hémoglobine (voir plus haut p. 52 et p. 85 à 95). Nous aurons bientôt à considérer son rôle dans la respiration (leçon 10) de même que ses produits de décomposition (leçons 17 et 18).

Le sérum contient comme combinaisons organiques des matières albuminoïdes, de la graisse, des savons, de la cholestérine, de la lécithine, du sucre, de l'urée, de la créatine et une matière colorante jaune, soluble dans l'alcool et dans l'éther, la *lutéine*. Nous distinguons les matières albuminoïdes, qui forment la masse principale des substances organiques, en deux groupes : les *albumines* et les *globulines*. Les premières sont solubles dans l'eau, tandis que les autres sont insolubles ; par contre elles se dissolvent dans une solution étendue de sel de cuisine. Si l'on soumet le sang à la dialyse, les sels alcalins diffusent à l'extérieur et les globulines se précipitent pendant que les albumines restent dissoutes. On trouve ces deux groupes dans le sang dans des rapports très variables.

---

[1] HOPPE-SEYLER, *Med. chem. Unters.*, p. 391 et JUDELL, *id.*, p. 386. Berlin, 1868.

[2] Une description complète des propriétés physiques et chimiques de l'hémoglobine sortirait du plan de cet ouvrage. Je renvoie aux travaux de HOPPE-SEYLER. *Med. chem. Untersuchungen.* Berlin, 1866-1871, et aux travaux de HÜFNER et de ses élèves publiés dans la *Zeitschr. f. physiol. Chemie*, et dans les derniers volumes du *Journal für prakt. Chemie.* Voir en outre NENCKI et SIEBER, *Arch. f. exper. Path. und Pharm.*, t. 18, p. 401, 1884 et t. 20, p. 325 et 332, 1886.

La proportion des albumines diminue pendant le jeûne et celle des globulines augmente. Les globulines paraissent représenter la modification sous laquelle les matières albuminoïdes sont transportées d'un organe à un autre. Nous savons que dans l'inanition les organes nobles, les centres vitaux, sont alimentés aux dépens des autres organes, particulièrement des muscles du squelette [1]. Voit [2] a trouvé par exemple qu'un chat, après treize jours de jeûne, ne perd que 3,2 o/o du poids du cerveau et de la moelle épinière, et seulement 2,6 o/o du poids du cœur, tandis que le poids de la musculature diminue de 30,5 o/o. Miescher a démontré, par ses expériences sur le saumon, que cet animal ne mange rien pendant toute la durée de son séjour dans l'eau douce, et que les organes génitaux, les ovaires et les testicules, se développent aux dépens des muscles. Miescher fait en même temps observer qu'à cette époque la proportion des globulines contenues dans le sang augmente notablement, et qu'elle atteint son maximum au moment où les ovaires sont à l'apogée de leur croissance [3]. E. Tiegel [4] n'a trouvé que des globulines et jamais d'albumines dans le sérum de serpents dont l'intestin était vide ; par contre le sérum de serpents en digestion contenait toujours les deux espèces d'albuminoïdes. Un élève de Miescher, A. E. Burckhardt [5], a pu se convaincre que dans le sang de mammifères inanitiés la quantité de globulines augmente aussi aux dépens des albumines.

L'observation de Danilewsky [6], qui a trouvé que chez l'animal les muscles qui travaillent le moins sont ceux qui contiennent le plus de globulines, est en parfait accord avec ces données. Les muscles ne sont pas seulement des organes de locomotion, mais servent aussi à emma-

[1] Voir CHOSSAT, Mém. présentés par divers savants à l'Acad. des sciences de l'Institut de France. VIII, p. 438, 1843. BIDDER U. SCHMIDT. *Die Verdauungssäfte und der Stoffwechsel.*, p. 327, 1852.

[2] C. VOIT, *Zeitschr. f. Biolog*, t. 2, p. 355, 1866.

[3] F. MIESCHER-RÜSCH, *Statistische u. biologische Beiträge zur Kenntniss vom Leben des Rheinlachses. Separatabdruck aus der schweizerischen Literatursammlung zur internat. Fischereiausstellung in Berlin*, 1880, p. 211, et *Compte rendu* des travaux présentés à la 67ᵉ session de la Société helvétique des sciences naturelles, réunie à Lucerne, les 16, 17, 18 septembre 1884, p. 116.

[4] E. TIEGEL, *Pflüger's Arch.*, t. 23, p. 278, 1880.

[5] A.-E. BURCKHARDT, *Arch. f. exper. Path. u. Pharm.*, t. 16, p. 322, 1883. Les données en apparence contradictoires de SALVIOLI (*Du Bois' Arch.*, 1881, p 268) peuvent s'expliquer par le fait que chez celui-ci l'inanition a été de trop courte durée. En outre, il s'est servi d'une autre méthode que BURCKHARDT pour séparer les deux albuminoïdes.

[6] A. DANILEWSKI, *Zeitschr. f. physiol. Chem.*, t. 7, p. 124, 1882.

gasiner les albuminoïdes. Si l'on songe que dans la digestion pancréatique les globulines apparaissent comme produits intermédiaires entre l'albumine et les peptones, on est tenté de considérer les premières comme des produits de dédoublement de l'albumine. Je crois, pour mon compte, que les molécules de globuline sont les matériaux dont se forme la molécule plus complexe de protoplasma vivant, et je m'appuie pour cela sur la présence des globulines dans les œufs des animaux et dans les graines et les racines des plantes.

La composition qualitative de la *lymphe* ne diffère pas de celle du plasma. Au point de vue quantitatif, on doit remarquer qu'à doses égales de sels inorganiques, elle contient moins de matières albuminoïdes que celui-ci. La lymphe des différentes parties de l'organisme renferme des proportions d'albuminoïdes très inégales. Il en est de même des transsudations pathologiques, de l'ascite, des liqueurs pleurale et péricardique, de l'hydrocèle, etc., dont la proportion d'albuminoïdes varie entre 0,2 et 5 o/o [1]. Le rapport entre les deux espèces d'albuminoïdes, globulines et albumines, est aussi variable que dans le plasma sanguin. Mais ces recherches ont encore révélé un fait assez curieux : si l'on examine le sang, la lymphe, le chyle ou un épanchement pathologique du même individu, on trouve que le rapport entre l'albumine et les globulines est à peu près le même dans l'épanchement pathologiqne et dans le plasma, malgré la différence dans la quantité absolue des albuminoïdes [2].

J'ai déjà dit plus haut que le *chyle* n'est pas autre chose que de la lymphe à laquelle se mêlent des globules graisseux pendant la digestion.

---

[1] Voir, pour la composition de la lymphe et des épanchements pathologiques chez l'homme et les mammifères, Scherer, *Chemische u. mikroskop. Unters. zur Path.*, etc. Heidelberg, 1843, p. 106 et svtes, et *Verhandl. d. med. phys. Ges. zu Würzburg*, t. 7, p. 268, 1857. C. Schmidt, *Charakterisk d. epidem. Cholera.* Leipzig et Mitau, 1850, et *Bulletin de Saint-Pétersbourg*, 1861, t. 4, p. 355. Hoppe-Seyler, *Deutsche Klinik.*, 1853, n° 37, et *Arch f. pathol. Anat.*, t. 9. p. 245, 1856. Gubler et Quevenne, *Gaz. méd. de Paris.*, 1854, n° 24. 27, 30. 34. V. Hensen et C. Dahnhardt, *Virchow's Arch.*, t. 37, p. 55 et 68, 1866 H. Nasse, *zwei Abhanlungen über Lymphbildung.* Marburg, 1872. Hensen, *Pflüger's Arch.*, t. 10, p 94, 1875. O. Hammarsten, *Upsala Läkare förenings förhandlingar.*, 14, 33, 1878.

[2] G. Salvioli, *Du Bois' Arch.*, 1881, p. 268 et F.-A. Hoffmann, *Arch. f. exp. Path. u. Pharm*, t. 16, p. 133, 1882.

QUATORZIÈME LEÇON

LES GAZ DU SANG ET LA RESPIRATION. — ROLE DE L'OXYGÈNE DANS LA RESPIRATION

Nous avons jusqu'à présent laissé de côté les composants gazeux du sang. Ceux-ci sont au nombre de trois, et on peut les extraire au moyen de la pompe à mercure [1]. Ce sont : l'*oxygène*, l'*acide carbonique* et l'*azote*.

La quantité d'azote est insignifiante ; elle n'est pas plus élevée qu'elle ne l'est en général dans les solutions aqueuses qui sont en contact avec l'air atmosphérique. L'azote du sang [2] y est simplement absorbé, et ne paraît jouer aucun rôle dans les procédés vitaux [3].

[1] On trouvera dans tous les traités de physiologie la description des appareils servant à l'extraction des gaz du sang (pompe à mercure de LUDWIG ou de PFLÜGER), c'est pourquoi je m'abstiendrai de la reproduire ici. Celui qui tiendrait à étudier la publication originale de la méthode avec laquelle presque toutes les recherches sur les gaz du sang sorties du laboratoire de Ludwig ont été faites, la trouvera dans ALEXANDRE SCHMIDT. *Berichten über d. Verhandlg. d k. sächs. Gesellsch. d. Wissench. zu Leipzig Math. physik*, Classe t. 19, p. 30, 1867. La description de l'appareil de GEISSLER-PFLÜGER se trouve dans *Untersuchungen aus dem physiolog. Laborat. zu Bonn*, 1865. p. 183. Les méthodes d'analyses de gaz se trouvent dans BUNSEN, *Gasometrische Methoden*. 2e éd , 1877 et J. GEPPERT, *Die Gasanalyse und ihre physiol. Anwendung nach verbesserten Methoden*, 1886.

[2] Il est nécessaire, pour la compréhension des procédés de la respiration, de bien posséder les lois de l'absorption des gaz. C'est pourquoi je conseille au commençant qui ne serait pas familiarisé avec la loi de DALTON, les notions de coefficient d'absorption et de tension, de s'orienter à l'aide d'un traité de physique avant d'entreprendre l'étude de cette leçon et de la suivante.

[3] Jusqu'à ces derniers temps, on a prétendu qu'une légère quantité d'azote était mise en liberté par la décomposition et l'oxydation des aliments protéiques dans l'organisme, quoiqu'on n'ait jamais pu le démontrer d'une manière irréfutable. Pour cette longue discussion, voir PETTENKOFER et VOIT, *Zeitschr. f. Biolog.*, t. 16, p. 508, 1880. SEEGEN und NOWACK, *Pflüger's Arch.*, t. 25, p. 383, 1881. HANS LEO, *Pflüger's Arch.*, t. 26, p. 218, 1881. J. REISET, *Comptes rendus*, t. 96, p. 549, 1883. Ces travaux contiennent un exposé de la littérature antérieure.

Par contre les deux autres gaz ont une importance physiologique considérable : nous avons déjà vu que l'*oxygène* est l'aliment indispensable, la source d'énergie la plus abondante, et l'*acide carbonique* la forme sous laquelle la plus grande partie du carbone abandonne l'organisme. Chez les êtres inférieurs l'absorption de l'oxygène et la mise en liberté de l'acide carbonique s'accomplissent sur toute la surface du corps, tandis que chez les animaux supérieurs elle est localisée dans des organes différenciés, les poumons, les branchies, les trachées. — On désigne ce procédé sous le nom de *respiration extérieure*, en opposition à la *respiration intérieure* par laquelle on entend l'absorption de l'oxygène et la production de l'acide carbonique dans les tissus. Un certain nombre d'auteurs ne considèrent cependant comme respiration intérieure que le procédé purement physique des échanges gazeux à travers la paroi des capillaires — la diffusion de l'acide carbonique des tissus dans le sang et de l'oxygène du sang dans les tissus — et non pas les procédés chimiques d'oxydation, de fixation de l'oxygène et de production de l'acide carbonique dans les éléments mêmes des organes. La respiration extérieure transforme le sang veineux en sang artériel, et celui-ci redevient sang veineux par l'effet de la respiration intérieure.

La peau et les poumons sont des tissus qui ont également besoin d'oxygène pour l'accomplissement de leurs fonctions ; mais le procédé de la respiration intérieure s'accomplit dans ces organes en même temps que celui de la ventilation du sang. Ce dernier procédé domine dans les poumons ; aussi le sang qui en ressort est-il artérialisé ; mais, dans la peau de la plupart des animaux, c'est la respiration intérieure qui prédomine, et le sang des veines cutanées a une teinte foncée.

Nous commencerons par suivre l'*oxygène* dans les différentes phases de la respiration extérieure et intérieure. Le sang artériel de chien, dont on s'est servi le plus souvent pour les analyses de gaz[1], contient sur 100 volumes 19-25 volumes d'oxygène à o degré et sous une pression de 760 millimètres de mercure. On a trouvé une proportion d'oxygène plus faible (10-15 vol. o/o) dans le sang des herbivores[2] (mouton et lapin).

---

[1] PFLÜGER, *Centralbl. f. d. med. Wissensch.*, 1867, p. 722, et *Pflüger's Arch.*, t. 1, p. 288 1868. Les analyses antérieures sont citées dans ce travail.
[2] SCZELKOW, *Du Bois' Archiv.*, 1864, p. 516. PREYER, *Wiener med. Jahrb.*, 1865, p. 145. FR. WALTER, *Arch. f. exper. Path. und Pharm.*, t. 7, p. 148, 1877.

Cette quantité d'oxygène est beaucoup trop considérable pour qu'il soit possible qu'elle soit simplement absorbée dans le sang ; 100 volumes d'eau en contact avec une atmosphère d'oxygène pur en absorbent 4 volumes à o degré ; en contact avec l'air dans lequel la pression partielle de l'oxygène est cinq fois plus petite, ils en absorberont donc moins d'un volume, et à la température du corps beaucoup moins encore. En outre, les solutions aqueuses absorbent moins de gaz que l'eau pure. Les 10-25 volumes d'oxygène contenus dans le sang artériel doivent donc, pour la plus grande partie, être liés chimiquement[1]. Nous savons en effet que l'hémoglobine a le pouvoir de former avec l'oxygène une combinaison instable[2] ; car une solution d'hémoglobine de la même concentration que le sang absorbe autant d'oxygène et, soumise à l'influence du vide, en abandonne autant que celui-ci. La proportion plus élevée d'oxygène dans le sang de chien comparé à celui des herbivores s'explique par la plus grande quantité de corpuscules et d'hémoglobine contenus dans le sang de chien. Le sang des animaux à sang froid contient beaucoup moins d'hémoglobine et par conséquent d'oxygène que celui des animaux à sang chaud.

La combinaison d'oxygène et d'hémoglobine, l'*oxyhémoglobine*, est plus claire que l'hémoglobine réduite, et son spectre présente d'autres raies d'absorption. C'est de là que provient la coloration rouge clair du sang artériel et la nuance foncée du sang veineux.

Si l'oxygène est lié chimiquement à l'hémoglobine, il doit exister un rapport simple entre les équivalents de ces deux corps. Il serait intéressant de connaître le rapport des atomes d'oxygène aux atomes de fer. Les déterminations de l'oxygène faiblement combiné que l'on a entreprises jusqu'à présent ne sont pas suffisamment exactes pour cela. Celles-ci indiquent pour un atome de fer environ deux ou trois atomes d'oxygène[3]. Nous ne pouvons pour le moment tirer de ces chiffres qu'une conclusion, c'est que la quantité d'oxygène absorbée dans la transforma-

---

[1] LIEBIG, *Annalen d. Chem. u. Pharm.*. t. 79, p. 112, 1851. LOTHAR MEYER, *Die Gase des Blutls. Diss.*, Gottingen, 1857, HENLE u. *Pfeueer's Zeitschr. f. rat. Medic*. N. F., t. 8, p. 256, 1857.

[2] HOPPE-SEYLER, *Arch. f. pathol. Anat.*, t. 29. p. 598, 1864. et *med. chem. Untersuchungen*. p. 191, 1867.

[3] HÜFNER, *Zeitschr. f. physiol. Chem.*, t. 1, p. 317 et 386, 1877 ; t. 3, p 1, 1880. JOHN MARSHALL. *id.*, t. 7, p. 81, 1883. HÜFNER, *id.*, t. 8, p. 358, 1884. Voir aussi HOPPE-SEYLER, *Zeitschr. f. physiol. Chem.*, t. 13, p. 477, 1889.

tion de l'hémoglobine en oxyhémoglobine est au moins quatre fois aussi grande que celle qui est nécesssaire à l'oxydation de l'oxyde de fer en peroxyde et du ferrocyanure de potasse en ferricyanure. Il serait peut-être possible que le soufre de l'hémoglobine jouât aussi un rôle dans la combinaison instable de l'oxygène, et qu'il en fût de même pour les atomes de soufre dans toutes les matières albuminoïdes (voir plus haut page 22). Il est en effet curieux de voir que l'hémoglobine des animaux ayant besoin d'une grande quantité d'oxygène, contient aussi plus de soufre. On trouve dans l'hémoglobine de cheval quatre atomes de soufre sur deux de fer, dans celle de chien six et dans celle de poulet neuf atomes de soufre [1]. Est-ce là un effet du hasard ?

L'oxygène peut être éliminé de sa combinaison instable avec l'hémoglobine par un volume égal d'oxyde de carbone [2] ou de bioxyde d'azote [3]. Ces faits prouvent aussi en faveur d'une combinaison chimique de l'oxygène. On pourrait peut-être objecter : comment est-il possible, si l'oxyhémoglobine est véritablement une combinaison chimique, qu'elle puisse déjà être dédoublée par le vide seul ? En réalité, ce n'est pas le vide, mais la chaleur qui dédouble l'hémoglobine. A une température très basse (au-dessous de o degré), on peut laisser une solution d'oxyhémoglobine s'évaporer à sec dans le vide, sans que les cristaux d'oxyhémoglobine qui se déposent soient altérés. La pression de l'oxygène nécessaire pour faire équilibre a la force décomposante de la chaleur doit être d'autant plus grande que la température est plus élevée. L'affinité d'un corps est d'autant plus grande que le nombre des atomes contenus dans l'unité de volume, ou que le nombre des atomes exerçant une attraction est plus élevé. On nomme ce phénomène « effet de masse » [4] (voir plus haut, page 48). Deux forces sont donc en présence dans la forma-

[1] A. Jaquet, *Beitr. z. Kenntniss d. Blutfarbstoffes*, Diss. Bâle, 1889, et *Zeitschr. f. physiol. Chem.*, t. 14, p. 289, 1890.

[2] Cl. Bernard, *Leçons sur les effets des subst. toxiques*, etc. Paris, 1857. Hoppe-Seyler, *Virchow's Archiv.*, t. 11, p. 288, 1857, et t. 29, p. 233 et 597, 1863. Lothar Meyer, *De sanguine oxydo-carbonico infecto*, Diss. Vratislaviæ, 1858. Hoppe-Seyler, *Med. chem. Unters.*, p. 201, 1867. *Zeitschr. f. physiol. Chem.*, t. 1, p. 131, 1877. John Marshall, *id.*, t. 7, p. 81, 1883. R. Külz, *id.*, p 384. G. Hüfner, *Journ. f. prakt. Chem.* N. F., t. 30, p. 69, 1884.

[3] L. Hermann, *Du Bois' Arch.*, 1865, p. 469. Hoppe-Seyler, *Med. chem. Unters.*, p. 204, 1867. W. Preyer, *die Blutkaystalle*. Iena, 1871, p. 144. Podolinski, *Pflüger's Arch.*, t. 6, p. 553, 1872.

[4] Voir dans Lothar Meyer, *Die Modernen Theorien der Chemie*. 5e éd. Breslau, 1884, p. 479, ou *Lehrbuch. d Allg Chemie* de Ostwald, Leipzig, 1887, t. 2, l'explication que la théorie mécanique de la chaleur donne de l'effet de masse.

tion et le dédoublement de l'oxyhémoglobine : la chaleur qui cherche à séparer, et l'affinité chimique qui réunit. L'affinité augmente avec l'effet de masse, avec la densité, avec la pression partielle de l'oxygène. Le vide ne fait donc que réduire à un minimum l'effet de masse de l'oxygène, de sorte que l'action de son antagoniste, la chaleur, l'emporte.

Qu'il me soit permis de rappeler ici un procédé connu de chimie inorganique absolument semblable. Dans la fabrication de la chaux vive, l'acide carbonique est séparé de la chaux par la chaleur. Mais cette séparation ne se produit pas dans une atmosphère d'acide carbonique pur ; au contraire, la chaux s'unit à l'acide carbonique à une température élevée, dès que la pression partielle de ce gaz est assez forte. Si l'on veut calciner rapidement et complètement le carbonate de chaux, on doit faire passer un courant d'un autre gaz à travers le four, pour réduire la pression de l'acide carbonique.

L'hémoglobine et l'oxygène se comportent absolument de la même manière. Dans les alvéoles des poumons, où la pression de l'oxygène est élevée, l'hémoglobine se sature complètement ou à peu près. Dans les capillaires des tissus, l'oxygène simplement absorbé diffuse dans les tissus environnants ou est fixé par des combinaisons avides d'oxygène, ce qui provoque un abaissement de la tension. Mais immédiatement une certaine quantité de l'oxygène fixé est mise en liberté par l'action de la chaleur, et la tension remonte jusqu'à ce que l'équilibre entre la force séparatrice de la chaleur et la tension de l'oxygène soit rétabli. De cette manière les globules rouges sont constamment entourés d'une sphère d'oxygène ayant une tension déterminée.

Cette disparition présente un double avantage. La quantité d'oxygène que le courant sanguin amène aux tissus dans l'unité de temps est bien plus considérable qu'elle ne pourrait l'être si nous n'avions affaire qu'à une simple absorption sans combinaison chimique. L'intensité des procédés d'oxydation peut être beaucoup plus considérable, sans que pour cela il y ait jamais disette d'oxygène. La quantité d'oxygène contenue dans le plasma ne diminue pas sensiblement, même lorsque la consommation de l'oxygène est fortement augmentée. Dans des conditions normales la réserve d'oxygène n'est jamais épuisée complètement dans les capillaires. On a toujours trouvé au moins 5 volumes pour 100 d'oxygène dans le sang veineux ; dans la plupart des cas, cette quantité est encore beaucoup plus forte. L'oxygène ne peut disparaître presque complètement que dans le sang asphyxique [1].

La combinaison chimique de l'oxygène a en outre le grand avantage de diminuer considérablement la dépendance dans laquelle sont les procédés d'oxydation de la tension de l'oxygène dans les milieux environnants. On a démontré par l'expérience que l'on peut tripler la pression partielle de l'oxygène dans l'atmosphère ou la diminuer de moitié, sans provoquer de troubles dans la respiration des mammifères [2]. Si l'on diminue encore la tension, l'intensité des mouvements respiratoires augmente, mais les animaux ne succombent que lorsque la pression partielle de l'oxygène dans l'air inspiré est descendue à 3,5 o/o d'une atmosphère [3].

Fraenkel et Geppert [4] firent respirer des chiens dans une atmosphère raréfiée et analysèrent les gaz du sang artériel. Ils trouvèrent que, lorsque l'on abaisse la pression barométrique à 410 millimètres de mercure, la proportion d'oxygène dans le sang artériel reste normale. Si l'on diminue la pression jusqu'à 378 — 365 millimètres (donc environ à 1/2 atmosphère), la proportion d'oxygène commence à baisser dans le sang. On aurait pu s'attendre à trouver une indépendance de la pression partielle encore plus grande ; car, d'après les recherches de Worm Müller [5], si l'on agite du sang avec de l'air atmosphérique à une pression de 75 millimètres, il se sature encore presque complètement d'oxygène. Mais ces expériences, faites à la température du laboratoire, ne sont pas concluantes, car, ainsi que l'ont démontré Paul Bert [6], Fraenkel et Geppert [7] et Hüfner [8], la dissociation de l'oxyhémoglobine commence, à la température du corps, déjà à une pression notablement plus élevée. En outre nous devons admettre

---

[1] N. STROGANOW, *Pflüger's Arch.*, t. 12, p. 22, 1876. Les travaux antérieurs sur l'asphyxie sont cités dans ce travail.

[2] WILHELM MULLER, *Ann. d. Chem. u. Pharm.*, t. 108, p. 257, 1858, ou *Sitzungsber. d. k. Akad. d. Wissensch.* Wien, t. 33, p. 99, 1858. PAUL BERT, *La pression barométrique.* Paris, 1878. A. FRAENKEL et J. GEPPERT, *Ueber die Wirkung der verdünnten Luft auf den Organismus.* Berlin, Hirschwald, 1883. L. DE SAINT-MARTIN, *Comptes rendus*, t. 98, p. 241, 1884, et S. LUKJANOW, *Zeitschr. f. physiol. Chem.*, t. 8, p. 313, 1884.

[3] N. STROGANOW, *Pflüger's Arch.*, t. 12, p. 31, 1876. L'auteur cite les travaux antérieurs.

[4] FRAENKEL et GEPPERT, *l. c.*, p. 47. Ce travail contient un compte-rendu critique des expériences de PAUL BERT.

[5] J. WORM MÜLLER, *Ber. d. sächs. Ges. d. Wissensch.*, t. 22, p. 351, 1870.

[6] PAUL BERT, *l. c.*, p. 691.

[7] FRAENKEL et GEPPERT, *l. c.*, p. 57-60.

[8] G. HÜFNER, *Zeitschr. f. physiol. Chem.*, t. 12, p. 568, 1888 et t. 13, p. 285, 1888.

que l'oxygène des poumons à faible tension ne peut diffuser assez rapidement à travers la paroi des capillaires pour saturer complètement chaque globule sanguin.

Les observations faites dans les ascensions de montagnes et en ballon sont en parfait accord avec les résultats des expériences sur les animaux [1]. Dans les ascensions aérostatiques, un malaise réel ne se manifeste qu'à une hauteur de 5 000 mètres, c'est-à-dire à un moment où la pression ne comporte plus que 400 millimètres de mercure. Hommes et animaux prospèrent sur les plateaux des Andes, à une hauteur de 4 000 mètres, aussi bien qu'au bord de la mer.

Quels sont maintenant *les organes et les tissus de notre corps dans lesquels l'oxygène est consommé ?* Lavoisier, qui le premier reconnut l'importance de l'oxygène dans le procédé vital, croyait que la combustion s'accomplissait exclusivement dans les poumons. Ce n'est qu'une fois que Magnus [2] eut analysé le sang, qu'il fût démontré que l'oxygène arrive jusqu'aux capillaires, où il disparaît en partie. Mais malgré cela on ne put décider si l'oxydation restait circonscrite à l'intérieur du système vasculaire, ou si de l'oxygène libre diffusait dans les tissus, à travers les parois des capillaires. L'hypothèse d'une oxydation exclusivement circonscrite à l'intérieur des vaisseaux a trouvé des défenseurs jusqu'à ces derniers temps. Mais la réflexion seule provoque déjà une objection. Les tissus, et spécialement les muscles, sont un foyer d'énergie, et la source de force vive la plus importante est bien certainement l'affinité de l'oxygène pour les aliments. Mais d'un autre côté nous savons cependant que les aliments contiennent en réserve une quantité notable de tensions chimiques, qui peuvent se transformer en force vive par dédoublement et sans qu'une oxydation soit nécessaire pour cela (voir plus haut, page 163 à 168 et leçon 19). Nous ne connaissons pas exactement la quantité de ces tensions chimiques, c'est pourquoi nous ne pouvons repousser d'emblée la possibillité qu'elles puissent suffire à la production du travail musculaire, et qu'ensuite les produits de dédoublement diffusent à travers les parois des capillaires pour être oxydés à l'intérieur des vaisseaux et y servir de source de chaleur.

[1] On trouvera dans les travaux de Paul Bert et de Fraenkel et Geppert une relation très intéressante de ces observations.

[2] G. Magnus, *Ann. d. Physik.*, t. 40, p. 583, 1837, et t. 64. p. 177, 1845.

Ce point de vue parut trouver sa confirmation expérimentale dans l'expérience suivante de Ludwig et Alexandre Schmidt[1]. Ainsi que nous l'avons dit plus haut, le sang des animaux asphyxiés ne contient que des traces d'oxygène, parfois pas du tout. Si, après avoir saigné l'animal, on ajoute de l'oxygène à ce sang asphyxique, on voit au bout de peu de temps disparaître une quantité notable de ce gaz et l'acide carbonique augmenter. Le sang asphyxique contient donc des substances facilement oxydables. Le sang provenant d'animaux normaux peut aussi absorber de l'oxygène[2], mais cette quantité est beaucoup plus faible et disparaît beaucoup plus lentement que dans le sang asphyxique[3]. Ludwig et Alexandre Schmidt interprétèrent ces faits de la manière suivante. Des substances facilement oxydables sont normalement constamment éliminées par les tissus dans les capillaires sanguins, où elles sont immédiatement détruites par l'oxygène libre, de sorte qu'on ne peut déceler leur présence dans le sang normal. Par contre elles s'accumulent dans le sang asphyxique par suite de l'absence d'oxygène, ce qu'on peut reconnaître à l'avidité du sang asphyxique pour l'oxygène. Nous devrions nous attendre, il est vrai, d'après les lois de la diffusion des gaz, à voir l'oxygène du sang passer dans les sucs des tissus. Mais il est possible aussi que l'oxygène trouve un obstacle à cette diffusion dans le courant constant de substances oxydables qui arrive au sang, de telle sorte qu'il ne puisse parvenir à franchir la paroi des capillaires.

. On s'est appuyé sur les observations suivantes, tirées de la physiologie comparée, pour chercher à démontrer la seconde hypothèse[4] qui admet que l'oxydation se produit aussi dans les tissus eux-mêmes[5]. Il est positif que presque tous les animaux inférieurs qui n'ont pas de sang périssent immédiatement dans un milieu privé d'oxygène, et que chaque cellule a besoin de cette source d'énergie[6]. La cellule végétale elle-

---

[1] ALEX. SCHMIDT, *Ber. über die Verhandlungen d. sächs Gesellsch. der Wissench.*, zu Leipzig. *Math. physik*, Classe, t. 19, p. 99, 1867. Voir aussi N. STROGANOW, *Pflüger's Arch.* t. 12, p. 41, 1876.

[2] PFLÜGER, *Centralblatt. f. d. med.* Wissench, 1867, p. 321 et 722.

[3] ALEX. SCHMIDT, *l. c.*, p, 108.

[4] Cette théorie a été autant que je sais défendue pour la première fois par MORITZ TRAUBE, *Virchow's Arch.*, t. 21, p. 386, 1861.

[5] PFLÜGER, *Pflüger's Arch.*, t. 10, p. 270, 1875.

[6] La question de savoir si certains organismes inférieurs (cellules de la levure, certaines bactéries) peuvent exister sans oxygène libre (anaérobiose) est aujourd'hui encore un sujet de controverse. La discussion paraît cependant tourner en faveur de ceux qui admettent

même n'a pas une nutrition notablement différente, et ne peut se passer d'oxygène (voir plus haut page 40). Les animaux supérieurs possédant un système vasculaire différencié, ont déjà besoin d'oxygène dans les premières phases de leur développement, avant l'apparition des globules sanguins, ainsi que nous pouvons l'observer dans la respiration des œufs d'oiseaux [1]. Ces faits ne nous donnent cependant pas de preuve évidente de l'existence de la respiration à l'intérieur des tissus des animaux supérieurs dont le développement est terminé, car la nature même de l'organisation supérieure réside dans une spécialisation du travail des organes et des tissus comme conséquence de leur différenciation. Il serait possible que, chez les animaux inférieurs, oxydation et dédoublement se produisissent dans la même cellule, tandis que chez des êtres plus parfaitement organisés l'oxydation fût localisée dans le sang et les procédés de dédoublement dans les tissus.

Mais on peut démontrer, chez les insectes (qui sont déjà pourvus d'un système vasculaire sanguin, bien qu'il ne soit pas aussi développé que celui des vertébrés), que l'oxydation s'accomplit aussi dans les tissus mêmes. Le fait que les plus fines ramifications des trachées aboutissent à chacune des cellules des tissus en est une preuve [2]. Les observations de Max Schultze sur la *lampyris splendidula* [3] sont sous ce rapport particulièrement convaincantes. Dans les organes lumineux de cet insecte, on distingue aux terminaisons des trachées certaines cellules, disposées comme de petites fleurs sur un pédoncule à ramifications nombreuses. Ces cellules, aussi bien que les terminaisons trachéales, se colorent en noir intense par l'acide osmique. Il existe donc dans ces cellules une substance attirant énergiquement l'oxygène. On suppose aussi que l'impression lumineuse est produite par cette substance lors de son union avec l'oxygène contenu dans les trachées. Si l'on isole les organes lumi-

---

l'anaérobiose chez certains champignons et bactéries. Voir là-dessus J.-W. GUNNING *Journ. f. prakt. Chem.*, t. 16, p. 314, 1877; t. 17, p. 266, 1878 et t. 20, p. 434, 1879. NENCKI. *Journ. f. prakt. Chem*, t. 19, p. 337, 1879. BR. LACHOWICZ et NENCKI, *Pflüger's Arch.*, t. 33, p. 1, 1883 et NENCKI, *Pflüger's Arch.*, t. 33, p. 10, 1883 et *Arch. f. exper. Path. und Pharm.*, t. 21, p. 299, 1886. Comparez encore G. BUNGE, *Ueber das Sauerstoffbedürfniss der Darmparasiten, Zeitschr. f. physiol. Chemie*, t. 8, p. 48, 1883.

[1] J. BAUMGÄRTNER, *Der Athmungsprocess im Ei. Freiburg i. B.*, 1861.

[2] KUPFFER, *Beiträge z. Anatomie u. Physiologie, als Festgabe. C. LUDWIG, gewidmet von seinen Schülern.*, 1875, p. 67. FINKLER, *Pflüger's Arch.*, t. 10, p. 273, 1875.

[3] MAX SCHULTZE, *Arch. f. mikr. Anatom.*, t. 1, p. 124, 1865.

neux, ils continuent à émettre de la lumière, même si l'on en fait des coupes microscopiques. Max Schultze a pu observer au microscope que, dans les alternatives rythmiques de croissance et de décroissance lumineuse que présentent souvent ces organes, l'apparition de la lumière coïncide avec le scintillement de petits points disséminés dans les organes lumineux, et dont le nombre et la disposition se rapportent à celle des terminaisons trachéales. Ils cessent de briller dès que l'on supprime l'oxygène [1]. Max Schultze fait remarquer en outre que les extrémités des trachées se colorent encore en noir dans d'autres organes lumineux, pour peu que l'on plonge les animaux vivants dans l'acide osmique.

En présence de ces faits, on ne peut douter qu'il existe une absorption d'oxygène libre par les éléments des tissus des insectes. Un critique sceptique pourrait cependant hésiter à reporter ces résultats sur les vertébrés. En ce qui concerne ces derniers, on n'a pu jusqu'à présent constater avec certitude un passage de l'oxygène à travers les parois des capillaires que dans le placenta des mammifères et dans les glandes salivaires. Le sang de la veine ombilicale est d'un rouge plus clair que celui de l'artère, et l'on peut démontrer au spectroscope la présence de l'oxyhémoglobine dans la veine ombilicale [2]. Les vaisseaux sanguins de la mère et du fœtus ne communiquant pas entre eux, forment deux réseaux capillaires distincts, L'oxygène doit donc traverser les parois des capillaires maternels et diffuser ensuite à travers la paroi des capillaires de l'embryon pour arriver au sang du fœtus.

Le fait que la salive contient de l'oxygène libre nous permet aussi de prétendre que ce gaz a traversé la paroi des vaisseaux capillaires. La quantité d'oxygène abandonnée par le sang est donc si considérable que les cellules des glandes ne peuvent le consommer entièrement et que l'excès passe dans la liqueur sécrétée. Pflüger [3] a pu constater à l'aide de

[1] MILNE-EDWARDS, *Leçons sur la physiologie et l'anatomie comparée*, t. 8. p. 93-120. Paris, 1863, contient une relation intéressante de toutes les observations sur la propriété lumineuse des différents animaux, et sur sa dépendance de la présence de l'oxygène PFLÜGER, *Pflüger's Arch.*, t. 10, p. 275-300 1875. Voir, pour les essais d'interprétation chimique de ce phénomène, BR. RADZISZEWSKI, *Ber. d. deutsch. chem. Ges.*, t. 16, p. 597. 1883. Dans ce dernier travail on trouvera un exposé de la littérature antérieure.

[2] ZWEIFEL. *Arch. f. Gynäkologie*, t. 9, p. 291, 1876. ZUNTZ, *Pflüger's Arch.*, t. 14, p. 605, 1877.

[3] PFLÜGER, *Pflüger's Arch.*, t. 1. p. 686, 1868.

dè la pompe à mercure la présence d'oxygène simplement absorbé dans la salive de la glande maxillaire du chien ; il en trouva 0,4 — 0,6 o/o du volume de la salive. Hoppe-Seyler a plus tard confirmé cette observation. Celui-ci se servit d'un réactif très sensible à l'oxygène, d'une solution d'hémoglobine qui présente immédiatement les raies d'absorption caractéristiques de l'oxyhémoglobine, lorsqu'on la met en contact avec des liquides contenant de l'oxygène [1]. Hoppe-Seyler a trouvé de l'oxygène tant dans la salive de la glande sous-maxillaire que dans la salive parotidienne ; par contre, il n'a pu en révéler la moindre trace dans la bile et dans l'urine [2]. Jusqu'à présent on n'a pas pu non plus constater avec certitude la présence de l'oxygène dans la lymphe. L'accès de l'oxygène libre dans la plupart des tissus des vertébrés n'est donc pour le moment pas encore démontré d'une manière irréfutable.

Pflüger et Oertmann [3] crurent avoir trouvé cette preuve dans l'expérience suivante. Ils montrèrent qu'une grenouille dans les vaisseaux de laquelle circule une solution de chlorure de sodium au lieu de sang, consomme autant d'oxygène et produit autant d'acide carbonique lorsquelle est placée dans une atmosphère d'oxygène pur, qu'une grenouille normale. On introduit une canule dans le bout central de la veine abdominale [4], et l'on injecte par cette canule une solution de sel de cuisine à 0,75 o/o, aussi longtemps que le liquide qui s'écoule par le bout périphérique présente encore une légère coloration rouge [5]. Les grenouilles traitées de cette façon vivent généralement encore un ou deux jours. Si on les place dans une atmosphère d'oxygène pur, elles consomment dans les dix à vingt premières heures autant d'oxygène et produisent autant d'acide carbonique qu'une grenouille normale. Oertmann tire de cette expérience la conclusion que les procédés d'oxydation ont leur siège exclusivement dans les tissus, attendu que ceux-ci consomment à eux seuls autant d'oxygène que les tissus et le sang réunis. Mais cette

---

[1] Hoppe-Seyler, *Zeitschr. f. physiol. Chem.*, t. 1, p. 135, 1876.

[2] Les traces d'oxygène trouvées par Pflüger (*Pflüger's Arch*, t. 2, p. 156, 1869) dans les gaz extraits de l'urine, de la bile et du lait, proviennent probablement d'une infiltration inévitable d'air atmosphérique.

[3] E. Oertmann, *Pflüger's Arch.*, t. 45, p. 381, 1877.

[4] L'ouvrage de Alex. Ecker, *Die Anatomie des Frosches*. Braunschweig, 1864-1882, pourra servir d'orientation pour l'anatomie de la grenouille.

[5] Cette méthode de saigner complètement les grenouilles a été employée en premier lieu par Cohnheim, *Virchow's Arch.*, t. 45, p. 333, 1869.

conclusion ne s'impose pas, et les faits peuvent tout aussi bien être interprétés en faveur de la première hypothèse. On pourrait parfaitement admettre qu'il ne s'est produit dans les tissus des grenouilles saignées que des dédoublements, dont les produits ont diffusé à travers les parois des capillaires, pour être oxydés dans les vaisseaux sanguins La pression quintuple de l'oxygène aurait suppléé à l'absence d'hémoglobine.

Le fait suivant, établi par Ludwig et ses élèves, est digne d'attention. Afonassiew [1] a trouvé que les substances réductrices du sang asphyxique ne sont contenues que dans les globules et pas dans le sérum, et Tschiriew [2] a démontré que ces substances manquent aussi à la lymphe des animaux asphyxiés. Le sang ne paraît donc participer aux procédés d'oxydation que tant que les globules vivants s'y trouvent suspendus, et toutes les oxydations de notre corps paraissent avoir exclusivement leur siège dans les éléments des tissus, et non pas dans les liquides qui les baignent. Tous les faits que nous venons de citer rendent cette hypothèse si vraisemblable, qu'aujourd'hui personne ne la met plus en doute.

Mais une question s'impose maintenant à nous. *Comment peut-on expliquer l'oxydation complète et rapide des aliments dans nos tissus ?* Même après le repas le plus copieux, les aliments absorbés sont déjà en grande partie transformés après une demi-journée en acide carbonique, en eau et en urée. En dehors de l'organisme, les albuminoïdes, les graisses et les hydrates de carbone ne sont pas attaqués par l'oxygène à la température du corps. L'organisme doit donc présenter certaines conditions favorisant l'oxydation.

On a pensé en premier lieu à l'alcalinité du sang, de la lymphe et du protoplasma de tous les tissus. Il est reconnu que l'oxydation des substances organiques est plus rapide en solution alcaline qu'en solution neutre ou acide. Je ne rappellerai ici que la manière dont se comportent le pyrogallol et en général les phénols polyatomiques, les leucocombinaisons d'un grand nombre de matières colorantes, la glucose, etc. Celle-ci, dissoute dans la soude caustique, absorbe avidement l'oxygène à la température du corps. Mais nous ne devons pas oublier que pour cela la présence d'un alcali libre est nécessaire, et que dans l'organisme on

[1] AFONASSIEW, *Ber. d. sächs. Ges. d. Wissensch.*, t. 24, p. 253, 1872.
[2] TSCHIRIEW, *id.*, t. 26, p. 116, 1874.

ne rencontre que des carbonates, peut-être même que des bicarbonates, car l'acide carbonique libre pénètre tous les éléments des tissus.

Il est vrai que Nencki et Sieber [1] ont démontré que des solutions étendues de carbonate de soude et de glucose ou d'albumine absorbent également de l'oxygène. Mais la quantité d'oxygène absorbée est très petite, et l'absorption se fait très lentement. Schmiedeberg [2] a montré que l'alcool benzylique et l'aldéhyde salicylique, en présence de l'eau, ne sont pas oxydés d'une manière sensible par l'oxygène de l'air. Si, au lieu d'eau, on met ces substances en présence d'une solution de carbonate de soude ou de sang, on observe une légère oxydation de l'alcool benzylique en acide benzoïque; l'aldéhyde salicylique n'est pas altéré. Mais si on établit une circulation artificielle sur des poumons ou des reins isolés de chien ou de porc, avec du sang auquel on avait ajouté une certaine quantité de ces substances, on observe une formation sensible d'acide benzoïque et salicylique. D'autres facteurs doivent donc entrer en jeu dans l'oxydation à l'intérieur des tissus.

A cet effet on a fait la supposition qu'une partie de l'oxygène inspiré était transformé dans nos tissus en *ozone*, dont chacun connaît la puissance d'oxydation. Celui qui découvrit l'ozone, Schonbein [3], avait déjà émis cette hypothèse.

Si l'on fait passer un courant d'induction à travers de l'oxygène, il se produit une condensation et l'oxygène contient de l'ozone. Ce n'est jamais qu'une petite partie de l'oxygène (au plus 5 o/o) qui est transformé en ozone. L'ozone occupe 2/3 du volume de l'oxygène qui a servi à sa formation, ce que Soret [4] a démontré de la manière suivante. Si l'on ajoute de la térébenthine à un mélange d'ozone et d'oxygène, l'ozone sera complètement absorbé, et la diminution de volume indiquera la quantité de ce gaz contenue dans le mélange. Si l'on chauffe une portion de ce même oxygène ozonisé, l'ozone est détruit et l'on constate une augmentation de volume. Cette augmentation de volume est toujours égale à la moitié de la diminution du volume lors de l'absorption.

[1] NENCKI et SIEBER, *Journ. f. prakt. Chem.*, t. 26, p. 1, 1882.

[2] SCHMIEDEBERG, *Arch. f. exper. Path. u. Pharm.*, t. 14, p. 288 et 379, 1881. Voir aussi SALKOWSKI, *Zeitschr.f. physiol. Chem*, t. 7, p. 155, 1882.

[3] SCHÖNBEIN, *Poggendorff's Ann.*, t. 65, p. 171, 1845.

[4] SORET, *Ann. Chem. Pharm.*, t. 127, p 38, 1863 ; t. 130, p. 95, 1863. Suppl. V, p. 148, 1867. *Comptes rendus*, t. 57, p. 604, 1863.

1 volume d'ozone produit donc lorsqu'on le chauffe 1 1/2 volume d'oxygène, ou 2 volumes d'ozone correspondent à 3 volumes d'oxygène. Ce fait et l'hypothèse d'Avogadro, d'après laquelle 2 volumes égaux de gaz contiennent le même nombre de molécules, nous indiquent que la molécule d'ozone contient trois atomes d'oxygène. Trois molécules d'oxygène, contenant chacune deux atomes, ont produit deux molécules d'ozone. Nous pouvons nous représenter le procédé de la manière suivante. Par l'énergie du courant électrique, les deux atomes de la molécule d'oxygène ont été séparés et chacun de ces atomes s'est porté sur une molécule d'oxygène intacte, en formant avec elle une combinaison peu stable. C'est ce troisième atome d'oxygène, fixé faiblement, qui présente cette affinité considérable pour tous les corps oxydables [1]. Et, en effet, dans les procédés d'oxydation par l'ozone, il ne se perd jamais que 1/3 du poids de ce gaz, et on ne peut constater de diminution de volume de l'oxygène ozonisé. Le fait que l'ozone oxyde déjà certaines substances à basse température, tandis que l'oxygène ordinaire a besoin pour cela d'une température élevée, est en parfait accord avec cette hypothèse. Dans ce dernier cas, la cohésion qui existe entre les atomes doit d'abord être affaiblie par la force vive de la chaleur, ce qui, sous l'effet du courant électrique, s'était déjà produit auparavant pour l'ozone.

On sait que l'ozone apparaît aussi comme produit accessoire dans l'oxydation lente du phosphore. Il est probable que, par l'oxydation lente, le phosphore ne s'empare que de l'un des atomes de la molécule d'oxygène, et que le second atome se fixe à une molécule d'oxygène intacte.

Il ressort de ces considérations que le troisième atome de la molécule d'ozone, duquel dépend sa puissance d'oxydation, ne peut avoir d'autres propriétés que celles de l'oxygène naissant.

On peut en effet démontrer que, dans tous les cas d'oxydation lente, une partie de l'oxygène acquiert des propriétés actives, et agit exactement comme l'ozone produit par l'oxydation lente du phosphore. Nous ne devons pas nous attendre à voir se former de l'ozone en présence de substances oxydables, qui s'emparent de l'atome d'oxygène naissant

---

[1] CLAUSIUS, *Poggendorff's Ann.*, t. 121, p. 250, 1864.

avant qu'il ait pu se réunir à une molécule d'oxygène pour former de l'ozone.

C'est en effet dans ces conditions que se trouve l'organisme. Pourquoi n'observons-nous jamais la formation d'ozone, mais bien des procédés puissants d'oxydation dans notre corps. D'emblée, nous devons reconnaître que nous n'avons aucune chance de jamais trouver de l'ozone dans le corps animal. Nous pourrions introduire une grande quantité d'oxygène ozonisé dans le sang, sans jamais pouvoir en extraire une molécule d'ozone.

On a démontré par les expériences suivantes l'apparition des propriétés actives d'un certain nombre d'atomes d'oxygène dans les procédés d'oxydation lente. Si, lors de l'oxydation du pyrogallol en solution alcaline par l'oxygène de l'air, on introduit une certaine quantité d'ammoniaque, celui-ci est oxydé en acide azoteux [1]. Lors de l'oxydation de l'hydrure de benzoïle à l'air, il se produit de l'eau oxygénée [2]. Si l'on oxyde du sodium à l'air en présence d'éther de pétrole, les hydrocarbures dont ce dernier se compose sont transformés en leurs alcools et leurs acides respectifs [3]. Les oxydants ordinaires sont insuffisants pour oxyder le benzol en phénol, ce que l'on obtient au moyen de l'ozone [4]. L'oxygène ordinaire a le même effet dès qu'il se trouve en présence de sulfate ferreux ou d'oxydule de cuivre [5]. Nous devons admettre que l'un des deux atomes d'oxygène est fixé par l'oxydule, tandis que l'atome libre oxyde le benzol. Le « palladium hydrogéné » joue le même rôle que l'oxydule de cuivre ou de fer. Graham a montré que lorsque, dans l'électrolyse de l'eau, on emploie une lame de palladium comme électrode négative, il ne se produit pas de dégagement d'hydrogène. Ce gaz s'unit au palladium. Le métal peut absorber ainsi un volume de gaz équivalent à neuf cent fois son propre volume. Cette combinaison abandonne peu à peu son hydrogène, qui se comporte comme de l'hydrogène nais-

---

[1] Cette expérience de BAUMANN est citée par HOPPE-SEYLER, *Ber. d. deutsch. chem. Ges.*, t. 12, p. 1553, 1879.

[2] RADENOWITSCH, *Ber. d. deutsch chem. Ges.*, 1873, p. 1208.

[3] HOPPE-SEYLER, *Ber. d. deutsch. chem. Ges.*, t. 12, p. 1553 et 1554, 1879.

[4] NENCKI et P. GIACOSA, *Zeitschr. f. physiol. Chem.*, t. 4, p. 339, 1880; LEEDS (*Ber. d. deutsch. chem. Ges.*, t. 14, p. 975, 1881) n'a pu confirmer cette donnée; dans ses expériences il a vu le benzol être oxydé en acide carbonique, acide oxalique, formique et acétique. Cependant les conditions d'expérience n'étaient pas les mêmes.

[5] NENCKI et SIEBER, *Journ. f. prakt. Chem.*, t. 26, p. 24 et 25, 1882.

sant. Si le « palladium hydrogéné » se trouve par conséquent en contact avec l'air atmosphérique, l'hydrogène sera oxydé ; une partie de l'oxygène acquerra des propriétés actives, et deviendra capable comme l'ozone d'oxyder le benzol en phénol [1].

L'oxygène naissant agit même (ainsi que du reste l'on pouvait s'y attendre) encore plus énergiquement que l'ozone. L'ozone ne peut par exemple oxyder l'azote libre ni l'oxyde de carbone. L'oxygène naissant, par contre, produit par l'action du palladium hydrogéné sur l'oxygène ordinaire, oxyde l'azote libre en acide azoteux et l'oxyde de carbone en acide carbonique [2].

Si nous absorbons du benzol, la plus grande partie reparaîtra dans les urines à l'état de phénol [3]. Nous pouvons admettre qu'il existe aussi dans notre corps des substances réductrices, jouant un rôle analogue à celui du palladium hydrogéné ou des oxydules métalliques. J'ai déjà fait remarquer qu'on rencontre de ces substances dans le sang d'animaux asphyxiés. Ehrlich [4] a montré que certaines matières colorantes bleues (le bleu d'alizarine et le bleu d'indophénol) sont décolorées dans les tissus de l'animal vivant, pour bleuir de nouveau dès que les tissus sont exposés directement à l'air. Il est probable que ces substances facilement oxydables prennent naissance avec d'autres produits de dédoublement difficilement oxydables par l'action de ferments sur les aliments. Mais dès que, sous l'influence de l'oxygène inspiré, les combinaisons facilement oxydables commencent à s'oxyder, une partie de l'oxygène acquiert les propriétés actives qui lui sont nécessaires pour attaquer les combinaisons plus résistantes.

[1] Hoppe-Seyler, *Zeitsch. f. physiol. Chem.*, t. 2, p. 22, 1878 ; et t. 10, p. 35, 1886. *Ber. d. deutsch. chem. Ges.*, t. 12, p. 1551, 1879 ; et t. 16, p. 117 et 1917, 1883. Leeds, *id.*, t. 14, p. 975, 1881. Moritz Traube, *id.*, t. 15, p 659, 1882 ; t. 16, p. 123 et 1201, 1883 ; t. 18, p. 1877 1900, 1885 ; et t. 22, p. 1496, 1889. Baumann u. Preusse, *Zeitschr. f physiol. Chem.*, t. 4, p. 455, 1880. Nencki, *Journ. f. prakt. Chem.*, t. 23, p. 87, 1880. Baumann, *Zeitschr. f. physiol. Chem.*, t. 5, p. 244, 1881 ; et *Ber. d. deutsch. Chem. Ges.*, t. 16, p. 2146, 1883. Moritz Traube a fait contre l'hypothèse de l'oxygène rendu actif par des substances réductrices des objections dignes d'être prises en considération. J'ai représenté cette théorie dans mon exposé, mais je tiens à bien faire remarquer qu'il ne s'agit ici que d'hypothèses, de conclusions tirées par analogie de faits qui pourraient parfaitement aussi trouver une interprétation différente. J'engage vivement le commençant à chercher à se former un jugement personnel par l'étude des travaux intéressants et instructifs cités ci-dessus.

[2] Baumann, *Zeitschr. f. physiol. Chem.*, t. 5, p. 244, 1881.

[3] Schultzen u. Naunyn, *Reichert. u. Du Bois' Arch.*, 1867, p. 349.

[4] P. Ehrlich, *Das Sauerstoffbedürfniss des Organismus.* Berlin, 1885.

La fermentation butyrique est pour nous une preuve de la formation de substances réductrices dans les cellules par l'action des ferments. L'hydrogène mis en liberté dans ce procédé s'unit avec l'oxygène ordinaire pour former de l'eau. Tant que l'air a un accès suffisant, nous n'observons jamais la présence de l'hydrogène dans les procédés de fermentation [1]. C'est ce qui explique l'absence d'hydrogène dans l'atmosphère, malgré toutes les fermentations qui s'accomplissent à la surface du sol. La formation du salpêtre est en outre pour nous une démonstration évidente des procédés d'oxydations intenses qui ont lieu à côté des dédoublements provoqués par les organismes de la putréfaction. L'azote, qui présente une affinité si faible pour l'oxygène, atteint cependant son plus haut degré d'oxydation. L'atome d'oxygène mis en liberté par l'oxydation des produits de décomposition facilement oxydables, oxyde l'ammoniaque produite par dédoublement. De récentes recherches ont établi que des organismes vivants sont en jeu dans la formation du salpêtre [2].

Cette faculté que l'on observe chez les organismes de la fermentation et de la putréfaction, est peut-être aussi commune à toutes les cellules de notre corps. Il n'est pas nécessaire que leurs produits de dédoublement soient toujours les mêmes. Hoppe-Seyler [3] admet que de l'hydrogène est mis en liberté dans les tissus du corps animal, tout comme dans certains organismes unicellulaires de la fermentation. Le fait que nous ne pouvons trouver de l'hydrogène libre dans les tissus ne suffit pas à infirmer ce point de vue. En outre, l'hydrogène naissant n'est pas nécessairement la seule substance réductrice qui provoque la formation d'oxygène actif dans nos tissus. Ces substances peuvent être de nature très différente suivant les tissus, et peut-être même se présentent-elles dans la même cellule sous les modifications les plus diverses, suivant l'état et les fonctions de cette cellule [4].

---

[1] HOPPE-SEYLER, *Pflüger's Arch.*, t. 12, p. 16, 1876. *Zeitschr. f. physiol. Chem.*, t. 8, p. 214, 1884.

[2] TH. MUNTZ et A. SCHLÖSING, *Comptes-rendus*, t. 84, p. 301, 1877; t. 85, p. 1018, 1877; t. 89, p. 891, 1879. R. WARRINGTON, *Chem. News.*, vol. 36, p. 263, 1877. Vol. 39, p. 224, 1879.

[3] HOPPE-SEYLER, *Pflüger's Arch.*, t. 12, p. 16, 1876. NENCKI, *Journ. f. prakt. Chem.*, t. 23, p. 87, 1880. BAUMANN, *Zeitschr. f. physiol. Chem.*, t. 5, p. 244, 1881.

[4] BR. RADZISZEWSKI, *Zur Theorie der Phosphorescenzerscheinung. Ber. d. deutsch. chem. Ges.*, t. 16, p. 597, 1883.

On peut se rendre compte de l'énergie de l'oxydation des aliments, lorsque celle-ci a été précédée d'un dédoublement, dans le phénomène de la *combustion instantanée du foin*. Si l'on forme le foin en grandes meules avant qu'il soit très sec, au bout de peu de temps, l'intérieur de la meule humide se mettra à fermenter avec formation de produits de dédoublement. Tous les dédoublements provoqués par des ferments sont accompagnés d'une absorption d'eau ; c'est pourquoi le meilleur moyen d'empêcher la décomposition d'une matière organique est de la sécher. Le dédoublement met de la chaleur en liberté, et à mesure que la fermentation avance, la température s'élève à l'intérieur de la meule. Si maintenant on enlève les couches supérieures, de façon à laisser libre accès à l'oxygène de l'air, tous ces produits de dédoublement facilement oxydables prennent feu, et en un instant la meule est consumée.

En présence de tous les faits cités jusqu'ici, l'oxydation rapide des aliments dans nos tissus ne présente rien d'énigmatique. Mais n'oublions pas que pour le moment l'existence de l'oxygène actif n'est qu'une hypothèse, et que les faits peuvent encore être interprétés autrement. A ce point de vue, une autre hypothèse, qui fut, je crois, pour la première fois mise en avant par Moritz Traube [1], est digne de remarque. C'est celle qui admet l'existence de « transmetteurs » d'oxygène dans notre corps. Ces substances fixeraient faiblement l'oxygène ordinaire et le transmettraient à d'autres substances incapables de se combiner directement avec lui. Un exemple connu d'un tel transport d'oxygène est celui de l'oxyde d'azote dans la fabrication de l'acide sulfurique. L'acide sulfureux ne peut se combiner directement à l'oxygène, mais si l'on ajoute de l'oxyde d'azote, celui-ci fixe faiblement l'oxygène de l'air pour le transporter sur l'acide sulfureux, qui de cette façon est oxydé en acide sulfurique. Une petite portion d'oxyde d'azote suffit à transformer des quantités considérables d'acide sulfureux en acide sulfurique. Le sulfindigotate de potasse joue dans l'oxydation de la glucose un rôle analogue à celui de l'oxyde d'azote dans l'oxydation de l'acide sulfureux. Si l'on chauffe à l'air une solution de glucose avec un peu de carbonate alcalin, il ne se produit qu'une absorption d'oxygène très faible et très lente. Mais si l'on ajoute du

---

[1] MORITZ TRAUBE, *Theorie der Fermentwirkungen*. Berlin, 1858.

sulfindigotate de potasse, celui-ci abandonne à la glucose son oxygène faiblement fixé et se décolore. Si l'on agite la solution avec de l'air, elle bleuit de nouveau. L'acide sulfindigotique a encore absorbé de l'oxygène de l'air. Si on laisse reposer la solution un instant, elle se décolore de nouveau. La couleur bleue ne se maintient qu'à la surface, où la solution est directement en contact avec l'oxygène. De cette manière, on peut avec très peu d'acide sulfindigotique oxyder de grandes quantités de glucose, pour peu que la ventilation soit suffisante.

On peut arriver au même but à l'aide de l'oxyde de cuivre. Une solution ammoniacale bleue d'oxyde de cuivre est décolorée lorsqu'on la chauffe avec de la glucose. L'oxyde est réduit en oxydule, il a abandonné un atome d'oxygène à la glucose. Si l'on agite de nouveau à l'air, la solution se recolore en bleu, et ainsi de suite. L'oxydule de cuivre joue ici le même rôle comme transporteur d'oxygène que l'oxyde d'azote dans la formation de l'acide sulfurique. Un autre exemple est l'oxydation de l'acide oxalique en présence d'un sel de fer. Par la réduction du peroxyde de fer, l'acide oxalique est oxydé à la lumière en acide carbonique ; or, comme le protoxyde de fer absorbe de l'oxygène, une petite quantité de ce sel peut à la longue provoquer l'oxydation d'une grande quantité d'acide oxalique [1].

Les difficultés que l'on a à expliquer, d'une façon analogue, l'oxydation rapide dans notre organisme, proviennent de ce que jusqu'à présent nous n'avons pas réussi à découvrir dans notre corps un « transmetteur d'oxygène ». On pourrait être porté à attribuer ce rôle à l'hémoglobine. Mais des expériences directes ont démontré que l'oxygène de l'oxyhémoglobine n'a pas d'autres propriétés oxydantes que l'oxygène moléculaire ordinaire [2]. En outre les oxydations s'accomplissent principalement dans les tissus, et ceux-ci ne contiennent pas d'hémoglobine, si ce n'est une partie des muscles, qui encore n'en contiennent que des traces. Le rôle de l'hémoglobine dans le sang consiste exclusivement à transporter à travers tous les organes l'oxygène sous une forme concentrée, et à l'abandonner partout où le besoin s'en fait sentir. Dans ce sens on peut aussi désigner l'hémoglobine sous le nom de « transmetteur d'oxygène ». Seulement nous ne devons pas lui attribuer le même rôle que celui qui

---

[1] Pfeffer, *Untersuchungen aus dem botan. Institute zu Tübingen*, t. I, p. 679, 1885.
[2] Hoppe-Seyler, *Med. chem. Untersuchungen*, t. I, p. 133, 1866.

incombe aux substances que nous avons citées dans les exemples ci-dessus. Celles-ci n'abandonnent leur oxygène qu'à des corps incapables de s'oxyder directement à l'air ; l'hémoglobine, par contre, n'oxyde que des corps qui présentent également de l'affinité pour l'oxygène ordinaire.

On pourrait plutôt considérer le peroxyde de fer comme le « transmetteur d'oxygène » de nos tissus. Partout où se trouvent des albumines et des nucléines, on rencontre aussi du peroxyde de fer faiblement combiné. On doit encore remarquer que, dans l'oxydation du protoxyde de fer en peroxyde, deux atomes de fer ne fixent qu'un atome d'oxygène, et que par conséquent un dédoublement de la molécule d'oxygène doit précéder l'oxydation, ce qui fait que lors de la réduction l'oxygène ne se sépare pas sous sa forme moléculaire. D'un autre côté, il faut considérer aussi que l'oxydation de l'acide oxalique, en présence du peroxyde de fer, n'a lieu qu'avec le concours de la force vive de la lumière solaire. Nous devrions donc admettre l'existence d'une force vive analogue dans notre corps. Il est douteux que la chaleur animale soit suffisante pour cela.

En ce qui concerne l'hypothèse de l'oxygène actif dans les tissus, on a objecté que certaines substances très oxydables, telles que le pyrogallol[1], l'oxyphénol[2], le phosphore[3], peuvent traverser les tissus de notre corps, et être excrétées complètement ou en partie sans avoir subi d'altération. L'oxyde de carbone[4], qui est oxydé en acide carbonique par l'oxygène naissant, et l'acide oxalique[5] si facilement oxydable, ne sont pas modifiés dans l'organisme. Mais ces faits, eux aussi, peuvent être interprétés différemment. Mille voies conduisent de l'intestin aux reins, et il n'est pas nécessaire que chaque molécule touche dans sa migration un point où elle se rencontre avec des atomes d'oxygène naissant. Il est même très probable que des substances qui n'appartiennent

---

[1] CL. BERNARD, *Leçons sur les propriétés physiologiques*, etc, *des liquides de l'organisme*, t. 2, p. 144, 1859. BAUMANN U. HERTER, *Zeitschr. f. physiol. Chem.*, t. I, p. 249, 1877.

[2] BAUMANN U. HERTER, *l. c.*, p. 249.

[3] HANS MEYER, *Arch, f. exper. Path. u. Pharm.*, t. 14, p. 329, 1881. Cite la littérature antérieure.

[4] GAETANO GAGLIO, *Arch. f. exper Path. u. Pharm.*, t. 22, p. 236, 1887. Dans les expériences de GAGLIO l'oxyde de carbone avait été inspiré. ST. ZALESKI(*Arch. f. exper. Path. u. Pharm.*, t. 20, p. 34, 1885) a trouvé que, lorsque l'on fait une injection intra-péritonéale d'oxyde de carbone, ce gaz n'est pas éliminé par les poumons. Il serait peut-être possible que l'oxyde de carbone incorporé par cette voie fût pourtant en partie oxydé.

[5] GAGLIO, *l. c.*, p. 246 et suiv,

pas à l'alimentation normale, voire même des poisons, ne pénètrent pas dans les éléments des tissus où il existe une source d'oxydation intense destinée à l'accomplissement des fonctions normales. Ces tissus font un choix comme chaque cellule, ils travaillent avec un matériel déterminé en repoussant les substances nuisibles (voir p. 5, 99, 149, 158, et leçon 17).

Il existe une autre raison qui explique la non-oxydation de l'oxyphénol et du pyrogallol. Ceux-ci ne circulent pas à l'état libre dans l'organisme, mais forment comme tous les phénols· une combinaison avec l'acide sulfurique qui se trouve dans les tissus et provient de la destruction des albuminoïdes. Les phénols jouent là le même rôle que les alcools dans la combinaison des éthers composés de l'acide sulfurique. L'union a lieu avec production d'eau ; l'acide sulfurique devient monobasique et reparaît dans l'urine sous forme de sel alcalin.

· Ces *acides sulfoconjugués* furent découverts par Baumann. Il montra que l'urine des herbivores contient toujours une forte proportion de phénylsulfite de potasse[1]. En outre, on trouve un autre acide sulfoconjugué, dans lequel le phénol est remplacé par un phénol méthylé, le crésol[2], et des acides sulfoconjugués avec l'oxyphénol[3] et l'indoxyle[4]. On a trouvé aussi ces combinaisons dans l'urine de l'homme ; elles ne manquent que dans l'urine des carnivores recevant une alimentation exclusivement carnée. Mais si on leur donne des phénols, on voit bientôt apparaître les acides sulfoconjugués dans l'urine (voir leçons 17 et 18). L'acide sulfurique, le produit d'oxydation le plus élevé du soufre, n'étant lui-même plus oxydable, paraît protéger son conjugué organique contre l'oxydation, même si celui-ci appartient à la série grasse. Salkowski[5] a trouvé que, si l'on donne de l'acide éthylsulfurique à un chien, il passe intact dans les urines.

On a cru jusqu'à ces derniers temps que le noyau du benzol était en état de résister aux dédoublements et aux oxydations dans nos tissus. Toutes les combinaisons aromatiques reparaissaient parfois modifiées, mais toujours à l'état de combinaisons aromatiques dans les urines.

---

[1] Baumann, *Pflüger's Arch.*, t. 12, p. 69, 1876 ; et t. 13, p. 285, 1876.

[2] Preusse, *Zeitschr. f. physiol. Chem.*, t. 2, p. 355, 1878 ; et Brieger, *id.*, t. 4, p. 204, 1880.

[3] Baumann, *Pflüger's Arch.*, t. 12, p. 63, 1876.

[4] Baumann u. Brieger, *Zeitschr. f. physiol. Chem.*, t. 3, p. 254, 1879.

[5] E. Salkowski, *Pflüger's Arch.*, t. 4, p. 91, 1871.

Mais ces expériences n'avaient pas été conduites avec la précision nécessaire. La possibilité qu'une petite quantité ait été détruite existait encore. Hors de l'organisme, l'ozone peut à la température ordinaire oxyder la benzine en acides carbonique, oxalique, formique, acétique, et en un résidu noir, amorphe[1]. Si vraiment il existe dans nos tissus de l'oxygène actif, une destruction du noyau du benzol ne serait pas impossible.

Le phénol est oxydé et dédoublé par le permanganate de potasse en solution alcaline ; il se forme de l'acide oxalique. Cette réaction décida Salkowski[2] à rechercher l'acide oxalique dans le sang de lapins empoisonnés par du phénol. Dans deux cas sur trois il put déterminer la présence d'acide oxalique, tandis que le sang de deux lapins normaux en était exempt.

Des expériences entreprises dans le laboratoire de Salkowski par Tauber[3] et par Auerbach[4], et dans le laboratoire de Nencki par Schaffer[5], eurent toutes pour résultat que, lorsqu'on donne du phénol à des chiens, il n'en reparaît jamais qu'une partie (30-70 o/o suivant la quantité ingérée) dans les fèces et les urines. Mais nous ne pouvons pas encore conclure de ce fait que le phénol disparu ait été brûlé. Il est très possible que le noyau n'ait pas été détruit, et que le phénol ait été transformé en une autre combinaison aromatique. Schaffer a trouvé en effet, dans deux expériences dans lesquelles il avait dosé les acides sulfoconjugués, que la quantité de ceux-ci était plus forte qu'à l'ordinaire et que l'augmentation correspondait à la quantité de phénol absorbée. Il ne put constater d'augmentation de l'acide oxalique dans l'urine, pas plus que Tauber et Auerbach dans leurs expériences. Ce dernier ne put pas non plus constater d'acide oxalique dans le sang.

Ayant fait absorber à des hommes, des chiens et des lapins, certains acides amidés aromatiques (avec 3 atomes de carbone dans la chaine latérale : tyrosine, acide phénylamidopropionique, acide amidocinnamique), Schotten[6], Baumann[7] et Baas[8] ne purent observer la moindre

[1] Leeds, *Ber. d. deutsch. chem. Ges.*, t. 14, p. 975, 1881.
[2] E. Salkowski, *Pflüger's Arch.*, t. 5, p. 357, 1872.
[3] E. Tauber, *Zeitschr. f. physiol. Chem.*, t. 2, p. 366, 1878.
[4] Alex. Auerbach, *Virchow's Arch.*, t. 77, p. 226, 1879.
[5] Fr. Schaffer, *Journ. f. prakt. Chem. N. F.*, t. 18, p. 282, 1878.
[6] C. Schotten, *Zeitschr. f. physiol. Chem.*, t. 7, p. 23, 1882, et t. 8, p. 60, 1883.
[7] Baumann, *Zeitschr. f. physiol. Chem.*, t. 10, p. 130, 1886.
[8] K. Baas, *Zeitschr. f. physiol. Chem.*, t. 11, p. 485, 1887.

augmentation des combinaisons aromatiques connues dans les urines [1] ;
d'où ils conclurent que ces combinaisons sont complètement oxydées.

Enfin N. Jùvalta [2] a observé, dans une série de recherches minutieuses,
que l'acide phtalique est détruit en grande partie dans l'organisme du
chien. Ayant introduit 22 gr. 4 d'acide phtalique dans l'estomac de
l'animal, il n'en retrouva que 7 grammes dans l'urine et les fèces, sans
que cette perte pût être expliquée par la présence d'autres combinaisons
aromatiques. Nous savons en outre, au sujet de l'oxydation des combinaisons aromatiques dans l'organisme, que le benzol est transformé en
phénol et en oxyphénol [3] (hydroquinone et pyrocatéchine). L'oxydation ne paraît pas aller plus loin, car une absorption de quelques milligrammes d'oxyphénol suffit pour les voir apparaître dans l'urine [4].

Si la combinaison aromatique absorbée possède une chaîne latérale
appartenant à la série grasse, celle-ci est en général attaquée par l'oxygène [5]. Ainsi le toluène (C_7H_8), le xylène (C_8H_{10}), le cumène (C_9H_{12}), l'alcool benzylique ($C_6H_5 — CH_2OH$) sont tous oxydés en acide benzoïque
(C_6H_5COOH).

Par contre, l'acide phénylacétique ($C_6H_5 — CH_2 — COOH$) n'est pas
attaqué par l'oxygène. Le groupe carboxyle non oxydable paraît ici
jouer le rôle protecteur que nous avons vu jouer à l'acide sulfurique. Le
groupe CH_2 dans l'acide phénylacétique est protégé d'un côté par le
noyau du benzol, de l'autre par le carboxyle. Mais si plusieurs atomes
de carbone sont intercalés entre le noyau et le carboxyle, ils ne sont
plus suffisamment protégés. L'acide phénylpropionique ($C_6H_5 — CH_2 —$
$CH_2 — COOH$) et l'acide cinnamique ($C_6H_5 — CH == CH — COOH$)
sont oxydés en acide benzoïque ($C_6H_5 — COOH$).

Si le noyau a plus de deux chaînes latérales, il n'y en aura jamais qu'une
seule qui sera oxydée en carboxyle, ainsi le :

$$\text{Xylène } C_6H_4 \left\{ \begin{matrix} CH_3 \\ CH_3 \end{matrix} \right\} \text{ est oxydé en } C_6H_4 \left\{ \begin{matrix} CH_3 \\ COOH \end{matrix} \right\} \text{ acide métatoluique.}$$

[1] Voir encore NENCKI et P. GIACOSA, *Zeitschr. f. physiol. Chem.*, t. 4, p. 338, 1880.
[2] N. JUVALTA, *Zeitschr. f. physiol. Chem.*, t. 13, p. 26, 1888.
[3] BAUMANN u. C. PREUSSE, *Zeitschr. f. physiol. Chem*, t. 3, p. 156, 1879.
[4] DE JONGE, *Zeitschr. f. physiol. Chem.*, t. 3, p. 184, 1879.
[5] SCHULTZEN u. NAUNYN, *Reichert u. Du Bois' Arch.*, 1867, p. 349. NENCKI u. P. GIA-
COSA, *Zeitschr. f. physiol. Chem.*, t. 4, p. 325, 1880.

$$\text{Mésitylène } C_6H_3\begin{Bmatrix} CH_3 \\ CH_3 \\ CH_3 \end{Bmatrix} \text{ est oxydé en } C_6H_3\begin{Bmatrix} CH_3 \\ CH_3 \\ COOH \end{Bmatrix} \text{ » mésitylénique.}$$

$$\text{Cymène } C_6H_4\begin{Bmatrix} C_3H_7 \\ CH_3 \end{Bmatrix} \text{ » » } C_6H_4\begin{Bmatrix} C_3H_7 \\ COOH \end{Bmatrix} \text{ » cuminique.}$$

Un grand nombre de combinaisons aromatiques forment dans l'organisme des synthèses avec des combinaisons facilement oxydables de la série grasse, et de cette manière les préservent de l'oxydation. L'exemple le plus connu de cette catégorie est la formation de l'*acide hippurique* par l'union de l'acide benzoïque et du glycocolle :

$$\begin{array}{c} CH_2.AzH_2 \\ | \\ CO.OH \end{array} + \begin{array}{c} C_6H_5 \\ | \\ COOH \end{array} = \begin{array}{c} CH_2.AzH - CO - C_6H_5 \\ | \\ COOH \end{array} + H_2O.$$

Le glycocolle, qui en l'absence de combinaisons aromatiques est complètement oxydé dans l'organisme en acide carbonique, en eau et en urée, est préservé par son union avec l'acide benzoïque des attaques de l'oxygène, et reparaît sous forme d'acide hippurique dans l'urine (voir leçon 16).

Schmiedeberg [1] et ses élèves ont observé une synthèse vraiment intéressante, dans laquelle un produit d'oxydation du sucre est préservé de la destruction complète par son union avec une combinaison aromatique. Si l'on donne du camphre ($C_{10}H_{16}O$) à un chien, cette combinaison subit la même modification que celle que nous avons mentionnée pour le benzol, il se forme de l'oxycamphre [$C_{10}H_{15}(OH)O$]. Ce produit ne reparaît pas tel quel dans l'urine, mais combiné à l'acide glycuronique. L'acide glycuronique a la formule $C_6H_{10}O_7$; il doit, d'après toutes ses propriétés et ses réactions, être considéré comme un dérivé de la glucose, et compté parmi ses premiers produits d'oxydation [2]. Si l'on dédouble l'acide camphoglycuronique par la cuisson avec des acides étendus, l'acide glycuronique mis en liberté se décompose rapidement ; il brunit en émettant de l'acide carbonique, et l'on ne parvient que difficilement à en préparer une quantité suffisante pour l'analyse. Ce peu de stabilité

---

[1] C. WIEDEMANN, *Arch. f. exp. Path. u. Pharm.*, t. 6, p. 230, 1877. SCHMIEDEBERG u, HANS MEYER, *Zeitschr. f. physiol. Chem.*, t. 3, p. 422, 1879.

[2] Voir, dans H. THIERFELDER, *Zeitschr. f. physiol. Chem.*, t. 11, p. 388, 1887, les propriétés de l'acide glycuronique.

nous explique pourquoi nous ne trouvons pas cet acide dans la nutrition normale de l'animal. Dès que l'oxydation est en train, le sucre se décompose rapidement en ses produits définitifs, l'eau et l'acide carbonique. Les graisses paraissent avoir des points déterminés par lesquels l'oxygène a prise sur elles. Si elles sont protégées en ces endroits par une union avec des corps non oxydables, l'oxygène ne peut les attaquer. Mais dès que ces points d'oxydation sont libres, elles s'oxydent et se décomposent rapidement.

Schmiedeberg [1] a encore rencontré une seconde fois l'acide glycuronique. Il a donné à un chien une nourriture exempte d'albuminoïdes (lard et amidon), et y a ajouté du benzol. Le seul acide sulfurique disponible pour la formation d'acide phénylsulfurique, provenait donc exclusivement de la destruction des éléments cellulaires, la nourriture absorbée ne contenant pas de soufre. Aussi le phénol formé par l'oxydation du benzol n'apparut-il pas dans l'urine entièrement conjugué avec l'acide sulfurique. Une partie se retrouva sous forme *d'acide glycuronique conjugué*. D'autres savants ont rencontré fréquemment l'acide glycuronique.

Jaffé [2] a trouvé que l'orthonitrotoluène $\left(C_6H_4 \begin{Bmatrix} AzO_2 \\ CH_3 \end{Bmatrix}\right)$ est transformé dans l'organisme du chien en alcool orthonitrobenzylique $\left(C_6H_4 \begin{Bmatrix} AzO_2 \\ CH_2OH \end{Bmatrix}\right)$. Cet alcool reparaît dans l'urine conjugué à un acide, qui paraît être identique à l'acide glycuronique de Schmiedeberg. Mering et Musculus [3] ont trouvé dans les urines d'hommes et de chiens auxquels ils avaient donné de l'hydrate de chloral ou de l'hydrate de chloral butylique, les alcools correspondants conjugués à l'acide glycuronique. Dans ce cas-ci, le conjugué de l'acide glycuronique s'obtient par réduction, dans les cas de Jaffé et Schmiedeberg par contre par oxydation. Dans le procédé observé par Mering et Musculus ce n'est pas une combinaison aromatique qui est préservée de l'oxydation par l'acide glycuronique, mais un corps de la série grasse, rendu difficilement oxydable par les atomes de chlore qu'il contient.

---

[1] Schmiedeberg, *Arch. f. exper. Path. u. Pharm.*, t. 14, p. 406 et 307, 1881.

[2] Jaffé, *Zeitschr. f. physiol. Chem.*, t. 2, p. 47, 1878.

[3] v. Mering u. Musculus, *Ber. d. deutsch. chem. Ges.*, t. 8, p. 662, 1875. v. Mering, *Zeitschr. f. physiol. Chem.*, t. 6, p. 480, 1882. Külz, *Pflüger's Arch.*, t. 28, p. 506, 1882. Kossel, *Zeitschr. f. physiol. Chem.*, t. 4, p. 296, 1880, et M. Lesnik, *Arch. f. exper. Path. u. Pharm.*, t. 24, p. 168, 1887.

LES GAZ DU SANG ET LA RESPIRATION (SUITE): L'ACIDE CARBONIQUE DANS LA RESPIRATION INTERNE ET EXTERNE. — LA RESPIRATION CUTANÉE. — LES GAZ DE L'INTESTIN.

Nous avons jusqu'à présent étudié le rôle de l'oxygène et les procédés d'oxydation dans les tissus. Il nous reste encore à considérer le produit ultime des oxydations et des dédoublements, l'ACIDE CARBONIQUE, et à étudier son rôle dans les diverses phases de la respiration.

La proportion d'acide carbonique s'élève, dans le sang veineux du chien, de 39 à 48 volumes pour cent à 0 degré et 760 millimètres de mercure; cette proportion est d'environ 8 vol. o/o inférieure dans le sang artériel[1].

Pas plus que l'oxygène, l'acide carbonique ne peut être simplement absorbé dans le sang; sa quantité est beaucoup trop considérable pour cela. L'eau absorbe un volume double, d'une atmosphère d'acide carbonique pur à 0 degré, à la température du laboratoire un volume égal, et à la température du corps un demi volume, donc 50 o/o de ce gaz. Le sang veineux en contient presqu'autant. Si l'acide carbonique était simplement absorbé, sa tension comporterait une atmosphère entière, ce qui n'est jamais le cas, car les tensions de tous les gaz du sang réunis ne s'élèvent jamais à beaucoup plus d'une atmosphère.

Nous connaissons exactement la tension de l'acide carbonique dans le sang par les recherches de Pflüger, et de ses élèves Wolffberg[2], Strassburg[3] et Nussbaum[4]. A cet effet ils font arriver le sang du vaisseau de l'animal

[1] A. SCHÖFFER, *Wien. Akad. Sitzungsber*, t. 41, p. 589, 1860. SCZELKOW, *id.*, t. 45, p. 171, 1862.

[2] SIEGFRIED WOLFFBERG, *Pflüger's Arch.*, t. 4, p. 465, 1871, et t. 6, p. 23, 1872.

[3] GUSTAV STRASSBURG, *Pflüger's Arch.*, t. 6, p. 65, 1872.

[4] MORITZ NUSSBAUM, *id.*, t. 7, p. 296, 1873.

vivant à l'extrémité supérieure d'un tube de verre vertical. Celui-ci est rempli d'azote contenant quelques volumes p. o/o d'acide carbonique. Le sang ruisselant sans se coaguler le long des parois du tube est, à l'aide d'une combinaison spéciale, immédiatement éliminé à son arrivée au bas du tube, sans que l'air atmosphérique puisse pénétrer à l'intérieur de l'appareil [1]. Si la tension de l'acide carbonique dans le sang est supérieure à celle du mélange gazeux, la proportion d'acide carbonique augmente dans le tube ; est-elle au contraire inférieure, les tensions s'égalisent par l'absorption d'une certaine quantité de gaz contenu dans le tube. Par cette méthode Strassburg trouva que la tension de l'acide carbonique dans le sang du cœur droit et des gros troncs veineux du chien s'élève à 5, 4 o/o d'une atmosphère, et dans le sang artériel à 2, 8 o/o [2].

Or, ainsi que nous l'avons vu, l'eau en contact avec une atmosphère d'acide carbonique pur n'en absorbe environ que 50 volumes p. o/o ; le sang veineux, qui se trouve sous une pression d'acide carbonique de 5 o/o, donc 1/20 d'une atmosphère, ne pourra pas contenir à l'état de simple absorption plus de $\frac{50}{20}$ soit 2 1/2 volumes p. o/o de ce gaz. Les 36-46 volumes restants doivent donc être fixés chimiquement. Si nous jetons un coup d'œil sur la composition des cendres du sang, nous verrons que les substances qui fixent l'acide carbonique doivent être les alcalis, la soude et la potasse. Examinons premièrement le sérum. On n'a jusqu'à présent pas encore analysé les cendres du plasma, et pour les cendres du sérum qui ne doivent pas différer considérablement de celles du plasma, j'ai trouvé les valeurs suivantes :

I 000 GRAMMES DE SÉRUM DE CHIEN CONTIENNENT [3] :

K_2O	0,202	Fe_2O_3	0,010
Na_2O	4,341	P_2O_5	0,489
CaO	0,176	Cl	3,961
Mgo	0,041		

[1] Voir la description de l'appareil dans STRASSBURG, *l. c.*, p. 69.

[2] STRASSBURG, *l. c.*

[3] Ces analyses n'ont été jusqu'à présent publiées que partiellement : *Zeitschr. f. Biolog.*, t. 12, p. 204, 1876.

Nous pouvons négliger la petite quantité de potasse ; elle provient probablement en grande partie de la destruction des leucocytes, car on n'en trouve que des traces dans le plasma du sang vivant. Nous n'accorderons pas non plus une grande importance à la chaux et à la magnésie. Ces substances sont combinées pour la plus grande partie aux albuminates et aux nucléoalbuminates, et ne prennent probablement aucune part à la fixation de l'acide carbonique. La soude joue évidemment le rôle principal dans ce procédé. Sur les 4 gr. 341 de soude contenus dans 1,000 grammes de sérum, 3 gr. 461 suffisent à saturer le seul acide minéral puissant du sérum, l'acide chlorhydrique. Le reste de la soude, c'est-à-dire 0 gr. 878, peut fixer 0 gr. 623 d'acide carbonique, soit 316 centimètres cubes à 0 degré et 760 millimètres de mercure, et une quantité double en formant du bicarbonate ; 632 centimètres cubes d'acide carbonique, soit 63 volumes o/o, peuvent donc être fixés par 1 litre de sérum. Mais nous devons songer qu'à part l'acide carbonique, ces 0 gr. 878 de soude doivent encore saturer les autres acides faibles (acide phosphorique, albumine et peut-être d'autres encore n'ayant individuellement que peu d'importance, mais qui pris en bloc entrent cependant en ligne de compte), de sorte que nous n'arriverons jamais à une absorption de 63 volumes o/o. En effet, on n'a trouvé jusqu'à présent dans le sérum du sang artériel de chien que 43 à 57 volumes o/o d'acide carbonique. Cette proportion est plus élevée dans le sérum du sang veineux, dans lequel la soude disponible est probablement saturée exclusivement par l'acide carbonique.

La quantité de soude qui sert à fixer l'acide carbonique dépend de l'effet de masse, de la tension partielle de ce gaz [1]. Dans les tissus où, par suite de la mise en liberté de l'acide carbonique résultant des oxydations et des réductions, la tension augmente, il se formera du bicarbonate de soude aux dépens des albuminates et du phosphate de soude (PO_4Na_2H), qui abandonne la moitié de son sodium pour devenir phosphate acide (PO_4NaH_2). Dans les alvéoles des poumons, l'effet de masse de l'acide carbonique dans le sang diminue par suite de l'énergique ventilation qui fait baisser sa tension partielle. L'effet de masse des autres acides faibles augmente en proportion ; il se reforme de l'albuminate et

[1] N. ZUNTZ, *Centralbl. f. d. med Wissensch.*, 1867, p. 527. F.-C. DONDERS, *Pflüger's Arch.*, t 5, p. 20, 1872. J. GAULE, *Du Bois' Arch.*, 1878, p. 409.

du phosphate neutre de soude (PO_4Na_2H) aux dépens du bicarbonate. Dès que la quantité d'acide carbonique libre diminue, la proportion de l'acide fixé faiblement baisse aussi d'une manière sensible. L'utilité de cette disposition consiste en ce que la quantité d'acide carbonique peut varier dans le sang dans de larges limites, sans que la tension totale des gaz soit influencée d'une manière sensible. Une différence de tension de 2,6 o/o d'une atmosphère provoque une différence dans la quantité d'acide carbonique de 8 volumes p. o/o. De cette manière, il est possible de transporter en peu de temps de grandes quantités d'acide carbonique des tissus dans les poumons.

Hoppe-Seyler et son élève Sertoli [1] ont montré qu'en effet il existe un antagonisme entre l'acide carbonique et l'albumine pour la possession de la soude. Une solution de carbonate de soude, mélangée à de l'albumine, dégage de l'acide carbonique dans le vide. La quantité de gaz mise ainsi en liberté est cependant très petite, comme l'on pouvait du reste s'y attendre en raison du poids moléculaire élevé de l'albumine [2].

On a souvent contesté la présence de phosphates alcalins dans le plasma [3]. On a cru devoir attribuer l'acide phosphorique des cendres à la lécithine et à la nucléine ; mais la quantité d'acide phosphorique contenue dans le sérum de chien est trop forte pour cela. Dans le sérum de bœuf ou de porc elle est beaucoup plus faible [4]. En tous cas les bases qui sont combinées à l'acide phosphorique ne forment qu'une faible fraction des bases du plasma. Par contre, dans les globules les phosphates alcalins jouent un rôle important dans la fixation de l'acide carbonique.

On peut démontrer par une expérience très simple la façon dont l'acide carbonique expulse l'acide phosphorique de ses combinaisons avec la soude et vice-versa. Si l'on ajoute quelques gouttes de teinture de tournesol à une solution de PO_4Na_2H, la solution se colore en bleu. Il suffit de faire passer un courant d'acide carbonique à travers le liquide pour qu'au bout d'un certain temps la coloration tourne au rouge.

[1] SERTOLI, *Med. chem. Untersuch.* von F. HOPPE-SEYLER. Berlin, 1868, p. 350.
[2] HOPPE-SEYLER, *Physiolog. Chemie.* Berlin, 1879, p. 503.
[3] SERTOLI, *l. c.*
[4] Voir G. BUNGE, *Zeitschr. f. Biolog.*, t. 12, p. 206 et 207, 1876, et SERTOLI, *l. c.*

L'acide carbonique n'est pas seul la cause de ce changement (comme on peut s'en convaincre par une expérience de contrôle), car il provient de la formation de PO_4NaH_2. En outre il s'est formé du bicarbonate de soude. Si on laisse le vase ouvert, l'acide carbonique s'échappe peu à peu, l'effet de masse de l'acide phosphorique augmente en proportion, il s'empare de nouveau du second équivalent de soude qui lui a été enlevé par l'acide carbonique et la coloration bleue reparaît. On peut activer beaucoup ce procédé en chauffant la solution.

L'acide carbonique du sang ne se trouve pas seulement dans le plasma, mais aussi dans les globules, quoiqu'en plus petite quantité, ce qui résulte déjà du simple fait que le sang entier contient moins d'acide carbonique que le sérum. La différence n'est cependant pas assez grande pour que l'on puisse attribuer tout l'acide carbonique au sérum[1].

On ne peut évacuer complètement l'acide carbonique du sérum avec la pompe à mercure, preuve que la quantité des acides faibles non volatils est plus petite que l'équivalent de soude que nous venons de calculer, c'est-à-dire o,9 p. mille. Mais on peut en évacuer plus de la moitié[2], ce qui prouve qu'il ne s'agit pas simplement d'un passage du bicarbonate de soude au carbonate simple, mais aussi d'une dissociation partielle de l'acide carbonique fixé par les autres acides faibles : l'albumine, l'acide phosphorique, etc. Par contre on peut évacuer complètement l'acide carbonique du sang entier[3]. On peut même, ainsi que Pflüger[4] l'a fait, ajouter du carbonate de soude au sang, qui le dissocie et met son acide carbonique en liberté dans le vide. Nous devons admettre, pour interpréter ce fait, une diffusion d'acides des globules dans le plasma, ou du carbonate de soude du plasma dans les globules. Parmi les acides qui pourraient jouer un rôle ici, nous devons songer avant tout à l'acide phosphorique contenu en quantité bien plus considérable dans les globules que dans le plasma, et dont une faible partie seulement peut s'y trouver à l'état de combinaison organique. Preyer[5] a démontré en outre que l'oxyhémoglobine est en état de dissocier le

[1] ALEX. SCHMIDT, *Ber. über die Verhandl. d. königl. sächs. Ges. d. Wissench. zu Leipzig. Math. phys.* Classe, t. 19, p. 30, 1867.
[2] PFLÜGER, *Ueber die Kohlensäure d. Blutes.* Bonn, 1864, p. 11.
[3] SETSCHENOW, *Sitzungsber. d. Wien. Akad.,* t. 36, p. 293, 1859.
[4] PFLÜGER, *l. c.,* p. 5 et svts.
[5] PREYER, *Die Blutkrystalle.* Iéna, 1871.

carbonate de soude dans le vide et de mettre de l'acide carbonique en liberté.

La question de savoir si le passage de l'acide carbonique du sang dans l'air des poumons est un simple effet de diffusion ou si nous devons admettre encore une fonction spéciale du tissu pulmonaire, a fait l'objet d'une longue controverse. Le résultat des recherches de Pflüger et de ses élèves Wolffberg [1] et Nussbaum [2] parle en faveur de la première hypothèse. Si ce procédé est un simple effet de diffusion, on doit s'attendre à voir, après l'obturation d'une ramification bronchique, augmenter la tension de l'acide carbonique dans le lobe pulmonaire correspondant, jusqu'à ce qu'elle fasse équilibre à la tension de l'acide carbonique dans le sang de l'artère pulmonaire, et que le sang de la veine ait une tension d'acide carbonique identique à celle du sang de l'artère. Les expériences de Wolffberg et Nussbaum ont démontré en effet que, dans ces conditions, la pression de l'acide carbonique dans les alvéoles fait équilibre à la tension de ce gaz dans le sang.

Ces expérimentateurs procédèrent de la manière suivante pour obstruer un lobe pulmonaire. Ayant fait la trachéotomie à un chien, ils lui introduisaient dans une ramification bronchique un cathéter élastique à double paroi. La paroi extérieure, en caoutchouc, s'amincissait à son extrémité inférieure, de telle sorte qu'on pouvait la gonfler comme un ballon et obtenir ainsi une fermeture hermétique. Tout le reste de l'appareil pulmonaire continuait à respirer sans obstacle, de sorte qu'une accumulation d'acide carbonique dans le sang n'était pas à craindre. Après un certain temps, ils aspiraient une portion de gaz par le tube intérieur du cathéter pour en faire l'analyse. Prenant la moyenne d'un grand nombre d'expériences, ils trouvèrent que la pression partielle de l'acide carbonique dans le lobe pulmonaire isolé s'élevait à 3,84 o/o d'une atmosphère, et celle du sang du cœur droit à 3,81 o/o. Ce dernier chiffre est inférieur à celui trouvé par Strassburg (5,4 o/o); cela provient de ce que les animaux de Strassburg n'avaient pas subi la trachéotomie, de sorte que la ventilation des poumons, et par conséquent celle du sang, n'était pas aussi complète chez ces derniers.

La tension de l'acide carbonique dans les alvéoles pulmonaires ne

---

[1] WOLFFBERG, *Pflüger's Arch.*, l 4, p. 465, 1871 ; t. 6, p. 23, 1872
[2] NUSSBAUM, *id.*, t. 7, p. 296, 1873.

pourra, dans des conditions normales et si les échanges gazeux obéissent aux lois de la diffusion, jamais être supérieure à celle de ce gaz dans le sang artériel sortant des poumons. Si l'échange gazeux du sang avec l'air des alvéoles est complet, la tension de l'acide carbonique est la même ; s'il est incomplet, cette tension doit être plus faible dans les alvéoles que dans le sang, mais elle ne peut jamais être plus élevée. Si c'était le cas, nous serions obligés d'admettre l'existence de forces spéciales dans les poumons. Voyons si les faits concordent avec cette déduction. Strassburg[1] a trouvé que la tension de l'acide carbonique dans le sang artériel du chien varie entre 2,2 et 3,8 o/o, en moyenne 2,8 o/o. On ne peut doser exactement la pression normale de l'acide carbonique dans les alvéoles, mais nous pouvons bien déterminer une valeur minima en dosant l'acide carbonique de l'air expiré (un mélange d'air alvéolaire et d'air atmosphérique). Si cette valeur minima était supérieure à la tension de l'acide carbonique dans le sang artériel, nous aurions une preuve que les échanges gazeux ne dépendent pas uniquement de la diffusion, et nous serions forcés d'admettre l'existence d'un pouvoir excréteur spécial dans les poumons.

A ma connaissance, on n'a dosé qu'une fois chez le chien l'acide carbonique dans l'air expiré. Les résultats obtenus par Wolffberg[2] varient entre 2,4 et 3,4, en moyenne 2,8 o/o. Le chien de Wolffberg respirait par une canule. Chez un chien normal, la proportion d'acide carbonique dans l'air expiré, et par conséquent dans l'air alvéolaire, serait encore plus élevée. Il est absolument nécessaire de reprendre ces expériences. Les faits cités jusqu'ici s'accordent dans une certaine mesure avec la théorie de la simple diffusion des gaz dans les poumons.

La proportion d'acide carbonique dans l'air expiré est plus élevée chez l'homme : Vierordt[3] a trouvé 4,6 o/o de CO_2 dans la respiration normale et 5,2 o/o dans l'expiration forcée. On ne connait pas la tension de l'acide carbonique dans le sang artériel de l'homme.

On est frappé de voir jusqu'à quel point les différences de tension s'égalisent dans le peu de temps que met le sang à traverser les capillaires des poumons. Le phénomène s'explique si l'on songe à l'immense

---

[1] STRASSBURG, *l. c.*, p 77.
[2] WOLFFBERG, *Pflüger's Arch*, t. 6, p. 478, 1872.
[3] VIERORDT, *Physiologie der Athmung*, Heidelberg, 1845, p. 134.

surface qui sert aux échanges. D'après une estimation approximative de Huschke, la surface interne des poumons de l'homme s'élèverait à 2 000 pieds carrés, couverts d'un réseau épais de capillaires.

On s'est heurté à des difficultés considérables en voulant déterminer la tension de l'acide carbonique dans les tissus. On doit admettre a priori que la plus haute tension doit régner aux points de production de l'acide carbonique, donc dans les cellules, dans les fibres musculaires, dans tous les éléments actifs où la plus grande somme d'énergie est mise en liberté. Malheureusement on ne peut déterminer directement la tension de l'acide carbonique dans les éléments cellulaires. On a voulu s'adresser alors aux sucs qui baignent directement ces éléments et on a examiné la lymphe. On s'attendait à trouver ce liquide, qui coule lentement à travers les tissus, bien plus complètement saturé d'acide carbonique que le sang qui ne fait que traverser rapidement les capillaires. Mais en réalité ce n'est pas le cas : Strassburg [1] a trouvé la tension de l'acide carbonique dans la lymphe toujours inférieure à celle du sang veineux. Le courant de l'acide carbonique passant des cellules dans les liquides environnants ne paraît donc pas obéir simplement aux lois de la diffusion. Pourquoi la masse principale passe-t-elle directement dans le sang ? L'effet saute aux yeux : c'est la voie la plus rapide pour arriver aux poumons ; mais la cause nous en est encore inconnue.

Strassburg a en outre déterminé la tension de l'acide carbonique dans l'urine du chien, où elle s'élève à environ 9 o/o d'une atmosphère, et dans la bile à 7 o/o. Il a aussi cherché à évaluer la tension de l'acide carbonique dans les tissus de la paroi intestinale. Ayant lié à cet effet une anse intestinale à des chiens vivants, il y injectait de l'air atmosphérique, qu'il recueillait 1 1/2-3 heures après pour en faire l'analyse. Le mélange gazeux contenait de 7 à 9 1/2 o/o d'acide carbonique. Il résulte de ces chiffres que la tension de l'acide carbonique est plus élevée dans les tissus que dans le sang, comme du reste c'était à prévoir.

Qu'arrive-t-il maintenant à un animal placé dans une atmosphère contenant de l'acide carbonique à une tension égale à celle du sang ? La respiration est suspendue, mais seulement pour un instant, car les tissus continuent sans interruption à produire de l'acide

---

[1] STASSBURG, *l. c*, p, 85-91. Voir aussi J. GAULE, *Du Bois' Arch.*, 1878, p. 474-476.

carbonique. Ce gaz s'accumulant dans le sang et les tissus, il en résulte une différence de tension qui rétablit les échanges entre le sang et l'air alvéolaire. Mais l'acide carbonique commence à s'accumuler dans le sang et les tissus bien avant que la proportion de ce gaz dans l'air inspiré soit égale à celle de l'air alvéolaire. L'accumulation du gaz carbonique dans le sang est d'autant plus forte que la différence de tension dans le sang veineux et l'air alvéolaire est plus faible, et les échanges plus lents. Une tension exagérée de l'acide carbonique dans les tissus provoque une perturbation de l'organisme, qui se manifeste d'abord dans certaines parties du système nerveux. Le centre respiratoire est le premier atteint, ce que l'on constate à une augmentation de l'amplitude des mouvements respiratoires. Si la respiration renforcée ne parvient pas à abaisser suffisamment la tension de l'acide carbonique, son action se fait sentir peu à peu sur les autres parties du système nerveux, et les animaux meurent dans la narcose. Si l'on place les animaux dans un vase clos et qu'on leur fasse respirer un air riche en oxygène, ils meurent d'intoxication carbonique bien avant que la pression partielle de l'oxygène soit arrivée à la normale [1].

Si l'on compare dans la respiration normale les quantités d'air inspiré et expiré, on trouve cette dernière toujours plus forte. Cela provient de ce que l'air s'est échauffé dans les poumons et s'est à peu près saturé de vapeur d'eau à la température du corps. La quantité d'eau qui en un jour abandonne notre corps de cette manière varie de 400 à 800 grammes, suivant l'humidité de l'air inspiré. Si l'on compare entre eux les volumes d'air inspiré et expiré après les avoir séchés et ramenés à une température et une pression égales, on trouve le volume de l'air expiré constamment plus petit. On en comprendra facilement la raison, si l'on songe que dans la combustion des aliments les hydrates de carbone seuls produisent un volume d'acide carbonique égal à l'oxygène consommé, les albuminoïdes et les graisses par contre un volume plus petit.

Les hydrates de carbone contiennent exactement la quantité d'oxygène dont ils ont besoin pour saturer leur hydrogène. Si par conséquent toute la molécule doit être oxydée en eau et en acide carbonique, il faudra

---

[1] W. MULLER, *Sitzungsber. d. Wiener Akad. d. Wissensch.*, t. 33, p. 136, 1859. P. BERT, *La pression barométrique*, Paris, 1878, p. 983. C. FRIEDLÄNDER et E. HERTER, *Zeitschr. f. physiol. Chem*, t. 2, p. 99, 1878.

encore deux atomes d'oxygène pour chaque atome de carbone. Deux atomes, donc une molécule d'oxygène, forment avec un atome de carbone une molécule d'acide carbonique. Or nous savons qu'un nombre égal de molécules occupe le même volume. Par conséquent le volume d'acide carbonique résultant de la combustion des hydrates de carbone est égal au volume d'oxygène nécessaire pour cela. Les graisses, par contre, contiennent beaucoup moins d'atomes d'oxygène qu'il ne leur en faut pour saturer leur hydrogène : dans l'acide stéarique $(C_{18}H_{36}O_2)$, sur trente six atomes d'hydrogène, quatre seulement peuvent être saturés par l'oxygène présent. Seize atomes de l'oxygène inspiré sont encore nécessaires à la combustion complète de l'hydrogène, et ceux-ci ne reparaissent plus dans l'air expiré. La glycérine aussi $(C_3H_8O_3)$ contient deux atomes d'hydrogène qui ne peuvent être saturés par l'oxygène présent. La combustion des graisses exige donc bien plus d'oxygène qu'il n'en faudrait pour saturer seulement les atomes de carbone de leurs molécules. C'est pourquoi tout l'oxygène inspiré ne reparait plus dans l'acide carbonique de l'air expiré.

Il en est de même des albuminoïdes : 100 grammes d'albumine contiennent 7 grammes d'hydrogène. Pour transformer cet hydrogène en eau il faut $7 \times 8 = 56$ grammes d'oxygène. Mais les 100 grammes d'albumine en contiennent tout au plus 24 grammes. L'oxygène inspiré doit donc nécessairement servir en partie à l'oxydation de l'hydrogène et pas seulement à celle du carbone. Mais, pour les albuminoïdes, le calcul se complique par le fait que les produits azotés de l'oxydation contiennent des atomes d'hydrogène et d'oxygène, et que le soufre en s'oxydant fixe aussi de l'oxygène. On nomme *quotient respiratoire* le rapport du volume d'acide carbonique exhalé au volume d'oxygène inspiré.

Les hydrates de carbone dominent dans la nourriture des herbivores; aussi chez ces animaux le quotient respiratoire se rapproche-t-il de 1. Chez les carnivores, par contre, dont la nourriture riche en graisses et en albuminoïdes ne contient que peu d'hydrates de carbone, le quotient respiratoire est notablement inférieur. Il est généralement d'environ 3/4. Le quotient respiratoire calculé d'après la composition des aliments ne concordera réellement avec celui qu'on obtient par l'expérience [1] que si le dosage des gaz de la respiration est fait pendant un laps de temps

---

[1] On trouvera dans tous les traités de physiologie la description des appareils servant au

suffisant (si possible vingt-quatre heures). Pour une durée plus courte, ce rapport est soumis à de fortes variations, car l'absorption de l'oxygène ne coïncide pas avec l'exhalaison de l'acide carbonique correspondant. Il est possible, par exemple pour les hydrates de carbone, qu'une partie du carbone se dédouble sous forme d'acide carbonique sans absorption d'oxygène (ainsi que cela se produit dans la fermentation alcoolique et butyrique), et que les produits de dédoublement pauvres en oxygène ne soient oxydés que plus tard, une fois que l'acide carbonique dédoublé sera déjà exhalé. Il peut arriver de cette manière que le volume de l'acide carbonique expiré soit momentanément plus grand que celui de l'oxygène inspiré, et par conséquent le quotient respiratoire supérieur à 1. Il arrive même, chez les herbivores, que le volume d'acide carbonique exhalé en 24 heures soit plus grand que celui de l'oxygène inspiré. Ce fait s'explique de la manière suivante. L'alimentation végétale contient des acides organiques plus riches en oxygène que les hydrates de carbone, et qui n'ont besoin pour leur oxydation complète en eau et en acide carbonique que d'un volume d'oxygène inférieur à celui de l'acide carbonique produit. Ainsi l'acide tartrique produit, avec 2 1/2 volumes d'oxygène, 4 volumes d'acide carbonique : $C_4H_6O_6 + 5O = 4\,CO_2 + 3\,H_2O$. Nous avons encore une autre source de dégagement d'acide carbonique sans absorption d'oxygène. Il peut arriver que les hydrates de carbone soient détruits par fermentation dans l'intestin avec production de gaz des marais : $C_6H_{12}O_6 = 3\,CO_2 + 3\,CH_4$. L'acide carbonique est résorbé par l'intestin et exhalé par les poumons ; l'hydrure de méthyle reste non oxydé (voir plus loin, p. 270 et 273).

Il est important de connaitre tous les facteurs dont dépend le quotient respiratoire, car dans les recherches sur la nutrition, ce quotient peut nous être d'une grande utilité pour l'appréciation des procédés chimiques dans les tissus.

dosage des échanges gazeux, en particulier des appareils de REGNAULT et REISET et de PETTENKOFER. La description originale de l'appareil de REGNAULT et REISET se trouve dans les *Ann. de chim. et de phys.*, t. 26, 1849, et aussi comme publication séparée : *Recherches chimiques sur la respiration des animaux des diverses classes*, Paris, 1849. La description de l'appareil de PETTENKOFER se trouve dans : *Liebig's Ann. d. Chem u. Pharm* II, vol. suppl. p. 1, 1862. Cet appareil a été construit spécialement pour les recherches sur l'homme. VOIT l'a modifié quelque peu pour les études sur de petits animaux. JOLYET et REGNARD ont décrit dans les *Archives de physiol. normale et pathol.*, série II, t. 4, p. 44, 1877, une modification de l'appareil de REGNAULT et REISET destinée à l'étude de la respiration des animaux aquatiques.

Apres avoir étudié jusqu'à présent exclusivement la respiration pulmonaire, il nous reste à voir si, chez l'homme, il existe à côté de celle-ci une *respiration cutanée*. Chez les animaux inférieurs, comme chez certains représentants du bas de l'échelle des vertébrés, la respiration cutanée est évidente. Chez les amphibies, les échanges gazeux qui se font à travers la peau sont même plus importants que ceux qui s'accomplissent dans les poumons, ainsi que Spallanzani[1] a déjà pu le constater. Ayant extirpé les poumons à plusieurs espèces d'amphibies, il observa qu'ils survivaient plus longtemps à l'opération que si on leur recouvrait la peau d'une couche de vernis. On peut objecter à cette expérience que le vernissage de la peau a pu agir encore d'une autre façon. C'est pourquoi on a répété, en les modifiant de bien des manières, ces expériences de Spallanzani. Fubini[2] chercha à doser la production totale d'acide carbonique chez des grenouilles normales et a la comparer à l'exhalaison de ce gaz chez des grenouilles auxquelles on avait extirpé les poumons. Il trouva que celles-ci produisaient une quantité d'acide carbonique peu inférieure à celle des grenouilles normales. Mais on peut aussi objecter à cette expérience que l'exhalaison de l'acide carbonique par la peau, après l'extirpation des poumons, n'est pas le résultat d'une fonction normale, mais d'une activité supplémentaire. C'est pourquoi F. Klug construisit un appareil dans lequel la tête et le corps de la grenouille se trouvaient dans deux récipients séparés. Ces expériences démontrèrent aussi que la proportion d'acide carbonique expirée par les poumons est très petite.

C'est à H. Aubert[3] que nous devons les recherches les plus exactes sur l'excrétion de l'acide carbonique par la peau chez l'homme. La personne en expérience est assise nue dans une caisse fermée hermétiquement, et dont le couvercle en caoutchouc est muni d'une ouverture laissant passage à la tête. Le bord de l'ouverture entoure exactement le cou, de façon qu'il n'existe aucune fuite d'air. On fait passer à travers la caisse un courant d'air que l'on a eu soin de débarrasser de tout son acide carbonique avant son entrée dans le récipient. A sa sortie de la caisse, l'air traverse un appareil à boules rempli d'une solution de baryte.

[1] SPALLANZANI, *Mémoires sur la respiration.* Traduct. SENEBIER. Genève, 1803, p. 72.
[2] F. FUBINI. *Moleschott's Unt. z. Naturlehre*, t. 12, p. 100, 1878. FERD. KLUG, *Du Bois'* *Arch.*, 1884, p. 183, avec un exposé critique de la littérature antérieure.
[3] H. AUBERT, *Pflüger's Arch.*, t. 6, p. 539, 1872.

Après avoir entretenu le courant d'air pendant deux heures, on calcule, d'après la quantité d'acide carbonique absorbé par la baryte, la quantité produite en vingt-quatre heures. Il résulte de sept expériences que l'homme exhale par la peau, en vingt-quatre heures, 2 gr. 3 — 6 gr. 3, en moyenne 3 gr. 9 d'acide carbonique. Cette quantité est insignifiante, comparée à celle qui est exhalée par les poumons, et comporte pour l'homme de 800-1200 grammes en vingt-quatre heures. Il n'est même pas absolument certain que cette petite quantité d'acide carbonique ait véritablement été exhalée par la peau. Il est possible qu'elle provienne de la décomposition des couches épidermiques superficielles et des sécrétions cutanées. Mais on ne doit accepter qu'avec encore plus de circonspection les données concernant l'absorption de petites quantités d'oxygène par la peau de l'homme.

On a prétendu jusqu'à ces derniers temps que la peau n'exhalait pas seulement de l'acide carbonique, mais encore certaines combinaisons organiques gazeuses de composition inconnue. On a cru pouvoir expliquer de cette manière les effets funestes du séjour d'un trop grand nombre de personnes dans des locaux trop petits. On se disait que « ces vapeurs ayant une tension très faible, l'air en est bientôt saturé, et ne peut plus en débarraser l'organisme s'il n'est souvent renouvelé. L'accumulation de ces vapeurs dans le corps, quelque petite que soit leur quantité, ne pourrait-elle pas agir sur diverses parties du système nerveux et même sur la nutrition tout entière, aussi bien qu'elles irritent notre organe olfactif, une fois répandues dans l'air, et, dans certaines conditions même, provoquent le vomissement ! »

Cette représentation des conséquences graves de la suppression des fonctions de la peau est aussi vieille que l'histoire de la médecine, et aujourd'hui encore le « perspirabile retentum » joue un rôle dans l'étiologie de certaines maladies. C'est ce qui amena par exemple Pettenkofer[1] à abandonner la méthode de Regnault et Reiset dans ses recherches sur la respiration, et à construire un nouvel appareil dans lequel un courant d'air frais circule continuellement à travers le récipient où se tient la personne en expérience. Pettenkofer a observé que, lorsque dans un local où plusieurs personnes sont réunies, la proportion d'acide

---

[1] Pettenkofer, *Liebig's Ann. d. Chem. u. Pharm.*, II. vol. suppl , p. 5, 1862.

carbonique s'élève à 0,1 o/o, l'atmosphère commence à avoir une mauvaise odeur, et que lorsque cette proportion s'élève à 1 o/o, l'air devient presque insupportable. Par contre, on peut se tenir longtemps, et sans ressentir le moindre malaise, dans une atmosphère contenant 1 o/o d'acide carbonique obtenu par l'action de l'acide sulfurique sur du bicarbonate de soude. L'acide carbonique n'est donc pas le composant nuisible de ce qu'on appelle le « mauvais air », mais, selon l'opinion de Pettenkofer, il est pour nous un indice de l'accumulation des produits nuisibles dans l'atmosphère.

Toutes les tentatives faites jusqu'à présent pour démontrer l'existence de ces produits ont échoué. Les recherches les plus récentes ont été entreprises par Hermans[1] dans le laboratoire d'hygiène d'Amsterdam. Il enferma le sujet en expérience dans une caisse de tôle fermée hermétiquement. Les premiers symptômes de malaise devinrent sensibles au moment où la proportion d'acide carbonique s'élevait à 3 o/o, mais ce n'est qu'à 5,3 o/o de CO_2 qu'il se produisit de la dyspnée. Si l'on absorbait l'acide carbonique au fur et à mesure de sa production, le séjour dans la caisse n'occasionnait aucun malaise, même à un moment où l'oxygène de l'air était descendu à 10 o/o. Afin de découvrir les produits organiques de la perspiration, on fit passer l'air de la caisse à travers des appareils d'absorption. Cette opération n'eut pas la moindre influence sur le titre d'une solution d'acide sulfurique, pas plus que sur celui d'une solution bouillante de permanganate de potassium (acide ou basique) à travers laquelle on avait fait passer lentement la plus grande partie de l'air de la caisse. En faisant traverser à cet air une couche d'oxyde de cuivre chauffé au blanc, on ne put constater aucune augmentation dans la proportion d'acide carbonique ou de vapeur d'eau. Enfin l'eau de condensation recueillie soit sur les parois de la caisse, soit dans l'air exhalé, resta absolument indifférente en présence d'une solution bouillante de permanganate de potassium. Il est inutile d'ajouter, qu'avant de commencer l'expérience, le sujet avait été soumis à un nettoyage minutieux. Hermans conclut donc de ses recherches, que la mauvaise odeur répandue par la perspiration d'individus sains n'est pas due à des produits de perspiration normaux, mais est le résultat des procédés de

---

[1] J. Th. H. Hermans, *Arch. f. Hygiene*, t 1, p. 1, 1883.

décomposition engendrés par la malpropreté du corps et des vêtements.

Les médecins qui croient encore aux effets funestes du « perspirabile retentum » s'appuient pour cela sur les suites mortelles des brûlures étendues de la peau, et sur les conséquences graves du vernissage de la surface du corps chez les animaux. Seulement l'interprétation qu'ils donnent de ces deux états pathologiques est inexacte. On peut expliquer par l'augmentation de la déperdition de chaleur [1] la maladie et la mort des animaux dont on a recouvert la peau d'une couche de vernis. Le vernissage parait paralyser les vaso-moteurs ; les vaisseaux cutanés se dilatent, la surface du corps est surchauffée, et de là l'augmentation de la perte de calorique, par suite de laquelle la température générale baisse et les animaux meurent par refroidissement. On peut démontrer par un vernissage partiel que les parties recouvertes de vernis sont plus chaudes que le reste de la peau. Un animal vernissé abandonne plus de chaleur dans le calorimètre qu'un animal normal. Si on enveloppe les animaux enduits de vernis dans du coton ou qu'on les place dans un milieu chauffé, de manière à éviter une perte de chaleur, ils ne tombent pas malades et restent en vie. Enfin les animaux ayant une peau délicate et présentant une grande surface extérieure relativement au poids du corps tombent seuls malades, tandis que des animaux plus grands, tels que les chiens, ayant une peau plus résistante, supportent parfaitement un vernissage complet. Senator [2] à Berlin a même tenté l'expérience hardie du vernissage de l'homme. Il enveloppa de sparadrap les extrémités de deux rhumatisants, et leur couvrit le reste du corps, à l'exception de la tête, du cou, du siège et des parties génitales, d'une couche de collodion auquel on avait ajouté un peu d'huile de ricin pour le rendre plus souple. L'un des sujets resta vingt-quatre heures, le second huit jours complets dans cet état. Il fit un troisième essai sur un malade atteint de pemphigus chronique. Il lui couvrit tout le corps, même le visage, d'une couche de goudron ordinaire, et laissa cet enduit imperméable pendant dix jours sur la peau. On ne put observer chez aucun de ces trois sujets le moindre trouble fonctionnel provoqué par le vernissage.

En ce qui concerne l'effet mortel des grandes brûlures, rien ne nous oblige à avoir recours au « perspirabile retentum ». Nous savons en effet

[1] W. LASCHKEWITSCH, *Arch. f. Anat. u. Physiol.*, 1868, p. 61.
[2] H. SENATOR, *Virchow's Arch.*, t. 70, p. 182, 1877.

qu'une élévation de température peu considérable suffit pour altérer considérablement les globules sanguins [1]. Ceci a conduit à la supposition que les globules qui avaient traversé les capillaires de la peau, pendant la production de la brúlure, étaient détruits par l'élévation de température, et que leurs produits de décomposition jouaient un rôle dans la production des symptômes consécutifs. On a trouvé en effet de l'hémoglobine dans le plasma après des brûlures, et on en a vu les produits de transformation passer dans l'urine [2]. D'après les recherches de Hoppe-Seyler [3] et de Tappeiner [4], la quantité d'hémoglobine contenue dans le plasma après des brûlures est très petite; elle a même manqué dans un cas suivi de mort. Par contre Tappeiner a fait l'observation que le sang des malades atteints de brûlures étendues de la peau est plus riche en globules et plus pauvre en plasma que le sang normal. Cet épaississement du sang s'explique par l'écoulement de la lymphe aux endroits brûlés, et est peut-être la cause première de tous les symptômes et de la mort.

Nous voyons donc qu'il n'existe aucune raison pour admettre la production de produits gazeux quelconques par la peau de l'homme. Nos connaissances sur le chimisme des fonctions cutanées sont encore bien incomplètes. Nous ne savons encore rien de certain sur la composition de la sueur [5], et nous n'avons pour le moment aucune raison d'attribuer à la transpiration un autre rôle que le rôle purement physique de régulateur de la chaleur. L'évaporation de l'eau à la surface du corps est le rafraîchissant le plus efficace. La sécrétion de la sueur manque à beaucoup de mammifères, par exemple aux chiens; elle est remplacée chez ces animaux par une évaporation renforcée à la surface pulmonaire.

Avant de terminer le chapitre de la respiration et des gaz du sang, il nous reste un mot à dire des *gaz* que l'on rencontre dans le *canal intestinal*, de leur formation et de leur rapports avec les différents états

---

[1] MAX SCHULTZE, *Arch. f. mikr. Anat.*, t. 1, p. 26, 1865.

[2] WERTHEIM, *Wiener med. Presse*, 1868, n° 13. PONFICK, *Berl. klin. Wochenschr*, 1877, n° 46. *Centralbl. f. d. med. Wissensch.*, 1880, n° 11 et 16. v. LESSER, *Virchow's Arch.*, t. 79, p. 248, 1880

[3] HOPPE-SEYLER, *Zeitschr. f. physiol. Chem.*, t. 5, p. 1 et 344, 1881.

[4] TAPPEINER, *Centralbl. f. d. med. Wissensch.*, t. 19, p. 385 et 401, 1881.

O. FUNKE, *Moleschott's Unters. z. Naturlehre, etc.*, t. 4, p. 36, 1858. W. LEUBE, *Ueber den Antagonismus zwischen Hasn und Schweis secretion. Deutsch. Arch. f. Klin. Med.*, t. 7, p. 1, 1870 avec un exposé de la littérature.

physiologiques et pathologiques. Quatre sources différentes concourent à la production des gaz intestinaux : 1° nous avalons constamment de de l'air atmosphérique avec la salive et les aliments ; celui-ci ressort en partie par l'œsophage, mais pénètre aussi en partie dans l'intestin ; 2° certains procédés de fermentation dans l'estomac et dans l'intestin dégagent des gaz ; 3° des gaz diffusent de la paroi intestinale dans l'intestin ; 4° de l'acide carbonique est mis en liberté par la neutralisation du carbonate de soude du suc entérique.

On a découvert jusqu'à présent les gaz suivants dans l'intestin de l'homme et des mammifères[1] : O, Az, CO_2H, CH_4, et SH_2. L'*oxygène* de l'intestin provient exclusivement de l'air avalé et disparait déjà presque complètement dans l'estomac, en partie par diffusion dans les tissus de la paroi ventriculaire, en partie par combinaison avec les substances réductrices résultant des fermentations de l'estomac, et spécialement avec l'hydrogène naissant de la fermentation butyrique. On est parvenu quelquefois à trouver des traces d'oxygène dans les parties supérieures de l'intestin, mais jamais dans les parties inférieures. Planer injecta de l'air atmosphérique dans une anse de l'intestin grêle préalablement liée, et trouva qu'au bout d'une demi-heure la moitié de l'oxygène avait disparu et était remplacé par de l'acide carbonique. La diffusion de l'oxygène atmosphérique avalé à travers les parois du tube intestinal joue un rôle important dans la respiration de certains poissons[2].

L'*azote* de l'intestin provient également de l'air atmosphérique. Il ne diffuse pas à travers la paroi intestinale, car, ainsi que nous l'avons vu, la pression partielle de l'azote est dans celle-ci à peu près égale à sa tension dans l'air atmosphérique. Nous devons au contraire admettre qu'une partie de l'azote de la paroi intestinale passe dans l'intestin, et cela d'autant plus que par la fermentation d'autres gaz se dégagent et abaissent la pression partielle de l'azote dans le mélange. En effet les gaz intestinaux contiennent toujours beaucoup d'azote.

---

[1] PLANER, *Sitzungsber. der k. Akad. zu Wien.*, t. 42, p. 307, 1860. E. RUGE, *id.*, t. 44, p. 739, 1862. C.-B. HOFMANN, *Wiener med. Wochenschr.*, 1872. TAPPEINER, *Zeitschr. f. physiol. Chem.*, t. 6, p, 432, 1882 *Zeitschr. f Biolog*, t. 19, p. 228, 1883, et t 20, p. 52, 1884. *Arbeit a s dem pathol. Institut zu München, herausgegeben* von O. BOLLIGER, Stuttgart, 1886, p. 215 et 226.

[2] ERMAN, *Ann. der Physik*, t. 30, p. 113, 1808. LEYDIG. *Arch. f. Anat. u. Pysiol.*, 1853, p. 3. BAUMERT, *Chemische Untersuchungen über die Respiration d Schlammpeitzgers*. Breslau, 1855.

L'*hydrogène* se dégage principalement dans des procédés de fermentation, surtout dans la fermentation butyrique, mélangé à de l'acide carbonique. On trouve constamment cette fermentation butyrique dans le le contenu de l'intestin grêle et du gros intestin [1]. Le *gaz des marais* se dégage, ainsi que nous l'avons vu, à côté de l'acide carbonique, dans le dédoublement de la cellulose. Mais ces deux fermentations ne sont pas les seules qui donnent naissance à de l'acide carbonique, de l'hydrogène et du gaz des marais dans l'intestin. Ruge a trouvé du gaz des marais dans l'intestin de l'homme après une alimentation exclusivement animale, et Tappeiner a démontré la présence d'une grande quantité d'hydrogène et de gaz des marais dans les gaz du gros intestin de porcs qu'on avait nourris exclusivement de viande pendant trois semaines. Ces gaz ne sont donc pas seulement produits par la décomposition des hydrates de carbone, mais aussi par celle des albuminoïdes Kunkel [2] a observé que, si l'on ne tue pas préalablement les organismes de la fermentation, les gaz développés dans la digestion pancréatique artificielle contiennent jusqu'à 60 o/o d'hydrogène et 1,6 o/o de gaz des marais, et Tappeiner [3] a trouvé que si l'on infecte avec du contenu intestinal des solutions salines stérilisées contenant de la peptone et de la fibrine, il se produit un dégagement de gaz contenant jusqu'à 40 o/o de H et 19 o/o de CH_4. Dans l'une des expériences de Tappeiner, le gaz ainsi mis en liberté contenait, à côté de 0,14 de H et 0,21 de CH_4, 99,65 o/o d'acide carbonique. Certains procédés de fermentation paraissent donc exister dans l'intestin, dans lesquels de l'acide carbonique est dédoublé des albuminoïdes sans être mélangé à aucun autre gaz. L'*acide carbonique* est en outre produit en grande quantité dans la neutralisation du chyme acide par le carbonate de soude. Si l'on peut reporter sur l'homme la quantité d'acide chlorhydrique sécrétée en vingt-quatre heures par le chien et rapportée à 1 kilogramme du poids de l'animal, comme l'a fait Carl Schmidt, on trouvera que par la seule neutralisation de l'acide chlorhydrique, environ 6 litres d'acide carbonique sont mis journellement en liberté dans l'intestin. L'on doit encore ajouter à cela l'acide carbonique produit par dédoublement des acides lactique et butyrique, qui

---

[1] RUBNER, *Zeitschr. f. Biolog.*, t. 19, p 84, 1883.
[2] KUNKEL, *Verhandl d. phrsikal med. Ges. in Würzburg.* N. F., t. 8, p. 134, 1874.
[3] TAPPEINER, *Arb. a. d. patholog Inst. zu München*, t. 1, p. 218, 1886.

se forment constamment dans l'intestin. Et cependant nous ne sommes pas incommodés par ces masses de gaz. Cela provient de ce que le coefficient d'absorption de l'acide carbonique est très élevé, et que la tension partielle de ce gaz dans les tissus de la paroi intestinale ne dépasse jamais environ 10 o/o d'une atmosphère. Dès que les gaz intestinaux contiennent plus de 10 o/o d'acide carbonique, celui-ci commence à diffuser dans le sang. La proportion de CO_2 dans l'intestin s'élève en général de 20 à 50 o/o. Il existe donc un courant d'acide carbonique continu de l'intestin dans le sang. Celui-ci transporte le gaz aux poumons, où il est exhalé.

L'hydrogène, par contre, est un gaz extrêmement incommode ; son coefficient d'absorption est très faible. C'est pourquoi les individus souffrant de troubles chroniques de la digestion et disposés aux flatuosités, doivent éviter soigneusement tous les aliments pouvant favoriser la fermentation butyrique. Sous ce rapport, ainsi que l'ont observé Ruge et Tappeiner, le lait paraît être particulièrement nuisible. On fera bien aussi d'être prudent dans l'absorption des amylacés d'une digestion difficile, car de cette manière les hydrates de carbone parviennent en grandes quantités jusque dans les parties inférieures de l'intestin grêle, où la réaction alcaline favorise la fermentation butyrique. Les fruits cuits sont dans ces cas-ci la forme la plus rationnelle sous laquelle on peut absorber les hydrates de carbone, car ceux-ci contiennent une forte proportion d'acides, qui ont pour effet d'atténuer la fermentation butyrique. Un grand nombre de malades ne peuvent supporter les céréales, les légumineuses et les pommes de terre, tandis que les fruits cuits et le riz passent facilement. Ce dernier aliment, d'une digestion si facile, est probablement déjà resorbé complètement dans les parties supérieures de l'intestin.

Le tableau ci-dessous renferme les coefficients d'absorption des gaz intestinaux à 15 degrés centigrades. Nous ne possédons malheureusement pas de déterminations à la température du corps.

Az.	0,01478	CH_4.	0,03909
H.	0,01930	CO_2.	1,0020
O.	0.02989	SH_2.	3,2326

La quantité d'*hydrogène sulfuré* contenue dans les gaz intestinaux est si petite qu'on ne peut la doser. Il est cependant possible que la quantité développée soit plus forte que ne pourrait le faire supposer la faible proportion renfermée dans le contenu gazeux de l'intestin. Nous ne devons pas oublier que le coefficient d'absorption de l'hydrogène sulfuré est très élevé ; il est égal à plus de cent fois celui de l'oxygène, qui diffuse déjà si facilement. A mesure qu'il se forme de l'hydrogène sulfuré, celui-ci doit passer dans le sang. Planer, ayant injecté à des chiens de l'hydrogène sulfuré étendu avec de l'hydrogène dans le rectum, observa les premiers symptômes d'intoxication déjà une ou deux minutes après. Il serait possible que dans certains états pathologiques il se produisit une notable quantité de SH_2 dans l'intestin. Kunkel a trouvé dans les gaz de la digestion pancréatique artificielle non stérilisée jusqu'à 1,9 o/o d'hydrogène sulfuré. Une intoxication par ce gaz joue peut-être un rôle dans l'apparition des symptômes accompagnant si souvent les catarrhes d'estomac et d'intestins et la constipation chronique : maux de tête, vertiges, nausées, etc. Senator[1] a observé le cas suivant, qu'il considère comme un empoisonnement évident par l'hydrogène sulfuré. L'urine d'un malade atteint d'entérite aiguë contenait de l'hydrogène sulfuré ; si l'on y plongeait une carte de visite contenant du plomb, elle se colorait en brun. Les renvois du malade répandaient également une odeur d'hydrogène sulfuré. Celui-ci eut plusieurs attaques de vertige, pendant lesquelles il ressentait de l'oppression dans le creux épigastrique et un obscurcissement du champ visuel. On prétend avoir observé les mêmes symptômes chez des vidangeurs respirant pendant longtemps une atmosphère chargée d'hydrogène sulfuré.

Nous ne savons que peu de choses sur le sort de l'hydrogène et du gaz des marais résorbés. Ils doivent être oxydés ou reparaître dans l'air expiré. Une série de recherches entreprises dans le laboratoire de Zuntz[2] sur des lapins auxquels on avait fait la trachéotomie, a démontré que l'air expiré par ces animaux contient toujours de l'hydrogène et presque régulièrement du gaz des marais, et cela même en proportion plus considérable que celle contenue dans les gaz évacués dans le même temps par

---

1 SENATOR, *Berliner klin. Wochenschr.* 5e année, p. 254, 1868.

2 TACKE, *Ueber die Bedeutung der brennbaren Gase im thierischen Organismus. J.-D.*, Berlin, 1884, et *Ber. d. deutsch. chem. Ges* , t. 17, p. 1827, 1884.

l'anus. Nous ne savons pas encore si tout l'hydrogène et tout le gaz des marais résorbés par la paroi intestinale reparaissent dans l'air expiré, ou si une partie est oxydée dans notre corps. La résolution de cette question présente un grand intérêt pour la théorie de la respiration intérieure.

La composition quantitative des gaz intestinaux varie naturellement beaucoup suivant la nourriture et l'état du tube digestif, en particulier suivant sa force de résistance au développement des organismes de la fermentation. Ruge a trouvé, par exemple, dans le rectum du même individu :

	Après une diète lactée	Après 4 jours d'une alimentation composée exclusivement de légumineuses	Après 3 jours d'une alimentation composée exclusivement de viande.
O.	—	—	—
Az..	36,71	18,96	64,41
H.	54,23	4,03	0,69
CH_4	—	55,94	26,45
CO_2.	9,06	21,05	8,45
SH_2.	—	traces	—

Tappeiner [1] recueillit les gaz d'un guillotiné une demi-heure après l'exécution et en fit l'analyse ; il leur trouva la composition suivante :

	ESTOMAC	INTESTIN GRÊLE	GROS INTESTIN	RECTUM
O.	9,19	67,71	—	—
Az.	74,26		7,46	62,76
H	0,08	3,89	0,46	—
CH_4	0,16	—	0,06	0,90
CO_2.	16,31	28,40	91,92	36,40

[1] Tappeiner, *Arb. a. d. pathol. Instit. zu München*, t. I, p. 226, 1886.

SEIZIÈME LEÇON

LES PRODUITS AZOTÉS DE LA DÉSASSIMILATION

L'étude des phénomènes de la respiration nous a appris que la masse
principale du carbone est éliminée par les poumons sous forme d'acide
carbonique. Le reste du carbone suit une voie différente : il abandonne
l'organisme par les reins, uni à la plus grande partie de l'azote, en
formant avec celui-ci toute une série de combinaisons. Les plus importants de ces produits de désassimilation sont, chez l'homme : l'*urée*,
l'*acide urique*, l'*acide hippurique*, la *créatine* et la *créatinine*. En outre
une partie de l'azote se retrouve dans l'urine à l'état de combinaison
inorganique, comme sel d'ammonium.

Nous allons étudier maintenant, autant que nos connaissances actuelles
nous le permettent, le mode de formation de ces produits dans l'organisme. Nous commencerons par l'ACIDE HIPPURIQUE, car c'est jusqu'à présent la combinaison dont nous connaissons le mieux la genèse.

La constitution de l'acide hippurique est connue, elle ressort clairement du mode de préparation suivant :

$$C_6H_5 - CO - Az \begin{cases} H \\ \\ H \end{cases} + CH_2Cl - COOH =$$

benzamide   acide monochloracétique

$$C_6H_5 - CO - Az \begin{cases} H \\ \\ CH_2 - COOH \end{cases} + ClH$$

acide hippurique

Par la cuisson avec de forts acides minéraux ou avec des alcalis, et sous l'action de ferments, l'acide hippurique se dédouble en *acide benzoïque* et en *acide acétamique (glycocolle)*, avec absorption d'eau :

$$C_6H_5 - CO - Az \diagdown \diagup{H} \atop CH_2\,COOH \quad + H_2O =$$

acide hippurique

$$C_6H_5 - COOH + H - Az \diagup{H} \diagdown CH_2 - COOH.$$

acide benzoïque

glycocolle

On peut reconstituer l'acide hippurique par l'union de ses produits de dédoublement avec mise en liberté d'une molécule d'eau, si on les fait agir l'un sur l'autre à haute température et sous pression. Pour cela on introduit de l'acide benzoïque et du glycocolle séchés dans un tube de verre que l'on scelle et que l'on soumet pendant douze heures à une température de plus de 160 degrés centigrades [1].

L'acide hippurique se forme aussi dans l'organisme par l'union de l'acide benzoïque et du glycocolle : si l'on donne de l'acide benzoïque à un animal, il reparaît dans l'urine sous forme d'acide hippurique. Le glycocolle servant à sa formation provient évidemment de la destruction des albuminoïdes dans les tissus. Jusqu'à présent on n'a jamais trouvé de glycocolle libre dans l'organisme, pas plus qu'on ne peut l'obtenir par la décomposition artificielle de l'albumine. Mais nous savons que la décomposition des dérivés directs des albuminoïdes, des matières gélatineuses, par les ferments comme par les bases et les acides, produit du glycocolle. On trouve le glycocolle dans la bile, ainsi que nous l'avons vu, conjugué à un acide, sous forme d'acide glycocholique.

On trouve toujours une quantité notable d'acide hippurique dans l'urine des herbivores, sans avoir besoin d'ajouter de l'acide benzoïque à la nourriture. Il est certainement produit par les nombreuses combi-

---

[1] V. Dessaignes, *Journ. d. pharm.* (3) XXXII, p 44, 1857.

naisons aromatiques contenues dans les tissus végétaux, et qui, par l'oxydation en carboxyle de la chaîne latérale adhérente au radical de la benzine, se transforment dans le corps de l'animal en acide benzoïque (voir plus haut, p. 250). Mais on trouve aussi de petites quantités d'acide hippurique dans l'urine de chiens à jeun ou ayant reçu une nourriture exclusivement animale [1]. Dans ce cas, l'acide benzoïque dérive des radicaux aromatiques contenus dans la molécule d'albumine [2]. La quantité d'acide hippurique secrétée avec l'urine de l'homme est ordinairement de moins de 1 gramme en vingt-quatre heures, mais elle augmente jusqu'à atteindre plusieurs grammes après l'absorption de végétaux, spécialement de baies et de fruits.

Wöhler [3] avait déjà reconnu en 1824 que l'acide benzoïque introduit dans l'estomac reparaît dans l'urine sous forme d'acide hippurique. Cette découverte, confirmée plus tard par de nombreux essais, fit grand bruit, car c'était la première synthèse dont la production dans l'organisme était constatée avec certitude. Depuis lors on a découvert encore de nombreuses synthèses dans l'organisme : je ne rappellerai ici que la formation des acides sulfo et glycuro conjugués et celle du glycogène. La production des albuminoïdes par les peptones rentre probablement aussi dans cette catégorie, et bientôt nous apprendrons à connaître encore d'autres synthèses.

Ces procédés synthétiques dans l'organisme animal ont, dans les derniers vingt ans, excité à un haut degré l'intérêt des physiologistes et des chimistes, et cela pour deux raisons. Ces faits sont premièrement en opposition directe avec la théorie de Liebig, qui admettait un contraste absolu entre la nutrition des plantes et celle des animaux, et secondement les synthèses animales restent pour le chimiste une énigme complète, quoique les rapides progrès de nos connaissances des synthèses organiques représentent le plus grand triomphe de la chimie moderne. Nous sommes actuellement en état de construire atome par atome, en partant des éléments, toute une série de combinaisons organiques com-

---

[1] E. Salkowski, *Ber. d. deutsch. chem. Ges* , t. 11, p. 500, 1878.

[2] E. et H. Salkowski, *id.*, t. 12, p. 107, 648, 653, 1879. *Zeitschr f. physiol. Chem.*, t. 7 p. 161, 1882. E. Salkowski, *Zeitschr. f. physiol. Chem* , t 9, p 229, 1885 Tappeiner, *Zeitschr. f. Biolog.*, t. 22, p. 236, 1886, et K. Baas, *Zeitschr f. physiol. Chem* , t. 11, p 485, 1887.

[3] Berzelius, *Lehrbuch d. Chemie*. Traduc. Wöhler, t. 4, p. 376. Rem. Dresde, 1831.

plexes, produites par la vie animale et végétale, et l'on ne peut douter que la préparation de toutes les autres combinaisons, même des plus complexes, ne soit qu'une question de temps. Mais toutes ces connaissances ne nous servent à rien dès qu'il s'agit d'expliquer la puissance de synthèse de la cellule vivante. Car on n'obtient les synthèses artificielles qu'à l'aide de forces et d'agents qui ne peuvent jouer un rôle dans le processus vital: haute pression, température élevée, courants galvaniques puissants, acides minéraux concentrés, chlore libre, etc., facteurs qui tous détruisent instantanément la vie de la cellule. Ainsi on est arrivé à la synthèse artificielle de l'acide benzoïque et du glycocolle en chauffant ces deux substances séchées à 160 degrés et sous pression. Pour la production de cette synthèse, il a donc fallu une haute pression, une haute température et l'absence d'eau. Dans l'organisme animal, on trouve les conditions exactement opposées : présence de l'eau (partout, dans chaque cellule), pression et température ordinaires, car les animaux à sang froid produisent aussi de l'acide hippurique. La connaissance des moyens absolument différents, à l'aide desquels l'organisme arrive aux mêmes résultats que nous dans nos laboratoires, où nous disposons d'auxiliaires puissants, serait d'un haut intérêt, non seulement pour la chimie à qui elle procurerait ainsi de nouvelles méthodes de travail, mais aussi pour la physiologie, car de cette manière la lumière serait f ite sur toute une série de procédés de nutrition des plus complexes.

C'est dans ce but que Schmiedeberg et moi nous sommes donnés la tâche d'étudier sur l'acide hippurique [1] les conditions nécessaires à la production d'une synthèse dans l'organisme. Afin de pouvoir suivre 'acide benzoïque et l'acide hippurique dans leur migration à travers les tissus, il était avant tout nécessaire d'avoir une méthode exacte pour déterminer leur présence et les doser. Nous possédons actuellement une méthode [2], qui nous permet de séparer facilement ces acides des autres composants de l'organisme, et de les doser sans perte appréciable sous forme de cristaux d'une grande pureté.

Avant de pouvoir passer à l'étude des conditions nécessaires à la production de la synthèse, nous avons dû rechercher dans quels organes, dans quels tissus cette opération s'accomplit. On pouvait à première vue

---

[1] Bunge u. Schmiedeberg, *Arch. f. exper. Path. u. Pharm.*, t 6, p. 233, 1876.
[2] On trouvera la description de cette méthode *l. c*, p. 234 239.

être porté à songer au foie. Nous savons en effet qu'un autre acide conjugué avec le glycocolle, l'acide glycocholique, se forme dans cet organe, abstraction faite de plusieurs autres procédés synthétiques que l'on a localisés dans le foie. Si cette supposition était exacte, l'élimination du foie devait avoir pour effet de laisser intact l'acide benzoïque introduit dans le sang, de sorte qu'il fût éliminé tel quel par les reins. Cette expérience est impraticable sur les mammifères, car après la ligature des vaisseaux hépatiques, la grande masse du sang s'accumule dans le système de la veine porte, et la circulation est arrêtée pour ainsi dire complètement dans les autres organes. Les chiens meurent de trente à cinquante minutes après l'opération. C'est pourquoi nous avons choisi des grenouilles pour ces recherches. Les grenouilles supportent parfaitement l'extirpation du foie, à laquelle elles survivent trois ou quatre jours. Pendant ce temps elles se meuvent presque comme des grenouilles normales. Si l'on injecte à des grenouilles privées de leur foie de l'acide benzoïque dans le sac lymphatique dorsal, elles produisent toujours de l'acide hippurique, surtout si avec l'acide benzoïque on injecte encore du glycocolle. Il est impossible de découvrir même une trace d'acide hippurique dans l'organisme et dans les sécrétions de la grenouille à laquelle on n'a pas fait une injection préalable d'acide benzoïque. Ces expériences nous autorisent à conclure que ce n'est pas dans le foie, du moins pas exclusivement, que se forme l'acide hippurique.

Cette synthèse ne se produit-elle peut-être qu'à l'arrivée des composants dans les reins ? L'étude de cette question est possible sur des animaux à sang chaud. Les chiens supportent plusieurs heures la ligature des deux reins, sans que la circulation dans les autres organes soit sensiblement troublée. Après avoir lié les deux reins à des chiens, nous leur avons injecté de l'acide benzoïque et du glycocolle dans le sang, pour les sacrifier trois ou quatre heures après par la section des carotides, et rechercher l'acide hippurique aussi bien dans le sang que dans le foie et les muscles. Nous n'avons jamais réussi à en découvrir la moindre trace ; nous n'avons trouvé partout que de l'acide benzoïque. Ainsi les organes ne sont pas en état d'opérer l'union de l'acide benzoïque et du glycocolle sans le concours des reins ; c'est donc dans les reins que s'accomplirait la synthèse.

Mais cette conclusion pourrait ne pas satisfaire un critique sceptique.

On pourrait objecter que la ligature des reins est une opération d'une gravité telle, qu'elle peut jeter la perturbation dans l'organisme entier, perturbation que nous ne sommes pas en état d'apprécier. Il serait donc possible que ces troubles atteignissent aussi les tissus produisant l'acide hippurique. Il ne nous restait donc qu'un moyen de démontrer que cette
fonction est localisée dans les reins : c'était de prouver que le rein
extirpé, séparé des autres organes, peut encore sécréter de l'acide hippurique.

C'est pourquoi, après avoir saigné un chien, nous avons enlevé soigneusement les deux reins, afin d'établir dans l'un d'eux une circulation artificielle
avec le sang défibriné auquel nous avions ajouté du glycocolle et de
l'acide benzoïque, l'autre rein devant servir de témoin. Au bout de quelques
heures, pendant lesquelles on avait soigneusement entretenu la circulation artificielle, nous avons régulièrement trouvé de l'acide hippurique
dans le sang, dans le rein et dans le liquide qui avait coulé de l'uretère.
Dans le rein témoin, par contre, jamais nous n'avons trouvé trace d'acide
hippurique. Ainsi le *rein extirpé, mais encore vivant, avait produit de
l'acide hippurique* [1].

Si l'on n'ajoute que de l'acide benzoïque au sang défibriné, on n'obtient qu'une faible quantité d'acide hippurique, mais il suffit d'ajouter
du glycocolle pour qu'immédiatement sa production augmente considérablement. Les deux composants se sont en effet réunis pour former de l'acide
hippurique et de l'eau. La température est sans effet sur la production de
de la synthèse ; l'acide hippurique se forme aussi bien si l'on entretient
la circulation artificielle à la température du corps qu'à celle du laboratoire. Le rein extirpé conserve aussi très longtemps sa faculté de produire
la synthèse. Nous avons encore obtenu de l'acide hippurique d'un rein
conservé pendant quarante-huit heures sur la glace.

Le tissu rénal vivant est-il donc indispensable à la production de la
synthèse ? Les éléments histologiques jouent-ils un rôle dans ce procédé,
ou n'avons-nous affaire qu'à l'intervention de certains composants chimiques inconnus ? Dans ce cas, il serait peut-être possible d'isoler ces
substances et de produire la synthèse artificiellement. Pour résoudre cette
question, nous avons détruit le parenchyme rénal en le hachant et en le

---

[1] Ces résultats ont trouvé leur confirmation dans les expériences minutieuses de
W. KOCHS, entreprises dans le laboratoire de PFLÜGER. *Pflüger's Arch.*, t. 20, p. 64, 1879.

pilant jusqu'à ce qu'il fût réduit en une bouillie homogène. Nous y avons ajouté du sang avec du glycocolle et de l'acide benzoïque, et avons laissé reposer le mélange en l'agitant de temps en temps. Bien que nous ayions modifié l'expérience de différentes manières, que nous ayions travaillé à différentes températures, nous n'avons jamais observé la présence même d'une trace d'acide hippurique.

Kochs [1] a répété ces expériences sous la direction de Pflüger. S'il se contentait de hacher le rein, il trouvait une faible quantité d'acide hippurique, mais qui disparaissait dès qu'il réduisait le rein en bouillie ou qu'il le soumettait avant l'expérience à une température de — 20 degrés pour le dégeler ensuite à 40 degrés. D'après ces expériences, on peut conclure que cette *synthèse n'est due qu'aux cellules vivantes du rein et non à un corps chimique.*

Les globules du sang sont-ils aussi indispensables pour la réussite de cette synthèse ? Pour trancher la question, nous avons fait la circulation artificielle avec du sérum auquel nous avions ajouté du glycocolle et de l'acide benzoïque, mais sans résultat. Les *globules du sang jouent donc aussi un rôle dans la synthèse.* Quel peut bien être le rôle des globules dans ce procédé ? N'agissent-ils que comme transporteurs d'oxygène ? Ayant chassé l'oxygène du sang par de l'oxyde de carbone, Schmiedeberg et Arthur Hoffmann [2] purent constater que la production de l'acide hippurique était arrêtée. Les globules sanguins agissent donc aussi comme transporteurs d'oxygène, mais nous ne savons s'ils n'ont pas peut-être encore une autre fonction. On pourrait aussi objecter que l'oxyde de carbone n'a pas seulement pour effet de chasser l'oxygène, mais qu'il a exercé une action toxique sur les cellules rénales. L'expérience suivante de Schmiedeberg et Hoffmann prouve en effet que certains poisons peuvent priver les cellules de leur faculté de former des synthèses. Ils ajoutèrent de la quinine au sang contenant l'acide benzoïque et le glycocolle destiné à la circulation artificielle. Ils ne recueillirent qu'une quantité très faible d'acide hippurique. Nous savons par les travaux de Binz [3] que la quinine suspend les mouvements amiboïdes des cellules. La même intervention qui suspend les propriétés vitales visibles des cellules,

---

[1] WILHELM KOCHS, *l.* c., p. 70.
[2] ARTHUR HOFFMANN, *Ach f. exp. Path. u. Pharm.*, t 7, p. 239, 1877.
[3] C. BINZ, *Arch. f. mikr. Anat.*, t. 3, p. 383, 1867.

es prive du même coup de la faculté de former des synthèses. Donc toujours l'ancien problème : la vie de la cellule ! Voilà un mot auquel jamais un penseur ou un savant n'est parvenu à rattacher une notion !

Voilà quel fut jusqu'à présent le sort de toute recherche physiologique. Plus nous avons mis d'ardeur à poursuivre un problème vital, plus il a reculé devant nous dans les ténèbres de l'inconnu. Nous voici déjà arrivés à la petite cellule microscopique et le problème est toujours là. La cellule la plus simple présente encore toutes les fonctions essentielles de la vie : nutrition, accroissement, reproduction, mouvement, et même ces propriétés énigmatiques de former des synthèses.

J'ajouterai encore, au sujet du lieu de formation de l'acide hippurique, que sa production exclusive dans les reins n'a jusqu'à présent été démontrée que chez le chien. Nous avons observé avec Schmiedeberg que les grenouilles continuent à produire de l'acide hippurique après l'extirpation des reins. Salomon[1] a démontré plus tard que, pour quelques mammifères aussi, la production de l'acide hippurique n'est pas exclusivement limitée aux reins. Ayant donné de l'acide benzoïque à des lapins auxquels il avait extirpé les reins, il trouva de l'acide hippurique en quantité notable dans le sang, les muscles et le foie.

Ainsi que nous l'avons vu, la quantité d'azote excrétée par l'homme sous forme d'acide hippurique est insignifiante. C'est à l'état d'URÉE que l'on retrouve, chez l'homme et tous les mammifères, la plus grande partie de l'azote dans l'urine. Aussi on prend la quantité d'urée excrétée comme mesure de la désassimilation des albuminoïdes. La masse principale de l'azote est absorbée sous forme d'albuminoïdes. L'urée contient une proportion d'azote égale à environ la moitié de son poids.

Dans les 100 grammes d'albumine que consomme journellement un homme adulte, sont contenus environ 16 grammes d'azote, ce qui représente 34 grammes d'urée. Et en effet, on en trouve à peu près cette quantité dans l'urine de vingt-quatre heures.

Nous connaissons la constitution de l'urée. Sa préparation, en partant du chlorure de carbonyle ($COCl_2$) et de l'ammoniaque, ou du carbonate d'éthyle et de l'ammoniaque, nous indique que l'urée doit être considérée comme un amide de l'acide carbonique ($CO\,[AzH_2]_2$). Lorsqu'on la

---

[1] W. SALOMON, *Zeitschr. f. physiol. Chem.*, t. 3, p. 365.

chauffe avec des acides ou des alcalis ou que l'on fait agir des ferments, l'urée se transforme en carbonate d'ammoniaque avec absorption de deux molécules d'eau. L'urée est une combinaison neutre, cristallisable, facilement soluble dans l'eau.

Recherchons maintenant quelles sont les métamorphoses de l'albumine aboutissant à la production de l'urée et quels sont les produits intermédiaires de cette réaction. Récapitulons pour commencer ce que nous avons appris dans nos considérations précédentes sur les transformations de l'albumine dans l'organisme. Nous avons vu que les ferments digestifs la transforment en peptones, et que les peptones sont vraisemblablement des produits de dédoublement. Sous l'action des ferments digestifs ou autres, une partie de l'azote se dédouble à l'état d'acides amidés, de *leucine* (C_5H_{10} [AzH_2] $COOH$), de *tyrosine*, un acide amidé aromatique

$$\left(C_6H_4 \left| \begin{array}{l} OH \\ C_2H_3\,(AzH_2)\,COOH \end{array} \right. \right)$$

et d'acide aspartique [1] (C_2H_3 [AzH_2] [$COOH$]$_2$). Si l'on cuit les matières protéiques avec des acides ou des bases, on obtient les mêmes produits de dédoublement [2]. Nous avons vu en outre qu'une partie des matières albuminoïdes se transforme en matières gélatineuses dans l'organisme, et que celles-ci produisent dans les mêmes conditions que les albuminoïdes de la leucine et du *glycocolle* [3]. Ces faits faisaient déjà pressentir le rôle des acides amidés dans la formation de l'urée. Schultzen et Nencki [4] s'en assurèrent par l'expérience suivante. Ils donnèrent de la leucine et du glycocolle à des chiens, et ne retrouvèrent pas ces combinaisons dans l'urine, mais au lieu de cela une augmentation correspondante de l'urée. Salkowski [5] répéta ces expériences

[1] S. Radziejewski et E. Salkowski, *Ber. d. deutsch. chem. Ges.*, t. 7, p. 1050, 1874. W. von Knieriem, *Zeitschr. f. Biolog.*, t. 11, p. 198, 1875.

[2] Hlasiwetz u. Habermann, *Ann. d. chem u. Pharm.*, t. 169, p. 150, 1873. E. Schulze, J. Barbieri et E. Bossard, *Zeitschr. f. physiol. Chem.*, t. 9, p. 63, 1884. E. Schulze et E. Bossard, *id.*, t. 10, p. 134, 1885. M. P. Schutzenberger, *Bull. de la Soc. chim.*, t. 23, p. 161, 193, 216, 242, 385, 433; t. 24, p. 2 et 145, 1875; t. 25, p. 147, 1876. Schutzenberger et A Bourgeois, *Compt. rend*, t. 82, p. 262, 1876. R. Maly, *Sitzungsber. d. k. Arad. d. Wissensch. in Wien.*, t. 91, 1885, t. 97, 1888, et t. 98, 1889.

[3] Nencki, *Ueber die Zersetzung der Gelatine und des Eiweisses bei der Fäulnis mit Pankreas*. Berne, 1876. Jules Jeanneret, *Journ. f. prakt. Chem.*, t 15, p. 353, 1877.

[4] Schultzen u. Nencki, *Zeitschr. f. Biolog.*, t. 8, p. 124, 1872.

[5] E. Salkowski, *Zeitschr. f. physiol. Chem.*, t. 4, p. 100, 1879

avec toutes les précautions possibles, et ses résultats confirmèrent entièrement ceux de Nencki. Knieriem [1] démontra par des expériences analogues que l'acide aspartique se transforme aussi en urée.

Cependant ces résultats ne nous servent pas à grand chose pour l'explication de la formation de l'urée, dont une faible partie seulement peut provenir des acides amidés. Un coup d'œil sur les formules empiriques des matières albumoïdes doit suffire pour nous en convaincre :

Albumine du blanc d'œuf	$C_{204}\ H_{322}\ Az_{52}\ O_{66}\ S_2.$
» de l'hémoglobine de cheval. . .	$C_{680}\ H_{1098}\ Az_{210}\ O_{241}\ S_2.$
» » chien. . . .	$C_{726}\ H_{1171}\ Az_{194}\ O_{214}\ S_3.$
Globulines des graines de courge.	$C_{292}\ H_{481}\ Az_{90}\ O_{83}\ S_2.$

Nous voyons que l'albumine contient trop peu de carbone pour qu'il soit possible que tout l'azote soit dédoublé à l'état d'acide amidé. Dans les différentes matières protéiques, nous trouvons 1 atome d'azote pour 3 à 4 atomes de carbone, dans l'acide aspartique 1 pour 4, dans la leucine 1 pour 6, dans la tyrosine même 1 pour 9 atomes de carbone. Il est vrai que le glycocolle ne contient que 2 atomes de carbone pour 1 atome d'azote. Mais encore faudrait-il savoir si cette combinaison prend naissance en quantité notable dans l'organisme, car, ainsi que nous l'avons vu, on ne peut la produire artificiellement en partant directement de l'albumine, si ce n'est une fois que celle-ci a été transformée par le procédé vital en matière gélatineuse, ce qui n'est certainement le cas que pour une faible portion des albuminoïdes de l'alimentation. En outre nous savons que des combinaisons exemptes d'azote et riches en carbone se dédoublent des albuminoïdes dans l'organisme. Nous verrons bientôt que l'albumine peut servir à la formation de la graisse et du glycogène. C'est pourquoi nous sommes forcés d'admettre que l'azote se sépare de la molécule d'albumine sous forme d'une combinaison très pauvre en carbone.

Il serait possible qu'une partie de l'urée se dédoublât directement de l'albumine dans le corps, tout comme il serait possible aussi que l'albumine produisît d'abord de l'ammoniaque et de l'acide carbonique qui ne se réuniraient que plus tard en formant de l'urée et de l'eau. Ce procédé serait analogue à la formation de l'acide hippurique.

[1] W. v. KNIERIEM, *Zeitschr. f. Biolog*, t. 10, p. 279, 1874.

$$\begin{matrix} & OH \\ & \diagup \\ C & = O \\ & \diagdown \\ & OH \end{matrix} \quad + 2\,AzH_3 = \begin{matrix} & AzH_4 \\ & \diagup \\ C & = O \\ & \diagdown \\ & AzH_2 \end{matrix} \quad + 2\,H_2O.$$

Nous pouvons aussi nous représenter de cette manière la transformation des acides amidés en urée : ceux-ci seraient d'abord dédoublés et oxydés en acide carbonique et en ammoniaque, et ces produits se réuniraient ensuite pour former de l'urée. Il s'agit en tous cas ici aussi d'un procédé synthétique, car la leucine et le glycocolle ne contiennent qu'un atome d'azote, tandis que l'urée en a deux.

Nous devons à Buchheim et à son élève Lohrer [1] la première observation justifiant l'hypothèse d'une formation de l'urée en partant du carbonate d'ammoniaque. Celui-ci absorba 3 grammes d'ammoniaque sous forme de citrate, s'attendant à voir ce sel se comporter comme le citrate de potasse ou de soude, qui sont brûlés et transformés en carbonates, forme sous laquelle ils apparaissent dans l'urine qu'ils rendent alcaline. Mais ce qu'il attendait n'arriva pas : l'urine resta acide. Le carbonate d'ammoniaque devait donc avoir été transformé en une combinaison neutre, qui pouvait difficilement être autre chose que de l'urée.

Des recherches très exactes ont été faites par Knieriem [2] sur le chien et sur l'homme et par Salkowski [3] sur le chien et le lapin, pour savoir si l'ammoniaque est vraiment transformée en urée dans l'organisme. Les expériences faites sur les lapins donnèrent un résultat ne pouvant laisser aucune équivoque: la sécrétion ammoniacale augmenta à peine après l'absorption de sel ammoniac, mais bien la sécrétion de l'urée. Les expériences entreprises sur l'homme et sur les chiens ne donnèrent pas un résultat aussi évident : l'ammoniaque reparut en partie telle quelle dans l'urine, et il n'était pas possible de dire si l'augmentation de l'urée provenait de l'ammoniaque absorbée ou d'une destruction exagérée des éléments organiques, provoquée par le sel ammoniac. On peut expliquer de la manière suivante la différence observée entre le

---

[1] Julius Lohrer, *Ueber den Uebergang der Ammoniaksalze in den Harn.*], D. Dorpat, 1862, p. 36 et 37.
[2] W. v. Knieriem, *Zeitschr. f. Biolog.*, t. 10, p. 263, 1874.
[3] E. Salkowski, *Zeitschr. f. physiol. Chem* , t. 1, p. 1, 1877.

lapin d'un côté, l'homme et le chien de l'autre. L'acide chlorhydrique du
sel ammoniac, en raison de sa grande affinité pour l'ammoniaque, met obstacle à l'union de celle-ci avec l'acide carbonique. Cette difficulté n'existe
plus dans l'organisme des herbivores, car leur nourriture produit une
cendre alcaline ; il se forme donc aussi du carbonate de potasse par la combustion dans l'organisme, et celui-ci, mis en présence du sel ammoniac,
s'empare du chlore pour former du chlorure de potassium et du carbonate d'ammoniaque. Ce dernier se transforme en urée. Par contre l'alimentation de l'homme et des chiens qui servirent aux expériences de
Knieriem et Salkowski avait une cendre faiblement acide, ce qui mettait
obstacle à une transformation complète de l'ammoniaque en urée.
Feder[1], qui donna de l'ammoniaque à des chiens à jeun, la retrouva complètement dans l'urine. L'animal à jeun consomme ses propres tissus ;
une grande quantité d'acide sulfurique est mise en liberté, ce qui empêche
la réunion de l'ammoniaque avec l'acide carbonique. Fr. Walter[2] et
Coranda[3] ont montré que l'absorption d'acide chlorhydrique favorise
considérablement la sécrétion de l'ammoniaque chez l'homme et chez
le chien. L'acide chlorhydrique empêche la formation normale de l'urée.
Si l'on donne du carbonate de soude, on diminue la sécrétion normale
de l'ammoniaque[4].

C'est pourquoi l'on modifia, dans le laboratoire de Schmiedeberg[5], les
recherches sur la formation de l'urée, en ce qu'on cessa d'administrer
l'ammoniaque combinée à des acides minéraux puissants, pour l'administrer simplement sous forme de carbonate d'ammoniaque. L'animal avalait
sans difficulté le carbonate d'ammoniaque enveloppé dans des morceaux
de viande. De cette manière on put administrer à un chien, en deux
après-midi consécutives, 3 grammes de AzH_3 sous forme de carbonate.

La sécrétion ammoniacale dans l'urine resta sans changement, tandis
qu'on put constater une augmentation de la sécrétion d'urée, et l'urine

[1] Ludwig Feder, *Zeitschr. f. Biolog.*, t, 13, p 256, 1877.
[2] Fr Walter, *Arcb. f. exp. Path. u Pharm*, t. 7, p. 148, 1877.
[3] Coranda, *Arch f. exp Path. u. Pharm.*, t. 12, p. 76, 1880.
[4] Immanuel Munk, *Zeitschr. f. physiol. Chem*, t. 2, p. 29, 1878. E. Hallervorden,
Arch f. exp Path. u. Pharm, t. 10, p. 124, 1879.
[5] Hallervorden, *l. c.*; L. Feder et E. Voit ont confirmé les résultats de Hallervorden:
Zeitschr. f. Biol., t, 16, p. 177, 1880.

resta acide. *On ne peut donc douter de la transformation du carbonate d'ammoniaque en urée.*

Hoppe-Seyler [1] et Salkowski [2] ont préconisé un autre mode de formation de l'urée. Ils considèrent l'*acide cyanique* comme la combinaison dont dérive directement l'urée, tandis que Drechsel [3] admet qu'elle provient directement du *carbamate d'ammonium*. Cette dernière hypothèse n'est pas en c ontradiction avec celle qui la fait dériver du carbonate d'ammoniaque. Car le carbamate d'ammonium $\left(\begin{array}{c} AzH_2 \\ C = O \\ O(AzH_4) \end{array} \right)$

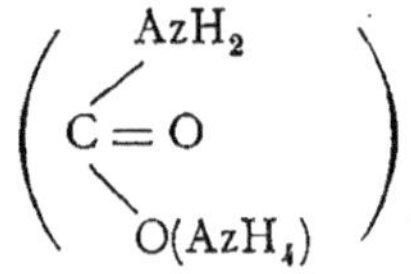

tient le milieu entre le carbonate d'ammoniaque $\left(\begin{array}{c} O(AzH_4) \\ C = O \\ O(AzH_4) \end{array} \right)$ et

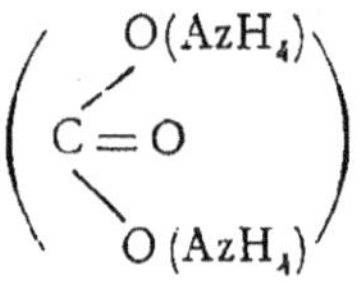

l'urée $\left(\begin{array}{c} AzH_2 \\ C = O \\ AzH_2 \end{array} \right)$. Le carbonate donne, en abandonnant une molécule d'eau, du carbamate d'ammonium, qui produit de l'urée par la sortie d'une seconde molécule d'eau. Cela me conduirait trop loin, si je voulais discuter en détail toutes ces théories; je me contenterai de renvoyer aux mémoires originaux dont l'étude est du plus haut intérêt.

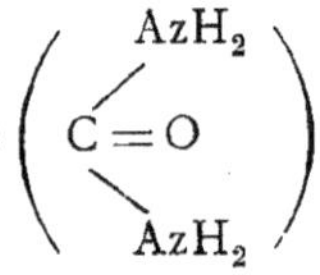

C'est à W. von Schröder [4] que nous devons les recherches les plus complètes et les plus dignes de confiance sur le lieu de formation de l'urée. Il extirpa les deux reins à un chien et lui prit immédiatement après une portion de sang de la carotide pour en faire l'analyse. Vingt-sept heures après l'opération, il sacrifia l'animal et analysa le sang [5]. Il

[1] Hoppe-Seyler, *Ber. d. deutsch. chem. Ges*, t. 7, p. 34, 1874, et *Physiol. Chemie*, p. 809, et 810.

[2] E. Salkowski, *Centralbl. f. die med. Wissensch.*, 1875, p. 913. *Zeitschr f. physiol. Chem.*, t. 1, p. 26-41, 1877. Schmiedeberg, *Arch. f. exp. Path. u. Pharm.*, t. 8, p. 4, 1878. Schröder, t. 15, p. 399 et 400. 1882.

[3] E. Drechsel, *Ber. d. sächs. Ges. d Wissensch.*, 1875, p, 171. *Journ. f. prakt. Chem.* N. F., t 12, p. 417, 1875; t. 16, p. 169 et 180, 1877; et t. 22, p. 476, 1880 Voir les objections de Hofmeister, *Pflüger's Arch.*, t. 12, p. 337, 1876.

[4] W. von Schröder, *Arch. f exp. Path. u. Pharm.*, t 15, p. 364, 1882; et t. 19, p. 373, 1885.

[5] Ce qui donne une si grande valeur aux recherches de v. Schröder, c'est la minutie

trouva dans la première portion 0,5 o/oo d'urée, et 2 o/oo dans la seconde. La proportion de l'urée dans le sang avait par conséquent augmenté du quadruple. Le rein ne peut donc pas être le seul organe qui produise de l'urée[1]. Il serait cependant possible que le rein contribuât à la formation de cette combinaison. Pour élucider la question, Schörder institua une circulation artificielle dans un rein extirpé, avec du sang auquel il avait ajouté du carbonate d'ammoniaque. Le résultat de cet essai fut négatif, et il trouva dans le sang, après l'expérience, la même quantité d'urée qu'avant. Or la formation de l'urée, en partant du carbonate d'ammoniaque, est un procédé complètement analogue à celle de l'acide hippurique en partant du glycocolle et de l'acide benzoïque, et comme cette dernière synthèse se produit encore dans le rein extirpé, il est probable que, dans des conditions normales, la *transformation du carbonate d'ammoniaque en urée ne se produit pas dans le rein.*

L'urée ne se forme donc pas dans les reins, qui se bornent à la sécréter avec l'urine. Où donc peut-elle bien prendre naissance ? Est-ce peut-être dans les muscles ? Ceux-ci forment 40 o/o du poids de notre corps, et il n'y aurait rien d'étonnant à ce que le produit azoté principal de la désassimilation se formât dans les muscles. A cet effet Schröder installa une circulation artificielle, avec du sang contenant du carbonate d'ammoniaque, à travers le train postérieur d'un chien qu'il venait de tuer. Il fit circuler 1,100 centimètres cubes de sang pendant quatre heures trois quarts, de sorte qu'à la fin de l'expérience 40 litres de sang avaient traversé les tissus. On put observer pendant quatre heures des mouvements spontanés des pattes de derrière provenant évidemment de l'excitation de la moelle épinière, et l'excitabilité était encore intacte à la fin de l'expérience. Si l'on enfonçait une électrode dans la moelle épinière et que l'on appliquât l'autre sur une patte, on provoquait des contractions tétaniques. En outre l'excitation d'une patte provoquait des contractions de l'autre. Mais la proportion d'urée contenue dans le sang était exactement la même au commencement de l'expérience

exemplaire avec laquelle il a contrôlé et exécuté les dosages d'urée. Dans les expériences décisives, il a fait cristalliser l'urée et analysé les cristaux pour s'assurer de leur pureté. On trouvera la description de la méthode, p 367-377.

[1] Les recherches antérieures. parmi lesquelles je citerai spécialement celles de PRÉVOST et DUMAS : *Ann de chim. et de phys* , t. 23, p. 90, 1823, sont en parfait accord avec les résultats de v. SCHRÖDER. On trouvera un exposé de la littérature antérieure dans VOIT, *Zeitschr. f. Biol.*, t. 4, p 116, 1868 et dans SCHRÖDER, *l. c* , p. 364-365.

qu'après quatre heures de circulation artificielle. Les muscles et les tissus du squelette ne jouent donc aucun rôle dans la transformation du carbonate d'ammoniaque en urée.

On ne peut évidemment attendre la production de l'urée que d'un organe relativement volumineux. Après les muscles, on s'adressa au foie. Nous avons différentes raisons d'admettre que cet organe, la plus volumineuse de toutes les glandes, est le siège de procédés de nutrition intenses. Schröder extirpa donc le foie d'un petit chien, dont il prit le sang pour l'ajouter à celui d'un grand chien, afin d'installer la circulation artificielle à travers l'organe. Le sang entrait dans le foie par la veine porte et en ressortait par la veine, cave au-dessous du diaphragme.; on avait lié l'artère hépatique. Après une circulation de cinq à six heures, on trouva que la proportion d'urée dans le sang avait augmenté du double ou du triple. Si l'on faisait circuler le sang tel quel sans y ajouter de carbonate d'ammoniaque, la proportion d'urée n'augmentait que peu, et seulement dans le cas où le sang et le foie provenaient d'animaux en digestion. Dans le cas contraire, on n'observait pas de production d'urée tant que l'on n'ajoutait pas de carbonate d'ammoniaque au sang. Salomon[1] a répété sur le chien et sur le mouton les expériences de Schröder, et obtenu l'entière confirmation des résultats de ce dernier. *Le foie est donc le siège de la synthèse du carbonate d'ammoniaque en urée.*

Mais ces résultats ne doivent cependant pas nous faire oublier que nous ne connaissons toujours rien de certain touchant les substances dont dérive effectivement l'urée dans l'organisme. Les substances qui ont servi à la formation de la petite quantité d'urée obtenue par la circulation artificielle avec du sang d'animaux en digestion, nous sont restées inconnues. Dans toutes les autres expériences, on avait ajouté 'artificiellement du carbonate d'ammoniaque. Mais d'où pouvons-nous conclure que cette substance contribue aussi normalement à la formation de l'urée? Schröder en cherche la preuve dans des faits tirés de la pathologie. Si en effet l'urée est formée dans le foie en partant du carbonate d'ammoniaque, sa quantité doit diminuer dans les maladies de cet organe, et une partie des produits dont elle dérive doit passer intacte dans l'urine. Nous devons nous attendre à voir ce fait se produire surtout dans les

---

[1] W. SALOMON, *Virchow's Arch.*, t. 97, p. 149, 1884.

cas de cirrhose hépatique, où les cellules hépatiques sont supplantées par le tissu conjonctif, de sorte qu'elles s'atrophient et disparaissent en partie. En effet, on a pu constater dans des cas de cirrhose interstitielle que la sécrétion absolue de l'ammoniaque était augmentée, en même temps que son rapport à la sécrétion de l'urée [1]. Un homme sain sécrète en vingt-quatre heures o gr. 4 à o gr. 9 d'ammoniaque; cette quantité augmente jusqu'à 2 gr. 5 dans la cirrhose hépatique. Il est ainsi rendu probable qu'à l'état normal aussi, une partie de l'urée dérive du carbonate d'ammoniaque, quoique nous ne soyons pas encore en état de dire dans quelle proportion. Nous devons encore concéder la possibilité d'une autre provenance pour la masse principale de l'urée.

Nous avons jusqu'ici complètement laissé de côté un produit de décomposition des matières protéiques riche en azote, la *créatine*. Nous aurions cependant dû songer en premier lieu à cette combinaison dans nos considérations sur les substances dont dérive l'urée. Car aucun produit azoté de désassimilation n'est contenu dans notre corps en aussi grande quantité. On ne trouve dans le corps que de très petites quantités d'urée, quoique l'urine de vingt-quatre heures en contienne de 30 à 40 grammes. On n'en trouve pas dans les muscles, et le sang en contient tout au plus 2 grammes. Par contre, on trouve dans les muscles seuls environ 90 grammes de créatine, tandis que l'urine de vingt-quatre heures n'en contient que o gr. 5 à 2 gr. 5 (comme telle ou à l'état de *créatinine*). Ce fait nous porte à supposer que la créatine passe dans l'urine transformée en urée. Beaucoup de physiologistes ont eu en effet la même idée, mais ils en furent détournés par l'observation suivante. On a trouvé que la créatine introduite dans l'organisme reparaît intacte dans l'urine, ou transformée en créatinine par la perte d'une molécule d'eau [2]. On en a conclu que la créatine ne pouvait jouer un rôle dans la formation de l'urée. Mais cette conclusion n'est pas exacte. Il ne résulte pas de ce que la créatine introduite dans le sang directement ou par la voie de l'estomac passe intacte, qu'il en soit de même de celle

[1] E. HALLERVORDEN, *Arch. f. exp. Path. u. Pharm.*, t. 12, p. 237, 1880. STADELMANN, *Deutsch. Arch. f. klin. Med.*, t. 33, p. 526, 1883.
[2] G. MEISSNER, *Zeitschr. f. prat. Med.*, t. 24, p. 100, 1865 ; t. 26, p. 225, 1866 ; t. 31, p. 283, 1868. C. VOIT, *Zeitschr. f. Biolog.*, t. 4, p. 111, 1808.

qui prend naissance dans les muscles. Il n'est pas en notre pouvoir de faire arriver les substances introduites artificiellement dans l'organisme à l'endroit où elles sont détruites normalement. La fibre musculaire n'absorbe que les aliments du sang, elle sécrète les produits de désassimilation dans une direction opposée. *A priori*, il est déjà peu probable que la créatine administrée artificiellement parvienne dans le muscle et y soit décomposée. Nous devons considérer, non seulement comme une possibilité, mais comme une probabilité, le fait que la créatine contenue en quantité si considérable dans le muscle, est dédoublée de nouveau et passe dans le sang transformée en urée. Il est vrai que l'on ne peut trouver d'urée dans le muscle. Liebig[1] dit, dans son mémoire célèbre sur la viande : « Je crois que j'aurais réussi à découvrir de l'urée dans le suc de la viande, même s'il n'en eût contenu qu'un millionnième. » Mais de là ne résulte pas que l'urée ne prenne pas naissance dans le muscle. Il est parfaitement possible que, formée dans le muscle, elle passe immédiatement dans le sang pour être transportée plus loin par le courant sanguin.

J'ai exposé plus haut les raisons qui nous forcent à admettre que la forme sous laquelle la masse principale de l'azote se dédouble de la molécule d'albumine est une combinaison très pauvre en carbone. La créatine répond parfaitement à cette exigence. Elle ne contient, sur trois atomes d'azote, que quatre atomes de carbone. Nous connaissons la constitution de la créatine depuis que Volhard et Strecker ont réussi à en faire la synthèse. Volhard[2] a obtenu de la créatine en chauffant pendant plusieurs heures, à 100 degrés centigrades et en vase clos, une solution alcaline de sarcosine (méthylglycocolle) et de cyanamide. Les cristaux de créatine se séparent par le refroidissement. La méthode de Strecker est encore plus simple : il suffit d'ajouter une quantité suffisante de cyanamide et quelques gouttes d'ammoniaque à une solution saturée de sarcosine et de laisser reposer à froid, pour qu'il se produise un riche dépôt de créatine[3]. On comprendra facilement la constitution de la créatine, si l'on se rappelle celle de la guanidine, qui se comporte

<hr>

[1] Liebig, *Ann. d. Chem. u. Pharm.*, t, 62, p. 368, 1847.

[2] J. Volhard, *Sitzungsber. d. Münchener Akad.*, 1868, t. 2, p. 472, ou *Zeitschr. f. Chemie*, 1869, p. 318.

[3] Adolf. Strecker, *Jahresber. üb. Fortschritte d. Chemie*, 1868, p. 686. Rem. Voir aussi J. Horbaczewski, *Wien. med. Jarhb.*, 1885, p. 459.

d'une façon analogue à la créatine dans son dédoublement et sa synthèse. La créatine est une guanidine substituée :

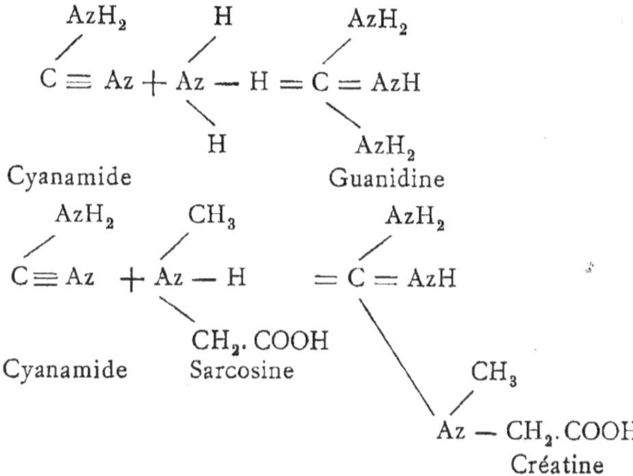

Le dédoublement correspond à la synthèse. La guanidine se dédouble par la cuisson avec l'eau de baryte en ammoniaque et en cyanamide. Mais la cyanamide s'unit avec une molécule d'eau pour former de l'urée. De même la créatine se décompose en urée et en sarcosine, qui n'est autre chose que de l'ammoniaque substituée. Ceci nous montre suffisamment les rapports étroits existant entre l'urée et la créatine, et la possibilité d'une transformation de cette dernière combinaison, même dans le muscle.

Par la perte d'une molécule d'eau, la créatine se transforme en créatinine. Cette réaction se produit facilement en solution acide, tout comme la régénération en créatine a lieu en solution alcaline. C'est pourquoi on trouve dans l'urine acide la petite quantité de créatine principalement à l'état de créatinine, tandis que l'urine alcaline ne contient que de la créatine [1].

Parmi les produits azotés importants de la désassimilation, il nous reste à considérer l'ACIDE URIQUE. La quantité d'acide urique sécrétée par l'homme en vingt-quatre heures varie considérablement. Elle dépend de la composition de la nourriture. Avec une alimentation exclusivement végé-

[1] Voit, *Zeitschr. f. Biolog.*, t. 4, p. 115, 1868.

tale, elle ne comporte que o gr. 2 à o gr. 7, pour s'élever avec une alimentation exclusivement animale à 2 grammes et au-dessus. Cette différence ne s'explique pas seulement par la différence dans la proportion des matières protéiques contenues dans les aliments, car le rapport de l'acide urique à l'urée et à la totalité de l'azote dans l'urine varie aussi beaucoup. J'ai trouvé par exemple, dans l'urine sécrétée en vingt-quatre heures par un jeune homme sain, après une alimentation composée exclusivement de pain, un rapport de l'urée à l'acide urique égal à $\dfrac{20,6}{0,25} = 82$, et dans l'urine du même individu, après une alimentation exclusivement carnée, $\dfrac{67,2}{1,4} = 48$. L'acide urique manque quelquefois complètement dans l'urine des mammifères carnivores (chat, chien), et l'on n'en trouve généralement que des traces dans l'urine des herbivores. Par contre, c'est sous cette forme qu'on retrouve la masse principale de l'azote sécrété par les oiseaux et les reptiles.

L'acide urique a la formule $C_3H_4Az_4O_3$. L'un des 4 atomes d'hydrogène peut être facilement substitué par un métal. Si l'on dissout de l'acide urique dans une solution de carbonate de soude, on obtient la combinaison $C_5H_3NaAz_4O_3$, qu'on désigne sous le nom d'urate acide de soude. Une dissolution d'acide urique dans un alcali libre substituera encore un second atome d'hydrogène, et l'on aura l'urate neutre. Nous ne savons pas si cette dernière combinaison existe dans l'organisme.

L'acide urique et tous ses sels acides sont peu solubles dans l'eau. Il est important, au point de vue physiologique et pathologique, d'en connaître exactement les coefficients de solubilité. On sait que, dans certains états pathologiques, il se sépare de l'acide urique et des urates des liquides du corps, et que ces sels se déposent dans les articulations et dans les tissus d'autres organes, ou qu'ils forment des concrétions dans les reins, dans le bassinet et la vessie. C'est de là que proviennent les symptômes si douloureux de la diathèse urique et de la goutte. Aussi il importe de connaître les conditions dans lesquelles il reste dissout. Il faut, à la température ordinaire, environ 14 litres d'eau pour dissoudre 1 gramme d'acide urique, à la température d'ébullition 2 litres, et à la température du corps de 7 à 8 litres [1]. L'urate acide de soude se dissout dans

---

[1] Comme je ne connais dans la littérature aucun chiffre indiquant le coefficient de solu-

1 100 parties d'eau froide et dans 124 d'eau bouillante. Les sels ammoniacaux et ceux des terres alcalines sont encore plus difficilement solubles.

Dans l'urine normale de vingt-quatre heures, dont le volume comporte généralement de 1,500 à 2,000 centimètres cubes, on trouve jusqu'à 2 grammes d'acide urique en solution. Il ne peut être dissout à l'état d'acide libre ; nous avons vu que 2 grammes exigeraient pour cela 15 litres d'eau à la température du corps, donc une quantité dix fois plus grande que celle qui suffit effectivement à la solution. C'est pourquoi l'on doit admettre que l'acide urique est dissout sous forme de sel alcalin. Si on laisse refroidir l'urine claire et acide à la température de la chambre, on voit d'ordinaire la plus grande partie de l'acide urique se déposer comme acide libre en beaux cristaux colorés en brun par la matière colorante de l'urine. Le poids des cristaux déposés de cette manière dans l'urine de vingt-quatre heures peut atteindre 1 gramme. Comment expliquerons-nous la chose ? Si on laisse refroidir à la température de la chambre 2 litres d'une solution d'acide urique saturée à la température du corps, il se dépose environ 1 décigramme d'acide urique. D'où provient tout d'un coup ce dépôt dix fois plus considérable ?

Voici l'explication de ce phénomène. Si l'on mélange à la température du corps une solution saturée d'urate acide de soude ayant une réaction neutre et une solution de phosphate acide de soude (PO_4NaH_2) à réaction acide, le mélange aura une réaction acide. Si on le laisse se refroidir à la température de la chambre, la réaction devient alcaline et il se sépare de l'acide urique en cristaux. L'effet de masse de l'acide urique est diminué par le refroidissement, car un plus petit nombre de molécules sont dissoutes dans l'unité de volume. L'effet de masse de l'acide phosphorique augmente en proportion, et il s'empare du sodium de l'acide urique pour former une combinaison PO_4Na_2H dont la réaction est alcaline. Si l'on chauffe de nouveau la solution, l'acide urique se redissout et la réaction redevient acide. C'est le procédé qui a lieu dans l'urine acide, toujours riche en phosphates alcalins. On peut démontrer que son acidité diminue par le refroidissement à mesure que les cristaux d'acide urique se déposent. Il suffit de chauffer l'urine pour

bilité de l'acide urique à la température du corps, j'ai fait deux déterminations, et trouvé dans la première, que 1 gramme d'acide urique a besoin pour sa dissolution complète, à une température variant entre 35° et 40° centigrades, de 7680 centimètres cubes d'eau. Dans la seconde détermination, j'ai trouvé le chiffre 7320.

que ces cristaux se redissolvent [1]. Les phosphates alcalins jouent donc dans la dissolution de l'acide urique absolument le même rôle que dans l'absorption de l'acide carbonique dans le sang et dans les tissus.

On peut se demander cependant si l'on peut expliquer de cette manière tous les cas dans lesquels il se produit un dépôt d'acide urique. On prétend que parfois l'acidité de l'urine est augmentée après la séparation de l'acide urique [2]. Il est possible que, sous l'action des ferments, des acides se séparent de combinaisons neutres, ou que des acides bibasiques prennent naissance par le dédoublement d'acides monobasiques. Ce procédé pourrait parfois se produire déjà dans les voies urinaires et provoquer la séparation de l'acide urique. Nous sommes loin d'avoir les connaissances voulues sur les causes favorisant la dissolution de cet acide.

Si l'urine n'est que faiblement acide ou alcaline, ainsi que c'est souvent le cas après une alimentation composée en majeure partie de végétaux, il ne peut se déposer d'acide urique libre par le refroidissement, mais bien de l'urate acide de soude si l'urine est concentrée. Celui-ci se dépose au fond du vase, à l'état de petits grains ronds très fins et colorés en brun rouge comme l'acide urique.

On a cru à différentes reprises pouvoir tirer des conclusions diagnostiques de la présence de sédiments uriques dans l'urine, ce qui a fait commettre souvent de graves erreurs; ainsi, de l'augmentation de volume d'un sédiment on a conclu à une augmentation de la sécrétion de l'acide urique. Nous avons vu que la formation des sédiments ne dépend pas seulement de l'augmentation absolue de l'acide urique, mais aussi de la concentration et de l'acidité de l'urine [3]. Mais elle paraît dépendre aussi d'autres facteurs, car on trouve souvent que des urines, tout en déposant de l'acide urique cristallisé, ne contiennent pas plus d'acide urique et ne sont pas plus concentrées ni plus acides que d'autres qui restent claires ou déposent des urates [4].

---

[1] Voir VOIT u. HOFMANN, *Ueber das Zustandekommen der Harnsäuresedimente. Sitzungs ber d. bay. Akad.*, 1867, t. 2, p. 279. J'ai pu, par de nombreuses expériences de contrôle, confirmer les résultats de VOIT et HOFMANN.

[2] BARTELS, *Deutsch. Arch. f. klin. Med.*, t. I, p. 24, 1866.

[3] BOTHO SCHEUBE, *Arch. f. Heilkunde*, t. 16, p. 185, 1876.

[4] BARTELS, *l. c*, p. 28.

Il est possible que l'acide urique circule dans les liquides du corps combiné à une substance organique, sous forme d'une combinaison facilement soluble, qui est dédoublée dans l'urine par l'effet d'une fermentation. Si ce dédoublement se produit déjà dans les organes et dans les voies urinaires, il en résulte des sédiments goutteux ou des calculs vésicaux. En tous cas, on n'a pu démontrer jusqu'à présent une augmentation de production de l'acide urique dans la goutte et la diathèse urique. La sécrétion de l'acide urique est même diminuée pendant la durée de l'attaque de goutte [1].

Remarquons que, pour séparer complètement l'acide urique de l'urine dans les dosages, il est nécessaire d'ajouter une quantité considérable d'acide chlorhydrique, et que malgré cela la séparation ne se fait que très lentement et incomplètement, souvent même pas du tout, malgré la présence d'une quantité notable d'acide urique [2]. Ce fait nous indique déjà que tout l'acide urique n'est pas simplement dissout à l'état de sel dans l'urine.

On n'est jusqu'à présent pas encore parvenu à fixer la constitution de l'acide urique d'une manière satisfaisante, bien qu'un grand nombre de chimistes distingués aient voué à la solution de ce problème toute leur sagacité et toute leur énergie [3], et que l'on connaisse déjà une synthèse de l'acide urique. Parmi les différentes décompositions de l'acide urique, il en est une qui présente un intérêt spécial pour la physiologie, car les produits de cette décomposition jouent un rôle important dans la nutrition de l'animal. Strecker [4] a montré que, si l'on chauffe à 170 degrés centigrades de l'acide urique et de l'acide chlorhydrique concentré dans un tube de verre scellé, l'acide urique se

---

[1] GARROD, *The nature and treatment of gout*. London, 1859. On trouvera dans la monographie d'EBSTEIN : *Die Natur und Behandlung der Gicht.*, Wiesbaden, 1882, un exposé de la littérature sur ce sujet.

[2] SALKOWSKI, *Pflüger's Arch.*, t. 5, p. 210, 1872. R. MALY, *id.*, t. 6, p. 201, 1872.

[3] WÖHLER, *Poggendorff's Ann.*, t. 15, p. 119, 1829. LIEBIG, *id.*, t. 15, p. 569, 1829, et *Ann. d. Chem. u. Pharm.*, t. 5, p. 288, 1833, WÖHLER U. LIEBIG, *Ann. d. Chem. u. Pharm.*, t. 26, p. 241, 1838. ADOLF BAYER, *id.*, t. 127, p. 1 et 199, 1863. ADOLFF STRECKER, *id.*, t. 146, p 142, 1868, et t 155, p. 177, 1870. KOLBE, *Ber. d deutsch, chem. Ges.*, t. 3, p. 183, 1870. Parmi les travaux plus récents sur la constitution de l'acide urique. L. MEDICUS, *Ann. d. Chem. u. Pharm.*, t. 175, p. 230, 1875. HILL, *Ber. d. deutsch. chem. Ges.*, t 9, p. 370, 1876, et t. 11, p. 1329, 1878. JOH. HORBACZEWSKI, *Sitzungsber. d. Wiener Akad*, t. 86, p. 963, 1882, ou *Monatshefte f. Chemie*, t. 3, p. 796, 1882, et t. 6, p 356, 1885. EMIL. FISCHER, *Ber. d. deutsch. chem. Ges.*, t. 17, p. 328, et 1776, 1884.

[4] ADOLF STRECKER, *Liebig's Ann.*, t. 146, p. 142, 1868.

dédouble avec absorption d'eau en *glycocolle*, en *acide carbonique* et en *ammoniaque* :

$$C_5H_4Az_4O_3 + 5H_2O = CH_2(AzH_2)COOH + 3CO_2 + 3AzH_3.$$

Strecker s'est figuré le procédé de la manière suivante : l'acide urique commence par se dédoubler en absorbant deux molécules d'eau en *glycocolle* et en trois molécules d'*acide cyanique* :

$$C_5H_4Az_4O_3 + 2H_2O = CH_2(AzH_2)COOH + 3COAzH.$$

On sait que l'acide cyanique se transforme immédiatement en acide carbonique et en ammoniaque au contact de l'eau ; une solution aqueuse de cyanate de potasse mousse comme une solution de carbonate lorsqu'on y ajoute des acides. C'est pourquoi Strecker a considéré l'acide urique comme une combinaison analogue à l'acide hippurique. L'acide urique serait un glycocolle conjugué à l'acide cyanique, tout comme l'acide hippurique est un glycocolle conjugué à l'acide benzoïque.

Horbaczewski [1] a réussi, dans le laboratoire de E. Ludwig, à Vienne, à trouver une synthèse de l'acide urique correspondant exactement au dédoublement observé par Strecker. En fondant ensemble de l'urée et du glycocolle, à une température de 200-230 degrés centigrades, Horbaczewski a obtenu de l'acide urique. En chauffant de l'urée, on sait qu'il se dégage de l'ammoniaque et qu'il se forme de l'acide cyanique :

$$\begin{array}{c} AzH_2 \\ | \\ C = O \qquad - AzH_3 = COAzH. \\ | \\ AzH_2 \end{array}$$

En fondant ensemble de l'urée et du glycocolle, on fait simplement agir de l'acide cyanique naissant sur le glycocolle, c'est à-dire un des produits de dédoublement de l'acide urique à l'état naissant, sur l'autre. L'observation biologique suivante de Wöhler [2] paraît être en parfait accord avec les résultats du dédoublement et de la synthèse. Il trouva de l'acide urique et pas d'acide hippurique dans l'urine de jeunes veaux,

---

[1] Joh Horbaczewski, *Sitzungsber. d. Wiener Akad*, t. 86, p. 963, 1882, ou *Monatshefte für Chemie*, t. 3, p. 796, 1882, et t. 6, p. 356, 1885.

[2] Wöhler, *Nachr. d. k. Ges. d. Wissensch. zu Göttingen*, 1849, t. 5, p. 61-64

tant que ceux-ci étaient nourris exclusivement de lait. Mais, dès qu'on leur donnait une nourriture végétale, l'acide urique disparaissait pour faire place à l'acide hippurique. L'acide benzoïque provenant de l'alimentation végétale paraît donc s'emparer du glycocolle et mettre ainsi obstacle à la synthèse de l'acide urique. Si cette manière de voir est exacte, l'administration de combinaisons aromatiques doit avoir pour effet d'arrêter la formation de l'acide urique chez l'homme. Il serait même peut-être possible d'appliquer cette observation à la thérapeutique dans le traitement de la goutte. Une simple absorption d'acide benzoïque reste sans résultat, ainsi que j'ai pu m'en convaincre par de nombreux essais. N'oublions pas de nouveau, à cette occasion, qu'il n'est pas en notre pouvoir de faire parvenir à un moment donné l'acide benzoïque à un endroit déterminé, où il pourrait s'emparer du glycocolle avant sa réunion avec l'acide cyanique. L'acide benzoïque n'existe pas comme tel dans l'alimentation végétale ; il ne se forme que dans l'organisme, par dédoublement et oxydation de combinaisons complexes. On peut parfaitement se représenter que ces combinaisons sont attirées par des cellules dans lesquelles se trouve du glycocolle, tandis que l'acide benzoïque est repoussé. — En tous cas, n'oublions pas que nous ne ferions toujours que combattre un symptôme en empêchant la formation de l'acide urique dans la goutte. — Nous ne pouvons combattre la cause véritable du mal, celle-ci nous étant encore absolument inconnue.

On a cherché à faire la lumière sur la constitution de l'acide urique par l'étude des produits d'oxydation et de dédoublement simultanés, que l'on obtient en faisant agir des oxydants. L'étude de ces produits est d'un grand intérêt, car nous y trouvons des corps que nous rencontrons aussi dans la nutrition animale.

L'acide urique est déjà décomposé à froid par une solution de permanganate de potasse en *allantoïne* et en acide carbonique [1] :

$$C_5H_4Az_4O_3 + O + H_2O = C_4H_6Az_4O_3 + CO_2.$$

L'allantoïne a été découverte par Vauquelin [2] dans le liquide amniotique de la vache, et ensuite par Wöhler [3] dans l'urine de veau ; ce dernier

[1] A. Claus, *Ber. d deutsch. chem Ges.*, t. 7, p 227, 174.
[2] Buniva et Vauquelin, *Ann. de chimie*, t. 33, p. 269. An. VIII (1799). Lassaigne, *Ann. de chim. et de phys.*, t. 17, p. 301, 1821
[3] Wöhler, *Nachr. d k. Ges. d. Wissensch. zu Göttingen*, 1849, p. 61.

en fit avec Liebig [1] l'objet d'une étude approfondie. — Plus tard on trouva aussi ce corps dans la liqueur allantoïque et dans l'urine d'enfants nouveau-nés, et enfin dans l'urine de chien [2].

Si l'on fait agir des oxydants sur l'allantoïne [3], on obtient de l'urée et de l'acide oxalique, qui produit en dernier lieu de l'acide carbonique.

Si, au lieu de permanganate de potasse, on se sert de l'acide azotique comme oxydant, on obtient aussi comme produits ultimes de l'urée et de l'acide carbonique. Les produits intermédiaires sont des combinaisons que l'on ne rencontre pas dans l'organisme, mais qui offrent cependant un certain intérêt, en ce qu'elles peuvent servir à l'étude de la constitution de l'acide urique. Les premiers produits qui prennent naissance par l'action de l'acide azotique à froid sont l'*alloxane* et *l'urée* :

$$C_5H_4Az_4O_3 + O + H_2O = \begin{array}{c} H \\ | \\ \overline{C = OAz} \\ | \\ C = O \quad C = O \\ | \\ \overline{C = OAz} \\ | \\ H \end{array} \quad + \quad \begin{array}{c} AzH_2 \\ \diagdown \\ C = O \\ \diagup \\ AzH_2 \end{array}$$

acide urique   alloxane ou mésoxalyle-urée.   urée

Si l'on chauffe l'alloxane avec de l'acide azotique, on obtient de l'*oxalyle-urée* (acide parabanique) et de l'*acide carbonique* :

$$\begin{array}{c} H \\ | \\ \overline{C = OAz} \\ | \\ C = O \quad C = O \\ | \\ \overline{C = OAz} \\ | \\ H \end{array} \quad + \quad O = CO_2 + \begin{array}{c} H \\ | \\ \overline{C = OAz} \\ | \quad\quad C = O \\ \overline{C = OAz} \\ | \\ H \end{array}$$

alloxane   oxalyle-urée
(acide parabanique)

[1] Wöhler. u. Liebig, *Ann. d. Chem. u. Pharm.*, t. 26, p 244, 1838.

[2] E. Salkowski, *Br. d. deutsch. chem. Ges.*, t. 9, p 719, 1876, et t. 11, p. 500, 1878.

[3] Voir, pour la synthèse et la constitution de l'allantoïne, Grimaux, *Comptes-rendus*, t. 83, p. 62, 1876.

L'oxalyle-urée se transforme par absorption d'eau en *acide oxalurique* :

$$\text{oxalyle-urée} + H_2O = \text{acide oxalurique}$$

Celui-ci se décompose en acide oxalique et en urée en absorbant une seconde molécule d'eau :

$$\text{acide oxalurique} + H_2O = \text{acide oxalique} + \text{urée.}$$

On trouve de l'acide oxalurique en très petite quantité dans l'urine humaine [1].

La formule de structure suivante, élaborée par Médicus [2], contrôlée et approuvée par Emil Fischer [3], s'accorde avec toutes les décompositions ci-dessus :

---

[1] ED. SCHUNCK, *Proceed. of. the roy. Soc.*, V, 16, p. 140, 1868, C. NEUBAUER, *Zeitschr. f. anal Chem.*, t. 7, p. 225, 1868.
[2] L. MEDICUS, *Ann. d. chem. u. Pharm.*, t. 175, p. 230, 1875.
[3] EMIL FISCHER, *Ber. d. deutsch. chem. Ges.*, t. 17, p. 328, et 1776, 1884.

Cette formule a été consacrée une fois de plus par la nouvelle synthèse découverte par Horbaczewski[1], qui obtient de l'acide urique en fondant ensemble de l'urée et de l'acide trichlorlactique.

Comme nous venons de le voir, l'acide urique est oxydé en dehors de l'organisme en urée et en acide carbonique ; aussi a-t-on admis l'existence d'un procédé analogue dans le corps animal, d'après lequel l'urée dériverait aussi de l'acide urique. Il est vrai que, si l'on administre de l'acide urique à un chien, il reparaît complètement transformé en urée[2]. Mais il n'en résulte pas encore que l'urée formée normalement provienne en partie d'une transformation de l'acide urique. On rencontre souvent cette représentation, surtout dans les écrits pathologiques. On a cru que, dans les cas de troubles de la respiration interne ou externe (affections pulmonaires, anémie, etc.), on trouverait une augmentation de la sécrétion de l'acide urique, causée par une oxydation incomplète. Mais l'expérience n'a pas confirmé cette supposition. Sénator[3], après avoir troublé artificiellement les échanges respiratoires chez des chats, des chiens et des lapins, n'est jamais parvenu à constater une augmentation de l'acide urique dans l'urine, pas plus que Naunyn et Riess[4] après de fortes saignées. Les nombreux cas d'augmentation d'acide urique que l'on prétend avoir observés chez l'homme à la suite de troubles respiratoires, proviennent évidemment d'observations inexactes. On a d'abord commis la faute de conclure à une augmentation de l'acide urique par l'augmentation des sédiments, et en second lieu on a négligé de considérer le rapport existant entre l'acide urique et les aliments absorbés. On doit avant tout songer qu'un homme à jeun et encore plus un fiévreux (chez lequel la destruction des albuminoïdes est exagérée), sont exactement dans le cas d'un individu se nourrissant de viande. Tous les chiffres cités sur la sécrétion de l'acide urique et le rapport entre l'urée et l'acide urique sécrétés dans ces affections, oscillent entre les mêmes limites que chez l'homme sain.

On n'a démontré avec certitude une augmentation de la sécrétion de

---

[1] Joh Horbaczewski, *Monatshefte f. Chemie*, t. 8, p. 201 et 584, 1887.

[2] Zabelin, *Liebig's Ann. d, Chem. u. Pharm.* Vol. suppl. II, p. 326, 1862 et 1863. On trouve dans ce travail un exposé des idées des auteurs antérieurs sur la transformation de l'acide urique en urée.

[3] H. Senator, *Virchow's Arch.*, t. 42, p. 35, 1868

[4] B. Naunyn u. L. Riess, *Du Bois' Arch.*, 1869, p. 381.

l'acide urique que pour une seule maladie : la *leucocythémie*. Bartels [1] a trouvé 4 gr. 2 d'acide urique dans l'urine de vingt-quatre heures d'un malade atteint de cette affection; 1 gr. 8 s'étaient spontanément déposés à l'état de cristaux. Schultzen [2] a trouvé dans un autre cas dans le sédiment de l'urine de vingt-quatre heures 4 gr. 5 d'acide urique libre et 1 gr. 45 d'urate d'ammonium. On n'a jamais observé des quantités pareilles chez des sujets sains. Dans les cas où la quantité d'acide urique contenue dans le sang des individus atteints de leucocythémie ne dépasse pas la normale, le rapport entre l'acide urique et l'urée est cependant plus élevé ; on ne trouve souvent que 12 grammes d'urée pour 1 gramme d'acide urique [3]. Fleischer et Penzoldt [4] ont fait dernièrement une série de recherches exactes à ce sujet. Ils ont donné exactement la même nourriture à un homme sain et à un individu atteint de leucocythémie : tous les deux sécrétèrent la même quantité d'urée, mais le malade produisit journellement 1 gr. 29 d'acide urique, tandis que l'urine de l'homme sain n'en contenait que 0,66, donc la moitié. Stadthagen [5] est arrivé au même résultat dans le laboratoire de Kossel. Pour les raisons que nous avons indiquées plus haut, nous ne pouvons chercher l'explication de ce fait dans l'absence d'oxygène résultant de la diminution des globules rouges. On a cru trouver la cause de l'augmentation de l'acide urique dans la tumeur de la rate et la multiplication des leucocytes. On a souvent trouvé de l'acide urique dans la rate, c'est pourquoi on a supposé qu'elle aussi était un foyer important de production de ce sel. Mais d'autres maladies, telles que la fièvre intermittente et le typhus, sont aussi accompagnées d'un développement anormal de la rate, sans qu'il soit possible d'observer une production exagérée d'acide urique [6]. D'un autre côté, Stadthagen [7] n'est pas parvenu à constater la présence d'acide urique dans la rate et le foie d'un individu sain et d'un malade atteint de leucocythémie. Il n'est pas impossible que l'acide urique soit aussi un

[1] BARTELS, *Deutsch. Arch. f. klin. Med.*, t. I, p. 23, 1866.

[2] STEINBERG, *Ueber Leukämie*, I, D, Berlin, 1868.

[3] H. RANKE, *Beobacht. u. Versuche über die Ausscheidung d. Harnsäure.* Munich, 1858, p. 27. SALKOWSKI, *Virchow's Arch.*, t. 50, p. 174, 1870, et t. 52, p. 58, 1871.

[4] R. FLEISCHER u. FR. PENZOLDT, *Deutsch. Arch. f. klin Med.*, t. 26, p. 368; 1880, PETTENKOFER et VOIT étaient déjà arrivés précédemment au même résultat, seulement leurs expériences n'ont pas la même valeur *Zeitschr. f. Biol.*, t. 5, p. 326, 1869.

[5] M. STADTHAGEN, *Virchow's Arch.*, t. 109, p. 406, 1887.

[6] BARTELS, *Deutsch. Arch. f. klin. Med.*, t. I, p. 28, 1866.

[7] STADTHAGEN, *l. c.*, p. 396-402.

produit de désassimilation des leucocytes, comme on a pu le constater chez un grand nombre d'animaux inférieurs. A ce point de vue il est intéressant de constater que la quinine, qui suspend les mouvements spontanés des leucocytes, diminue aussi la sécrétion de l'acide urique [1].

Le fait que les oiseaux, qui sont de tous les animaux ceux qui ont la respiration la plus active, sécrètent la masse principale de leur azote à l'état d'acide urique, aurait déjà dû détourner de l'idée que ce sel est le produit d'une respiration incomplète [2]. On peut administrer l'azote aux oiseaux sous les formes les plus diverses: comme leucine, glycocolle, acide aspartique [3], comme urée [4], carbonate ou formiate d'ammonium [5], ou comme hypoxanthine; on retrouve toujours de l'acide urique dans l'urine. Nous n'avons encore aucune idée sur le rôle que jouent ces combinaisons dans la synthèse de l'acide urique. Le carbonate d'ammoniaque, par exemple, ne peut former à lui seul de l'acide urique: il lui faut encore pour cela une combinaison riche en carbone et pauvre en azote ou même exempte d'azote. Cette combinaison pourrait être le glycocolle, peut-être aussi, ainsi que nous le verrons à l'instant, l'acide lactique. Mais jusqu'à présent nous ne savons rien de certain à cet égard.

Il nous reste encore à traiter la question du foyer de formation de l'acide urique, question importante au double point de vue physiologique et pathologique. Nous devons à Schröder [6] et à Minkowski [7] une série de recherches très complètes instituées dans le but de résoudre ce problème. Schröder est parvenu, dans le laboratoire de Ludwig, à vaincre les grandes difficultés opératoires que présente l'extirpation des reins chez les oiseaux. Il a réussi à faire vivre des poules cinq à dix heures après leur avoir extirpé les reins ou les avoir éliminés du système

---

[1] H. RANKE, *l. c.* Ces données ont été confirmées récemment encore par les recherches de PRIOR, *Pflüger's Arch.*, t. 34, p. 237, 1884. Ce dernier travail est accompagné d'un exposé complet de la littérature.

[2] W. VON KNIERIEM, *Zeitschr. f. Biolog.*, t. 13, p 36, 1877.

[3] HANS MEYER u. M. JAFFÉ. *Ber. d. deutsch. chem. Ges.*, t. 10, p. 1930, 1877. C.-Ö. CECH, *Ber d. deutsch. chem. Ges.*, t 10, p. 1461, 1877.

[4] W v. SCHRÖDER, *Zeitschr. f. physiol. Chem*, t. 2, p. 228, 1878.

[5] W. VON MACH, *Arch f. exp. Path u. Pharm.*, t. 24, p. 389, 1888.

[6] W. VON SCHRÖDER, *Du Bois' Arch.*, 1880. Vol. suppl., p. 113, et *Beiträge zur Physiologie. CARL LUDWIG, zu seinem 70 sten Geburtstage gewidmet von seinen Schülern.* Leipzig, 1887, p. 89.

[7] O. MINKOWSKI, *Arch. f. exper. Path. u. Pharm.*, t. 21, p. 41, 1886.

circulatoire par la ligature de l'aorte et de la veine cave au-dessus de la naissance des artères et veines rénales. Il trouva que, pendant ce temps, une accumulation d'acide urique s'était produite dans les organes. Il put isoler du cœur et des poumons, pris avec le sang qu'ils contenaient, une quantité notable d'acide urique, ce qui n'est pas le cas pour ces organes normaux, avec la méthode employée par Schröder. Il résulte de cette expérience que, chez les poules, l'acide urique ne prend pas naissance dans les reins, du moins pas exclusivement. Il arriva au même résultat en extirpant les reins à des serpents. Chez ces animaux la survie, et par conséquent l'accumulation de l'acide urique, est bien plus considérable. Les serpents opérés vivaient encore de cinq à neuf jours, et à la mort on trouvait des dépôts d'acide urique dans tous les organes, spécialement dans la rate. Le sang en contenait aussi des quantités notables.

Les recherches expérimentales sur le lieu de formation de l'acide urique chez les mammifères nous manquent encore. On est cependant parvenu à démontrer sa présence en petites quantités dans le foie, les poumons et d'autres organes [1]. En outre, les dépôts d'acide urique que l'on trouve chez les goutteux dans les articulations, dans les tendons et les ligaments, sous la peau et dans d'autres organes, sans aucune altération des fonctions rénales, sont un indice que, chez ces individus, comme c'est le cas pour les oiseaux et les reptiles, l'acide urique prend aussi naissance ailleurs que dans les reins.

Minkowski [2] a fait faire un pas en avant à la question en recherchant si ce procédé a peut-être son siège dans le foie. Ainsi que nous l'avons vu, on ne peut étudier cette question sur les mammifères, car tous les essais faits jusqu'à présent en vue de remédier à la stase veineuse par l'établissement d'une communication entre la veine porte et la veine rénale gauche ou la veine cave inférieure, ont échoué [3]. Heureusement que chez les oiseaux cette communication existe naturellement. Ces animaux ont dans le rein un système veineux analogue à celui de la veine

---

[1] On trouvera un exposé complet de la littérature dans le travail de SCHRÖDER, *l. c.*, p. 143. Voir les données contradictoires de STADTHAGEN dans le travail cité un peu plus haut.

[2] MINKOWSKI, *l. c.*

[3] STOLNIKOV, *Pflüger's Arch.*, t. 28, p. 266, 1882. STERN, *Arch. f. exper. Path. u. Pharm.*, t, 19, p. 45, 1885. W. VON SCHRÖDER, *id.*, t. 19, p. 373, 1885.

porte dans le foie. Une veine afférente amène au rein le sang de la veine caudale, des veines iliaques et des veines du bassin. Cette veine communique avec la veine porte par la veine de Jacobson, de sorte qu'après la ligature de la veine porte le sang de l'intestin revient par les reins à la veine cave inférieure, sans qu'il se produise de stase[1]. Minkowski institua des recherches sur des oies, parce que ces grands animaux ont l'avantage de produire une quantité d'urine suffisante pour l'analyse, et que la sécrétion urinaire conserve son intensité, même après l'élimination du foie. Il n'opéra pas moins de soixante oies, et ne se contenta pas dans la plupart des cas de lier les vaisseaux hépatiques, mais extirpa le foie jusqu'à des restes insignifiants dans le voisinage direct de la veine cave. La plupart des animaux opérés survécurent plus de six heures, quelques-uns même vingt heures. Il fit en outre la ligature du rectum, au-dessus du cloaque, afin de recueillir l'urine pure.

Le résultat de ces expériences fut que l'extirpation du foie n'influence pas d'une manière notable la sécrétion azotée en général : elle s'élève à 1/2 ou 2/3 de la quantité d'azote sécrétée par des oies normales. Par contre, le rapport de l'acide urique à l'azote sécrété est tout autre ; tandis que, chez les oies normales, 60 à 70 o/o de l'azote est sécrété comme acide urique, cette quantité n'est plus que 3 à 6 o/o chez les oies privées de leur foie. De plus on retrouve dans l'urine des oies normales 9 à 18 o/o de l'azote sous forme d'ammoniaque, tandis que l'urine des oies opérées en contient 50 à 60 o/o. Minkowski en conclut que l'acide urique dérive normalement de l'ammoniaque, et que cette transformation ne peut se produire dans l'organisme de ces oiseaux que tant que les fonctions hépatiques existent. Il ne dit pas que le foie soit le foyer de formation de l'acide urique, car le rôle du foie peut n'être qu'indirect, en favorisant cette synthèse dans d'autres organes.

On pourrait interpréter dans ce sens une observation très importante de Minkowski. Il a trouvé une quantité considérable d'acide lactique dans l'urine des oies opérées, ce qui n'est pas le cas pour l'urine des oies normales. Cette quantité d'acide lactique était si forte qu'elle s'élevait à l'équivalent de l'ammoniaque sécrétée, de sorte que l'urine avait une réaction fortement acide.

---

[1] STERN, *l. c.*

L'extirpation du foie a donc comme conséquence l'apparition de grandes quantités d'acide lactique, et la présence de cet acide est peut-être un obstacle à la formation de l'acide urique dans un organe quelconque. Nous avons déjà vu plus haut que les acides empêchent la formation de l'urée dans l'organisme des mammifères et augmentent la sécrétion de l'ammoniaque. Pourquoi les acides n'auraient-ils pas le même effet sur la production de l'acide urique dans l'organisme des oiseaux? Minkowski est en effet parvenu, en administrant du carbonate de soude à une oie normale, à réduire la proportion de l'ammoniaque de 11 o/o à 3 o/o de la sécrétion azotée.

On a aussi observé chez l'homme la présence de grandes quantités d'acide lactique dans l'urine, dans des cas de maladies du foie [1], spécialement dans l'atrophie aigue et dans l'intoxication par le phosphore. L'augmentation de la sécrétion ammoniacale constatée dans les cas de cirrhose du foie ne devrait-elle pas rentrer aussi dans cette catégorie? A ma connaissance, on n'a jusqu'à présent jamais recherché l'acide lactique dans l'urine des malades atteints de cirrhose du foie. Je ne ferai que rappeler occasionnellement qu'on a constaté aussi dans *le diabète sucré* la présence de grandes quantités d'un acide organique (*l'acide oxybutyrique*) à côté d'une augmentation de la sécrétion ammoniacale [2].

Mais on peut aussi émettre des doutes sur l'hypothèse qui fait dériver normalement l'urée et l'acide urique de l'ammoniaque. Il serait possible que l'azote, qui se dédoublerait normalement de la molécule d'albumine à l'état de combinaison neutre, se dédoublât sous forme d'ammoniaque, en présence d'un acide anormal. Les faits observés par Minkowski peuvent donc être interprétés de différentes manières. Minkowski lui-même est d'avis que l'acide urique se forme normalement dans le foie par la synthèse de l'ammoniaque avec une combinaison exempte d'azote, qu'il suppose être l'acide lactique [3]. Pour appuyer son hypothèse, Minkowski

---

[1] SCHULTZEN U. RIESS, *Annalen d. Charité Krankenhauses*, t. 15, 1869.

[2] E. HALLERVORDEN, *Arch. f. exper. Path. u. Pharm.*, t. 12, p. 268, 1880. E. STADELMANN, *id.*, t. 17, p. 419, 1883. MINKOWSKI, *id.*, t. 18, p. 35 et 147, 1884. KÜLZ, *Zeitschr. f. Biol.*, t. 20, p. 165, 1884, H. WOLPE, *Arch. f. exper. Path. u. Pharm.*, t. 21. p. 138, 1886.

[3] L'acide trouvé par MINKOWSKI dans l'urine des oies dont il avait extirpé le foie est *l'acide sarcolactique* à propriétés optiques actives. On sait qu'il existe trois acides lactiques isomères : un acide éthyléno-lactique ou acide hydracrylique ($CH_2(OH)CH_2COOH$) que l'on ne trouve pas dans l'organisme, et deux acides lactiques renfermant le radical éthylidène ($CH_3CH[OH]COOH$). L'un des deux est l'acide lactique des fermentations,

fait remarquer que l'ammoniaque et l'acide lactique ont vraisemblablement une origine commune, la désassimilation des albuminoïdes. Ainsi que nous l'avons vu, il existe un rapport équivalent entre la sécrétion de l'ammoniaque et celle de l'acide lactique; sa quantité augmente avec les albuminoïdes des aliments, indépendamment de la proportion des hydrates de carbone. Les mêmes conditions qui provoquent une augmentation de l'acide urique, favorisent donc aussi la production de l'acide lactique.

Je tiens à relever encore les observations suivantes, dans la masse de faits constatés par Minkowski. On trouve toujours encore une petite quantité d'urée dans l'urine des oiseaux, à côté de l'ammoniaque et de l'acide urique. L'azote sécrété sous cette forme comporte de 2 à 4 o/o de la totalité de l'azote. Ce rapport ne varie pas après l'extirpation du foie. L'urée que l'on trouve dans l'urine des oiseaux ne prend donc pas naissance dans le foie. On ne peut naturellement tirer de ce fait aucune conclusion au sujet des mammifères. Les expériences de Meyer et Jaffé ont montré que, si l'on administre de l'urée à des oiseaux normaux, elle reparaît dans l'urine transformée en acide urique. Minkowski administra de l'urée, par la voie gastrique ou en injections sous-cutanées, à ses oies opérées, et la retrouva intacte dans l'urine. Cette observation paraît militer en faveur de la formation de l'acide urique par synthèse dans le foie, mais elle peut aussi être interprétée différemment. Espérons que des essais de circulation artificielle sur des foies d'oiseaux extirpés feront bientôt la lumière sur cette question. L'observation de Meissner [1] et de v. Schröder [2], qui tous deux ont constaté que la proportion d'acide urique contenue normalement dans le foie des oiseaux est plus forte que celle qu'on trouve dans le sang, est d'accord avec l'hypothèse de la formation d'une partie de cet acide dans le foie.

et se forme par la fermentation de la lactose et des hydrates de carbone dans l'intestin; il est inactif sur la lumière polarisée. L'acide sarcolactique polarise la lumière à droite. On peut l'isoler des muscles et d'un grand nombre de produits pathologiques: de l'urine dans l'intoxication par le phosphore et dans l'atrophie aiguë du foie, des os dans l'ostéomalacie, de la sueur dans la fièvre puerpérale, et de différentes transsudations pathologiques. C'est à J. WISLICENUS (*Ann. d. Chem. u. Pharm*, t. 166, p. 3, 1873, et t. 167, p. 302 et 346, 1873) et à E. ERLENMEYER (*id.*, t. 158, p. 262, 1871, et t. 191, p. 261, 1878) que nous devons les recherches les plus complètes sur les différents acides lactiques. On trouvera dans ces travaux un exposé de toute la littérature sur ces acides.

[1] G. MEISSNER, *Zeitschr. f. rat. Med.*. t. 31, p. 144, 1868.

[2] W. VON SCHRÖDER, *Beiträge z. Physiologie*, CARL LUDWIG, *gewidmet*, 1887, p. 98.

On trouve en petite quantité dans tous les tissus de notre corps, et spécialement dans les noyaux des cellulles, deux bases riches en azote, dont la formule empirique pourrait faire supposer un rapport étroit avec l'acide urique. Ce sont la XANTHINE et l'HYPOXANTHINE OU SARCINE [1]. Elles ne se distinguent de l'acide urique que par une plus petite proportion d'oxygène :

$$\text{Acide urique} \ldots\ldots\ldots\ldots \quad C_5H_4Az_4O_3$$
$$\text{Xanthine} \ldots\ldots\ldots\ldots\ldots \quad C_5H_4Az_4O_2$$
$$\text{Hypoxanthine} \ldots\ldots\ldots\ldots \quad C_5H_4Az_4O.$$

On n'a réussi jusqu'à présent à transformer aucune de ces trois combinaisons dans l'une des deux autres [2]. Cependant, le fait que la xanthine et l'acide urique donnent par oxydation de l'alloxane, et par l'action de l'acide chlorhydrique fumant du glycocolle, parle en faveur d'une certaine analogie dans la constitution [3].

On trouve souvent dans les tissus, avec l'hypoxanthine et la xanthine, une combinaison ayant des rapports étroits avec cette dernière, et se dédoublant comme elle de la nucléine des noyaux cellulaires : c'est la GUANINE [4] ($C_5 H_5 Az_5 O$). Elle se transforme en xanthine par l'action de l'acide azoteux. Kossel [5] a découvert dernièrement une quatrième base dans les noyaux des cellules, qu'il a nommée ADÉNINE. L'adénine a la formule $C_5 H_5 Az_5$; elle est donc un polymère de l'acide cyanhydrique, et se comporte, vis-à-vis de l'hypoxanthine, comme la guanine vis-à-vis de la xanthine. Elle est transformée en hypoxanthine par l'acide azoteux. On trouve constamment de la xanthine en petite quantité dans l'urine humaine [6] ; dans des cas très rares, elle forme des calculs vésicaux. La xanthine, l'hypoxanthine, la guanine et l'adénine sont évi-

---

[1] KOSSEL, *Zeitschr. f. physiol. Chem.*, t. 6, p. 422, 1882 ; t. 7, p. 7, 1882.

[2] EMIL FISCHER n'a pu confirmer les données de STRECKER qui serait parvenu à réduire par l'hydrogène naissant l'acide urique en xanthine et en hypoxanthine, et à oxyder l hypoxanthine en xanthine par l'acide azotique. *Ber. d deutsch. chem. Ges.*, t. 17, p. 328 et 329, 1884. KOSSEL, *Zeitschr. f. physiol. Chem*, t. 6, p. 428, 1882.

[3] Voir, pour la constitution de la *xanthine*, EMIL FISCHER, *Ann. d. Chem. u. Pharm.*, t. 215, p. 253, 1882. *Ber. d. deutsch. chem. Ges.*, t. 15, p. 453, 1882, et ARM. GAUTIER, *Comp. rend*, t 98, p. 1523, 1884 (synthèse de la xanthine).

[4] A. KOSSEL. *Zeitschr. f. physiol. Chem.*, t. 7, p. 16, 1882 ; t. 8, p. 404, 1884.

[5] KOSSEL, *Zeitschr. f. physiol. Chem*, t. 10, p. 250, 1886.

NEUBAUER, *Zeitschr. f. analyt. Chemie*, t. 7, p. 225, 1868.

demment des produits de formation de l'urée et de l'acide urique [1]. Leur quantité est beaucoup trop forte dans les tissus et trop faible dans l'urine pour qu'on puisse admettre qu'elles sont sécrétées telles quelles. La guanine est comme la créatine une guanidine substituée. Toutes les raisons avancées en faveur de la transformation de la créatine en urée conservent leur valeur pour la guanine.

[1] STADTHAGEN, *Virchow's Arch.*, t. 199, p. 390, 1887.

DIX-SEPTIÈME LEÇON

LA SÉCRÉTION URINAIRE ET LA COMPOSITION DE L'URINE

Nous avons étudié dans la précédente leçon les formes les plus importantes sous lesquelles l'azote est éliminé par les reins. Mais les reins ne servent pas uniquement à sécréter les produits azotés de la désassimilation ; ils ont une fonction bien plus importante, qui consiste à maintenir constante la composition du sang, en en éliminant toutes les substances étrangères en même temps que l'excès des composants normaux.

On attribue généralement cette fonction aux cellules épithéliales des canaux urinifères ; mais il me semble que l'on pourrait avec raison faire entrer aussi les cellules des capillaires en ligne de compte. Je ne vois pas pourquoi, dans cette sécrétion, la paroi des capillaires devrait être réduite à un rôle passif. Nous savons qu'elle est composée de cellules arrangées en mosaïque, et que chacune de ces cellules est un être vivant, un organisme à part, auquel nous avons le droit d'attribuer des fonctions aussi complexes qu'aux cellules épithéliales des tubes urinifères.

Les cellules des capillaires et les cellules épithéliales ont pour tâche d'éliminer du sang, indépendamment des lois de diffusion et d'endosmose, et des rapports de solubilité, toutes les substances ne rentrant pas dans sa composition normale. Elles sécrètent indifféremment des matières colloïdes et cristalloïdes, solubles et insolubles, basiques et acides. Le sucre et l'urée sont tous deux solubles dans l'eau et diffusent facilement; tous deux circulent constamment avec le sang à travers les capillaires des reins. Le sucre, un aliment précieux, est retenu; l'urée, un produit de désassimilation, est éliminée. Si le but de cette disposition saute aux yeux, nous ne pouvons pour le moment en saisir la raison. En tous cas, on ne peut songer à une interprétation mécanique de ce phénomène.

Les matières albuminoïdes sont le composant principal du protoplasma sanguin, mais jamais l'épithélium sain ne les laisse passer. On ne trouve les albuminoïdes du plasma dans l'urine que lorsque les cellules épithéliales ont subi des altérations pathologiques, ou que leur nutrition a été entravée par des troubles de la circulation ou un transport d'oxygène insuffisant [1]. L'imperméabilité des reins pour les albuminoïdes n'est certainement pas le fait de leurs propriétés colloïdes, car il suffit d'ajouter au sang des albuminoïdes n'entrant pas dans sa composition normale, tels que de l'albumine de blanc d'œuf ou une solution de caséine, pour les voir apparaître immédiatement dans l'urine [2]. L'activité cellulaire ne s'étend pas seulement aux matières colloïdes, mais aussi à des corps absolument insolubles, ne se mélangeant pas à l'eau, et qui passent dans les tubes urinifères dès qu'ils n'appartiennent pas à la composition normale du sang, comme c'est le cas pour certaines graisses (huile de foie de morue), pour les résines, pour un excès de cholestérine, etc.

Si le sang est devenu par trop alcalin (par exemple par la combustion en carbonates de sels d'acides végétaux), les cellules rénales soutirent au sang les carbonates alcalins contenus en excès; l'alcalinité du sang est-elle diminuée (par la mise en liberté d'acide sulfurique et phosphorique provenant de la décomposition de l'albumine, des nucléines et des lécithines), les cellules rénales s'emparent des sels neutres du sang, les transforment en sels acides et en sels basiques, et sécrétant les premiers avec l'urine, en rendent les sels basiques au sang, jusqu'à ce que l'alcalinité normale soit rétablie.

Les cellules épithéliales présentent des différences de forme et de taille dans les différentes parties des tubes urinifères, ce qui peut faire supposer que chacune de ces parties a des fonctions spéciales, et que certains composants de l'urine sont éliminés dans des portions déterminées des reins. Nous savons en effet que le carmin injecté dans le sang

---

[1] HEIDENHAIN, *Hermann's Handbuch d. Physiologie*, t. 5, 1re part., p. 337 et 371, 1883.

[2] J. FORSTER, *Zeitschr. f. Biolog.*, t. 11, p. 526, 1875. L'auteur cite aussi dans ce travail les travaux de BERNARD, LEHMANN, STOKVIS et CREITE. Voir en outre R. NEUMEISTER, *Zur Frage nach d. Schicksal d. Eiweissnahrung im Organismus. Sitzungsber. d. physikal. med. Ges. z.* Würzburg, 1889.

est sécrété dans les glomérules de Malpighi [1], l'indigo [2] et la matière colorante de la bile [3] dans les tubes de Bellini et de Ferrein. On ne trouve de l'acide urique dans les reins des oiseaux que dans l'épithélium des tubes contournés [4]. Le but de cette dernière disposition est clair: si l'acide urique était sécrété dans les glomérules, les concrétions qui pouraient s'y former y resteraient déposées sans être entraînées ; les cristaux remplissant les tubes contournés sont par contre constamment entraînés par le courant de liquide sécrété par les glomérules.

Les glomérules de Malpighi ont une conformation particulière, telle qu'on ne la retrouve dans aucune autre glande. La résolution de l'artère en un système de capillaires qui se réunissent de nouveau en un vaisseau afférent plus étroit que l'artère, paraît avoir pour but de ralentir le courant sanguin et d'augmenter la pression. Mais il ne nous est pas possible de formuler même une supposition au sujet de l'importance de cette disposition pour la sécrétion urinaire et de son influence sur les substances formées ou sécrétées dans les glomérules. On n'a pu démontrer jusqu'à présent pour aucun organe que la qualité ou la quantité des liquides sécrétés soit influencée d'une manière quelconque par la pression sanguine [5].

On ne connaît pas d'action directe du système nerveux sur les cellules épithéliales des reins, analogue à celle que l'on a pu constater dans les glandes salivaires, et comme elle existe probablement pour toutes les autres glandes digestives. Les nerfs des reins paraissent n'agir que sur les vaisseaux. Cette différence n'a, *a priori*, rien de surprenant. Les glandes digestives tirent des composants normaux du sang les matériaux de leur sécrétion. L'impulsion au redoublement d'activité des cellules épithéliales ne peut donc provenir du sang, mais bien du canal digestif où existe le besoin d'une augmentation de sécrétion. Or, un circuit nerveux est nécessaire à la transmission de cette impulsion. Dans le rein, les conditions sont toutes différentes. L'impulsion au redoublement d'acti-

---

[1] CHRZONSCZEWSKI, *Virchow's Arch.*, t. 31, p. 189, 1864. WITTICH. *Arch. f. mikr. Anat.* t. 11, p. 77, 1875.

[2] HEIDENHAIN, *Arch. f. Mikr. Anat.*, t. 10, p. 30, 1874. *Pflüger's Arch.*, t. 9, p. 1, 1875.

[3] MÖBIUS, *Arch. f. Heilk.*, t. 18, p. 84, 1877.

[4] WITTICH, *Virchow's Arch.*, t. 10, p. 325, 1856. N. ZALESKY, *Unt. über den urämischen Process u. die Function d Niere*, p. 48, 1865. MEISSNER, *Zeitschr. f. rat. Med*, t. 31, p. 183, 1867.

[5] PASCHUTIN. *Arbeiten aus der physiologischen Anstalt zu Leipzig*, 1872. p. 297, et EMMINGHAUS, *id.* 1873, p. 50.

vité de cet organe provient des substances étrangères au sang ou de l'excès de ses composants normaux, que le rein a pour tâche d'éliminer. Il n'est pas nécessaire pour cela d'une transmission nerveuse [1].

Nous devons nous attendre à trouver l'activité rénale d'autant plus grande que le sang contient plus de matières étrangères à éliminer, et que la quantité de sang qui traverse les reins dans l'unité de temps est plus forte. Toutes les observations faites jusqu'à maintenant ont en effet répondu à notre attente. Les manipulations dont l'effet est d'augmenter le diamètre des vaisseaux et la rapidité du courant sanguin (section du nerf splanchnique et excitation de la moelle épinière) augmentent du même coup la quantité d'urine sécrétée dans l'unité de temps; celles qui ont pour effet de réduire le diamètre des vaisseaux et la rapidité du courant sanguin (excitation du nerf splanchnique, rétrécissement mécanique de l'artère rénale, section de la moelle cervicale) diminuent aussi la quantité d'urine. Nous n'avons pour le moment aucune raison pour admettre dans ces cas une influence directe de la pression sanguine dans les vaisseaux des reins sur la sécrétion urinaire.

Des considérations qui précédent sur les fonctions des reins, il résulte que la *composition de l'urine* doit être sujette à de grandes variations. A part les produits azotés, provenant principalement de la désassimilation des albuminoïdes absorbés, et dont la quantité varie considérablement, l'urine contient les sels inorganiques qui restent après la destruction des aliments organiques, et en outre l'acide sulfurique et phosphorique, produits par l'oxydation et le dédoublement des albuminoïdes, des nucléines et des lécithines, et enfin certains produits de désassimilation exempts d'azote et difficilement oxydables, spécialement des combinaisons aromatiques et de l'acide oxalique. A côté de ces corps, on trouve encore dans l'urine, en très petites quantités, un grand nombre de combinaisons sur le compte desquelles on ne sait que très peu de chose. Ajoutons-y encore nombre de substances qui n'apparaissent dans l'urine qu'accidentellement, sous l'influence de moments pour la plupart encore inconnus, et toutes les drogues introduites dans l'organisme avec les aliments ou comme médicaments, et qui le traversent sans être détruites.

[1] W. von Schröder, *Ueber die Wirkung des Coffeïns als Diureticum. Arch. f. exp. Path. u. Pharm.*, t. 22, p. 39, 1886.

Je citerai, afin de donner une idée de la composition de l'urine normale, deux analyses que j'ai faites de l'urine du même individu, l'une après une alimentation animale, l'autre après une alimentation végétale [1]. Dans ces analyses, j'ai dosé presque tous les composants de l'urine dont la quantité dans l'urine de vingt-quatre heures permettait cette opération. La première portion d'urine a été recueillie le second jour, après quarante-huit heures d'une alimentation composée exclusivement de viande de bœuf. La seconde portion a été recueillie dans les même conditions, après une alimentation composée exclusivement de pain de froment, de beurre, d'un peu de sel et d'eau de source.

Composition de l'urine de vingt-quatre heures avec une alimentation de :

	VIANDE	PAIN
Volume.	1672 c.c.	1920 c.c.
Urée.	67,2 gr.	20,6 gr.
Acide urique.	1,398 »	0,253 »
Créatine.	2,163 »	0,961 »
K_2O.	3,308 »	1,314 »
Na_2O.	3,991 »	3,923 »
CaO.	0,328 »	0,339 »
MgO.	0,294 »	0,139 »
Cl.	3,817 »	4,996 »
SO_3[2].	4,674 »	1,265 »
P_2O_5.	3,437 »	1,658 »

Les deux urines avaient une réaction acide. Si l'on calcule l'équivalent des acides et des bases, on trouve que dans les deux portions, l'acide sulfurique et le chlore suffisent à eux seuls à saturer toutes les bases inorganiques :

[1] Il n'existe pas à ma connaissance, dans la littérature actuelle, d'analyse complète de l'urine normale. C'est pourquoi je me permets de citer ici ces deux analyses faites à l'occasion d'une recherche sur la nutrition, mais non encore publiées.

[2] J'ai dosé l'acide sulfurique total, y compris les acides sulfoconjugués. Pour cela j'ai chauffé à l'ébullition l'urine à laquelle j'avais ajouté de l'acide chlorhydrique et du chlorure de baryum.

$$
\begin{aligned}
3{,}308\ \text{K}_2\text{O} &= 2{,}177\ \text{Na}_2\text{O} \\
3{,}991\ \text{Na}_2\text{O} &= 3{,}991\ \text{Na}_2\text{O} \\
0{,}328\ \text{CaO} &= 0{,}364\ \text{Na}_2\text{O} \\
0{,}294\ \text{MgO} &= \underline{0{,}455\ \text{Na}_2\text{O}} \\
&\quad\ \ 6{,}987\ \text{Na}_2\text{O}
\end{aligned}
\qquad
\begin{aligned}
3{,}817\ \text{Cl} &= 3{,}337\ \text{Na}_2\text{O} \\
4{,}674\ \text{SO}_3 &= \underline{3{,}622\ \text{Na}_2\text{O}} \\
&\quad\ \ 6{,}959\ \text{Na}_2\text{O}
\end{aligned}
$$

$$
\begin{aligned}
1{,}314\ \text{K}_2\text{O} &= 0{,}865\ \text{Na}_2\text{O} \\
3{,}923\ \text{Na}_2\text{O} &= 3{,}923\ \text{Na}_2\text{O} \\
0{,}339\ \text{CaO} &= 0{,}376\ \text{Na}_2\text{O} \\
0{,}139\ \text{MgO} &= \underline{0{,}216\ \text{Na}_2\text{O}} \\
&\quad\ \ 5{,}380\ \text{NaO}_2
\end{aligned}
\qquad
\begin{aligned}
4{,}996\ \text{Cl} &= 4{,}368\ \text{Na}_2\text{O} \\
1{,}265\ \text{SO}_3 &= \underline{0{,}980\ \text{Na}_2\text{O}} \\
&\quad\ \ 5{,}348\ \text{Na}_2\text{O}
\end{aligned}
$$

Mais, à côté des acides sulfurique et chlorhydrique, ces urines contiennent encore des quantités notables d'acide phosphorique et d'acide urique, plus un peu d'acide hippurique et d'acide oxalique. Elles devraient donc contenir des acides minéraux libres, si l'organisme ne disposait pas de ressources pour empêcher leur formation. Premièrement, il produit de l'ammoniaque. Je n'ai malheureusement pas dosé l'ammoniaque dans mes analyses. L'urine normale en contient d'ordinaire 0 gr. 4 à 0 gr. 9 ; or 0 gr. 4 de Az H_3 suffisent exactement à transformer 1 gr. 66 d'acide phosphoriquee en phosphate acide, et 0 gr. 8 de Az H_3 sont équivalents à 3 gr. 44 d'acide phosphorique contenus dans la première portion. Un second expédient pour diminuer l'acidité de l'urine consiste dans la conjugaison de l'acide sulfurique avec des combinaisons aromatiques, de sorte que l'acide bibasique est transformé en acide monobasique (voir p. 247, 319 et 321, et leçon 18).

L'urine normale ne devient alcaline qu'après l'absorption avec les aliments de sels de potassse dont les acides peuvent être brûlés. Les fruits acides et les baies contiennent beaucoup de ces sels ; ce sont les sels de potasse des acides tartrique, citrique, malique, etc. La potasse apparaît sous forme de carbonate dans l'urine, après la combustion des acides. L'urine a alors une réaction alcaline et entre en effervescence si l'on ajoute des acides. L'urine sécrétée après un repas de pommes de terre est aussi alcaline ; la pomme de terre contient peu de matières protéiques (produit par conséquent peu d'acide sulfurique) et beaucoup de malate de potasse qui est brûlé en carbonate. Par contre, les aliments végétaux les plus importants, les céréales et les légumineuses, donnent une urine acide comme la viande, car elles contiennent beaucoup de matières protéiques et de combinaisons phosphorées.

Nous pouvons tirer de là quelques indications pour le régime des personnes disposées à la gravelle et aux concrétions uriques dans la vessie. Nous ne connaissons malheureusement pas encore toutes les conditions du dépôt de l'acide urique, mais nous savons déjà que l'acidité de l'urine a aussi son importance. On fera donc bien d'engager les malades à renoncer à des aliments riches en albuminoïdes et contenant peu de bases pouvant saturer les acides urique et sulfurique formés de l'albumine. Sous ce rapport, je crois que l'aliment le plus nuisible est le fromage. Les sels alcalins basiques ont passé dans le petit-lait lors de la fabrication du fromage, et la combustion de la caséine dans l'organisme produit des quantités considérables d'acides urique, sulfurique et phosphorique, qui ne sont qu'insuffisamment saturés par des bases. On prétend que les calculs de la vessie sont très fréquents dans certaines contrées de la Saxe et d'Altenbourg, où la population des campagnes consomme beaucoup de fromage [1]. En Suisse, les calculs sont rares, quoique le fromage y fasse aussi partie de l'alimentation du peuple. Cela provient peut-être de ce qu'à côté du fromage on y consomme beaucoup de fruits. La viande salée et les poissons salés produisent une urine très acide et riche en acide urique, car par la salaison les sels basiques (phosphate et carbonate alcalins) passent dans la saumure et sont remplacés par du chlorure de sodium. J'ai entendu dire par des médecins russes que les concrétions uriques sont fréquentes dans certaines provinces de la Russie, où le peuple se nourrit surtout de poissons salés. Si l'on veut chercher à empêcher la formation de calculs dans la vessie par l'administration d'alcalis, ou provoquer la dissolution de calculs déjà existants, il est certainement plus rationnel d'ordonner des fruits et des pommes de terre que des eaux minérales alcalines, car nous ne savons pas quels troubles peuvent résulter d'un usage prolongé de ces dernières. Comme le sel de lithium de l'acide urique est plus soluble dans l'eau que les sels de soude ou de potasse, on a cru devoir combattre la diathèse urique par l'administration de quelques décigrammes de carbonate de lithine ou

---

[1] LEHMANN, *Sitzungsber. d. Ges. f. Natur. u. Heilkunde zu Dresden*, 1868, p. 56. W. EBSTEIN, *Die Natur. u. Behandlung d. Harnsteine.* Wiesbaden, 1884, p. 145-156.

d'eau minérale contenant 1 centigramme de lithium par litre d'eau. Ceux qui ont préconisé cette idée naïve, avaient certainement oublié l'existence de la loi de Berthollet. Nous savons que, dans des solutions contenant des bases et des acides, chaque acide se répartit sur toutes les bases en raison de leurs masses respectives. Le lithium ne fixera donc qu'une fraction infime de l'acide urique, dont la grande masse se combinera au sodium, que nous absorbons en quantité relativement considérable sous forme de chlorure. On retrouvera la plus grande partie du lithium dans l'urine, combiné au chlore du sel de cuisine, à l'acide phosphorique et à l'acide sulfurique. La solubilité de l'acide urique n'en sera pas augmentée.

Dans certains états pathologiques, l'urine peut devenir alcaline par la transformation de l'urée en carbonate d'ammoniaque. C'est ce qui a lieu par exemple si on laisse l'urine longtemps exposée à l'air, et nous savons que cette transformation est due à des bactéries [1]. Si ces organismes pénètrent dans la vessie, la décomposition se fait déjà dans cet organe ; l'urine devient alcaline, et les terres alcalines qui étaient dissoutes dans l'urine acide se précipitent sous forme de *phosphate de chaux* et de *phosphate ammoniaco-magnésien*, ce qui peut provoquer la formation de calculs.

Nous en avons dit assez sur la réaction de l'urine et les causes dont elle dépend. Nous connaissons maintenant tous les composants que l'on rencontre en quantité appréciable dans l'urine normale. Il nous reste à jeter un rapide coup d'œil sur les nombreuses substances qui s'y trouvent encore en petites quantités et, sans entrer dans beaucoup de détails, à mentionner ce que nous savons sur l'importance et l'origine de quelques unes d'entre elles.

Commençons par les *matières colorantes* de l'urine. De tous temps, les différences de coloration des urines normales et pathologiques ont excité

---

[1] Voir à ce sujet P. Cazeneuve et Ch. Livon, *Comptes-rendus*, t. 85, p. 571, 1877, R. von Jaksch, *Zeitschr. f. physiol. Chem.*, t. 5, p. 395, 1881. W. Leube. *Sitzungsber. d. phys. med. Soc. zu. Erlangen*, 10 nov. 1884; p. 4, et *Virchow's Arch.*, t. 100, p. 540, 1885. On peut extraire le ferment des bactéries; mais, pendant la vie, elles ne le communiquent pas au liquide dans lequel elles se trouvent Musculus, *Comptes-rendus*, t 78, p. 132, 1874, et *Pflüger's Arch.*, t. 12, p. 214, 1876. A. Sheridan Lea, *Journ. of. physiol*, vol. 6, p. 136, 1885. Dans le procédé de la transformation de l'urée en carbonate d'ammoniaque, des tensions chimiques paraissent se transformer en énergie, qui est utilisée pour la vie des organismes de la fermentation.

l'intérêt des médecins. On espérait pouvoir tirer parti de la couleur de l'urine pour le diagnostic des maladies. Mais la quantité de ces subtances est si faible qu'on n'est jamais parvenu à les isoler en portions suffisantes pour en étudier les propriétés. On a dû se contenter d'affubler ces matières colorantes de beaux noms latins et grecs, que je m'abstiendrai de citer ici, attendu que je ne pourrais rien y ajouter de certain et de positif.

Je ne m'arrêterai qu'à une de ces substances, car c'est la seule dont nous connaissions la composition et même le mode de formation dans notre corps. Je veux parler de *l'urobiline*, découverte par Jaffé [1]. Cet auteur a trouvé constamment dans l'urine normale ce corps brun-rouge, et en quantités plus fortes dans l'urine des fébricitants. Il est caractérisé par son spectre d'absorption et par la fluorescence verte qu'offre sa solution ammoniacale après addition de chlorure de zinc. On ne serait jamais arrivé à connaître la composition de l'urobiline, qu'on ne rencontre dans l'urine qu'en petites quantités, si Maly [2] n'était parvenu à la préparer artificiellement, en faisant agir de l'hydrogène naissant sur la bilirubine. Cette méthode de préparation explique la présence constante de l'urobiline dans le contenu de l'intestin, car, ainsi que nous l'avons vu, la bilirubine subit aussi dans l'intestin l'action de l'hydrogène naissant. La coloration brune des fèces humaines est due principalement à l'urobiline; elles ne renferment généralement plus de matières colorantes de la bile intactes. Il est possible que l'urobiline de l'urine provienne aussi de l'intestin, quoique rien ne nous oblige à admettre cette hypothèse. L'urobiline pourrait aussi prendre naissance dans d'autres organes. Ainsi Jaffé en a trouvé dans la bile. Hoppe-Seyler [3] a montré plus tard qu'il est aussi possible de préparer l'urobiline en faisant agir de l'hydrogène naissant sur de l'hématine. Il existe donc une relation étroite entre ces trois matières colorantes [4] :

$$\text{Hématine}\ldots\ldots\ldots\ldots\quad C_{32}H_{32}Az_4O_4Fe$$
$$\text{Bilirubine}\ldots\ldots\ldots\ldots\quad C_{32}H_{36}Az_4O_6$$
$$\text{Urobiline}\ldots\ldots\ldots\ldots\quad C_{32}H_{40}Az_4O_7$$

[1] M. Jaffé, *Virchow's Arch.*, t. 47, p. 405, 1869. *Centralbl. f. d. med. Wissensch.*, 1868, p. 241, 1869, p. 177, et 1871, p. 465.
[2] R. Maly, *Centralbl. f. d. med. Wissensch.*, 1871, n° 54. *Ann. d. Chem.*, t. 163, p. 77, 1872.
[3] Hoppe-Seyler, *Ber. d. deutsch. chem. Ges.*, t. 7, p. 1065, 1874.
[4] Nous étudierons cette relation plus en détail dans la leçon suivante, en même temps

On compte généralement aussi L'INDIGO [1] parmi les matières colorantes de l'urine, quoiqu'on ne le trouve pas comme tel dans l'urine, mais sous forme d'un composé incolore, l'indoxylsulfate de potassium [2]. Si l'on traite l'urine par de l'acide chlorhydrique concentré et qu'on ajoute un oxydant (chaux chlorée etc.), l'acide sulfoconjugué se dédouble et l'indoxyle est oxydé en indigo :

$$2C_8H_6AzKSO_4 + O_2 = C_{16}H_{10}Az_2O_2 + 2SO_4KH$$
indoxylsulfate de potassium   indigo

Généralement la quantité d'indigo ainsi formé est très petite, cependant il est rare qu'il manque complètement dans l'urine humaine. En agitant avec du chloroforme l'urine traitée par le procédé ci-dessus, celui-ci s'empare de l'indigo et se colore en beau bleu.

L'origine de l'indigo dans l'organisme est évidente. Nous savons que l'indol, la combinaison fondamentale de tout ce groupe, se dédouble de l'albumine sous l'influence des bactéries de la putréfaction et qu'on le trouve toujours dans le contenu de l'intestin [3]. L'indol résorbé est oxydé en *indoxyle* dans les tissus par un procédé absolument semblable à celui de l'oxydation du benzol en phénol :

$$C_8H_7Az + O = C_8H_6(OH)Az$$
indol   indoxyle

Mais l'indoxyle s'unit à l'acide sulfurique en abandonnant de l'eau, comme le font la plupart des combinaisons aromatiques contenant un groupe hydroxyle (phénol, crésol, pyrocatéchine, etc). Jaffé a montré que la combinaison sulfoconjuguée de l'indoxyle apparait en grande quantité dans l'urine après une injection sous-cutanée d'indol. On l'a trouvée en outre en grande quantité dans les cas d'occlusion intestinale. Ce symptôme pourrait peut-être avoir une certaine importance au point

que l'apparition dans les urines pathologiques des matières colorantes du sang et de la bile.

[1] Voir, pour la synthèse et la constitution de l'indigo, ADOLF BAEYER, *Ber. d. deutsch. chem. Ges.*, t. 13, p. 2254, 1880, et t. 14, p. 1741, 1881.

[2] E. BAUMANN u. L. BRIEGER, *Zeitschr. f. physiol. Chem.*, t. 3, p. 254, 1879. Ce travail renferme l'exposé de la littérature à ce sujet.

[3] S. RADZIEJEWSKY, *Du Bois' Arch.*, 1870, p. 37. W. KUHNE, *Ber. d. deutsch. chem. Ges.*, t. 8, p. 206, 1875. NENCKI, *ebend.*, t. 8, p. 336, 1875. SALKOWSKI, *Zeit. chr. f. physiol. Chem.*, t. 8, p. 417, et t. 9, p. 8, 1884.

de vue du diagnostic, en nous indiquant l'endroit de l'intestin où siège l'occlusion. Jaffé [1] est en effet parvenu à démontrer que la sécrétion de l'indoxyle est augmentée par la ligature de l'intestin grêle, tandis que ce n'est pas le cas si on lie le gros intestin. Pour expliquer ce fait, il faut admettre que l'albumine qui fournit la matière à la production de l'indol est résorbée avant d'arriver dans le gros intestin. La ligature de l'intestin grêle provoque une stagnation des matières protéiques, qui deviennent la proie des organismes de la putréfaction. Jaffé a trouvé, d'accord avec cette déduction, que l'occlusion de l'intestin grêle était suivie chez l'homme d'une augmentation de la sécrétion de l'indigo, tandis que des coprostases dans le gros intestin restaient sans effet.

De même que l'indol, toutes les autres combinaisons aromatiques que l'on rencontre dans l'urine sous forme *d'acides sulfoconjugués* prennent naissance dans l'intestin par la putréfaction des matières protéiques. Baumann [2] a constaté que les acides sulfoconjugués disparaissent de l'urine des chiens auxquels on a administré du calomel pour leur désinfecter l'intestin. Si par contre on favorise la putréfaction intestinale en neutralisant par du carbonate de chaux l'acide chlorhydrique de l'estomac, la quantité des acides sulfoconjugés contenus dans l'urine augmente [3]. Ces observations sont un indice que, sous bien des rapports, la détermination des acides sulfoconjugués de l'urine pourrait avoir son importance, car elle nous donnerait jusqu'à un certain point la mesure de la putréfaction bactérienne dans l'intestin. On pourrait s'assurer, par la disparition des acides sulfoconjugués de l'urine, que l'intestin a été complètement désinfecté [4] avant d'en faire par exemple la résection.

Recherchons maintenant l'endroit où s'accomplit l'union des combinaisons aromatiques formées dans l'intestin avec l'acide sulfurique. Ce n'est pas dans le rein, car on trouve de l'acide phénylsulfurique dans le sang après l'administration de phénol [5]. Le phénol est un poison violent, tandis que les phénylsulfates sont indifférents. C'est pourquoi Baumann

---

[1] M. JAFFÉ, *Virchow's Arch.*, t. 70, p. 72, 1877.

[2] BAUMANN, *Die aromat. Verbindungen in Harne und die Darmfäulniss, Zeitschr. f. physiol. Chem.*, t. 10, p. 123-133, 1886. Je recommande particulièrement au commençant cet exposé court et clair de BAUMANN, qui est un excellent point de départ pour l'orientation dans la littérature des composants aromatiques de l'organisme.

[3] A. KAST, *Ueb. d. quantit. Bemessung d. antiseptischen Leistung d. Magensaftes. Festschrift zur Eröffnung d. neuen allg. Krankenhauses zu Hamburg-Eppendorf*, 1889.

[4] A KAST u. H. BAAS, *Münchener med. Wochenschr.*, 1888, n° 4.

[5] BAUMANN, *Pflüger's Arch.*, t. 13, p. 285, 1876.

recommande le sulfate de soude comme antidote dans l'intoxication par le phénol. Il a pu constater que des chiens auxquels on administre le phénol en lotions sur la peau, supportent le poison plus facilement et sécrètent plus d'acide phénylsulfurique lorsqu'on leur administre en même temps du sulfate de soude. Ce fait ne serait pas explicable si la conjugaison ne s'accomplissait que dans le rein.

Baumann a trouvé dans le foie les acides sulfoconjugués en quantité bien plus considérable que dans le sang, ce qui rend probable l'hypothèse que c'est dans cet organe que s'accomplit la synthèse, et que les combinaisons aromatiques toxiques arrivant de l'intestin y subissent une transformation en combinaisons indifférentes, avant d'entrer dans le grand torrent circulatoire (voir leçon 18).

Jusqu'à présent nous n'avons rencontré que deux espèces de combinaisons sulfurées dans l'urine : les sels de l'acide sulfurique ordinaire et ceux des acides sulfoconjugués. La quantité de ces derniers comporte en moyenne 1/10 de celle des sulfates bibasiques [1]. Mais le nombre des combinaisons sulfurées de l'urine est bien plus grand. Si l'on ajoute du chlorure de baryum à l'urine préalablement acidulée avec de l'acide acétique, l'acide sulfurique ordinaire se précipite. Si, après l'avoir filtré, on ajoute au liquide une quantité suffisante d'acide chlorhydrique et qu'on chauffe à l'ébullition, les acides sulfoconjugués se dédoublent et l'acide sulfurique ainsi formé se précipite aussi à l'état de sel de baryte. Si enfin on évapore la liqueur séparée par filtration de son précipité, et si l'on fond le résidu avec du salpêtre, on y trouvera encore une quantité notable d'acide sulfurique. Ce troisième groupe de combinaisons sulfurées comporte chez l'homme de 10 à 20 o/o du soufre total contenu dans l'urine. Chez le chien et le lapin, la proportion des combinaisons organiques sulfurées dans l'urine est encore bien plus considérable [2]. Passons maintenant en revue nos rares connaissances sur ces combinaisons, et voyons quels sont leurs rapports avec l'albumine d'un côté et l'acide sulfurique de l'autre.

Nous devons admettre que le soufre contenu dans les albuminoïdes

---

1 R. v. D. VELDEN, *Virchow's Arch.*, t. 70, p. 343, 1877.

2 Voir VOIT u. BISCHOFF, *Die Gesetze der Ernährung d. Fleischfressers*, Leipzig, 1860, p. 270. VOIT, *Zeitschr. f. Biolog*, t. 1, p. 127 et 129, 1865 ; t. 10, p. 216, 1874. SALKOWSKI, *Virchow's Arch.*, t. 58, p. 460, 1873. KUNKEL, *Pflüger's Arch*, t. 14, p. 344, 1877. R. LÉPINE, GUÉRIN et FLAVARD, *Revue de médecine*, t. 1, p. 27 et 911, 1882.

riches en soufre, tels que l'albumine du sérum et celle du blanc d'œuf,
s'y trouve sous deux formes, l'une oxydée et une autre qui ne l'est pas [1].
Si l'on chauffe l'albumine avec de la potasse caustique, l'un des atomes
se dédouble sous forme de sulfate de potasse; l'autre sous forme
de sulfure. On reconnaît facilement ce dernier par la cuisson avec une
solution basique d'oxyde de plomb, dans laquelle il se précipite du sulfure de plomb noir. Les matières protéiques contenant peu de soufre
(telles que la caséine, la matière albuminoïde de l'hémoglobine, la légu-
mine) ne présentent pas cette réaction. Parmi les produits organiques de
dédoublement des albuminoïdes, nous trouvons dans le corps animal
l'atome de soufre oxydé dans la TAURINE, l'atome non oxydé dans la
CYSTINE. Si l'on cuit la cystine avec une solution basique d'oxyde de plomb,
il se précipite du sulfure de plomb. Quant à la taurine, que nous avons
appris à connaître comme de l'acide amidoéthylène sulfureux, il est
naturel qu'elle ne peut donner cette réaction.

La CYSTINE a la composition $C_3H_6Az\,SO_2$ [2]. On ne la rencontre pas
dans l'organisme à l'état normal [3]. Ce n'est que dans certaines conditions anormales encore peu connues que l'urine contient une quantité
notable de cystine. Cependant, il paraît exister dans la nutrition normale
une combinaison proche parente de la cystine, qui n'en diffère que par
un atome d'hydrogène en plus, et qu'on a nommée CYSTÉINE. Un produit
de substitution de la cystéine apparaît dans l'urine après l'injection de
bromobenzol. Baumann [4] considère la cystéine comme un acide lactique
dans lequel un H est remplacé par AzH_2 et OH par SH:

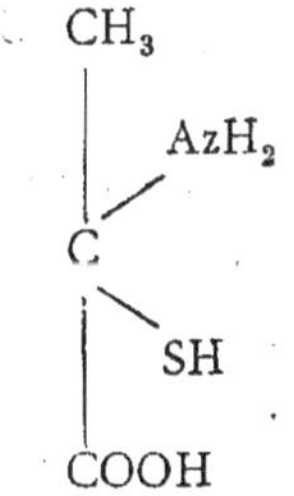

$$CH_3$$
$$|$$
$$\underset{|}{C}\!\!\diagdown^{AzH_2}_{\;SH}$$
$$COOH$$

<hr>

[1] On doit à A. KRUGER (*Pflüger's Arch.*, t. 43, p. 244, 1888) les recherches les plus récentes et les plus complètes sur le soufre des albuminoïdes. Malheureusement l'auteur
s'est servi d'une substance impure pour ses recherches.

[2] E. KÜLZ, *Zeitschr. f. Biol*, t. 20, p. 1, 1884.

[3] STADTHAGEN, *Zeitschr. f physiol. Chem.*, t. 9, p. 129, 1884.

[4] E. BAUMANN u. C. PREUSSE, *Ber. d. deutsch. chem. Ges.*, t. 12, p. 806, 1879. *Zeitschr*

Le produit de substitution de la cystéine que l'on trouve dans l'urine après une administration de bromobenzol, se dédouble par la cuisson avec des acides étendus, avec absorption d'eau, en acide acétique et en bromophénylcystéine :

$$
\begin{array}{c}
CH_3 \\
\mid \\
\quad\; AzH_2 \\
\mid \diagup \\
C \\
\mid \diagdown \\
\quad\; S(C_6H_4Br) \\
\mid \\
COOH.
\end{array}
$$

Baumann a préparé la cystéine en faisant agir de l'hydrogène naissant sur la cystine. Sous l'action de l'oxygène de l'air, la cystéine est retransformée en cystine :

$$
AzH_2 - \underset{\underset{COOH}{\mid}}{\overset{\overset{CH_3}{\mid}}{C}} - SH + O + HS - \underset{\underset{COOH}{\mid}}{\overset{\overset{CH_3}{\mid}}{C}} - AzH_2 =
$$

$$
H_2O + AzH_2 - \underset{\underset{COOH}{\mid}}{\overset{\overset{CH_3}{\mid}}{C}} - S - S - \underset{\underset{COOH}{\mid}}{\overset{\overset{CH_3}{\mid}}{C}} - AzH_2
$$

On doit donc doubler la formule empirique de la cystine et l'écrire $C_6H_{12}Az_2S_2O_4$. La cystine prend probablement naissance par une synthèse dans l'organisme, dans laquelle deux molécules d'albumine servent à former une molécule de cystine.

Le procédé de formation de la bromophénylcystéine serait donc absolument semblable à celui de la cystine. Un atome d'oxygène diatomique

f. physiol., Chem., t. 5, p. 309, 1881. M. JAFFÉ, *Ber. d. deutsch. chem. Ges.*, t. 12, p. 1092, 1879. BAUMANN, *id.*, t. 15, p. 1731, 1882. *Zeitschr. f. physiol. Chem.*, t. 8, p. 299, 1884. GOLDMANN, *id.*, t. 9, p. 260, 1884.

s'emparerait d'un H du bromobenzol et d'un H de la cystéine, en unissant les deux affinités mises ainsi en liberté :

$$CH_3 \qquad\qquad\qquad\qquad\qquad CH_3$$
$$\mid \qquad\qquad\qquad\qquad\qquad\quad \mid$$
$$H_2Az - C - SH + O + HC_6H_4Br = H_2O + H_2Az - C - S(C_6H_4Br).$$
$$\mid \qquad\qquad\qquad\qquad\qquad\quad \mid$$
$$COOH \qquad\qquad\qquad\qquad\quad COOH$$

La cystine est difficilement soluble dans l'eau, c'est pourquoi elle apparaît toujours dans l'urine sous forme de sédiments et quelquefois, mais rarement, de calculs. On rencontre des individus chez lesquels une portion notable du soufre (env. $1/4$) est sécrétée sous forme de cystine, sans aucun trouble consécutif appréciable. Cette anomalie de nutrition se rencontre parfois chez plusieurs membres de la même famille [1] (peut-être est-ce une affection héréditaire).

Dans des conditions normales, la cystine et son congénère la cystéine sont rapidement dédoublées et oxydées, et la plus grande partie du soufre apparaît dans l'urine oxydée en acide sulfurique, ainsi que Goldmann [2] l'a démontré dans une série de recherches entreprises dans le laboratoire de Baumann. Ayant donné à un chien 2 grammes de cystéine, il retrouva la plus grande partie du soufre ainsi administré (env. $2/3$) sous forme d'acide sulfurique dans l'urine. Le reste avait contribué à augmenter la proportion des combinaisons organiques sulfurées de l'urine. Dans la cystinurie, l'urine humaine a toujours une réaction alcaline ou faiblement acide. Cette observation est d'accord avec l'hypothèse qui admet une oxydation du soufre de la cystéine en acide sulfurique.

Nous ne savons rien de certain sur le sort de la TAURINE $(CH_2 (AzH_2) - CH_2SO_3H)$. J'ai déjà fait remarquer que la quantité de soufre contenue dans la taurine de la bile ne représente qu'une faible portion du soufre des albuminoïdes détruits, et qu'elle n'augmente que peu après une forte absorption de matières protéiques. C'est pourquoi on peut se

[1] On trouvera dans F.-W. BENEKE, *Grundzüge der Pathologie d. Stoffwechsels*, Berlin, 1874, p. 255, un résumé de tous les cas de cystinurie décrits jusqu'alors. A. NIEMANN, *Deutsch. Arch f. Klin. Med*, t. 18, p. 232, 1876. N.-F. LÜBISCH, *Liebig's Ann.*, t. 182, p. 231, 1876. W. EBSTEIN, *Die Natur. u Behandlung d. Gicht Wiesbaden*, 1882, p. 130, et *Die Natur u. Behandlung d. Harnsteine Wiesbaden*, 1884, p. 172. STADTHAGEN. *Virchow's Arch.*, t. 100. p. 416, 1885.

[2] E. GOLDMANN, *Zeitschr. f. physiol. Chem.*, t. 9, p. 269, 1885.

démander si chaque molécule d'albumine détruite produit une molécule de taurine. La taurine est conjuguée dans la bile avec l'acide cholalique. Sous l'influence des ferments de la digestion et de la putréfaction, elle se dédouble indubitablement dans l'intestin en absorbant de l'eau. Nous ne savons pas si la taurine mise ainsi en liberté est résorbée, ou si elle subit encore une transformation préalable. Jusqu'à aujourd'hui on n'est pas parvenu à en déceler avec certitude la présence dans les fèces, pas plus que dans l'urine. Les essais faits en vue d'étudier le sort de la taurine dans l'organisme[1] ne donnèrent pas de résultats satisfaisants. Si l'on administre à l'homme ou au chien des quantités de taurine suffisantes, la résorption n'a pas lieu assez lentement pour permettre une transformation complète en produits normaux de désassimilation ; une partie de la taurine apparaît comme telle dans l'urine, une autre sous forme d'un produit de substitution de l'urée :

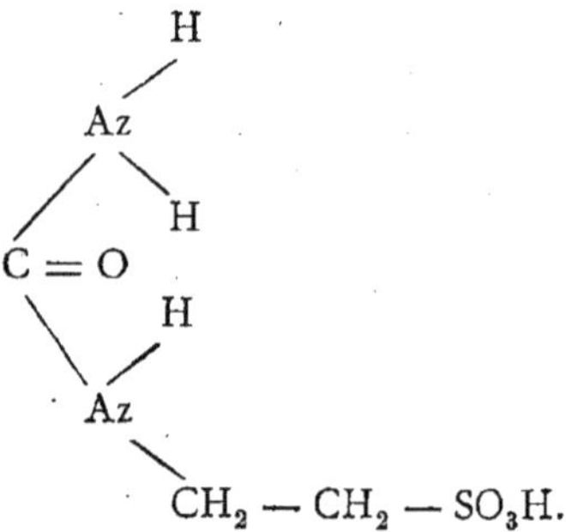

On n'a pas pu retrouver avec certitude ce produit de substitution dans l'urine normale. On ne le retrouve pas non plus dans l'urine des lapins après une administration artificielle de taurine. Chez ces animaux, presque tout le soufre de la taurine reparait sous forme d'acide sulfurique et d'acide thiosulfurique. Cette dernière transformation ne se produit que lorsque la taurine a été administrée par la voie gastrique. Si par contre on l'injecte sous la peau, on en retrouve la plus grande partie intacte dans l'urine. L'acide thiosulfurique provient vraisemblablement de procédés de réduction dans l'intestin. On ne l'a jusqu'à présent pas trouvé dans

[1] E. Salkowski, *Ber. d. deulsch. chem. Ges.*, t. 6, p. 744, 1191 et 1312, 1873 et *Virchow's Arch.*, t. 5, p. 460, 1873.

l'urine normale du lapin, mais souvent dans celle du chat et du chien [1]. On ne l'a trouvé qu'une fois dans l'urine humaine, dans un cas de typhus [2].

L'ACIDE SULFOCYANIQUE (CAzSH) compte aussi parmi les combinaisons sulfurées de l'urine [3]. Gscheidlen l'a trouvé constamment dans l'urine du cheval, du bœuf, du chat, du chien, du lapin et dans l'urine de l'homme, qui en contient en moyenne o gr. o2 par litre. Munk a trouvé dans trois dosages une moyenne de o gr. o8 d'acide sulfocyanique. On a trouvé aussi des sulfocyanates dans le sang de chien, et Gscheidlen a démontré que ces sels proviennent des glandes salivaires, dont la sécrétion en contient toujours de petites quantités chez les mammifères. Ayant sectionné tous les canaux salivaires et fait dériver à l'extérieur la salive sécrétée, Gscheidlen et Heidenhain purent constater la disparition du sulfocyanate de potassium du sang et de l'urine, tandis que la salive s'échappant de la plaie opératoire en contenait encore. Cette expérience démontre donc que l'acide sulfocyanique prend normalement naissance dans les glandes salivaires, qu'il parvient avec la salive dans le tube digestif, d'où il passe par résorption dans le sang et dans l'urine. Nous ignorons encore complètement quelle peut être l'importance de la petite quantité d'acide sulfocyanique contenue dans l'urine.

Il nous reste maintenant encore à étudier les composants organiques de l'urine exempts de soufre et d'azote. On cite généralement comme tels l'ACIDE LACTIQUE, le SUCRE et l'ACIDE OXALIQUE. Mais jusqu'à présent on n'a jamais pu constater avec certitude la présence de l'acide lactique dans l'urine normale. On ne l'a trouvé que dans certains cas pathologiques, notamment dans l'intoxication par le phosphore, l'atrophie du foie [4], l'ostéomalacie [5] et la trichinose [6]. On peut déjà douter pour des raisons téléologiques que l'acide lactique passe dans l'urine normale. Ce

---

[1] O. SCHMIEDEBERG, *Arch. f. Heilkunde*, t. 8, p. 422, 1867. MEISSNER, *Zeitschr. f. rat. Med.* z. 3, Reihe, t. 31, p. 322, 1868.

[2] AD. STRUMPELL, *Arch. d. Heilk.*, t. 17, p. 390, 1876.

[3] LEARED, *Proc. of the royal Soc. of. London.* V. 16, p. 18, 1870. R. GSCHEIDLEN, *Tageblatt d. 47. Vers. d. Naturf. u. Aerzte in Breslau*, 1874, p. 98, et *Pflüger's Arch.*, t. 14, p. 401, 1877. E. KÜLZ, *Sitzungsgsber. d. Ges. z. Beförder. d. ges. Naturw. in Marburg*, 1875, p. 76. J. MUNCK, *Virchow's Arch.*, t. 69, p. 354, 1877.

[4] SCHULTZEN u. RIESS, *Ann. d. Charité-Krankenhauses*, t. 15, 1869.

[5] MOERS u. MUCK, *Deutsch. Arch. f. Klin Med.*, t. 5, p. 485, 1869. La méthode analytique employée dans ces recherches est défectueuse. Voir pour la critique NENCKI et SIEBER, *Journ. f. prakt. Chem.*, t. 26, p. 41, 1882.

[6] TH. SIMON u. F. WIBEL, *Ber. d. deutsch. chem. Ges.*, t. 4. p. 139, 1871.

serait un gaspillage de tensions chimiques que nous n'avons pas l'habitude de rencontrer dans les fonctions de notre organisme. Il en est de même du sucre. En effet, plus on a voué de soins à la recherche du sucre dans l'urine normale, plus les résultats ont été négatifs. Et les auteurs qui prétendent avoir trouvé du sucre dans l'urine normale, s'accordent tous à reconnaître que ce n'est qu'en très petites quantités[1]. En tout cas, on n'est jamais parvenu à isoler la glucose de l'urine normale.

On trouve constamment de l'ACIDE OXALIQUE dans l'urine normale de l'homme ; mais la quantité en est très petite et s'élève tout au plus à o gr. o2 en vingt-quatre heures[2]. Cet acide provient probablement de l'acide oxalique contenu dans les aliments végétaux. Nous n'avons pour le moment pas de raison nous portant à admettre une autre provenance pour cette combinaison. Je n'ai pas réussi à découvrir d'acide oxalique dans l'urine d'un jeune homme sain, nourri pendant deux jours exclusivement de viande, ni dans celle d'un autre jeune homme après quarante-huit heures d'une alimentation composée exclusivement de viande grasse et de sucre[3]. L'acide oxalique paraît donc ne dériver normalement d'aucun des trois groupes principaux d'aliments. Mais l'acide oxalique contenu dans les aliments doit passer dans l'urine, car, d'après les recherches de Gaglio[4] faites dans le laboratoire de Schmiedeberg à Strasbourg, l'acide oxalique n'est pas détruit dans l'organisme. Un chien à jeun ou nourri de viande ne sécrète pas d'acide oxalique[5]. Si on lui injecte sous la peau 1/2 — 1 milligramme d'acide oxalique ou d'oxalate de soude, on le retrouve dans l'urine dans les vingt-quatre ou quarante-

---

1. Voir là-dessus E. Kulz, *Pflüger's Arch.*, t. 13, p. 269, 1876. M. Abeles, *Centralbl. f. d. med. Wissensch.*, 1879, n° 3, 12 et 22. J. Seegen, *id.*, n° 8 et 16. Regulus Moscatelli, *Moleschott's Unters. z. Naturlehre d. Menschen.*, etc., t. 13, p. 103, 1881. L. v. Udransky, *Zeitschr. f. physiol. Chem.*, t. 12, p. 377, 1888, et *Ber. d. naturf. Gesellsch. zu Freiburg* i B, t. 4, 5 liv. 1889. Voir aussi les travaux cités plus haut p. 251-252 sur l'acide glycuronique.

2 P. Fürbringer, *Deutsch. Arch. f. Klin. Med.*, t. 18, p. 143, 1876. Le travail contient un exposé de la littérature sur l'acide oxalique. Furbringer s'est servi de la méthode de Neubauer. O. Schultzen (*Du Bois' Arch.*, 1868, p. 719) a trouvé des chiffres plus élevés en se servant d'une autre méthode. On trouvera la critique de ces deux méthodes dans un travail de Wesley Mills (*Virch. Arch.*, t. 99, p. 305, 1885) fait sous la direction de Salkowski.

3 Je me suis servi dans mes recherches de la méthode de Neubauer.

4 Gaetano Goglio, *Arch. f. exper. Pathol. u. Pharmak.*, t. 22, p. 246, 1887.

5 Les résultats de W. Mills (*Virchow's Arch.*, t. 99. p. 305, 1885) ne concordent pas avec ceux de Gaglio. Ayant nourri des chiens exclusivement de viande ou de viande et de lard, il trouva quand même de petites quantités d'acide oxalique dans l'urine.

huit heures suivantes. Si l'on injecte une solution neutre d'oxalate de soude dans le gésier d'un coq, l'acide oxalique se retrouve presque en entier dans les déjections.

Cependant l'acide oxalique paraît aussi pouvoir être considéré dans des conditions anormales comme un produit de désassimilation, résultant de l'oxydation incomplète des aliments[1]. On trouve dans la littérature médicale de nombreuses données sur l'augmentation de la sécrétion oxalique dans l'ictère, le diabète, la scrofulose, l'hypocondrie, etc. On parle aussi de l'*oxalurie* comme d'une maladie spéciale. Mais c'est en vain que l'on cherche une preuve certaine à ces données dans des recherches quantitatives minutieuses dans lesquelles on aurait aussi tenu compte de l'alimentation.

L'étude des circonstances favorisant l'apparition de l'acide oxalique dans l'urine est d'un grand intérêt au point de vue de la formation des calculs muraux. On sait que l'oxalate calcique est insoluble dans l'eau. C'est pourquoi on trouve souvent ce sel dans les sédiments de l'urine, sous forme de petits octaèdres, dont l'axe principal est le plus court. Si l'oxalate se dépose dans la vessie, il peut former des calculs. La solution de l'oxalate de chaux dans l'urine dépend surtout de l'acidité de celle-ci. Il se dissout dans une solution de phosphate acide de sodium[2], ce qui explique pourquoi les calculs muraux prennent parfois naissance dans des conditions analogues aux calculs phosphatiques et pourquoi l'on rencontre quelquefois des calculs contenant les deux sels mélangés ou disposés en couches concentriques. Je tiens encore à faire observer qu'on ne peut pas conclure d'une augmentation des sédiments d'oxalate de chaux à une augmentation de la sécrétion oxalique, car cette conclusion a déjà été la cause de nombreuses erreurs.

---

[1] Les données de GAGLIO présentent sous ce rapport un certain intérêt. Il trouva constamment de l'acide oxalique dans l'urine de grenouilles qu'il avait immobilisées par fixation, par la destruction de la moelle épinière ou au moyen de substances paralysantes (*Giorn. della R. accad. di med. di Torino*, 1883, p. 178). F. HAMMERBACHER a vu la sécrétion oxalique augmenter chez les chiens après l'injection de bicarbonate de soude (*Pflüger's Arch.*, t. 33, p. 89, 1883). FURBRINGER n'a pu constater sur l'homme le même effet de l'administration de bicarbonate de soude.

[2] C. NEUBAUER, *Arch. d. Vereins f. gemeinschaftl. Arbeiten zur Förderung der wissensch Heilkunde*, t. 4, p. 16 et 17, 1858, et MODDERMANN, *Nederl. Tydschr.*, 1864 Compte-rendu détaillé dans *Schmidt's Jährbücher*, 1865, t. 125, p. 145.

DIX-HUITIÈME LEÇON

LA NUTRITION DANS LE FOIE. — LA FONCTION GLYCOGÉNIQUE DU FOIE.

Nous avons à chaque instant, dans le cours de ces leçons, effleuré un chapitre traitant la question la plus difficile et la plus complexe de toute la chimie biologique — celle de la *nutrition dans le foie*.

Le foie a une fonction commune avec les reins, qui est de veiller à ce que la composition du sang reste constante. Pendant que les reins en expulsent toutes les matières étrangères et inutiles, le foie passe en revue tout ce qui entre dans le torrent sanguin. C'est pourquoi il est intercalé dans la portion du système circulatoire conduisant de l'intestin au cœur. Nous avons vu plus haut avec quel soin il veille à ce que le sang ne soit pas sursaturé de sucre, tout en pourvoyant à ce qu'il contienne toujours une proportion suffisante de cet aliment important. Nous l'avons vu en outre transformer l'ammoniaque, ce poison violent, en combinaisons inoffensives : en urée et en acide urique. Il transforme de la même manière les produits aromatiques de la putréfaction intestinale et leur enlève leurs propriétés toxiques en les conjuguant aux sulfates alcalins. Nous savons en outre qu'un grand nombre de poisons, en particulier les poisons métalliques, sont retenus dans le foie.

Le foie paraît avoir les mêmes rapports d'innervation que les reins. Jusqu'à présent on n'a pas pu démontrer un effet direct du système nerveux sur les cellules hépatiques. Les fonctions du foie, de même que celles des reins, sont réglées par des impulsions partant directement des composants du sang. Ce fait aussi est pour nous une preuve que la fonction principale du foie est de régulariser la composition du sang.

Mais en outre, le foie joue le rôle d'organe sécréteur de la bile. Nous avons déjà fait valoir les raisons qui nous portent à admettre que la bile ne doit pas être considérée seulement comme un produit secondaire, résultant des fonctions de nutrition essentielles du foie, et excrété dans l'intestin. La bile est une sécrétion appelée à jouer encore un rôle important dans la digestion intestinale.

Tous ces faits nous indiquent que le foie est le siège de transformations chimiques multiples et complexes. On a espéré arriver à se former une idée de ces procédés, en comparant la composition du sang à son entrée et à sa sortie de l'organe. On a fait de nombreuses analyses du sang de la veine porte et de celui de la veine hépatique [1]. Mais si nous songeons à la petite quantité de lymphe et de bile formée dans le foie, relativement à la masse de sang qui le traverse, nous ne devons pas nous attendre à trouver de différence de composition appréciable entre les deux espèces de sang. Rien ne nous prouve que les différences que l'on a constatées dans la composition du sang de la veine porte et de celui de la veine hépatique ne soient pas le résultat d'erreurs analytiques. En effet, il s'agit là de différences si minimes, que plus on a apporté de soins aux déterminations, plus les écarts se sont rapprochés, jusqu'à rentrer dans la limite des erreurs inévitables.

Il n'est qu'une substance dont nous puissions espérer constater l'augmentation dans le sang de la veine porte, pendant la digestion : c'est le *sucre*. De si grandes quantités de sucre sont résorbées en peu de temps pendant la digestion d'un repas riche en hydrates de carbone, que si celui-ci est retenu par le foie, l'on doit pouvoir en constater l'augmentation dans le sang de la veine porte relativement au sang de la veine hépatique. Et en effet, ainsi que je l'ai dit plus haut, cette démonstration à réussi (voir p. 198-199).

Un autre moyen pour étudier les phénomènes de nutrition dans le foie, serait l'extirpation de cet organe ou du moins son élimination du système circulatoire, afin d'observer quels procédés du chimisme animal sont suspendus par cette opération. On pourrait s'attendre avant tout à établir de cette manière si les composants de la bile, les acides biliaires et les matières colorantes, sont formés dans le foie, ou s'ils y sont amenés

---

[1] Voir l'exposé critique de ces travaux dans FLÜGGE, *Zeitschr. f. Biolog.*, t. 13, p. 133, 1877. W. DROSDOFF. *Zeitschr. f. physiol. Chem.*, t. 1, p. 233, 1877.

préformés par le sang. Si c'était le cas, le foie ne serait plus que l'organe excréteur, et son extirpation serait suivie d'une accumulation des composants de la bile dans le sang et dans les organes.

Ainsi que nous l'avons vu en traitant du lieu de formation de l'acide urique, les grenouilles survivent plusieurs jours à l'extirpation du foie. Mais les recherches tentées par cette méthode pour découvrir l'endroit où les matières colorantes de la bile prennent naissance, sont restées sans résultats, les expérimentateurs n'étant pas parvenus à vaincre les difficultés s'opposant à la détermination des composants biliaires dans les organes de la grenouille [1].

J'ai déja dit plusieurs fois pourquoi on ne peut pas extirper le foie chez les mammifères, et nous avons vu aussi, à l'occasion de la formation de l'acide urique, que l'on est parvenu à vaincre cet obstacle chez les oiseaux, en vertu de la communication existant normalement entre la veine porte et la veine rénale. Naunyn, Stern et Minkowski ont profité de cette circonstance pour étudier chez les oiseaux le siège de formation des composants de la bile.

Stern [2] a lié à des pigeons tous les vaisseaux aboutissant au foie (non seulement la veine porte et l'artère hépatique, mais aussi les petites veines entrant dans le foie) et les canaux biliaires. Dix à vingt-quatre heures après, il a sacrifié les animaux par la section des carotides. Il ne s'était plus produit de sécrétion urinaire depuis l'opération.

Chez les pigeons, les fonctions rénales s'arrêtent régulièrement après la ligature du foie [3]. Si donc les composants biliaires se forment ailleurs que dans le foie, ils devaient s'être accumulés dans le sang et les tissus, toute issue leur étant fermée. Stern s'occupa surtout des matières colorantes de la bile, plus faciles à découvrir. En se servant de la réaction si sensible de Gmelin, il n'en trouva nulle part, pas même dans le sérum ; aucun des organes ne présentait la moindre coloration ictérique. Si par

---

[1] On trouvera dans HANS STERN, *Arch. f. exper.*, *Path. u. Pharm.*, t. 19, p. 42-44, 1885, une critique de ces expériences. Aucun des expérimentateurs n'a donné par des expériences de contrôle la preuve qu'il était en état de découvrir de petites quantités de composants biliaires dans les organes de la grenouille.

[2] HANS STERN, *Arch. f. exper. Path. u. Pharmak.*, t. 19, p. 39, 1885.

[3] La sécrétion urinaire continue chez les poules, les oies et les canards, après la ligature du foie (MINKOWSKI et NAUNYN), *Arch. f. exper. Path. u. Pharm.*, t. 21, p. 3, 1886). Les expériences de MINKOWSKI que nous avons mentionnées sur l'influence de l'extirpation du foie sur la sécrétion urinaire furent faites sur des oies.

contre, il liait seulement les canaux biliaires, il trouvait les matières colorantes de la bile dans l'urine déjà après une heure et demie, et après cinq heures dans le sérum. Ces belles expériences nous permettent de conclure que c'est dans le foie que les matières colorantes de la bile prennent naissance.

Il en est de même des acides biliaires, ce dont on peut déjà se convaincre par une série de recherches entreprises par Fleischl[1] sous la direction de Ludwig. On ne trouve pas d'acides biliaires dans le sang normal[2]. Si on lie le canal cholédoque, les composants biliaires entrent dans les vaissaux lymphatiques du foie, et, passant de là dans le canal thoracique, aboutissent par cette seule voie dans le sang. Si l'on introduit une canule dans le canal thoracique et qu'on recueille le chyle après avoir fait la ligature du canal cholédoque, on peut y démontrer la présence d'acides biliaires. Si on lie simultanément le canal cholédoque et le canal thoracique, celui-ci se gorge de lymphe, mais le sang reste exempt d'acides biliaires. Les observations de Minkowski et Naunyn[3] concordent parfaitement avec les résultats de Fleischl. Ces auteurs n'ont jamais pu trouver d'acides biliaires dans le sang après l'élimination du foie du système circulatoire.

Nous pouvons donc affirmer que c'est dans le foie que prennent naissance les acides et les matières colorantes de la bile.

Recherchons maintenant quelles sont les substances qui servent à former ces corps, et commençons par les acides biliaires. Il est évident que les combinaisons conjuguées de ces acides contenant de l'azote, le *glycocolle* et la *taurine*, dérivent des albuminoïdes (voir p. 189 et p. 324). Mais il n'est pas nécessaire que l'*acide cholalique* exempt d'azote ait la même provenance. Il est parfaitement possible qu'il ait une origine différente et qu'il ne s'unisse que plus tard, par synthèse, avec un conjugué azoté en perdant de l'eau. Ce procédé serait analogue à la formation de l'acide hippurique. La faible proportion d'hydrogène contenue dans

---

[1] E. FLEISCHL, *Ber. d. k. sächs. Ges. d. Wissensch. Math. physikal.* Classe, 8 mai 1874, p. 42. KUFFERATH. *Du Bois' Arch.*, 1880, p. 92.

[2] On peut s'attendre *a priori* à trouver dans le sang des traces d'acides biliaires résorbés de l'intestin. DRAGENDORFF (*Zeitschr. f. analyt. Chem.*, t. 2, p. 467, 1872) et JOH. HÖNE (*Dissert. Dorpat*, 1873) ont pu démontrer la présence de traces d'acides biliaires dans l'urine humaine normale. HOPPE-SEYLER et L. v. UDRANSKY contestent ce résultat. *Zeitschr. f. physiol. Chem.*, t. 12, p. 375, 1888.

[3] MINKOWSKI et NAUNYN, *Arch. f. exper. Path. u. Pharm.*, t. 21, p. 7, 1886.

l'acide cholalique est digne d'attention. Si cet acide devait dériver des graisses ou des hydrates de carbone, il devrait se produire une condensation des atomes de carbone et un passage de là liaison simple à une liaison double. Nous aurions là une preuve de plus que la cellule animale peut être le siège de synthèses aussi compliquées que la cellule végétale.

Selon toutes probabilités, la matière colorante de la bile, la *bilirubine*, dérive de la matière colorante du sang, de l'*hématine*. Les faits suivants plaident en faveur de cette hypothèse. On ne trouve de matières colorantes dans la bile que chez les animaux dont le sang contient de l'hémoglobine, chez les vertébrés. Jusqu'ici on n'est pas parvenu à en découvrir chez les invertébrés. On pourrait bien objecter à ceci qu'il y a peut-être une autre cause à la chose et que les globules rouges ne sont pas la seule particularité qui distingue les vertébrés des invertébrés. A ce point de vue, il est intéressant de noter que l'*amphioxus*, qui n'a pas de globules rouges, mais d'après sa conformation appartient cependant aux vertébrés, ne produit pas de matière colorante biliaire; toutes les recherches entreprises dans ce but par Hoppe-Seyler[1] ont abouti à un résultat négatif. On sait que le foie de l'amphioxus se présente sous forme d'une excroissance en cul de sac de l'intestin, semblable au premier indice de cette glande, dans la vie embryonnaire des vertébrés supérieurs.

Il suffit de comparer la composition de l'hématine et des matières colorantes de la bile, pour en déduire la vraisemblance de leurs relations génésiques (voir plus haut, p. 52-53 et 190) :

$$
\begin{array}{ll}
\text{Hématine} & C_{32}\,H_{32}\,Az_4\,O_4\,Fe \\
\text{Bilirubine} & C_{32}\,H_{36}\,Az_4\,O_6 \\
\text{Biliverdine} & C_{32}\,H_{36}\,Az_4\,O_8 \\
\end{array}
$$

On peut préparer une matière colorante isomère à la bilirubine en faisant agir de l'acide bromhydrique sur l'hématine[2]. On a nommé *hématoporphyrine* le corps que l'on obtient de cette manière.

Dans les extravasations sanguines, le sang disparaît peu à peu pour

---

[1] Hoppe-Seyler, *Pflüger's Arch.*, t. 14, p. 399, 1877.
M. Nencki u. N. Sieber, *Sitzungsber. d. k. Akad. d. W. zu Wien, Math. naturw. Classe*, t. 97, II, 1888.

faire place à un corps cristallisé étudié en premier lieu par Virchow [1] et nommé par lui *hématoïdine* [2]. Virchow a déjà signalé l'analogie que présente ce corps avec la bilirubine [3]. Cette identité fut confirmée ensuite par les travaux de Robin, [4] de Jaffé [5] et de Salkowski [6]. Langhans [7] prit à des pigeons du sang d'un vaisseau et l'injecta sous la peau. Deux ou trois jours après, l'hémoglobine avait déjà disparu du caillot, qui contenait à sa place de la bilirubine et de la biliverdine. Quincke répéta cette expérience sur des chiens. Dans ce cas-ci la transformation exigea plus de temps, et ce n'est qu'au neuvième jour après l'injection sous-cutanée que l'on trouva de la bilirubine dans le tissu conjonctif. Cordua [8] a injecté à des chiens du sang dans la cavité abdominale et observé déjà après trente-six heures la formation de la bilirubine. Enfin v. Recklinghausen [9] a observé aussi en dehors de l'organisme, après trois à dix jours, une production de bilirubine dans le sang de grenouille.

L'observation pathologique est en parfait accord avec les résultats de l'expérience. On a en effet constaté qu'après des extravasations de différente nature (hémorrhagies cérébrales, infarctus du poumon, hématocèle, contusions avec hémorrhagie dans les tissus, épanchement sanguin dans l'abdomen à la suite de grossesse extra-utérine avec déchirure de la poche, etc.), l'urine renferme des quantités anormales d'urobiline qui, comme nous l'avons vu, n'est autre chose qu'un produit de transformation de la bilirubine [10].

La bilirubine apparaît parfois dans l'urine, lorsque l'hémoglobine sort des globules pour passer dans le plasma sanguin, ce que l'on provoque par l'injection dans le sang de grandes quantités d'eau, de chloroforme, d'éther,

---

[1] VIRCHOW, *Virchow's Arch.*, t. I, p. 379 et 407, 1847.

[2] VIRCHOW, *l. c.*, p. 445.

[3] VIRCHOW, *l. c.*, p. 431.

[4] CHARLES ROBIN, *Comptes-rendus*, t. 41, p. 506, 1855. ROBIN a pu isoler 3 grammes de cristaux d'hématoïdine d'un kyste hépatique et en faire l'analyse.

[5] JAFFÉ, *Virchow's Arch*, t. 23, p 192, 1862.

[6] E. SALKOWSKI, *Hoppe-Seyler, Med. chem. Unters.* III, p. 436, 1868.

[7] LANGHANS, *Virchow's Arch*, t. 49, p. 66, 1870 H. QUINCKE. *Virch. Arch* ; t 95, p. 125, 1884.

[8] HERM CORDUA, *Ueber d. Resorptionsmechanismus v. Blutergüssen*. Berlin, 1877.

[9] F. v. RECKLINGHAUSEN, *Handb. d. allg. Pathol. d. Kreislaufes u. d. Ernährung*, Stuttgart, 1883, p 434.

[10] E. v. BERGMANN, *Die Hirnverletzungen mit allgemeinen u. mit Herdsymptomen. R. Volkmann's Sammlung Klin. Vorträge.* N° 190, Leipzig. 1881. R. DICK, *Arch. f. Gynäkologie*, t. 23, p. 1, 1884.

de glycérine ou simplement d'une solution d'hémoglobine[1]. Mais il n'est cependant pas sûr du tout que le rapport soit aussi simple, et que la bilirubine qui apparaît dans l'urine soit effectivement produite dans les vaisseaux par l'hémoglobine contenue dans le plasma. Le rapport n'est probablement qu'indirect[2]. Le passage de l'hémoglobine dans le plasma ne provoque parfois que de l'hémoglobinurie, quelquefois simultanément de l'hémoglobinurie et de la bilirubinurie, parfois seulement cette dernière, parfois ni l'une ni l'autre. Nous ne connaissons encore qu'imparfaitement les conditions qui favorisent le passage dans l'urine de l'hémoglobine non modifiée ou de son produit de transformation.

Nous avons vu que les matières colorantes de la bile prennent normalement naissance dans le foie. Mais les observations faites dans les cas d'extravasations sanguines sont une preuve que, dans des conditions anormales, elles peuvent aussi se former ailleurs. C'est pourquoi on s'est demandé si la bilirubine de l'ictère provient toujours du foie. La cause la plus fréquente du processus pathologique désigné sous le nom d'*ictère* est un rétrécissement ou une obturation des canaux biliaires, en général, de l'orifice du canal cholédoque par suite d'un catarrhe du duodénum, ou bien par des calculs biliaires, des tumeurs, etc. La bile, qui ne trouve pas son écoulement normal, se déverse dans les lymphatiques du foie, de là par le canal thoracique dans le sang, les tissus et l'urine. On désigne cette variété sous le nom d'*ictère mécanique* ou *hépatogène,* en opposition à l'*ictère chimique*[3] ou *hématogène,* dans lequel la bilirubine se formerait de l'hémoglobine en dehors du foie. On a cru devoir admettre l'existence de cette dernière forme dans tous les cas où le foie ne présente pas de lésions appréciables, et où en particulier l'écoulement de la bile ne paraît pas troublé, comme c'est le cas dans certaines intoxications (hydrogène arsénié, chloroforme, éther, etc), et dans certaines maladies infectieuses graves (typhus, fièvre intermittente, pyohémie). Dans nombre de ces cas, on peut démontrer directement un passage de l'hémoglobine des glo-

---

[1] KÜHNE, *Virchow's Arch.*, t. 14, d. 338, 1859. M. HERMANN, *De effectu sanguinis in secretionem urinæ.* Diss. Berol., 1859. NOTHNAGEL, *Berl. Klin. Wochenschr.*, 1866, p. 31 TARCHANOFF, *Pflüger's Arch.*, t. 9, p. 53, 1874.

[2] Voir STADELMANN, *Arch. f. exper, Path. u. Pharm.*, t. 15, p. 337, 1882.

[3] Voir les travaux de H. QUINCKE, *Virchow's Arch*, t. 95, p. 125, 1884, et de MINKOWSKI et NAUNYN, *Arch. f. exper. Path. u. Pharm.*, t. 21, p. 1, 1886. Ce dernier travail renferme un exposé critique de la littérature considérable qui existe sur l'ictère.

bules dans le plasma. C'est pourquoi on a cru à une transformation directe de l'hémoglobine en bilirubine en dehors du foie.

On pourrait s'attendre *a priori* à ce que, dans l'ictère hépatogène, des acides biliaires apparussent dans l'urine avec la bilirubine, tandis que ce ne serait pas le cas dans l'autre forme. Mais les acides biliaires sont vraisemblablement facilement détruits dans le sang ; on ne les trouve souvent pas dans l'urine dans des cas d'ictère hépatogène évident, tandis que d'autres fois on les rencontre en petites quantités dans l'urine normale. Si l'urine contient de grandes quantités de ces acides, on peut alors, il est vrai, conclure à un ictère hépatogène, mais leur absence ne nous autorise pas à conclure à un ictère chimique. Des recherches récentes ont démontré que pour le moment il n'existe aucune raison positive nous obligeant à admettre une autre source de formation que le foie pour la bilirubine des diverses formes d'ictère.

Minkowski et Naunyn [1] ont extirpé le foie d'une oie et soumis ensuite l'animal à l'action de l'hydrogène arsénié. L'oie témoin avait déjà de la biliverdine dans l'urine après une demi-heure ; la quantité en était notable et la sécrétion dura deux jours. Dans l'urine de l'oie privée de foie, on commença par trouver de petites quantités de biliverdine, mais une demi-heure après l'intoxication, l'hémoglobine apparaissait dans l'urine, tandis que la biliverdine en disparaissait complètement. Le sang ne contenait pas non plus de bilirubine ou de biliverdine. Il est donc probable que la matière colorante biliaire que l'on trouve dans l'urine, dans les empoisonnements par l'hydrogène arsénié, provient du foie.

N'oublions pas qu'une obturation complète des canaux biliaires n'est pas nécessaire pour amener le passage de la bile dans le sang, et qu'un trouble insignifiant, un léger obstacle dans l'écoulement de la bile par les voies naturelles, provoque déjà ce passage. La bile s'écoule dans l'intestin aussi longtemps que la voie est complètement libre, et l'on n'en trouve pas dans l'urine. Tarchanoff a injecté une solution de matières colorantes biliaires directement dans le sang d'un chien muni d'une fistule biliaire et observé que la bile qui s'en écoulait était plus riche en matières colorantes qu'à l'ordinaire, tandis que l'urine n'en contenait pas

---

[1] Minkowski u, Naunyn, *l. c.*, p. 18. Valentini, *Arch. f. exp. Path. u. Pharm.*, t. 24, p. 492, 1888.

trace[1]. La présence de matières colorantes biliaires dans l'urine est donc probablement toujours le signe d'une stase de la bile. L'hématoïdine des extravasations sanguines n'apparaît pas comme telle dans l'urine, mais toujours réduite en urobiline. Une telle réduction s'accomplissant dans les tissus n'a rien qui doive nous étonner. Nous avons appris par les expériences d'Ehrlich[2] que plusieurs organes sont le siège de procédés de réduction très énergiques. Ehrlich a injecté à des animaux vivants des matières colorantes bleues (bleu d'alizarine, bleu d'indophénol), qui sont décolorées en l'absence de l'oxygène. Ces combinaisons circulent intactes dans le plasma sanguin. Dans certains tissus (dans le tissu conjonctif et spécialement dans le tissu adipeux), elles sont décolorées. Lorsque l'on fait une coupe à travers ces tissus, on ne trouve pas trace de coloration bleue ; celle-ci n'apparaît peu à peu que lorsque la surface de section a été exposée pendant un certain temps à l'air. Ces procédés de réduction dans les tissus pourraient peut-être nous donner l'explication de l'augmentation de l'urobiline que l'on constate au moment où l'ictère disparaît. La bilirubine contenue dans les tissus retourne au sang, réduite en urobiline, d'où elle est sécrétée par les reins[3].

Dans l'intoxication par l'hydrogène arsénié, la stase biliaire se produit probablement de la manière suivante. La sécrétion de la bile est augmentée ; l'intestin des animaux empoisonnés est toujours rempli de bile. Il est par conséquent très possible que cette grande masse de bile visqueuse ne puisse s'écouler assez rapidement et que cela déjà provoque une stase[4], car la pression dans les canaux biliaires est très faible[5], et il suffit d'une contre-pression insignifiante pour la vaincre. Stadelmann[6] s'est aussi exprimé de la façon la plus catégorique en faveur d'une stase de la bile dans l'ictère, accompagnant l'intoxication par l'hydrogène arsénié ou par les crésylènes diamines. Il a observé dans les deux cas une augmentation de la sécrétion biliaire. Il n'est jamais parvenu, malgré de nom-

1 TARCHANOFF, *Pflüger's Arch.*, t. 9, p. 312, 1874. ADOLF VOSSIUS a confirmé les résultats de TARCHANOFF (*Arch. f. exp. Path. u. Pharm.*, t 2, p. 446, 1879). A. KUNKEL, *Virchow's Arch.*, t. 79, p. 463, 1880.

2 P. EHRLICH, *Das Sauerstoffbedürfniss d. Organismus*, Berlin, 1885.

3 Voir KUNKEL, *l. c.*, p. 463. Voir aussi QUINCKE, *l. c.*, p. 138.

4 MINKOWSKI u. NAUNYN, *l. c.*, p. 12.

5 HEIDENHAIN, *Hermann's Handb. d. Physiologie.* t. 5, 1, p. 268, 1883.

6 E. STADELMANN, *Arch. f. exp. Path. u. Pharm.*, t. 14, p. 231 et 422, 1881 ; t. 15, p. 337, 1882 ; t. 16, p. 118 et 221, 1883. AFANASSIEW, *Zeitschr. f. Klin. Med*, t. 6, p. 281, 1883.

breuses autopsies à constater la présence d'un catarrhe du duodénum avec obturation du canal cholédoque. Enfin les grandes quantités d'acides biliaires contenus dans l'urine des animaux empoisonnés par le crésylène-diamine sont une preuve de plus en faveur de la stase biliaire.

En voilà assez sur les matières colorantes de la bile et leur formation dans le foie. Nous ne savons rien de certain sur le sort du fer qui se dédouble de l'hématine dans ce procédé. On trouve dans le foie de nombreuses combinaisons contenant du fer, dans lesquelles cet élément est plus ou moins solidement fixé, depuis de simples combinaisons inorganiques (oxyde et phosphate de fer) et des combinaisons où l'oxyde de fer n'est que très faiblement fixé à l'albumine, jusqu'à des substances où l'atome de fer est retenu aussi solidement que dans l'hématine [1]. Nous ne connaissons pas les rapports qui unissent toutes ces combinaisons les unes aux autres.

Une autre fonction importante du foie est sa FONCTION GLYCOGÉNIQUE. J'ai déjà fait valoir les raisons qui nous portent à admettre que le sucre de l'intestin contenu dans le sang de la veine porte commence par se déposer dans le foie sous forme de glycogène. Le glycogène joue dans la nutrition animale un rôle analogue à l'amidon dans la nutrition végétale ; c'est la forme sous laquelle l'excès des hydrates de carbone est emmagasiné dans l'organisme, pour servir plus tard à l'accomplissement des différentes fonctions.

Le glycogène [2] se distingue de l'amidon en ce qu'il gonfle dans l'eau froide et paraît se dissoudre. Mais la solution reste opalescente et ne diffuse pas à travers une membrane. Le glycogène se comporte sous ce rapport comme les hydrates de carbone colloïdes : la dextrine, l'arabine, etc., mais il a certainement une constitution plus complexe que celle de

[1] ST. SZ. ZALESKI, *Zeitschr. f. physiol. Chem.*, t. 10, p. 453, 1886. Ce travail contient un exposé de toute la littérature antérieure sur le fer dans le foie. Voir aussi, dans les travaux de MINKOWSKI et NAUNYN, *l. c.*, et de VALENTINI, *l. c.*, des reproductions de préparations microscopiques

[2] CLAUDE BERNARD (*Gaz. méd. de Paris*, n° 13, 1857, et *Comptes rendus*, t. 44. p 578, 1857,, et HENSEN (*Virchow's Arch.*, t. 11, p. 395, 1857) ont découvert et isolé du foie le *glycogène*, simultanément et indépendamment l'un de l'autre BRÜCKE a indiqué une méthode de dosage de cette substance (*Sitzungsber. d. Wien. Akad.*, t. 63, 2, p 214, 1871). Voir aussi O. NASSE, *Pflüger's Arch.*, t. 37, p. 582, 1885. E KÜLZ, *Pflüger's Arch*, t. 24, p. 1-114, 1881, a réuni dans son travail la littérature considérable sur le glycogène. Voir aussi les recherches du R. BOHM et FR. A. HOFFMANN, *Arch f. exper. Path. u. Pharm.*, t. 7, p. 489, 1877 ; t. 8, p. 271 et 375, 1878 ; t. 10, p. 12, 1879. *Pflüger's Arch.*, t. 23, p. 44 et 205, 1880.

la dextrine, car cette combinaison apparait comme l'un de ses produits de dédoublement; ceux-ci sont semblables à ceux de l'amidon, et il est possible que la constitution du glycogène soit aussi complexe que celle de cette dernière substance.

Le foie seul ne suffit pas à mettre en réserve tout l'excès des hydrates de carbone. On a trouvé tout au plus 10 o/o de glycogène dans le foie des mammifères, généralement moins. Le foie de l'homme, qui pèse 1 500 grammes, contient donc au plus 150 grammes de glycogène. Le sang de la veine porte en charrie en peu d'heures une quantité bien plus forte, après un repas riche en hydrates de carbone, et nous devons songer que le foie renferme encore du glycogène au moment du repas. Il n'abandonne complètement son glycogène qu'après un jeûne de plusieurs semaines. Une forte portion du sucre résorbé doit donc traverser l foie. Mais comme, après un repas riche en aliments sucrés, la proportion du sucre dans le sang n'augmente pas, celui-ci doit donc se déposer encore dans d'autres organes que dans le foie. Nous savons en effet que les muscles contiennent du glycogène[1]. La proportion de cette substance contenue dans les muscles est beaucoup plus faible que celle qui est contenue dans le foie, et parait varier beaucoup suivant les animaux. Ainsi Böhm en a trouvé dans les muscles du chat au maximum 1 o/o, en général moins de 1/2 o/o; la quantité absolue de glycogène contenue dans la musculature est environ égale à celle du foie[2]. Par contre, on a trouvé encore 1 à 2,4 o/o de glycogène dans les muscles d'un cheval qui avait jeûné pendant neuf jours[3].

Ainsi que nous le verrons bientôt, le glycogène est le matériel de travail du muscle. Il disparaît du foie et des muscles après un surmenage musculaire, de même que par le jeûne[4]. Le foie perd son glycogène

---

[1] C'est CLAUDE BERNARD qui a révélé l'existence du glycogène dans les muscles (*Comptes rendus*, t. 48, p. 683, 1859). O. NASSE (*Pflüger's Arch.*, t. 2, p 97, 1869, et t. 14, p. 482, 1877). KÜLZ a réuni dans son travail, *l. c.*, p. 42, toutes les données sur le glycogène des muscles. On trouve encore du glycogène en petites quantités dans d'autres organes Voir pour cela M. ABELES, *Centralbl. f. d. med. Wissensch.*, 1885, p. 449.

[2] R. BÖHM, *Pflüger's Arch*, t. 23, p. 51, 1880.

[3] G. ALDEHOFF (labor. de KULZ). *Zeitschr. f. Biol.*, t. 25, p. 162, 1888.

[4] B. LUCHSINGER, *Exper. u. Kritische Beiträge z. Physiol. u. Pathol. d. Glycogens. Vierteljahrschrift. d. Züricher naturforschenden Gesellschaft*, 1875. Publié aussi comme thèse inaugurale. Zurich, 1875. *Pflüger's Arch.*, t. 18, p. 472, 1878. G. ALDEHOFF, *Zeitschr. f. Biol.*, t. 25, p. 137, 1889.

plus vite que les muscles [1], et on a l'impression que les organes au repos abandonnent leur provision de glycogène en faveur des organes en activité. Le glycogène est probablement transporté d'un organe à l'autre sous forme de glucose, bien que le glycogène se dédouble, sous l'action des ferments, en un hydrate de carbone analogue à la dextrine et en une variété de sucre parente de la maltose [2]. Mais dans l'organisme le dédoublement paraît être plus complet, et le glycogène, en passant des tissus dans le sang, se dédouble complètement en molécules de glucose, comme c'est le cas par la cuisson avec de l'acide sulfurique étendu. On n'est généralement pas parvenu à trouver du glycogène ou d'autres hydrates de carbone colloïdes dans le sang [3].

Le glycogène n'est pas seulement une source d'énergie pour le muscle, il est aussi une source de chaleur. On peut provoquer en peu d'heures une disparition presque totale du glycogène du foie [4], en refroidissant des lapins par des bains froids ou en les plaçant dans une atmosphère à basse température. Les animaux à sang chaud perdent par le jeûne plus vite leur glycogène que les animaux à sang froid, et cela d'autant plus vite que les animaux sont plus petits et qu'ils offrent une plus grande surface relativement à leur volume [5]. Des lapins inanitiés ne contiennent déjà plus de glycogène au bout de quatre à huit jours; les chiens ne l'ont usé complètement qu'après deux à trois semaines, et les grenouilles, en été, après trois à six semaines. Ce n'est guère que vers le printemps que le glycogène a disparu complètement des grenouilles qui n'ont rien mangé pendant tout l'hiver. Les animaux hibernants consomment de même très lentement leur provision de glycogène [6]. Si l'on injecte des

---

[1] ALDEHOFF, *l. c.*

[2] O. NASSE, *Pflüger's Arch*, t. 14, p. 478, 1877. MUSCULUS u. v. MERING, *Zeitschr. f. physiol. Chem.*, t. 2, p. 413, 1878. E. KÜLZ, *l. c.*, p. 52-57 et 81-84.

[3] O. NASSE, *De materiis amylaceis, num in sanguine animalium inveniantur, disquisitio.* Diss. Halle, 1866. HOPPE-SEYLER, *Physiol. Chemie*, 1881, p. 406. On trouvera une donnée contradictoire dans SALOMON, *Deutsche med. Wochenschr*, 1877, n° 35. FRERICHS dit aussi avoir trouvé de petites quantités de glycogène dans le sang, mais principalement dans les leucocytes. Cette particularité n'est pas exclusivement limitée aux leucocytes, mais est probablement commune à toutes les cellules.

[4] E. KÜLZ, *Pflüger's Arch.*, t. 24, p. 46, 1881. BÖHM u. HOFFMANN, *Arch. f. exper. Path. u. Pharm.*, t. 8, p. 295, 1878.

[5] B. LUCHSINGER, *l. c.*

[6] SCHIFF, *Unt. über die Zuckerbildung in d. Leber.* Würzburg, 1859, p. 30. VALENTIN, *Moleschott's Unters. z. Naturlehre*, etc., t. 3, p. 223, 1857. C. AEBY, *Arch f. exper. Path. u. Pharm.*, t. 3, p. 184, 1875. VOIT, *Zeitschr. f. Biol.*, t. 14, p. 118, 1878.

hydrates de carbone dans l'estomac ou dans le sang de lapins à jeun depuis six jours, on trouve, déjà au bout de quelques heures, une forte proportion de glycogène dans le foie [1].

Mais le glycogène du foie et des muscles ne provient probablement pas exclusivement des hydrates de carbone de l'alimentation : les matières albuminoïdes et gélatineuses paraissent aussi prendre part à la formation du glycogène. On en trouve de grandes quantités dans le foie d'animaux nourris pendant longtemps exclusivement de viande maigre Naunyn [2] a nourri des poules pendant de longues périodes (une fois pendant six semaines) exclusivement de viande bouillie et pressée, de façon à en exprimer presque tous les hydrates de carbone, et a trouvé à la fin de l'expérience de grandes quantités de glycogène (jusqu'à 3,5 o/o dans le foie. Von Mering [3] a nourri un chien, à jeun depuis ving-et-un jours, pendant quatre jours exclusivement de fibrine de sang de bœuf lavée. Ayant tué l'animal six heures après le dernier repas, il trouva 16 gr. 3 de glycogène dans le foie, qui pesait 540 grammes. Le foie d'un animal témoin, à peu près de même taille, n'en contenait, après un jeûne de vingt-et-un jours, que 0 gr. 48. On serait obligé d'avoir recours à des suppositions bien peu vraisemblables, si l'on voulait donner à cette expérience et à d'autres du même genre une signification autre que celle de la formation du glycogène par les albuminoïdes.

On peut encore citer en faveur de la probabilité d'une formation d'hydrates de carbone par les albuminoïdes le fait que, dans la forme grave du diabète sucré, la sécrétion du sucre continue, malgré une diète carnée exclusive, et que la quantité de sucre sécrétée augmente avec la quantité d'albumine absorbée [4].

Les recherches de v. Mering [5] sur le diabète de la phlorizine sont aussi très dignes d'attention. La phlorizine est un glucoside que l'on rencontre

[1] E. Külz, *Pflüger's Arch.*, t. 24, p. 1-19, 1881. L'auteur cite dans ce travail les nombreuses recherches faites par d'autres auteurs sur cette question.

[2] Naunyn, *Arch. f. exper. Path. u. Pharm.*, t. 3, p 94, 1875.

[3] v. Mering, *Pflüger's Arch*, t. 14, p. 282, 1877, cite les expériences des auteurs antérieurs Benj Finn, *Verhandl. d. physik. med Ges. zu Wurzburg*. N. F., t. 11, 1 et 2, 1876- S. Wolffberg, *Zeitschr. f. Biolog.*, t. 12, p. 310 (expér. 4), 1876.

[4] v. Mering, *Tageblatt d. 49. Naturforscherversammlung in Hamburg*. Compte rendu dans la *Zeitschr. f prakt. Med*, n° 40, 1876, et n° 18, 1877. Külz, *Arch. f. exper. Path. u. Pharm.*, t. 6, p. 140, 1876.

[5] v. Mering, *Verhandl. d. Congresses f. innere Medicin. Wiesbaden*, 1886, p. 185, et 1887, p. 349.

dans l'écorce des racines de pommiers et de cerisiers. Si l'on en administre, par la voie gastrique, à un chien 1 gramme par kilo de l'animal, on trouve, peu d'heures après, du sucre dans l'urine. La sécrétion sucrée cesse après deux ou trois jours, et à ce moment les muscles et le foie ne contiennent plus de glycogène. Si l'on administre de nouveau de la phlorizine, le sucre reparaît en grandes quantités dans l'urine. v. Mering conclut que ce sucre provient des abuminoïdes. Si l'on ne veut pas se ranger à cette conclusion, on doit admettre une formation de sucre par a graisse, hypothèse à l'appui de laquelle nous ne pouvons rien citer de positif. On a souvent cherché à trancher expérimentalement la question de la formation du glycogène par la graisse, mais presque tous les auteurs sont d'accord pour la négative [1]. Il serait cependant possible que, dans des conditions favorables, la graisse accumulée dans les tissus se transformât en glycogène et servît au travail du muscle. Mais on ne doit pas non plus perdre de vue la possibilité contraire de la transformation du glycogène en graisse. Nous verrons bientôt qu'en effet les hydrates de carbone se transforment en graisse dans l'organisme (leçon 20).

[1] On trouvera un exposé de ces travaux dans v. MERING, *Pflüger's Arch*, t. 14, p 282, 1877.

DIX-NEUVIÈME LEÇON

LA SOURCE DU TRAVAIL MUSCULAIRE

Dans nos dernières considérations sur la formation du glycogène et le rôle des hydrates de carbone dans l'organisme, j'ai déjà dit plusieurs fois que nous devions considérer le glycogène comme représentant le matériel de travail du muscle. Nous allons maintenant étudier les faits qui nous ont amenés à cette conclusion, et réunir en un tout ce que nous savons aujourd'hui sur ce qu'on nomme la *source du travail musculaire*.

Il était tout naturel d'admettre que le muscle tirât son énergie des éléments mêmes qui le composent, des matières azotées. C'est l'hypothèse que Lìebig [1] a défendue avec énergie jusqu'à sa mort, et cette théorie n'a été ébranlée que par l'expérience suivante.

Fick et Wislicenus [2] ont fait, des rives du lac de Brienz, l'ascension du Faulhorn, situé à une altitude de 1 956 mètres au-dessus du lac. Ils ont recueilli l'urine sécrétée pendant les six heures que dura l'ascension et pendant les six heures qui suivirent. Pendant tout ce temps, de même que pendant les douze heures qui avaient précédé la course, ils n'ont pris que des aliments non azotés (des amylacés, de la graisse et du sucre)..

[1] L'étude des raisons échangées dans cette discussion mémorable pour et contre la théorie de Liebig est du plus haut intérêt. Je recommande vivement la lecture du travail de Liebig, *Ueber die Gährung und die Quelle der Muskelkraft und über Ernährung. Liebig's Ann. d. Chem. u. Pharm.*, t. 153, p 1-157, 1870, et de la réplique de Voit, *Ueber die Entwickelung der Lehre von d. Quelle d. Muskelkraft und einiger Theile der Ernährung seit 25 Jahren. Zeitschr., f. Biol*, t. 6, p. 305, 1870. Ce dernier travail renferme un exposé critique de la littérature.

[2] A. Fick et J. Vislicenus, *Vierteljahrschrift der Züricher naturforschenden Gesellschaf*, t. 10, p. 317, 1865.

Ils ont calculé, d'après la quantité d'azote contenue dans l'urine, la quantité de matières azotées détruites pendant la course. Cette quantité s'élevait pour Fick à 38 grammes, pour Wislicenus à 37 grammes. Partant de la chaleur de combustion du carbone et de l'hydrogène contenus dans l'albumine, ils ont calculé la chaleur de combustion maximum [1] de l'albumine et trouvé que 37 grammes d'albumine produisent 250 calories, correspondant à un travail de 106 000 kilogrammètres. Le poids du corps de Wislicenus étant de 76 kilogrammes, celui-ci avait donc développé, pour la seule élévation de son corps jusqu'au sommet de la montagne, un travail de $76 \times 1956 = 148656$ kilogrammètres. Mais le travail produit pendant l'ascension est encore bien plus considérable : Fick et Wislicenus estiment le travail du cœur et de la respiration seuls à 30000 kilogrammètres. Si l'on songe en outre qu'à chaque pas (même en plaine) nous produisons un travail qui se transforme en chaleur et se perd, et que toutes les parties du corps (tête, bras,) sont en mouvement pendant l'ascension, on verra qu'en effet les expérimentateurs ont produit une quantité de travail bien plus considérable que celle qui peut être couverte par les tensions mises en liberté par la combustion de 37 grammes d'albumine. Les composants non azotés de la nourriture et de l'organisme doivent donc aussi servir de source de force [2].

Mais la théorie de Liebig a été réfutée encore plus sûrement par une série de recherches très exactes [3], dans lesquelles on est parvenu à démontrer que la sécrétion de l'azote en vingt-quatre heures reste la même ou n'est que peu augmentée par un effort musculaire soutenu, tandis que l'on peut démontrer que le sujet en expérience produit beaucoup plus d'acide carbonique et consomme plus d'oxygène dans les jours de travail que dans les jours de repos, de sorte que l'on peut conclure que ce sont surtout des matières non azotées qui sont détruites dans le travail musculaire.

C'est à Voit que nous devons la première recherche exacte de ce genre. Il s'est servi pour cela de chiens qu'il faisait marcher dans une

---

[1] Les considérations exposées p. 62-65 nous montrent que ce chiffre est trop élevé.

[2] Un peu de réflexion conduira facilement le commençant aux objections que l'on peut faire à cette expérience. Il verra aussi, en étudiant la publication originale, que les auteurs se les sont déjà faites à eux-mêmes et ont cherché à les réfuter.

[3] C. VOIT, *Unters. über d. Einfluss d. Kochsalzes, des Kaffees und der Muskelbewegungen auf den Stoffwechsel*, München, 1860, p. 153, et *Zeitschr. f. Biolog*, t. 2, p. 339, 1866.

roue. Il faisait reposer les animaux le jour avant et le jour après l'expérience, en leur donnant une nourriture toujours égale. Il a fait une partie de ses recherches sur des chiens à jeun. Ayant dosé exactement l'azote de vingt-quatre heures, il a trouvé, chez deux animaux à jeun, que la sécrétion azotée n'était pas modifiée pendant les jours de travail, tandis qu'elle présentait une faible augmentation chez deux autres chiens à jeun et chez deux chiens nourris de viande débarrassée de la graisse. O. Kellner [1] a répété dernièrement ces expériences sur des chevaux, à la station agricole de Hohenheim. Il a trouvé dans les jours de travail une augmentation de la sécrétion azotée plus forte que dans les expériences de Voit. Seulement cette augmentation cessait dès qu'on donnait aux animaux des quantités suffisantes d'hydrates de carbone.

Pettenkofer et Voit [2] ont étudié sur l'homme l'influence du travail musculaire sur la sécrétion azotée. A l'aide de la chambre respiratoire de Pettenkofer, les expérimentateurs ont dosé directement la production d'acide carbonique et indirectement la consommation d'oxygène. Pour la même alimentation, ils ont trouvé une quantité d'azote identique pour les jours de repos et les jours de travail, par contre pour ces jours-ci une augmentation très notable de la production d'acide carbonique et de la consommation d'oxygène.

Lavoisier [3] avait déjà démontré que le travail musculaire augmente la consommation de l'oxygène et la production de l'acide carbonique. Plusieurs savants, parmi lesquels Vierordt [4], Scharling [5], Ed. Smith [6], C. Speck [7] et d'autres, ont par la suite confirmé cette découverte au

[1] O. Kellner, *Landwirthschaftliche Jahrbücher*, t. 8, p. 701, 1879, et t. 9, p. 651, 1880.

[2] Pettenkofer, et Voit, *Zeitschr. f. Biolog.*, t. 2, p. 488-500, 1866 Voir aussi Félix Schenk, *Arch. f. exper. Pathol. u. Pharm.*, t. 2, p. 21, 1874, et Oppenheim, *Pflüger's Arch.*, t. 23, p. 484, 1880.

[3] Seguin et Lavoisier, *Premier mémoire sur la respiration des animaux.* Mém. de l'Acad. des sciences, 1789, p. 566, ou œuvres de Lavoisier. Paris, 1862, t. 2, p. 688 et 696 ; et lettre de Lavoisier à Black, 19 nov. 1790, reproduite dans le *Report of the forty-first meeting of the British association for the advancement of science, held at Edinburgh in August*, 1871, London, 1872, p. 191.

[4] Vierordt, *Physiologie des Athmens*, 1845.

[5] Scharling, *Ann. d. Chem. u. Pharm.*, t. 45, p. 214, 1843. *Journ. f. prakt. Chem.*, t. 48, p. 435, 1849.

[6] Ed. Smith, *Philos. transact.*, V. 149, p. 681, 1859. *Medicochirurg. transact.*, v. 42, p. 91, 1859.

[7] C. Speck, *Schriften d. Gesellschaft z. Beförderung d. ges., Naturwissensch. zu Marburg*, t. 10, 1871. *Arch. f. exper. Path. u. Pharm.*, t. 2, p. 405, 1874.

moyen de méthodes perfectionnées. On ne s'est pas contenté de déterminer l'oxygène et l'acide cabonique de l'air respiré, mais on a fait
une étude comparée des gaz contenus dans le sang veineux s'écoulant
du muscle au repos et du muscle tétanisé. On trouve les résultats de ces
recherches dans les travaux de Ludwig et Sczelkow[1], et dans un travail
de M. von Frey[2], que l'on peut citer comme un exemple de minutie et
de précision technique.

Toutes ces recherches nous montrent que le muscle travaille surtout
avec des matériaux non azotés, et l'on est tout naturellement porté à
songer aux hydrates de carbone, dont on trouve constamment une
réserve dans les muscles, sous forme de glycogène. Claude Bernard[3] avait
déjà constaté que le glycogène disparaît des muscles après un travail
soutenu, en faisant remarquer que la provision de glycogène augmente
dans un muscle que l'on a mis artificiellement au repos par la section
du nerf. De nombreuses expériences[4] sont venues plus tard confirmer
ces données de Claude Bernard. Si l'on excite l'une des deux extrémités
postérieures d'une grenouille, on trouve que celle-ci contient toujours
moins de glycogène que l'autre qu'on a laissée en repos.

Après avoir fait jeûner pendant un jour des chiens ordinairement bien
nourris, Külz[5] leur a fait traîner une voiture pendant cinq à sept heures.
Il a tué les animaux immédiatement après le travail, pour doser le glycogène contenu dans le foie. Dans quatre cas sur cinq, il a trouvé que le
foie ne renfermait plus que des traces de glycogène. Dans le cinquième
cas (un chien vieux, très gras et paresseux), le foie, de 240 grammes n'en
contenait plus que o gr. 8. J'ai déjà mentionné plus haut qu'il faut au
moins trois semaines de jeûne sans travail pour que le glycogène disparaisse entièrement du foie d'un chien. Nous ne pouvons donc douter de
l'importance des hydrates de carbone comme matériel de travail du
muscle.

Mais ce serait aller trop loin que de vouloir considérer ce groupe d'ali-

---

[1] Ludwig u. Sczelkow, *Wiener Sitzungsber.*, t. 45, p. 171, 1862. *Zeitsch. f. rat. Med.*,
t. 17, p. 106, 1862.

[2] Max v. Frey, *Du Bois' Arch.*, 1885, p. 519 et 533.

[3] Cl. Bernard, *Comptes rendus*, t. 48, p. 683, 1859.

[4] On trouvera un exposé de ces recherches dans le travail de Kulz, *Pflüger's Arch.*,
t. 24, p. 42, 1881, et Ed. Marché, *Zeitschr. f. Biolog.*, t. 25, p. 163, 1889.

[5] Kulz, *l. c.*, p. 45.

ments comme la source unique de la force musculaire. Nous avons déjà parlé des recherches qui ont démontré la probabilité d'une formation de glycogène par l'albumine, ce qui nous amène à conclure que l'albumine peut aussi servir d'aliment au muscle. On peut en effet nourrir des carnivores indéfiniment avec de la viande maigre, sans que les fonctions musculaires en souffrent. Je ne sais trop quelle représentation on pourrait se faire de la nutrition d'animaux nourris de cette manière, si l'on se refusait à reconnaître que l'albumine est aussi une source de force musculaire.

Il n'est pas non plus improbable que les graisses servent aussi à alimenter les muscles. Il serait facile de trancher la question en expérimentant sur des chiens à jeun. Külz a démontré que, si l'on fait travailler un chien inanitié, celui-ci a déjà dépensé sa provision de glycogène au bout d'un jour. En continuant à faire travailler l'animal, on pourrait facilement, par la détermination de l'azote et du carbone excrétés pendant les jours suivants, s'assurer si le chien consomme principalement de l'albumine ou de la graisse pour son travail. Voit [1], expérimentant sur des chiens à jeun, ne les a fait généralement travailler qu'un jour; dans une seule expérience il a fait travailler l'animal trois jours de suite, et ces trois jours de jeûne et de travail avaient été précédés de trois jours de repos. Les chiens de Külz ne travaillaient et ne jeûnaient qu'un seul jour; les jours précédents les animaux recevaient une nourriture abondante. Malgré cela ils avaient déjà perdu leur glycogène au bout du premier jour de travail. Le chien de Voit devait donc par le jeûne et le travail avoir dépensé tout son glycogène après le second ou le troisième jour, et malgré cela, Voit ne put constater qu'une augmentation insignifiante de la sécrétion azotée. Je crois pouvoir conclure de cette expérience que le chien a tiré de sa provision de graisse le matériel nécessaire à la production du travail.

Je prétends donc que les trois groupes principaux d'aliments peuvent servir au muscle de matériel de travail. Des considérations purement téléologiques nous font déjà regarder comme probable une certaine indépendance de l'organisme vis-à-vis de la qualité des aliments, dans l'accomplissement de ses fonctions les plus importantes. Aussi longtemps qu'il a des aliments non azotés à sa disposition, le muscle les consomme;

---

[1] Voit, *Ueber d. Einfluss d. Kochsalzes*, etc., p. 157 et 158.

ceux-ci viennent-ils à manquer, le muscle s'attaque aux matières protéiques. Les expériences de Kellner, que nous avons citées plus haut, concordent parfaitement avec cette déduction. Cet auteur a trouvé que, chez les chevaux, le travail musculaire n'augmente la sécrétion azotée que tant que la nourriture contient une quantité insuffisante d'hydrates de carbone.

On a souvent émis l'hypothèse que la source de la force musculaire ne provient pas d'oxydations, mais de dédoublements. Certains faits, il est vrai, paraissent confirmer cette manière de voir. Hermann[1] a trouvé que le muscle isolé ne contient pas d'oxygène pouvant être évacué par la pompe à mercure, et cependant il se contracte pendant longtemps encore dans un milieu exempt d'oxygène, en mettant de·l'acide carbonique en liberté. Nous savons que les tensions chimiques ingérées avec la nourriture peuvent déjà se transformer partiellement en force vive, par simple dédoublement, sans oxydation ; nous savons en outre que la chaleur de combustion des produits de dédoublement est plus faible que celle de la substance originale, qu'il doit donc s'être produit un dégagement de chaleur. On a démontré directement une élévation de température dans un grand nombre de dédoublements (voir plus haut p. 63-64 et p. 163-168).

Le fait que, pendant le travail, l'individu consomme plus d'oxygène que lorsqu'il est au repos, n'est pas en contradiction directe avec l'hypothèse qui admet que le travail musculaire n'est produit que par les tensions chimiques mises en liberté par dédoublement. Les deux procédés, dédoublement et oxydation, ne doivent pas nécessairement s'accomplir simultanément ; le premier sert au travail du muscle, le second à la production de la chaleur, tout comme il est possible que deux milieux différents soient le théâtre de ces réactions, le dédoublement ayant lieu dans le protoplasma de la fibre musculaire, tandis que l'oxydation des produits de dédoublement se ferait dans d'autres éléments des tissus.

D'après cette manière de voir, l'absorption de l'oxygène aurait principalement pour but la production de la chaleur. Le besoin d'oxygène varie considérablement chez les différentes espèces d'animaux et paraît en effet

---

[1] L. HERMANN, *Unters. über d. Stoffwechsel der Muskeln, ausgehend von Gaswechsel derselben*, Berlin, 1867.

être en proportion de la quantité de chaleur produite. Un mammifère consomme, par kilogramme de son poids, dix à vingt fois plus d'oxygène qu'un animal à sang froid. Un oiseau a besoin de plus d'oxygène qu'un mammifère. Un animal de petite taille, ayant une surface relativement grande par rapport à son volume, émet plus de chaleur, mais consomme aussi plus d'oxygène qu'un animal plus grand de la même famille. De jeunes sujets ont aussi besoin de plus d'oxygène que des animaux adultes de la même espèce. Le tableau suivant peut nous donner une idée de ces différences.

Consommation d'oxygène en vingt-quatre heures, pour 1 gramme du poids du corps, calculée en centimètres cubes, à 0 degré et 760 millimètres de mercure [1].

Moineau	161
Canard	23-32
Chien	15-23
Homme	7-11
Grenouille	1-2
Ver-de-terre	1,7
Tanche	1,3
Anguille	0,97-1,2
Lézard (pendant le sommeil léthargique de l'hiver)	0,41

S'il est vraiment exact que la force musculaire soit essentiellement produite par dédoublement des aliments et la chaleur organique par oxydation, les animaux qui n'ont pas besoin de produire eux-mêmes de chaleur doivent aussi être ceux auxquels l'oxygène est le moins nécessaire à l'entretien de la vie. Ce cas se produit, par exemple, chez les vers intestinaux des vertébrés à sang chaud, qui vivent dans un milieu à température élevée et constante. En effet, nous savons que ces animaux peuvent exister pour ainsi dire sans oxygène. Les analyses les plus récentes et

[1] Les chiffres de ce tableau sont empruntés, pour la consommation de l'oxygène de l'homme, à PETTENKOFER et VOIT (*Zeitschr. f. Biolog.*, t. 2, p. 486 et 489, 1866), pour celle des poissons, à JOLYET et REGNARD (*Arch. de physiol. norm. et pathol*, sér. II, t. 4, p. 605 et 608, 1877); les autres chiffres à REGNAULT et REISET (*Ann. de chim. et de phys.*, t. 26, 1849).

les plus exactes ont démontré que les gaz intestinaux ne contiennent pas d'oxygène.

Le contenu intestinal est le siège de procédés de réduction énergiques ; l'hydrogène naissant qu'on y trouve réduit les sulfates en sulfites et l'oxyde de fer en oxydule. La quantité d'oxygène disponible pour les vers intestinaux ne peut donc être que minime. Il est cependant possible qu'ils s'adaptent aux parois intestinales et absorbent l'oxygène du sang et des tissus. Mais il est possible aussi que des traces d'oxygène leur suffisent, ou même qu'ils puissent vivre sans oxygène, ainsi qu'on le prétend de certaines bactéries et de certains champignons. L'expérience peut seule trancher la question. J'ai fait moi-même de nombreuses recherches avec l'ascaride du chat (ascaris mistax) et ai pu me convaincre que ces animaux vivent dans un milieu absolument libre d'oxygène pendant quatre à cinq fois vingt-quatre heures, sans cesser pendant tout ce temps de se mouvoir avec rapidité[1]. Celui qui a vu ces mouvements doit nécessairement se convaincre que, chez ces animaux, l'oxydation n'est pas la source de la force musculaire.

On pourrait cependant objecter que ces animaux avaient dans leur corps une réserve d'oxygène. Evidemment on doit admettre cette possibilité. On trouve parfois des ascarides dans l'estomac, et il est possible que, de temps à autre, ils montent dans les portions supérieures du canal digestif pour y prendre leur provision d'oxygène. En tous cas ce procédé serait sans analogie chez les animaux supérieurs ; dès qu'on les prive d'oxygène, ils dépensent en quelques minutes la provision d'oxygène contenue dans l'oxyhémoglobine, et périssent ensuite. Pflüger[2] et Aubert[3] ont démontré cependant que les grenouilles peuvent vivre pendant plusieurs jours sans oxygène, mais seulement à une température suffisamment basse pour que la nutrition soit réduite à un minimum[4]. A la température ordinaire, elles sont déjà presque sans mouvement après quelques heures. Les ascarides, par contre, se meuvent avec agilité pen-

---

[1] G. BUNGE, *Zeitschr. f. physiol. Chem.*, t. 8, p. 48, 1883.

[2] PFLUGER, *Pflüger's Arch.*, t. 10, p. 313, 1875.

[3] AUBERT, *id.*, t. 24, p. 293, 1881.

[4] L'intensité de la nutrition et de l'absorption de l'oxygène augmente chez les animaux à sang froid avec la température, tandis qu'elle diminue chez les animaux à sang chaud. On trouvera dans le travail de VOIT (*Zeitschr. f. Biolog.*, t. 4, p. 57, 1878) la relation des nombreuses expériences entreprises dans ce but. Voir aussi MAX RUBNER, *Du Bois' Arch.*, 1885, p. 38.

dant plusieurs jours, dans un milieu exempt d'oxygène et chauffé à 38 degrés centigrades.

Je suis cependant bien éloigné de vouloir reporter sur les animaux supérieurs la conclusion résultant de ces observations, d'après lesquelles la force musculaire est produite essentiellement par des dédoublements. Les vers intestinaux, qui nagent dans la nourriture, peuvent être prodigues de tensions chimiques et n'en employer qu'une partie, celle qui se transforme en force vive par simple dédoublement. J'ai déjà exposé les raisons qui nous font admettre que l'oxygène passe à travers la paroi des capillaires, pour pénétrer dans les tissus des organes des animaux supérieurs (voir p. 234-238). Pour ce qui concerne spécialement le tissu musculaire, nous devons ajouter encore aux raisons sus-mentionnées le fait important que le muscle contient de l'hémoglobine[1]. Et nous sommes autorisés à conclure par analogie que l'hémoglobine du muscle a la même fonction que celle du sang, c'est-à-dire de transporter l'oxygène.

En outre, la quantité d'énergie mise en liberté par le seul dédoublement sans oxydation, est beaucoup trop faible pour pouvoir produire le travail musculaire accompli effectivement. Considérons premièrement les hydrates de carbone, qui représentent certainement la source principale du travail musculaire. Nous ne savons malheureusement pas de quelle manière les hydrates de carbone se dédoublent dans le muscle. On a souvent émis l'hypothèse que le premier produit de dédoublement est l'acide sarcolactique[2]. Le sang normal contient déjà un peu d'acide lactique ; sa proportion augmente chez les animaux tétanisés et par l'irrigation artificielle du muscle en activité[3]. Mais la quantité d'acide lactique formé dans le muscle me paraît trop faible pour pouvoir être envisagée comme source de force musculaire. De plus, il nous est impossible d'apprécier quelle est la proportion des hydrates de carbone détruits par ce dédoublement. Nous ne savons pas même si l'acide lactique du

---

[1] W. KÜHNE, *Virchow's Arch.*, t. 33, p. 79, 1865, et RAY LANKESTER, *Pflüger's Arch.*, t. 4 p. 315, 1871. On a constesté de différents côtés la présence de l'hémoglobine dans les muscles, mais, comme je le crois, sans raisons valables. ST. ZALESKI, *Centralbl. f. die med. Wissensch.*, 1887, n° 5 et 6.

[2] Voir plus haut, p. 305, rem. 3.

[3] Voir à cet égard P. SPIRO, *Zeitschr. f. physiol. Chem.*, t. 1, p. 3, 1877. MAX VON FREY, *Du Bois' Arch.*, 1885, p. 557. G. GAGLIO, *id.*, 1886, p. 400. W. WISSOKOWITSCH, *id.*, 1887, vol. suppl., p. 91, et M. BERLINERBLAU, *Arch., f. exper. Path. u. Pharm.*, t. 23, p. 333, 1887.

muscle dérive véritablement des hydrates de carbone [1]. Il serait aussi parfaitement possible qu'il ne se formât pas plus d'acide lactique dans le muscle pendant le travail que pendant le repos, mais qu'il en passât seulement une plus grande quantité dans le sang. Astaschewsky a trouvé moins d'acide lactique dans le muscle tétanisé que dans le muscle au repos [2]. On n'a jamais déterminé la chaleur de combustion de l'acide lactique, de sorte que nous ne pouvons évaluer la quantité d'énergie mise en liberté par la fermentation lactique.

Cherchons à nous représenter la quantité maximum d'énergie qui peut être mise en liberté par le dédoublement des hydrates de carbone, en considérant deux procédés de dédoublement dans lesquels on a déterminé exactement la quantité de force vive produite : la fermentation alcoolique et la fermentation butyrique. La quantité de chaleur mise en liberté par le dernier procédé est plus forte que celle produite par la fermentation alcoolique, et il n'existe certainement pas de dédoublement du sucre produisant une quantité de chaleur notablement plus forte. Car des trois produits de dédoublement séparés par la fermentation butyrique (acide butyrique, acide carbonique et hydrogène), l'acide butyrique seul est susceptible d'un nouveau dédoublement, dans lequel la quantité de chaleur mise en liberté ne peut être bien considérable. Le dédoublement de l'acide butyrique en hydrure de propyle et en acide carbonique serait analogue au dédoublement de l'acide acétique en hydrure de méthyle et en acide carbonique, procédé dans lequel il n'est presque plus possible de démontrer une élévation de température. J'ai fait le calcul suivant, en me basant sur les chiffres que j'ai cités plus haut (p. 63) pour la chaleur de combustion du sucre et ses produits de dédoublement :

---

[1] M. Berlinerblau, *l. c.*, fait valoir en faveur de la formation de l'acide lactique par les hydrates de carbone le fait que si l'on institue la circulation artificielle avec du sang auquel on a ajouté de la glucose ou du glycogène, il se forme plus d'acide lactique que sans cette addition. Le muscle à l'agonie produit encore des quantités notables d'acide lactique, mais nous ignorons encore complètement la manière dont cet acide se produit. Böhm a démontré qu'il ne provient pas du glycogène (*Pflüger's Arch.*, t. 23, p. 44, 1880).

[2] Astaschewsky, *Zeitschr. f. physiol. Chem.*, t. 4, p, 397, 1880.

1 000 grammes de glucose produisent, par leur combustion complète en CO_2 et en H_2O. . . . 3 939 calories $=$ 1 674 000 kgmm. de travail.

1 000 grammes de glucose produisent, par leur dédoublement en alcool et en CO_2 372   » $=$ 158 100   »   »

1 000 grammes de glucose produisent, par leur dédoublement en acide butyrique, en CO_2 et en H.   414   » $=$ 176 000   »   »

Le travail fourni par Wislicenus, lors de l'ascension du Faulhorn, est de. . .   —   » $=$ 148 656   »   »

Le travail fourni, pendant l'ascension, par le cœur et les organes respiratoires, s'élève à. . . . . . .   —   » $=$ 30 000   »   »

Nous voyons donc que, si le travail produit pendant l'ascension du Faulhorn devait être attribué exclusivement au dédoublement des hydrates de carbone, on aurait eu en six heures une destruction de plus de 1 000 grammes de ces substances, ce qui est absolument invraisemblable. Mais par contre, 100 grammes de sucre dédoublés et oxydés complètement suffiraient à produire ce travail. Nous avons constamment cette quantité en réserve dans les muscles, sans compter une provision considérable dans le foie.

Je crois avoir démontré par ce calcul que nos muscles n'utilisent pas seulement la force vive mise en liberté par le dédoublement des aliments, mais que l'oxygène pénètre dans le protoplasma de la fibre musculaire, et que son affinité pour les produits de dédoublement trouve aussi son emploi comme source de force.

A cette occasion, je reviendrai encore une fois sur la valeur de l'alcool comme aliment. Même si nous admettons que l'alcool brûlé dans notre corps trouve son emploi comme source d'énergie, nous devons reconnaître que cette provision de force est notablement plus faible que celle qui est contenue dans les hydrates de carbone qui ont servi à sa production. Par la fermentation d'un kilogramme de glucose, il est gaspillé une quantité d'énergie suffisante pour élever un homme de taille respectable au sommet du Faulhorn. Il faut en outre songer encore à la possibilité que certaines cellules de notre organisme n'aient que cette source d'énergie à leur disposition, l'oxygène ne parvenant pas jusqu'à elles. On voit donc quelle folie c'est de la part de l'homme, que de jeter les hydrates de carbone du raisin et du grain en pâture aux cellules de la levûre, pour absorber leurs excréments. Les fruits, les baies, le lait sont dénaturés de cette manière. On n'a pu sauver un seul hydrate de carbone des mains avides des spéculateurs d'alcool. Et il n'est pas au monde de folie, même la plus grande, qui ne trouve un appui dans une autorité médicale. Croit-on vraiment que l'homme civilisé et le champignon de la levûre soient liés par les liens de la symbiose, pour que l'un se nourrisse des excréments de l'autre.

VINGTIÈME LEÇON

FORMATION DE LA GRAISSE DANS L'ORGANISME

Un chapitre important de la physiologie de la nutrition nous reste à étudier : celui de l'origine de la graisse dans les tissus du corps animal. Pendant des années, nos idées à ce sujet ont été soumises à bien des fluctuations et à bien des controverses, et ce n'est qu'appuyés sur de nombreuses expériences, faites avec le plus grand soin, que nous avons dû nous convaincre que les graisses contenues dans les tissus peuvent avoir une triple origine, et provenir aussi bien des graisses des aliments que des matières protéiques et des hydrates de carbone. De la littérature considérable qui existe sur la formation de la graisse, je n'ai tiré que les travaux qui ont le plus contribué à poser la base de nos connaissances sur ce sujet[1].

On a longtemps mis en doute l'hypothèse qui s'offre la première à notre esprit, d'un rapport entre la graisse des tissus et celle des aliments. On s'appuyait pour cela sur le préjugé que la graisse, étant absolument insoluble dans l'eau, ne pouvait traverser comme telle la paroi intestinale, et devait auparavant être dédoublée en savons et en glycérine solubles. D'un autre côté, on ne pouvait admettre une réunion de la glycérine et des acides gras en delà de l'intestin, car on était encore imbu du préjugé de l'impossibilité de la production de synthèses dans l'organisme. Nous avons vu que la recherche contemporaine a définiti-

---

[1] On trouvera un exposé intéressant des travaux anciens dans C. Voit, *Ueber die Fettbildung im Thierkörper, Zeitschr. f. Biolog.*, t. 5, p. 79, 1869. Voir aussi, *Ueber die Entwickelung der Lehre von der Quelle der Muskelkraft und einiger Theile der Ernährung seit 25 Jahren, id.*, t. 6, p. 371, 1870.

vement eu raison de ces préjugés ; nous savons que l'organisme est le
siège de toute une série de synthèses et que les graisses neutres peuvent
parfaitement traverser l'intestin. Si donc les globules graisseux peuvent
émigrer à travers la paroi intestinale, pourquoi ne pourraient-ils pas traverser aussi les parois des capillaires, et pénétrer dans les organes. Rien
ne s'oppose donc à l'hypothèse d'un rapport entre les graisses des tissus
et celles des aliments. C'est à Franz Hofmann [1] que nous devons la première preuve expérimentale de ce rapport.

Hofmann dégraissa complètement un chien par un jeûne de trente
jours. On peut parfaitement déterminer le moment où la graisse des
tissus est épuisée. Ainsi que nous l'avons vu, le chien inanitié commence
par dépenser surtout sa provision de glycogène, pour consommer ensuite
sa graisse. Il est très économe de matières protéiques, ce que l'on
reconnaît à la faible sécrétion azotée, qui baisse au commencement de l'expérience pour se maintenir ensuite presque constamment au même niveau.
Au bout d'un temps plus ou moins long (quatre à six semaines, selon la provision de graisse dont l'animal disposait au début), on observe tout d'un coup
une augmentation rapide de la sécrétion azotée. C'est le moment où la provision de graisse est épuisée, et où l'animal se met à consommer
exclusivement des matières protéiques. A partir de cet instant, l'animal
dépérit rapidement. Si on le tue au moment où se produit l'augmentation subite de la sécrétion azotée, on ne trouve plus de graisse dans
aucun organe. Si on le sacrifie plus tôt, on trouve toujours encore une
provision de graisse plus ou moins forte [2].

C'est la connaissance de ce fait qui a permis à Hofmann de déterminer
le moment où son chien était entièrement dégraissé. A ce moment, il
lui donna une nourriture composée de beaucoup de graisse et de peu
de matières protéiques (du lard et un peu de viande). Il avait auparavant dosé exactement la proportion de graisse et d'albumine de la nourriture. Au bout de cinq jours il sacrifia l'animal, pour déterminer la quantité
de graisse et d'albumine contenue encore dans le tube digestif, et la
graisse du corps entier. Il trouva que, pendant ces cinq jours, le chien

---

[1] FRANZ HOFMANN, *Zeitschr. f. Biolog.*, t. 8, p. 153, 1872.

[2] Il peut arriver, lorsque l'animal est très gras au début de l'expérience, qu'il périsse
par suite du manque d'albuminoïdes, avant que la provision de graisse soit entièrement
épuisée.

avait résorbé 1 854 grammes de graisse et 254 grammes de matières protéiques, et que 1 353 grammes de graisse avaient passé dans les tissus. Il
n'est pas possible que toute cette graisse provienne des albuminoïdes,
de sorte qu'il ne nous reste qu'à admettre que la graisse de la nourriture
s'est déposée dans les tissus.

Pettenkofer et Voit [1] sont arrivés au même résultat par un chemin
différent. Ils ont nourri un chien avec de la graisse et un peu de viande, en
déterminant, au moyen de la chambre à respiration, l'ensemble des absorptions et des sécrétions. Ils retrouvèrent dans les sécrétions la totalité de
l'azote absorbé, mais pas la totalité du carbone, dont la sécrétion resta
de beaucoup inférieure à l'absorption. Il devait donc s'être déposé une
combinaison non azotée dans les tissus, et cette combinaison ne pouvait
être que de la graisse, aucune autre ne se trouvant en quantité aussi
considérable dans les tissus. La graisse ainsi déposée ne pouvait provenir
de l'albumine, sa quantité étant par trop forte. La sécrétion azotée permet
de déterminer la proportion de matières protéiques détruites, comme il
est possible de déterminer la quantité maximum de graisse pouvant
résulter de l'albumine détruite, en supposant que l'azote se soit séparé
sous forme d'urée, la combinaison contenant le moins de carbone. La
quantité de graisse obtenue de cette manière était bien inférieure à celle
qui s'était déposée en réalité. Les *tissus devaient donc avoir retenu la
graisse des aliments*.

Il s'agit maintenant de savoir si la graisse des aliments qui se dépose
dans les tissus n'est que le glycéride neutre résorbé tel quel, ou bien s'il est
possible qu'une partie soit dédoublée dans l'intestin, puis resorbée,
régénérée et assimilée. Nous devons à J. Munk [2] les recherches les plus
récentes et les plus complètes sur cette question. Il a trouvé premièrement que les acides gras libres sont résorbés de l'intestin en grandes quantités, tout comme les graisses neutres. Si l'on agite des acides gras avec
une solution étendue de sels alcalins, une petite portion des acides gras
est saponifiée, le reste est émulsionné. Il en est de même dans l'intestin.
On n'a retrouvé qu'une faible portion d'acides gras dans les fèces d'un

---

[1] Pettenkofer u. Voit, *Zeitschr. f. Biolog*, t. 9, p. 1, 1873.

[2] Immanuel Munk, *Du Bois' Arch.*, 1879, p. 371 et 1883, p. 273. *Virchow's Arch.*, t. 80,
p. 10, 1880, et t. 95, p. 407, 1884. On trouve la littérature antérieure citée dans ces travaux.

chien auquel on en avait administré de grandes quantités ; les vaisseaux chylifères par contre étaient gorgés d'une émulsion blanche. Munk a démontré en outre que les acides gras libres ont, comme les graisses neutres, la propriété de réduire la destruction des albuminoïdes. Un carnivore a besoin, pour rester en équilibre de nutrition, de consommer au moins un vingtième de son poids de viande maigre [1]. Un chien de 25 kilogrammes a donc besoin d'environ 1200 grammes de viande. S'il en reçoit moins, il sécrète plus d'azote qu'il n'en absorbe, et consomme par conséquent de son propre corps. Mais si à la viande on ajoute de la graisse, le chien n'a plus besoin que de très peu de viande pour rester en équilibre. Munk [2] ayant mis un chien de 25 kilogrammes en équilibre de nutrition, en lui donnant 800 grammes de viande et 70 grammes de graisse par jour, parvint à démontrer que cet équilibre persistait si, au lieu de graisse, on ajoutait à la même quantité de viande les acides gras contenus dans 70 grammes de graisse. Dans une seconde expérience, il dut donner 600 grammes de viande et 100 grammes de graisse à un chien de 31 kilogrammes pour produire l'équilibre ; ayant ensuite remplacé la graisse par une quantité équivalente d'acides gras, il put se convaincre, après une période de vingt et un jours, que l'équilibre n'avait pas été troublé.

De plus, Munk [3] a observé le fait important, qu'après l'administration d'acides gras libres, on ne trouve que peu de ces acides et peu de savons dans le chyle, mais beaucoup de graisses neutres. Munk a nourri des chiens avec de la viande et des acides gras, et après avoir introduit une canule dans le canal thoracique, déterminé la quantité de graisses neutres, d'acides gras et de savons, contenus dans le chyle s'écoulant pendant l'unité de temps, quelques heures après le repas. Il a trouvé qu'il s'écoulait, dans le même temps, une quantité de graisse dix à vingt fois plus forte que pendant une digestion d'albumine, tandis que la quantité de matières saponifiées restait la même. La proportion des acides gras libres ne dépassait pas 1/20 à 1/10, dans un cas même 1/30 de celle des graisses neutres, d'où il résulte que, dans le trajet de la surface de résorption de

---

[1] BIDDER u. SCHMIDT, *Die Verdauungssäfte und der Stoffwechsel*. Mitau, u. Leipzig, 1852, p. 333. PETTENKOFER u. VOIT, *Ann. d. Chem. u. Pharm.* Suppl. II, p. 361, 1862.

[2] MUNK, *Virchow's Arch.*, t. 80, p. 17, 1880.

[3] MUNK, *l. c.*, p. 28 et suiv.

l'intestin au canal thoracique, il s'accomplit une synthèse dans laquelle les acides gras s'unissent à la glycérine[1]. Pour le moment, nous ne savons rien de positif sur l'endroit où se produit cette synthèse. Cela peut être aussi bien dans les cellules épithéliales de l'intestin que dans le tissu adénoïde ou dans les glandes lymphatiques du mésentère. D'après une communication provisoire d'Ewald[2], cette synthèse s'accomplirait encore dans la paroi intestinale isolée. Mais nous ne connaissons pas la source d'où provient la glycérine nécessaire à cette synthèse. Il résulte cependant des expériences de Munk que la glycérine des graisses de notre corps ne dérive pas nécessairement des graisses contenues dans les aliments. Elle pourrait provenir aussi d'un dédoublement des matières protéiques et des hydrates de carbone. Malheureusement, nous ignorons encore complètement le sort de la glycérine dans notre organisme, et nous ne pouvons dire ce qu'il advient de celle qui est dédoublée des acides gras dans l'intestin. La glycérine introduite en certaine quantité dans l'estomac de l'homme ou du chien provoque de la diarrhée, et une partie de la glycérine résorbée apparaît intacte dans l'urine[3]. De petites quantités (1 gr.5 par kilogramme chez le chien) peuvent être absorbées sans conséquences fâcheuses, mais elles ne paraissent pas être mises à contribution par l'organisme. Munk n'a pu constater une diminution de la destruction des matières protéiques après une administration de glycérine, tandis que c'est le cas après l'absorption de quantités égales de graisses ou d'hydrates de carbone. C'est pourquoi Munk conteste à la glycérine toute espèce de propriété nutritive. Pour mon compte, je ne puis admettre cette conclusion; car la glycérine administrée artificiellement peut parfaitement ne pas arriver jusqu'aux tissus dans lesquels la glycérine qui a pénétré dans notre organisme avec les graisses neutres trouve peut-être son emploi dans l'accomplissement de fonctions normales. Munk appuie sa conclusion sur des expériences dans lesquelles

---

[1] MINKOWSKI est arrivé au même résultat (*Arch. f. exper. Path. u. Pharm.*, t. 21, p. 373, 1886), par l'examen d'un malade chez lequel la rupture d'un vaisseau chylifère avait provoqué un épanchement considérable dans l'abdomen. Ayant donné à ce malade de l'*acide érucique* libre, il put déterminer la présence du glycéride neutre de cet acide dans le chyle obtenu par ponction.

[2] C.-A. EWALD, *Du Bois' Arch.*, 1883, p 302.

[3] B. LUCHSINGER, *Experimentelle u. Kritische Beiträge zur Physiologie u. Pathologie d. Glycogens*, 1. D., Zurich, 1875, p. 38. MUNK, *Virchow's Arch.*, t. 80, p. 39, 1880. L ARNSCHINK, *Zeitschr. f. Biol.*, t. 23, p. 413, 1887.

il a constaté que les acides gras libres épargnent à eux seuls autant d'albuminoïdes que la quantité correspondante de glycérides neutres. Mais la quantité de glycérine en question dans ces expériences est très petite. N'oublions pas que la glycérine n'entre dans la composition de la graisse que pour environ 1/10 de son poids. Il n'est donc pas possible qu'on puisse constater avec certitude un effet de la glycérine sur la destruction des matières protéiques. *A priori*, la glycérine nous apparait comme un aliment précieux, car sa chaleur de combustion est supérieure à celle de tous les hydrates de carbone.

Enfin Munk a encore démontré que la graisse formée par synthèse se dépose dans l'organisme [1]. Il dégraissa un chien de 16 kilogrammes par un jeûne de dix-neuf jours, pendant lequel l'animal perdit 52 o/o de son poids. Il lui donna ensuite, dans l'espace de quatorze jours, 3 200 grammes de viande et 2 850 grammes d'acides gras de graisse de mouton. Le poids du corps augmenta de 17 o/o, et lorsqu'il sacrifia l'animal, il put constater un développement considérable de la couche de graisse sous-cutanée, de même que de forts dépôts dans les intestins et dans le foie. De la graisse qu'il put enlever avec des ciseaux et un scalpel, il put extraire 1 100 grammes d'une graisse compacte à la température ordinaire, ne fondant qu'à 40 degrés, tandis que la graisse de chien normale a son point de fusion à 20 degrés. Il résulte de cette expérience que les acides gras résorbés se sont unis à la glycérine formée dans l'organisme, pour se déposer dans les tissus sous forme de graisse neutre. Si l'on voulait expliquer le dépôt graisseux en disant que la graisse absorbée n'a eu d'autre effet que d'épargner les albuminoïdes, dont l'excès aurait servi à la production de la graisse, on ne pourrait comprendre comment il ne s'est pas déposé de la graisse de chien normale, mais de la graisse de mouton.

Munk [2] a encore fait un second essai avec de l'huile de colza sur un chien dégraissé par le jeûne. La graisse qui, dans ce cas, se déposa dans les organes, était déjà liquide aux 4/5 à la température ordinaire. A 23 degrés, elle était complètement dissoute, et à 15 degrés il se séparait de nouveau un dépôt granulo-cristallin. Cette graisse contenait 82,4 o/o d'acide oléique et

[1] J. Munk, *Du Bois' Arch.*, 1883, p. 273.
[2] J. Munk, *Virchow's Arch.*, t. 95, p. 407, 1884.

12, 5 o/o d'acides solides, tandis que la graisse de chien normale ne contient que 65, 8 o/o d'acide oléique et 28, 8 o/o d'acides solides. En outre, il put démontrer dans cette graisse la présence d'acide érucique ($C_{22}H_{42}O_2$) qui, sans cela, manque dans la graisse animale.

Avant Munk, Lebedeff [1] avait fait deux expériences absolument semblables sur deux chiens, dont il avait nourri l'un avec de l'huile de lin et l'autre avec de la graisse de mouton. Il était arrivé aux mêmes résultats que Munk, et avait trouvé dans les tissus de l'un des chiens une graisse qui ne se figeait pas encore à o degré, tandis que la graisse contenue dans les tissus de l'autre chien ne commençait à fondre qu'à 50 degrés. Ces expériences nous montrent que la graisse des aliments est résorbée et déposée comme telle dans les tissus.

Nous arrivons maintenant à la seconde question. Est-il possible que les matières albuminoïdes produisent de la graisse dans l'organisme? L'observation pathologique de la dégénérescence graisseuse des organes devait déjà nous amener à cette hypothèse, bien qu'elle ne soit pas une preuve péremptoire de la formation de la graisse par les albuminoïdes. Nous ne devons pas oublier que, dans le corps vivant, il existe partout un échange de substances direct ou indirect entre les éléments des tissus. Nous devons reconnaître qu'il est possible que, dans la dégénérescence graisseuse. l'albumine et ses produits de destruction émigrent des éléments dégénérés, et que la graisse ou ses composants provenant d'autres éléments des tissus pénètrent dans les cellules saines.

Un dosage de tous les produits de nutrition pendant un procédé de dégénérescence graisseuse à marche rapide, tel que c'est le cas dans l'intoxication par le phosphore, pourrait seul nous donner la preuve certaine d'une production de la graisse par l'albumine. J. Bauer [2] a entrepris cette recherche dans le laboratoire de Voit à Munich. Il a dosé chez des chiens à jeun la sécrétion de l'azote et la production générale d'acide carbonique, en même temps que l'absorption de l'oxygène. Il a ensuite empoisonné les animaux avec du phosphore dissout dans de l'huile, qu'il leur injectait sous la peau en petites doses répétées pendant plusieurs jours de suite. Il a trouvé que la sécrétion azotée était doublée [3], tandis que

---

[1] A. Lebedeff (laboratoire de Salkowski à Berlin), *Med. Centralbl.*, 1882, n° 8.

[2] Jos Bauer, *Zeitschr. f. Biol.*, t. 7, p. 63, 1871, et t. 14, p. 527, 1878.

[3] O. Storch a constaté avant Bauer l'augmentation de la sécrétion azotée après l'in-

l'absorption de l'oxygène et la production de l'acide carbonique étaient réduites de moitié. Le phosphore a donc provoqué le dédoublement de l'azote d'une grande quantité d'albumine avec une petite quantité de carbone, pendant qu'un reste exempt d'azote est retenu par l'organisme. L'autopsie des animaux, faite quelques jours après l'absorption du phosphore, a régulièrement révélé une dégénérescence graisseuse de tous les organes. Les muscles séchés contenaient dans un cas 42,4 o/o de graisse, le foie séché 30 o/o, tandis qu'on n'en a trouvé que 16,4 o/o dans les muscles séchés du chien normal et 10,4 o/o dans le foie. L'intoxication par le phosphore est donc la cause d'une transformation d'albumine en graisse. Il n'est pas admissible que la graisse du tissu conjonctif ait passé dans les muscles, car le chien avait jeûné douze jours entiers avant qu'on lui donnât du phosphore, et il est mort le vingtième jour. Or, nous savons qu'après un jeûne de douze jours, la couche de graisse sous-cutanée et la graisse du mésentère ont à peu près complètement disparu chez les chiens.

L'arsenic et l'antimoine paraissent avoir une action analogue à celle du phosphore. Mais il n'est pas nécessaire d'administrer les éléments pour produire une augmentation de la sécrétion azotée et une dégénérescence graisseuse des organes ; les combinaisons oxygénées de ces corps suffisent déjà pour produire cet effet [1]. Nous ignorons encore complètement le mode suivant lequel cette réaction s'accomplit.

Les recherches sur l'empoisonnement par le phosphore ne prouvent la transformation des matières protéiques en graisse que dans des conditions évidemment anormales. Cette transformation s'accomplit-elle aussi régulièrement à l'état physiologique ? L'expérience suivante, faite par Fr. Hofmann [2] avec des larves de mouches, nous donne la preuve évidente de cette transformation dans des conditions normales. Il est facile de recueillir en été les œufs de la *Muscida vomitoria*, déposés en quantités consi-

---

toxication par le phosphore. *Den acute Phosphorforgiftning Diss. Kjobenhavn*, 1865. On trouvera un compte rendu de ce travail dans *Deutsch Arch. f. Klin. Med.*, t. 2, p. 264, 1867. FALCK a reproduit une partie de l'original en allemand dans *Arch f. exper. Path. u. Pharm.*, t. 7, p. 377, 1877. PAUL CAZENEUVE a confirmé en dernier lieu dans la *Revue mensuelle de médecine et de chirurgie*, IV, p. 265 et 444, 1880, les résultats de BAUER et de STORCH.

[1] GÄHTGENS, *Centralbl f. d. med. Wissench.*, 1875, p. 529. KOSSEL, *Arch. f. exp. Path. u. Pharm*, t. 5, p. 128, 1876. GAHTGENS, *id.*, t. 5, p. 833, 1876, et *Centralbl. f. d. med. Wissensch.*, 1876, p. 321. SALKOWSKI, *Virchow's Arch.*, t. 34, p. 73, 1865.

[2] FRANZ HOFMANN, *Zeitschr. f. Biolog.*, t. 8, p. 159, 1872.

dérables sur un cadavre exposé à l'air. Hofmann a dosé la graisse contenue
dans une quantité donnée de ces œufs, puis il en a cultivé une autre
portion sur du sang dont il avait également dosé la graisse. Après
l'éclosion des larves, il a déterminé la quantité de graisse qu'elles contenaient et trouvé que la proportion de graisse contenue dans les larves
était dix fois plus forte que celle contenue dans les œufs et dans le sang
réunis. Il a trouvé, par exemple, o. gr. 201 de graisse dans les larves
de o gr. 02 d'œufs contenant o. gr. 001 de graisse, cultivées
sur 52 grammes de sang contenant o. gr. 017 de graisse. Dans ce
cas-ci, on ne peut songer au sucre du sang, car 52 grammes de sang contiennent rarement plus de o gr. 07 de sucre, et cette quantité,
malgré cela insuffisante, se décompose rapidement. De plus les larves
étaient loin d'avoir consommé tout le sang. Pettenkofer et Voit [1]
ont montré par les expériences suivantes, entreprises sur des chiens,
que la graisse se forme aussi des albuminoïdes dans la nutrition normale
des mammifères. Ayant nourri leurs chiens avec de grandes quantités
de viande sans graisse, ils ont dosé avec leur appareil à respiration la
somme des absorptions et celle des sécrétions. Ils ont trouvé que l'azote
de la viande reparaissait en totalité dans les sécrétions, tandis qu'il y
avait une perte de carbone. Ainsi, un chien de 34 kilos, absorbant journellement 2500 grammes de viande, a sécrété tout l'azote contenu dans
cette viande, tandis qu'on n'a retrouvé que 271 grammes des 313 grammes
de carbone contenus dans la nourriture [2]; il y a donc eu une perte de
42 grammes. Ce carbone est resté dans l'organisme sous forme de
combinaison non azotée, probablement de graisse, ainsi que l'admettent
Pettenkofer et Voit. On pourrait cependant objecter que ce carbone a
pu être mis en réserve sous forme de glycogène. La quantité de glycogène contenu dans l'organisme du carnivore est assez considérable et
varie beaucoup. Böhm et Hoffmann [3] ont trouvé chez le chat 1 gr. 5 à
8 gr. 5 de glycogène par kilogramme du poids du corps. Les 42 grammes
de carbone correspondent environ à 100 grammes d'hydrates de carbone.
Si nous admettons qu'ils ont été transformés en glycogène, la quantité de

---

[1] Pettenkofer u. Voit, *Liebig's Ann.* Suppl. II, p. 361, 1862. *Zeitschr. f. Biolog*, t. 6,
p. 377, 1870, et t. 7, p. 433, 1871.
[2] *Zeitschr. f. Biolog*, t. 7, p. 487, 1871.
[3] Böhm u. Hoffmann, *Arch. f. exper. P.th. u. Pharm.*, t. 8, p. 290, 1878.

cette substance devrait avoir augmenté de 3 grammes par kilogr., ce qui ne parait pas impossible. N'oublions cependant pas que cette augmentation du glycogène devrait s'être produite en un jour, et que l'animal avait absorbé la même quantité de nourriture le jour précédent. Une telle augmentation de la proportion de glycogène n'est pas vraisemblable. Pour que cette question puisse être tranchée définitivement, il serait nécessaire de poursuivre ces recherches pendant un laps de temps plus long. Il serait en outre possible d'arriver à décider si le carbone retenu dans l'organisme s'y trouve à l'état de graisse ou de glycogène, si l'on parvenait à établir exactement l'équation de nutrition de l'oxygène. Il y a une grande différence entre la quantité d'oxygène contenue dans la graisse et celle contenue dans le glycogène. On pourrait donc, d'après la quantité d'oxygène retenue dans l'organisme, calculer la forme sous laquelle le carbone a été mis en réserve. Pour le moment, nous ne possédons pas de méthode qui nous permette de déterminer directement l'oxygène contenu dans les aliments, et la méthode de Pettenkofer ne détermine l'oxygène inspiré que par différence.

On pourrait enfin faire valoir contre les expériences de Pettenkofer et Voit que la viande qu'ils donnaient à leurs chiens n'était pas complètement exempte de graisse et d'hydrates de carbone. La transformation des albuminoïdes en graisse, dans l'organisme des mammifères, à l'état normal, n'est donc pas encore absolument démontrée [1]. Elle est cependant très probable, puisqu'elle a lieu normalement chez des animaux d'un ordre inférieur et chez les mammifères, dans des conditions pathologiques. Nous devons en outre mentionner en faveur de la possibilité de la transformation des albuminoïdes en graisse, le fait que ceux-ci peuvent produire du glycogène. Or, comme nous allons le voir tout à l'heure, la graisse peut prendre naissance du glycogène et des hydrates de carbone en général. Il n'est pour le moment pas possible d'expliquer chimiquement le procédé de la formation de la graisse en partant des albuminoïdes. Nous ne pouvons évidemment pas nous représenter ce procédé sous son expression la plus simple, c'est-à-dire celle du dédoublement

---

[1] Les autres expériences sur lesquelles on s'appuie encore pour démontrer la transformation de l'albumine en graisse, ne sont pas non plus décisives. Voir SUBBOTIN, *Virchow's Arch.*, t. 36, p. 561, 1866, et KEMMERICH, *Centralbl. f. die med. Wissenschaft*, 1866, p. 465, et 1867, p. 127.

de la graisse, comme d'un radical préformé de la molécule géante d'albumine. Ce procédé est accompagné de dédoublements profonds, de transformations suivies de synthèses, sur la nature desquels nous ne pouvons pas même émettre des suppositions.

Il nous reste maintenant une troisième et dernière question à élucider : celle de la transformation des HYDRATES DE CARBONE en graisse dans l'organisme. Parmi les nombreuses expériences instituées dans le but de résoudre cette question, je ne citerai que les suivantes, dont les résultats ne prêtent pas à l'équivoque. N. Tscherwinsky [1] a opéré sur de jeunes porcs. Pour l'une de ses expériences, il choisit deux porcelets âgés de dix semaines et provenant de la même portée. Le n° 1 pesait 7 300 grammes ; le n° 2, 7 290 grammes. On pouvait donc admettre que la proportion de graisse et d'albumine était à peu près la même chez les deux exemplaires. Il tua le n° 1 et dosa la graisse contenue dans l'animal entier ; il dosa aussi l'azote et put ainsi évaluer le maximum de matières albuminoïdes. Par contre, il nourrit pendant quatre mois le n° 2 avec de l'orge dont il avait préalablement fait l'analyse. Pendant ce temps, il nota la quantité d'orge absorbée et dosa dans les excréments la graisse et les matières protéiques non résorbées. De cette manière, l'auteur put constater combien de graisse et de matières protéiques le porcelet n° 2 avait résorbé pendant ces quatre mois. Au bout de ce temps, on tua l'animal, qui avait atteint un poids de 24 kilos, et on détermina la quantité de graisse et de matières albuminoïdes contenues dans l'animal entier.

Le n° II contenait. .	2,52 kilos mat. albuminoïdes et			9,25 kilos graisse.	
» I »	0,96 »	»	»	0,69 »	»
Augmentation.. . .	1,56 »	»	»	8,56 »	»
Absorbés avec la nourriture.. . . .	7,49 »	»	»	0,66 »	»
Différence..	— 5,93 »	»	»	+ 7,90 »	»

Pendant le temps de l'expérience, il s'est déposé dans le corps de l'animal 7 kg. 9 de graisse, ne provenant évidemment pas de la graisse absorbée.

---

[1] N. Tscherwinsky, *Landw. Versuchsstation*, t. 29, p. 317, 1883. Des expériences semblables, instituées par d'autres auteurs, ont donné le même résultat. Voir F. Soxhlet, *Zeitschr. d. landwirthschaftl. Vereins in Bayern*, août, 1881. B. Schulze, *Landw. Jahrb*, 1882, 1, 57. St. Chaniewski, *Zeitschr. f. Biolog.*, t. 20, p. 179, 1884.

Les 5 kg. 93 de matières protéiques de l'alimentation, ne se retrouvant pas sous cette forme dans l'organisme, ne peuvent avoir contribué que pour une petite part à la formation de la graisse, de sorte que l'on peut admettre que les hydrates de carbone contenus dans la nourriture du porc ont servi à former au moins 5 kilogrammes de graisse. Cette quantité est si forte, que toute espèce de doute doit disparaître.

Meissl et Strohmer[1] ont suivi une voie différente pour arriver au même résultat. Ils ont nourri un porc mâle châtré, de la race du York-Shire, par conséquent très disposé à engraisser, âgé d'une année et pesant 140 kilos, pendant sept jours avec du riz, nourriture riche en hydrates de carbone et pauvre en graisse et en matières protéiques. Chaque jour l'animal recevait 2 kilos de riz dont on avait auparavant fait l'analyse. L'urine et les fèces étaient recueillies et analysées. Le troisième et le sixième jour, on plaça l'animal dans l'appareil de Pettenkofer, pour déterminer aussi la quantité d'acide carbonique produite. Meissl et Strohmer ont trouvé de cette manière que 289 grammes du carbone absorbé journellement et 6 grammes d'azote restaient dans le corps. Les 6 grammes d'azote correspondent à 38 grammes d'albumine, contenant 20 grammes de carbone, de sorte que 269 grammes de carbone ont dû chaque jour se déposer dans l'organisme sous forme de graisse, car il n'est pas possible qu'une telle quantité de carbone ait été mise en réserve sous forme de glycogène. Et d'où provient donc cette quantité de graisse ? 5 gr. 3 de graisse et 104 grammes d'albumine de la nourriture quotidienne ont été digérés. 38 grammes d'albumine se sont déposés comme tels dans le corps. Les 66 grammes restants et les 5 gr. 3 de graisse ne peuvent pas avoir fourni les 269 grammes de carbone qui se sont déposés dans l'organisme. Ceux-ci doivent nécessairement provenir des hydrates de carbone.

Comme on a souvent prétendu que la formation de la graisse par les hydrates de carbone n'avait lieu que chez les herbivores et omnivores, et pas chez les animaux se nourrissant de viande, je mentionnerai brièvement l'expérience suivante, que Rubner[2] a instituée sur un chien, à l'aide de la chambre à respiration. Il a fait préalablement jeûner l'animal pendant deux

<hr>

[1] E. MEISSL et F. STROHMER, *Sitzungsber. d. k. Akad. d. Wissensch. in Wien.*, t. 88, III, 1883.

[2] MAX RUBNER, *Zeitschr. f. Biolog.*, t. 22, p. 272, 1886.

jours et l'a nourri ensuite de sucre de canne et d'amidon. Une quantité notable de carbone fut retenue dans l'organisme, et cette quantité était beaucoup trop forte pour pouvoir y être contenue à l'état de glycogène, de sorte que l'on doit admettre une formation de graisse par les hydrates de carbone.

Le mode de formation de la graisse, en partant des hydrates de carbone, est encore absolument inconnu des chimistes, et ce procédé nous montre mieux que tout autre que la cellule animale est le siège de synthèses tout aussi complexes que la cellule végétale.

On a à maintes reprises tenté d'appliquer les connaissances que nous possédons sur la formation de la graisse à la recherche des causes de l'obésité et des moyens de la prévenir et de la combattre. On a voulu, à tort, chercher les causes de l'obésité dans une nourriture trop substantielle ou dans la composition irrationnelle des repas (absorption exagérée de graisses ou d'hydrates de carbone). Il n'y a rien d'anormal ni de pathologique à ce qu'un homme mange tout ce qu'il aime et autant que cela lui plaît, et il n'engraissera pas pour cela, pour peu qu'il mène un genre de vie normal. Pourquoi donc vouloir accuser une fonction normale d'être la cause d'un procédé pathologique ? *La cause de l'obésité réside dans tous les cas, sans exception, dans le manque d'activité musculaire.* Un homme qui fait travailler ses muscles n'engraisse jamais. On doit il est vrai reconnaître que la disposition à l'obésité diffère beaucoup suivant les individus. Mais il ne ressort pas de là autre chose que le fait qu'il n'est pas permis à chacun de laisser s'atrophier les organes qui forment la moitié du poids de l'organisme, sans en subir les conséquences. Il n'existe pas de disposition à l'obésité qu'on ne puisse combattre par le travail musculaire. Qu'on me montre un seul travailleur des champs, vraiment digne de ce nom, avec un gros ventre ! Et l'on ne peut pas dire que tous les gens de cette classe se nourrissent mal. Au contraire, beaucoup se nourrissent aussi bien qu'on peut le désirer. En tous cas, leur alimentation ne manque ni de graisses ni d'hydrates de carbone.

L'alcool favorise la disposition à l'obésité. On ne peut pour le moment expliquer cette action d'une manière satisfaisante. Il est possible que l'alcool qui brûle si facilement épargne les autres aliments organiques, qui de cette manière peuvent tous se transformer en graisse. Ne serait-il pas aussi possible que l'alcool ait une action analogue à celle de certains poisons, tels que le phosphore, l'arsenic et l'antimoine (voir p. 130-131 et p. 360-361). Mais la cause principale qui fait que l'alcool favorise les dépôts graisseux, c'est son action paralysante sur le cerveau, qui rend l'homme paresseux.

La cure [1] de l'obésité est donc bien simple. Il suffit d'interdire l'alcool aux patients et de leur prescrire de l'exercice. Dans bien des cas, l'interdiction de l'alcool sera déjà suffisante, car le goût des exercices corporels reviendra de lui-même. Lorsque l'obésité aura déjà atteint le cœur et que celui-ci en sera affaibli, il sera bon d'être prudent dans la prescription des exercices corporels et d'éviter un surmenage. L'obésité ne peut pas être combattue efficacement par ce qu'on appelle une cure, par exemple par des courses de montagnes pendant quelques semaines de l'année. La cure doit durer aussi longtemps que la vie, et consister simplement dans un emploi naturel des muscles. Mais c'est précisément ce que ne veut pas le malade aisé, pas plus que le renoncement aux boissons alcooliques. C'est pourquoi les médecins en sont réduits à imaginer les cures les plus étonnantes, qui ont probablement déjà conduit au tombeau des milliers de malheureux. L'erreur de toutes ces cures, c'est que l'on cherche à compenser une anomalie par une autre, un travail musculaire insuffisant par une alimentation insuffisante ou de composition anormale, voire même par une digestion incomplète des aliments, provoquée par des purgatifs salins, etc. Il voudrait bien mieux se contenter d'éliminer définitivement l'anomalie primaire, et se garder de troubler les fonctions normales de l'organisme.

---

[1] Voir G. GAERTNER, *Ueber die therapeut. Verwendung der Muskelarbeit und einen neuen Apparat zu ihrer Dosirung.*, Wien, 1887. *Allg. Medicinische Zeitung*, n° 49 et 50, 1887.

VINGT-ET-UNIÈME LEÇON

LE DIABÈTE SUCRÉ

Dans notre étude de la nutrition dans le foie et de la source de la force musculaire, nous avons appris à connaître le rôle des hydrates de carbone et leur importance pour l'organisme normal. Cette étude nous permet d'aborder maintenant le chapitre difficile et compliqué du rôle des hydrates de carbone dans certains états pathologiques. J'ai ici spécialement en vue les recherches sur les causes et la nature du *diabète sucré*, recherches qui touchent à tous les domaines de la chimie biologique, et qui furent l'objet de travaux si nombreux, que leur résumé seul suffirait à remplir de gros volumes [1].

Nous bornerons notre étude à la forme chronique du diabète. On observe une glycosurie passagère comme conséquence des affections les plus diverses [2], dans les maladies infectieuses, dans les troubles de la digestion, les névralgies, les commotions cérébrales, les hémorrhagies du cerveau, la méningite cérébro-spinale, les attaques d'épilepsie, les excitations psychiques, les empoisonnements par les substances les plus

---

[1] On trouvera, dans l'ouvrage de CL. BERNABD, *Leçons sur le diabète*, Paris, 1877, un exposé des travaux les plus importants sur le diabète. ED. KÜLZ, *Beiträge zur Pathologie u. Therapie des Diabetes mellitus.*, Marburg, 1874 et 1875. FRERICHS, *Ueb. den Diabetes*, Berlin, 1884. FRERICHS a observé lui-même quatre cents cas de diabète, et il a consigné ses observations dans cet ouvrage, remarquable par sa précision et sa clarté, et surtout par son objectivité classique J'en recommande particulièrement la lecture au commençant ; il y trouvera matière à méditer, en même temps qu'une foule de questions pouvant servir de point de départ à un travail personnel. F.-W PAVY, *Unters. üb d. Diabetes mellitus*, Trad W LANGENBECK, 1864. J. SEEGEN, *Der Diabetes mellitus*, 2ᵉ éd , Berlin. 1875. ARNOLDO CANTANI, *Der Diabetes mellitus*, 1880.

[2] On trouvera dans FRERICHS, *l. c.*, p. 25-61, un exposé de toutes les formes de glycosurie transitoire.

diverses [1], etc. Jusqu'à présent on n'est pas parvenu à expliquer d'une manière satisfaisante la connexion existant entre toutes ces affections et la glycosurie, et cela nous mènerait trop loin, si nous voulions nous arrêter à toutes les maladies dans lesquelles une glycosurie transitoire peut apparaître.

Mais, même si nous nous restreignons à cette anomalie de nutrition profonde, que l'on désigne plus spécialement sous le nom de diabète sucré, il ne peut être question pour nous de donner ici un tableau complet de cette affection, avec ses symptômes si divers et si variables, et des maladies qui en résultent. Notre tâche consiste uniquement à réunir les résultats principaux des recherches expérimentales entreprises dans le but de faire la lumière sur les causes et la nature de cette affection.

L'anatomie pathologique ne nous donne aucun éclaircissement à ce sujet. Il n'existe pas un organe qui, à l'autopsie d'un diabétique, n'ait présenté une fois ou l'autre des lésions pathologiques, de même qu'il n'en existe aucun qui maintes fois n'ait paru parfaitement sain à la section. De plus, il est souvent difficile de dire avec certitude si les lésions que l'on a devant soi sont la cause ou seulement l'effet du chimisme modifié [2]. Nous nous bornerons donc à traiter les tentatives faites par la chimie biologique pour arriver à découvrir l'origine du diabète. Dans ces recherches, on a toujours pris comme point de départ le symptôme le plus frappant de l'affection, la présence du sucre dans l'urine.

L'urine normale ne contient pas de sucre, ou du moins extrêmement peu. Dans le diabète, la quantité de sucre contenue dans l'urine peut être considérable ; elle varie de quelques grammes jusqu'à 1 kilogramme dans l'urine de vingt-quatre heures. Ce sucre est toujours la glucose dextrogyre [3]. Chez beaucoup de malades, le sucre disparaît de l'urine dès que l'on supprime les hydrates de carbone de l'alimentation ; c'est la forme légère du diabète. Dans la forme grave, l'urine contient toujours du sucre, même avec une alimentation exclusivement carnée. Quelle

---

[1] Parmi ces substances je mentionnerai la phlorizine, qui, ainsi que nous l'avons déjà vu, produit la glycosurie, même chez des animaux ayant consommé leur provision de glycogène.

[2] On trouvera dans l'ouvrage de FRERICHS, *l. d* , p. 144-183 le compte rendu détaillé de cinquante-cinq autopsies de diabétiques, dans lequel toutes les différentes lésions pathologiques sont classées et forment un tableau.

[3] J. SEEGEN a trouvé, dans un cas de diabète intermittent, du sucre lévogyre dans l'urine. *Centralbl. f. d. med. Wissensch.*, 1884, n° 43.

peut bien être la cause de la présence de si grandes quantités de sucre dans l'urine ?

Ce phénomène ne peut s'expliquer que de deux manières. Les reins peuvent avoir perdu la faculté d'empêcher le sucre normal du sang de passer dans l'urine, ou bien les fonctions rénales sont normales et c'est la quantité du sucre contenue dans le sang qui est excessive. C'est à la seconde de ces deux hypothèses que nous nous rangeons ; car si, en effet, les reins avaient perdu la faculté de retenir le sucre, la proportion de cette substance dans le sang devrait baisser au-dessous de la moyenne, tandis qu'en réalité elle est constamment supérieure à la proportion normale. Le sang normal de l'homme et du chien contient 0,05 à 0,15 o/o de sucre, le sang du diabétique en contient de 0,22 à 0,44 o/o [1]. Si l'on augmente artificiellement, par une injection intra-veineuse, la proportion de sucre dans le sang de chien, jusqu'à lui faire atteindre 0,3 o/o, les reins seront impuissants à retenir le sucre, qui apparaîtra bientôt dans l'urine. Jusqu'à présent on n'a pas réussi à démontrer l'existence d'affections rénales dans la période initiale du diabète. Il est donc absolument certain que *la cause de la présence du sucre dans l'urine des diabétiques réside dans l'augmentation anormale du sucre du sang.*

D'où provient maintenant cette augmentation ? Dans ce cas aussi deux possibilités sont en présence : ou bien la production de sucre est augmentée, ou bien sa destruction est diminuée. La première hypothèse n'est pas admissible. D'où pourrait provenir cette production exagérée ? Des hydrates de carbone de l'alimentation ? — ce serait alors un procédé parfaitement normal ! — Des graisses ? en réalité ce n'est pas le cas, car les diabétiques supportent parfaitement de grandes quantités de graisse, qui sont digérées et détruites complètement [2]. Il ne nous resterait que les matières protéiques. Admettons qu'un diabétique consomme en vingt-quatre heures 300 grammes d'albumine [3] (quantité dont il viendra

---

[1] CARL BOCK u. F. ALBIN HOFFMANN, *Experimentelle Studien über Diabetes*, Berlin, 1874, p. 61. FRERICHS, *l. c.*, p. 269.

[2] PETTENKOFER et VOIT, *Zeitschr. f. Biolog.*, t. 3, p. 406, 408, 416, 428, 436, 1876. L. BLOCK (*Deutsch. Arch. f. Klin. Med.*, t. 25, p. 470, 1880) a trouvé que, de 120 à 150 gr. de graisse, il n'en reparaissait que 9 gr. dans les fèces d'un diabétique.

[2] Il est rare que la quantité d'urée contenue dans l'urine sécrétée en vingt-quatre heures par un diabétique dépasse plus de 100 grammes, correspondant à 300 grammes d'albumine. PETTENKOFER et VOIT ont trouvé, chez un individu atteint d'un diabète intense et qu'ils laissaient manger à volonté, 46 à 86 grammes d'urée.

difficilement à bout), la quantité de sucre qui pourrait en résulter ne dépassera pas 200 grammes, car une grande partie du carbone doit se dédoubler avec l'azote. Mais 200 grammes de sucre pénétrant peu à peu, en vingt-quatre heures, dans le sang ne suffiront jamais à provoquer le diabète chez un individu ayant encore la faculté de brûler normalement le sucre du sang. Un homme qui se nourrit de pommes de terre absorbe journellement 600 à 1 000 grammes de sucre, et cependant celui-ci ne passe pas dans l'urine.

Il ne nous reste donc qu'à admettre que *l'augmentation de la proportion de sucre dans le sang du diabétique est le fait d'une destruction insuffisante de cette substance par l'organisme.*

La faculté d'assimiler le sucre n'est jamais complètement suspendue : elle n'est que plus ou moins atteinte. Külz[1] a démontré que, même dans un diabète intense, la quantité de sucre contenu dans l'urine est toujours inférieure à celle des hydrates de carbone de l'alimentation.

Mais quelle est donc la cause de cette insuffisance d'assimilation ? A cette question encore je ne vois que deux solutions possibles. Nous ne connaissons que deux procédés de destruction des aliments dans nos tissus : le *dédoublement* et l'*oxydation*. L'un de ces deux doit être en souffrance.

Les observations et les expériences faites sur les diabétiques n'ont pu jusqu'à présent constater une diminution de l'intensité des oxydations dans l'organisme. Les produits azotés de désassimilation sont normaux ; la graisse paraît être oxydée complètement en eau et en acide carbonique. Des essais faits avec des sels d'acides végétaux et de l'acide lactique ont démontré qu'ils étaient complètement oxydés et se retrouvaient dans l'urine sous forme de carbonates[2]. Le benzol est oxydé en phénol[3], et même certains hydrates de carbone, la lévulose, l'inosite et la mannite, sont détruits[4]. Pourquoi donc la glucose ne serait-elle pas oxydée. Le fait que l'on n'observe jamais l'apparition de sucre dans les urines, dans les maladies accompagnées de troubles de la respiration interne et

---

[1] Külz, *Beitr. z. Pathol. u. Thérap. d. Diabetes mellitus, Marburg*, 1874, p. 110-119.

[2] O. Schultzen, *Berliner Klin. Wochenschr.*, 1872, n° 35. Nencki u. Sieber, *Zeitschr. f. prakt. Chem.*, t. 26, p. 34, 1882.

[3] Nencki u. Sieber, *l. c.*, p. 36.

[4] E. Külz, *Beitr. z. Pathol. d. Diabetes mellitus*, Marburg, 1874, p. 127-175. L'expérience faite avec la mannite ne me paraît pas très concluante, son absorption ayant déter-

externe [1], ne concorde pas non plus avec l'hypothèse d'une oxydation incomplète.

Il ne paraît donc pas rester d'autre alternative que celle d'un arrêt dans le dédoublement du sucre. Le dédoublement précédant l'oxydation, celle-ci ne peut se faire s'il existe un obstacle à celui-là, bien que la respiration interne et externe ne soit pas troublée. O.Schultzen [2] a cherché à appuyer ce point de vue par des observations comparées sur des diabétiques et des individus empoisonnés par le phosphore. Dans ce dernier cas, ainsi que nous l'avons vu plus haut, l'oxydation est effectivement entravée. Et cependant, on ne trouve pas de sucre dans l'urine après une intoxication phosphorique, mais par contre de l'acide lactique, que Schultzen considère comme un produit de dédoublement normal de la glucose. Schultzen en conclut que l'empoisonné par le phosphore a perdu la faculté d'oxyder mais pas celle de dédoubler, tandis qu'au contraire le diabétique aurait perdu la faculté de dédoubler mais pas celle d'oxyder. C'est pourquoi on trouve, après l'intoxication phosphorique, le produit de dédoublement normal dans l'urine, tandis que dans celle du diabétique (malgré une faculté d'oxydation intacte) on retrouve la glucose telle quelle.

L'expérience suivante de Pettenkofer et Voit [3] pourrait aussi être interprétée dans le même sens. Ces auteurs ont montré, avec leur appareil à respiration, qu'un diabétique absorbe moins d'oxygène et produit moins d'acide carbonique qu'un individu sain nourri de la même manière. Ce n'est pas la diminution de l'absorption de l'oxygène qui a été la cause de l'assimilation défectueuse, mais au contraire la diminution de la quantité des produits de dédoublement oxydables a été la cause de la diminution de l'absorption de l'oxygène.

Cette théorie a quelque chose de séduisant ; cependant elle a aussi ses

miné un dérangement d'intestins. Il est possible qu'elle ait été détruite en grande partie par les organismes de la fermentation dans l'intestin. On en a retrouvé de petites quantités intactes dans l'urine.Voir, pour l'inosite, E. KÜLZ, *Sitzungsber. d. Ges. z. Beförder. d. Ges. Naturw. in Marburg*, 1876, n° 4.

[1] v. MERING, *Arch. f. Physiol.*, 1877, p. 381. SENATOR, *Virchow's Arch.*, t. 41, p. 1, 1868.

[2] O. SCHULTZEN, *l c.* L'idée que le sucre ne peut être oxydé dans l'organisme qu'après avoir subi un dédoublement préalable, a été exprimée avant SCHULTZEN par un élève de LUDWIG, SCHEREMETJEWSKI, *Arb. aus d. physiol. Anstalt zu Leipzig*, 1868, p. 145. Voir aussi NENCKI et SIEBER, *l. c.*, p. 39.

[3] PETTENKOFER u. VOIT, *Zeitschr. f. Biolog.*, t. 3, p. 428, 429, 431 et 432, 1867.

points faibles. Nous avons vu, dans nos considérations sur la respiration intérieure, que certaines substances introduites dans l'organisme reparaissent dans l'urine conjuguées à l'*acide glycuronique*. Or l'acide glycuronique est sans aucun doute un produit d'oxydation du sucre et non pas un produit de dédoublement. Les 6 atomes de carbone sont encore réunis, et pourtant l'oxydation a déjà commencé. Dès que la substance conjuguée est dédoublée, rien n'arrête plus l'oxydation.

Nencki et Sieber disent : Nous ne doutons pas que si le diabétique était en état de dédoubler le sucre en acide lactique, il pourrait ensuite l'oxyder complétement[1]. Mais l'acide lactique n'est vraisemblablement pas le produit de dédoublement normal du sucre dans l'organisme. L'acide sarcolactique, que l'on trouve constamment dans les organes, provient probablement de l'albumine. Nous ne savons actuellement encore rien sur la direction et l'ordre d'après lequel s'accomplissent le dédoublement et l'oxydation du sucre dans l'organisme, et c'est là le plus grand obstacle à l'étude des anomalies de la nutrition du diabétique.

Je dois signaler la présence dans l'urine des diabétiques de certaines substances, telles que l'*acide oxybutyrique,* l'acide *acétylacétique* et l'*acétone*[2], qui sont indubitablement des produits d'oxydation incomplète. Ils proviennent probablement des matières albuminoïdes, car leur quantité est indépendante de celle des hydrates de carbone absorbés, et elle croît avec la désassimilation des albuminoïdes[3]. On ne les trouve pas dans tous les cas de diabète, mais seulement dans un certain nombre, particulièrement dans les cas graves, dans lesquels on peut constater une augmentation de la désassimilation des albuminoïdes.

L'acide oxybutyrique de l'urine diabétique est l'acide β oxybutyrique $CH_3 — CH(OH) — CH_2 — COOH$. L'acide acétylacétique $CH_3 — CH_2 — COOH$, que l'on peut préparer facilement par oxydation de l'acide β

[1] Nencki u. Sieber. *Journ. f. prakt. Chem.*, t. 26, p. 37, 1882.

[2] Stadelmann, *Arch. f. exper. Path. u. Pharm*, t. 17, p. 419. 1883, et *Zeitschr. f. Biolog.*, t. 21, p 140, 1885. Minkowski, *Arch. f. exper. Path. u. Pharm.*, t. 18. p. 35 et 147, 1884. E Külz, *Zeitschr. f. Biol.*, t. 20, p. 165. 1884, et t. 23, p. 329, 1886, et *Arch. f. exper. Path. u. Pharm.*, t. 18, p. 291, 1884. R. v. Jaksch, *Ueber Acetonurie u. Diaceturie.* Berlin, 1885. H. Wolpe, *Arch. f. exper. Path. u. Pharm.*, t. 21, p. 138, 1886. Frerichs, *l. c.*, p. 114-118.

[3] G. Rosenfeld, *Deutsche med. Wochenschr.*, 1855. n° 40. Wolpe, *l. c.*, p. 150 et 155. Ce dernier cite la littérature antérieure. M. J. Rossbach, *Correspondenzblatt d. allg. ärztl. Vereins für Thüringen*, 1887, n° 3, *Chem. Centrablt*, 1887, p. 1437.

oxybutyrique, se décompose facilement en acétone et en acide carbonique :

$$CH_3 - CO - CH_2 - COOH = CH_3 - CO - CH_3 + CO_2.$$

L'acide acétylacétique et l'acétone de l'urine diabétique ont par conséquent probablement la même origine.

Dans la dernière période du diabète, dans l'état de coma, la quantité d'acide oxybutyrique augmente tandis que l'acétone diminue[1]. Ce fait paraît aussi indiquer une diminution des oxydations dans l'organisme. On doit cependant reconnaître que la présence de ces substances dans l'urine n'est pas particulière au diabète, et qu'on les a observées aussi dans un grand nombre d'autres affections [2]. Ces produits anormaux de la nutrition ne sont peut-être pas du tout en rapport direct avec le diabète, mais proviennent seulement de certaines complications accompagnant souvent l'affection diabétique. D'un autre côté, toutes les maladies dans lesquelles on a observé de l'acétonurie (fièvres infectieuses, cancers, affections mentales accompagnées d'inanition, etc.) ont un caractère commun, qui est l'augmentation de destruction des éléments azotés des tissus. Chez l'homme sain à jeun on a aussi observé l'apparition d'acide acétylacétique dans l'urine [3]. Une destruction exagérée des éléments azotés paraît aussi exister dans le diabète. On a du moins constaté, dans trois cas de diabète à forme grave, que les malades sécrétaient plus d'azote qu'un individu sain absorbant exactement la même nourriture. La première expérience de ce genre a été faite à la clinique de médecine interne de Dorpat par Gaehtgens[4], la seconde par Pettenkofer et Voit [5], et la troisième à la clinique de Frerichs [6]. On pourrait interpréter aussi ces résultats en admettant que l'augmentation de la désassimilation albu-

---

[1] WOLPE, *Unters. üb. d. Oxybuttersäure d. diabet. Harns, Diss. Königsberg*, 1886, Arch. *f. exper Path. u. Pharm.*, t. 21, p. 157, 1886.

[2] R. v. JAKSCH, *Ueber. Acetonurie u. Diaceturie*. Berlin, 1885, p. 54-91. KÜLZ, *Zeitschr. f. Biolog.*, t. 23, p. 329, 1886. A. BAGINSKY, *Du Bois' Arch.*, 1887, p. 349.

[3] Voir à ce sujet les données intéressantes contenues dans le rapport des observations faites à Berlin sur le célèbre jeuneur CETTI. *Berl. Klin. Wochenschr.*, 1887, t. 24, p. 434.

[4] CARL GAEHTGENS, *Ueber den Stoffwechsel eines Diabetikers, verglichen mit dem eines Gesunden. J.-D. DORPAT*, 1866.

[5] PETTENKOFER, *u.* VOIT, *Zeitschr. f. Biolog.*, t. 3, p. 400, 408, 412-414 et 425, 1867. La littérature antérieure est exposée p. 425-426.

[6] FRERICHS, *l. c.*, p. 276 et suiv.

minoïde n'est que la conséquence de l'assimilation insuffisante des hydrates de carbone ; les tensions chimiques du sucre restant sans emploi, l'organisme se rabat sur l'albumine qui lui donne l'énergie nécessaire à l'accomplissement des fonctions vitales. Le muscle normal ne se comporte pas autrement ; nous avons vu plus haut qu'il s'attaque à l'albumine des éléments organiques dès que sa provision d'aliments non azotés est devenue insuffisante. Mais cette interprétation est purement téléologique ; ce n'est pas une déduction physico-chimique nous révélant le véritable rapport de la cause à l'effet. Nous sommes obligés d'admettre qu'il est possible que la première pertubation du chimisme des organes soit l'augmentation de la destruction des éléments azotés, qui a pour conséquence le marasme des tissus et tous les troubles qui en résultent. Nous devons en outre reconnaître qu'il est possible que la présence de l'acide oxybutyrique et de l'acétone chez le diabétique ne soit pas la conséquence d'une diminution des oxydations, pas plus que dans les autres affections. La quantité d'oxygène dont disposent les tissus est peut-être normale, mais la quantité des produits de désassimilation est exagérée, et ceux qui pénètrent dans le sang avant d'avoir été complètement oxydés sont sécrétés comme tels, car, ainsi que nous l'avons vu, ces substances ne sont plus oxydées dans le sang.

Un fait très remarquable a été observé par Külz[1], c'est la faculté qu'a le diabétique d'assimiler le sucre lévogyre. Külz a montré que l'absorption de 100 grammes de lévulose ne provoque pas l'apparition de sucre dans l'urine d'un malade atteint de diabète léger, et que la proportion de sucre n'en est pas augmentée dans la forme grave. Tout le sucre contenu dans l'urine est dextrogyre.

L'inuline se comporte exactement comme la lévulose. On la rencontre dans les racines de chicorée et de dent de lion et dans divers tubercules où elle joue le même rôle que la fécule dans les tubercules de la pomme de terre. L'inuline est à la lévulose ce qu'est l'amidon à la glucose ; elle est dédoublée en lévulose par la cuisson avec des acides étendus, comme l'amidon est dédoublé en glucose. Il est probable que le même dédou-

---

[1] KÜLZ, *l. c.*, p. 130-167. Voir encore WORM-MÜLLER, *Pflüger's Arch.*, t. 34, p. 576, 1884. T. 36, p. 172, 1885. S. DE JONG, *Over omzetting von milksuiker by diabetes mellitus.* J. D., Amsterdam, 1886 ; et FRANZ HOFMEISTER, *Arch. f. exper. Path. u. Pharm.*, t. 25, p. 240, 1889.

blement se produit dans l'organisme, l'inuline disparaissant dans le corps du diabétique comme la lévulose. La saccharose se dédouble, par la cuisson avec des acides, en quantités égales de dextrose et de lévulose. Külz a observé que, dans le diabète à forme grave, après une absorption de saccharose, l'augmentation de la glucose dans l'urine correspond à peu près à la moitié du sucre absorbé. Il est probable qu'il en est de même pour le sucre de lait ; seulement les résultats obtenus dans ces expériences ne sont pas aussi éclatants, une partie de la lactose ayant déjà été dédoublée en acide lactique dans l'intestin.

Cette faculté bornée du diabétique, de ne pouvoir assimiler que le sucre lévogyre, n'est pas un phénomène isolé dans la nature vivante. Certains champignons et bactéries se comportent exactement de la même manière [1]. Le *Penicillium glaucum* ne consomme de l'acide lactique inactif que la moitié lévogyre, et laisse l'acide dextrogyre ; de même, d'un mélange des deux acides amygdaliques il ne prend que celui qui dévie la lumière à gauche, et laisse l'autre. Le *Saccharomyces ellipsoïdeus* par contre ne consomme que l'acide amygdalique dextrogyre.

De tous ces développements il résulte donc que le seul fait que nous puissions considérer comme certain est que la faculté d'assimiler le sucre dextrogyre est diminuée chez les diabétiques. Or, comme il est établi que, dans les conditions normales, c'est dans les muscles qu'est détruite la masse principale du sucre, nous sommes tout naturellement portés à chercher la nature du diabète dans une perturbation des procédés chimiques dans les muscles.

On admet souvent comme cause du diabète l'insuffisance d'activité musculaire et la vie sédentaire, ce qui concorde avec le fait que cette maladie atteint souvent (dans plus de 30 o/o des cas) les individus obèses. L'obésité est toujours une conséquence de la paresse musculaire. C'est peut-être aussi ce qui explique le succès thérapeutique obtenu dans quelques cas de diabète par un effort musculaire soutenu [2].

Mais les procédés chimiques des muscles sont sous la dépendance du

---

[1] PASTEUR, *Comptes rendus*, t. 46, p. 615, 1858 ; t. 51, p. 298, 1860 ; t. 56, p. 416, 1863. J. A. LE BEL, *Comptes rendus*, t. 87, p. 213, 1878 ; t. 89, p. 312, 1879 ; t. 92, p. 843, 1881. J. LEWKOWITSCH, *Ber. d. Deutsch. Chem. Ges.*, t. 15, p. 1505, 1882 ; t. 16, p. 1569, 2720, 2722, 1883. EM. BOURQUELOT, *Compt. rend.*, t. 100, p. 1404, 1466 ; t. 101, p. 68, 958, 1885. MAUMENÉ, *ibid.*, t. 100, p. 1505 ; t. 101, p. 695, 1885. H. LEPLAY, t. 101, p. 479, 1885.

[2] KÜLZ, *l. c.*, p. 179-216 et t. 2, p. 177-180.

système nerveux, et en effet nous trouvons dans de nombreuses observations l'indice que les troubles qui occasionnent les symptômes du diabète partent du système nerveux central. Le diabète apparait parfois immédiatement après une lésion de la tête ou dans des affections organiques du cerveau (hémorrhagies, tumeurs, sclérose) ; en outre, il accompagne des troubles nerveux, des psychoses, etc. Parfois on peut ramener l'origine de la maladie à une émotion violente, à des névralgies, etc. A l'autopsie des diabétiques, aucun organe n'est atteint de lésions pathologiques aussi souvent que le cerveau.

Mais il est possible aussi que les hydrates de carbone subissent dans un organe quelconque une certaine transformation, afin d'être rendus assimilables par le muscle, et que ce soit dans ces organes que nous devions chercher les troubles qui sont la cause du diabète. On pourrait penser entre autres au pancréas. Il est en effet à remarquer que l'autopsie trouve cette glande très fréquemment lésée chez les diabétiques. Sur cinquante-cinq cas, Frerichs [1] en cite onze dans lesquels le pancréas présentait des lésions pathologiques sensibles. On peut, il est vrai, dans ce cas, objecter aussi que la dégénérescence du pancréas n'est qu'une conséquence du diabète. Ce fait peut, en tous cas, être le point de départ de nouvelles études. Il s'agirait d'observer les conséquences de l'extirpation du pancréas. On a souvent tenté cette opération, et tout dernièrement on est même arrivé à la pratiquer avec succès. Martinotti [2] a extirpé le pancréas à des chiens, des chats et des oiseaux. Seulement, comme il n'avait pas l'étude du diabète en vue, il ne rechercha pas le sucre dans l'urine des animaux opérés. Tout ce qu'il remarqua, c'est la gloutonnerie des chiens auxquels il avait extirpé le pancréas.

Par contre, v. Mering et Minkowski ont extirpé le pancréas dans le but de faire la lumière dans la question du diabète. Ils ont effectivement observé une glycosurie continue après l'extirpation de cet organe. Ces auteurs n'ont pas encore publié de communication plus précise à ce sujet. Pour le moment, nous ne savons pas encore si la glycosurie est vraiment provoquée par l'absence du pancréas, ou seulement par les perturbations causées par l'opération grave faite à ces ani-

---

[1] Frerichs, *l. c.*, p. 144-183. Voir aussi les histoires de malades, p. 238-248.
[2] G. Martinotti, *Sulla exstirpatione del pancreas. Giornale della R. Accademia di Medicina*, 1888, n° 7.

maux. On doit en particulier songer aux lésions des réseaux sympathiques que l'on aura difficilement pu éviter, desquelles peuvent résulter des perturbations réflexes dans tout le système nerveux.

Si cependant une affection du pancréas devait être considérée dans certains cas comme la cause véritable d'une glycosurie chronique, on ne pourrait pourtant pas généraliser la chose à tous les cas de diabète. Ce fait, ajouté à d'autres observations, confirmerait seulement l'opinion que nous avons depuis longtemps, que la glycosurie chronique du diabète n'est qu'un symptôme commun à plusieurs maladies distinctes.

On a beaucoup contribué à embrouiller la question du diabète, en voulant étudier le diabète *naturel* sur des animaux chez lesquels on avait provoqué un diabète *artificiel*. Chacun connaît l'expérience de Cl. Bernard, qui provoquait la glycosurie par une piqûre dans le plancher du quatrième ventricule, environ à la moitié de l'espace séparant le noyau du nerf acoustique de celui du pneumo-gastrique. Le diabète artificiel est évidemment tout différent du diabète naturel ; il ne dure que quelques heures. Si, au bout de ce temps, on tue l'animal, on trouve que le foie ne contient plus de glycogène. La piqûre reste sans effet sur un animal qu'on a préalablement débarrassé de son glycogène en le soumettant à un jeûne prolongé [1]. Si, après avoir fait jeûner un chien jusqu'à ce qu'il ait consommé sa provision de glycogène, on lui injecte une solution de glucose dans une veine mésentérique, on ne trouve que très peu de sucre dans l'urine. Mais si l'on fait la même injection à un chien dont le foie a été débarrassé de son glycogène par la piqûre, l'urine contient une forte proportion de sucre [2].

Le diabète artificiel est donc la conséquence d'un trouble de l'innervation du foie par suite duquel cet organe perd la faculté de retenir le glycogène. Le sang est surchargé de sucre qui passe dans l'urine. Si le diabète naturel avait la même origine que la glycosurie artificielle, le foie aurait aussi perdu sa fonction régulatrice ; il ne serait plus en état de mettre des hydrates de carbone en réserve pendant la résorption

---

[1] LEOPOLD SEELIG, *Vergleichende Unters. über d. Zuckerverbrauch im diabetischen und nicht diabetischen Thiere. Diss. Königsberg,* 1873. SEELIG cite aussi les travaux antérieurs de PAVY et DOCK. LUCHSINGER a donné la confirmation expérimentale de ces résultats, *Exper. u. Krittsche Beiträge zur Physiol. u. Pathol. d. Glycogens. Diss. Zurich.,* 1875, p. 72.

[2] NAUNYN, *Arch. f. exper. Path. u. Pharm.,* t. 3, p. 98, 1875. Ce travail contient un exposé critique de tous les travaux antérieurs relatifs à cette question.

pour les transmettre ensuite peu à peu au sang, et par conséquent la proportion de sucre dans le sang devrait, chez les diabétiques, être tantôt au-dessus, tantôt au-dessous de la normale, ce qui en réalité n'est pas le cas. Les différents auteurs qui ont dosé le sucre dans le sang des diabétiques l'ont toujours trouvé en plus grande quantité que dans le sang normal.

On pourrait objecter à cette déduction que le diabétique mange si souvent et en telle quantité, que la résorption de la nourriture est ininterrompue et que le sang est continuellement surchargé de sucre. C'est pourquoi il est préférable de trancher directement la question et de rechercher si le foie du diabétique contient encore du glycogène. Külz[1] a examiné le foie d'un cadavre de diabétique. Celui-ci était affecté de la forme grave, et, déjà longtemps avant sa mort, avait dû se soumettre au régime exclusif de la viande. Le malade avait pris son dernier repas trente-quatre heures avant la mort, et s'était trouvé pendant vingt-huit heures en agonie. L'autopsie eut lieu douze heures après la mort. Külz prit environ la dixième partie du foie pour y rechercher le glycogène, et put en extraire o gr. 7. D'après l'estimation approximative de Külz, le foie entier aurait contenu 10 à 15 grammes de glycogène. Le foie se trouva en outre très riche en sucre, dont une partie provenait également du glycogène[2]. Pendant la vie, le foie avait donc contenu une quantité notable de glycogène.

v. Mering[3] eut, à la clinique de Frerichs, l'occasion d'examiner le foie de quatre diabétiques. Il ne trouva ni sucre ni glycogène dans le foie de deux d'entre eux, qui avaient succombé à la phtisie, bien que l'autopsie eût été faite immédiatement après la mort. Il faut remarquer que dans les deux cas le sucre avait complètement disparu de l'urine déjà dix-huit à vingt heures avant la mort. Dans les deux autres cas, où les malades étaient morts subitement et où l'urine contenue dans la vessie au moment de la mort était encore fortement sucrée, il trouva que le foie contenait une notable portion tant de sucre que de glycogène.

---

[1] Külz, *Pflüger's Arch.*, t. 13, p. 267, 1876. Voir aussi les données plus anciennes de Kühne, *Virch. Arch.*, t. 32, p. 543, 1865, et M. Jaffe, *ibid.*, t. 36, p. 20, 1866.

[2] Pour pouvoir doser exactement le glycogène, il est important de jeter le foie dans l'eau bouillante immédiatement après la mort, afin de paralyser l'action des ferments qui dédoublent le glycogène.

[3] v. Mering, *Pflüger's Arch.*, t. 14, p. 284, 1877.

M. Abeles [1] eut l'occasion d'examiner, dans le laboratoire de E. Ludwig, à Vienne, les organes de cinq diabétiques. Dans deux cas il ne trouva pas de glycogène dans les organes. Le premier avait succombé à une phtisie pulmonaire, le second à une furonculose étendue, compliquée de péricardite purulente. Les autres malades étaient morts dans le coma, et l'on ne put procéder à l'examen des organes que plusieurs heures après la mort. Dans deux cas on fit l'examen du foie, et les deux fois on trouva un peu de glycogène (o gr. 16 et o gr. 59). Les muscles ne contenaient pas de glycogène.

On est allé plus loin. A la clinique de Frerichs, on n'a pas craint de rechercher le glycogène dans le foie de diabétiques vivants [2]. Ces recherches sont si importantes, que je citerai textuellement les données. « Le professeur Ehrlich enfonça dans le parenchyme hépatique un fin trocart soigneusement désinfecté. Après l'avoir retiré, il ne trouva quelquefois dans l'intérieur du tube que quelques gouttes de sang, d'ordinaire aussi un certain nombre de cellules hépatiques, isolées ou réunies en groupes ; dans quelques cas, il parvint à extraire un morceau de foie vermiforme, que l'on durcit dans l'alcool pour en faire des coupes. De cette manière, nous eûmes trois fois l'occasion d'étudier le tissu hépatique extrait d'un foie en pleine activité. Dans les trois cas, les individus sains et diabétiques avaient absorbé, peu de temps auparavant, un repas abondant, riche surtout en amylacés. La ponction a été faite de quatre heures et demie à cinq heures et demie après le repas ».

« Dans le premier cas, un homme sain, plus ou moins adonné à l'alcool, on trouva les cellules hépatiques renfermant une provision abondante de glycogène. Les cellules des parties périphériques des acini étaient atteintes de dégénérescence graisseuse, mais renfermaient cependant du glycogène. »

« Le second cas était celui du diabétique Dn. Cette fois-ci, on ne trouva pour ainsi dire pas de glycogène dans les cellules hépatiques ; quelques cellules seulement présentaient une légère teinte brunâtre, signe de la présence de traces de glycogène ».

« Dans le troisième cas, une femme atteinte de diabète, on trouva des

---

[1] Abeles, *Centralbl. f. d. med. Wissench.*, 1885, p. 449.
[2] Frerichs, *l. c.*, p. 272, avec les reproductions des préparations microscopiques.

quantités relativement notables de glycogène dans les cellules, mais celui-ci n'était pas réparti régulièrement ; des parties pauvres en glycogène alternaient avec des parties plus riches. On trouva souvent, à la périphérie des acini, de gros grains de glycogène, remplissant parfois toute une cellule. Ceux-ci n'étaient cependant pas du glycogène pur, ainsi que l'on pouvait s'en convaincre par leur couleur jaunâtre. Ce n'étaient pas non plus des produits artificiels résultant de l'action de l'alcool, car on les trouvait aussi dans les préparations séchées. En général, les noyaux ne contenaient pas de glycogène ; une seule fois, on eut l'impression d'un dépôt de glycogène autour du nucléole. Cette observation rappellerait les dépôts amylacés que l'on rencontre autour des nucléoles chez les végétaux. »

« L'étude des préparations séchées donna, dans les trois cas, le même résultat que celle des préparations durcies dans l'alcool : pas de glycogène dans le second cas, et une certaine quantité dans le troisième. »

La conclusion que je crois pouvoir tirer de ces faits est encore que le diabète n'est pas un type pathologique appartenant à une seule affection. Certaines formes, en particulier la glycosurie résultant d'une affection de la moelle allongée, peuvent avoir pour cause des lésions analogues à celles qui provoquent le diabète artificiel, mais ce n'est certainement pas toujours le cas.

Le fait que, dans certaines affections du foie, même à un degré avancé, comme la cirrhose hépatique et l'intoxication phosphorique, on ne trouve pas de sucre dans l'urine, est aussi des plus dignes d'attention. Frerichs n'est pas parvenu à démontrer la présence de sucre dans l'urine, dans des cas de cirrhose hépatique où l'autopsie révéla ensuite une dégénérescence complète du foie, même après l'absorption de grandes quantités de sucre[1]. Dans l'intoxication phosphorique, Frerichs est parvenu deux fois seulement à trouver dans l'urine des traces de sucre, après avoir fait absorber aux malades 100 à 200 grammes de glucose ; dans dix-sept cas le résultat de ses recherches fut négatif. Dans tous les cas d'empoisonnement par le phosphore, où les cellules du foie se trouvaient dans un état avancé de dégénérescence graisseuse, cet organe ne contenait pas trace de sucre ni de glycogène[2].

[1] FRERICHS, *l. c.*, p. 43.
[2] FRERICHS, *l. c.*, p. 45.

On ne peut donc expliquer le diabète uniquement par une perturbation du dépôt de glycogène dans le foie. A ma connaissance, on n'a examiné que deux fois les muscles de diabétiques, et, ainsi que nous l'avons vu, avec un résultat négatif[1].

Les différences dans la marche et dans l'issue de la maladie me paraissent aussi plaider en faveur de la multiplicité des formes de diabète[2]. Il existe toute une série de formes intermédiaires entre la glycosurie symptomatique transitoire et les formes chroniques du diabète. Ainsi que nous l'avons vu, il est souvent possible de faire disparaître la glycosurie dans le diabète chronique, en retranchant complètement les hydrates de carbone. L'activité musculaire permet même souvent aux malades de supporter des quantités modérées de sucre, sans que la glycosurie reparaisse. Dans d'autres cas, la sécrétion du sucre persiste malgré tout, même avec une alimentation composée exclusivement de viande et de graisses. Les formes légères du diabète deviennent souvent graves. Mais il n'est pas rare que des complications mortelles surviennent déjà dans les cas légers. Le cours de la maladie varie aussi considérablement dans les formes graves. Dans certains cas aigus, la mort survient après quelques semaines, dans la plupart seulement au bout de un à deux ans, au bout de dix à vingt ans dans d'autres. En général, la glycosurie est accompagnée de polyurie — la quantité d'urine sécrétée en vingt-quatre heures peut atteindre 12 litres — et les malades sont tourmentés par une soif continuelle; quelquefois cependant on trouve du sucre dans l'urine sans qu'il existe de polyurie et sans que les malades se plaignent d'une soif exagérée. Frerichs[3] a observé plus de trente cas dans lesquels la quantité quotidienne d'urine ne dépassait pas 1 700-2 000 centimètres cubes, contenant cependant 4, 6 à 8 o/o de sucre. Dans quelques cas, rares il est vrai, on voit le diabète sucré se transformer en diabète insipide[4] — polyurie sans glycosurie. — Les complications du diabète qui

---

[1] ABELES, *l. c.*

[2] FR. ALBIN HOFFMANN a cherché à caractériser et à grouper les différentes formes de diabète: *Verhandl. d. Congress f. innere Medic. Wiesbaden*, 1886, p. 159. Voir aussi KÜLZ, *l. c.*, t. I, p. 217 et l. 2, p. 144.

[3] FRERICHS, *l. c.*, p. 192.

[4] On voit par là que la polyurie du diabète sucré n'est pas nécessairement une conséquence de la glycosurie, du moins, et qu'elle peut être la cause d'un trouble d'innervation spécial. Voir, pour le *diabète insipide*, KÜLZ: *Beitr. z. Pathol. u. Therap. d. Diabetes mellitus. u. insipidus*, t. 2, *Marburg*, 1875. On trouvera, p. 28-31, un exposé de la litté-

peuvent occasionner la mort sont de nature très différente : certains malades meurent simplement de marasme, les autres de phtisie pulmonaire, de furonculose généralisée ou d'anthrax, de néphrite, etc. Souvent aussi la mort est causée par ce qu'on appelle le *coma diabétique*.

Je m'arrêterai un peu à cette dernière complication, car des recherches récentes nous en ont donné une explication chimique des plus satisfaisantes. Les substances énumérées plus haut — acide oxybutyrique, acide acétylacétique et acétone —, que l'on trouve souvent en petites quantités dans l'urine des diabétiques, aux premiers degrés de la maladie, sont, dans le coma, sécrétées en quantités considérables, et, comme nous allons le voir, peuvent être considérées comme la cause des troubles cérébraux.

Il est vrai que l'on a observé aussi des cas de coma où ces produits anormaux de la désassimilation faisaient défaut. Mais, dans ces cas-ci, on en a trouvé la cause dans d'autres complications, telles qu'une insuffisance aiguë du cœur, une hémorrhagie cérébrale, une néphrite, etc. Mais, dans la plupart des cas on trouve ces substances dans l'urine, et on a cru pouvoir expliquer cette complication comme un effet narcotique de ces combinaisons [1], surtout pour l'acétone, qui agit d'une façon analogue à l'alcool, à l'éther et à d'autres corps du même groupe. Mais des recherches plus exactes ont démontré que l'action narcotique de l'acétone est trop peu intense pour expliquer l'apparition du coma [2], surtout si l'on songe que l'acétone provient de l'albumine, et que la quantité d'albumine détruite est loin de suffire à la production de la quantité d'acétone nécessaire pour déterminer le coma.

L'action de l'acétone est semblable à celle de l'alcool éthylique, seulement elle est moins forte. On peut administrer 1 gramme d'acétone par kilogramme de l'animal à des chiens, sans qu'il soit possible d'observer le moindre effet. Des doses de 4 grammes par kilo d'animal provoquent un état d'ivresse analogue à celui qui suit une absorption d'alcool éthy-

---

rature antérieure sur le diabète insipide, en particulier sur l'apparition d'inosite dans l'urine des malades affectés de cette maladie. KÜLZ, *Sitzugsber. d. Ges. z. Beförder. d. Ges. Naturw. zu Marburg.*, 1876, n° 4. Sur les propriétés chimiques de l'inosite, voir MAQUENNE, *Compt. rend.*, t. 104, p. 225, 297 et 1719, 1887.

[1] On trouvera un exposé complet de la littérature sur cette question dans v. BUHL. *Zeitschr. f. Biolog.*, t. 16, p. 413, 1880, et R. v. JAKSCH, *Ueber Acetonurie u. Diaceturie*, 1885. FRERICHS, *l. c.*, p. 114-120.

[2] PIETRO ALBERTONI (laborat. de SCHMIEDEBERG), *Arch. exper. Path. u. Pharm.*, t. 18, p. 218, 1884. Contient un exposé complet des nombreuses expériences antérieures.

lique, en particulier des troubles de la motilité. La dose mortelle d'acétone est de 8 grammes par kilo, celle de l'alcool éthylique de 6 à 8 grammes [1]. Pour empoisonner un homme avec de l'acétone, il en faudrait donc 5 à 600 grammes. Or il n'est pas possible qu'une telle quantité se forme de la désassimilation des albuminoïdes.

En outre, le fait que parfois l'acétone diminue dans l'urine précisément au moment du coma, tandis que l'acide oxybutyrique augmente, ne concorde pas avec l'hypothèse de l'action narcotique de l'acétone, car l'acide oxybutyrique ne possède pas cette propriété [2]. Stadelmann [3] et Minkowski [4] nous ont par contre donné une interprétation des plus satisfaisantes du coma diabétique. Ils le ramènent à une saturation des alcalis du sang par des produits de combustion incomplète, ayant le caractère d'acides, tels que l'acide oxybutyrique. Les symptômes du coma présentent en effet une grande analogie avec ceux que Walter [5] a observés sur des animaux empoisonnés par des acides minéraux. Ayant injecté à un lapin de l'acide chlorhydrique dilué dans l'estomac, il se produisait bientôt de la dispnée, l'animal perdait la faculté de se mouvoir et ne bougeait plus de sa place, jusqu'à ce qu'il succombât dans le collapsus. Mais si, au moment où ces symptômes d'intoxication s'étaient développés, on faisait aux animaux une injection sous-cutanée de carbonate de soude, ils se remettaient peu à peu. Walter a dosé l'acide carbonique dans le sang d'animaux intoxiqués et n'en a trouvé que 2 à 3 vol. o/o. C'est, ainsi que je l'ai indiqué dans nos considérations sur les gaz du sang, la quantité qui est contenue dans le sang à l'état de simple dissolution. Le sang ne contenait donc plus d'alcalis capables de fixer l'acide carbonique ; ils étaient saturés par l'acide chlorhydrique [6]. Le sang était privé de son véhicule, de l'acide carbonique, et ce gaz s'était accumulé dans les tissus,

---

[1] ALBERTONI, *l. c.*, p. 223, 224, 226.

[2] WOLPE, *Unters üb. d. Oxybuttersäure d. diabet. Harnès. Diss. Königsberg*, 1886. *Arch. f. exper. Path. u. Phar.*, t. 21, p. 138, 1886, et O. MINKOWSKI, *Mittheilungen aus d. medecin. Klinik zu Königsberg i. Pr.* 1888, p. 174.

[3] E. STADELMANN, *Arch. f. exper. Path. u. Pharm.*, t. 17, p 443, 1883.

[4] O. MINKOWKI, *l. c.*

[5] FR. WALTER (labor. de SCHMIEDEBERG), *Arch. f. exper. Path. u. Pharm.*, t. 7, p. 148, 1877.

[6] WALTER parle dans son travail d'une absorption des bases du sang. Cette conclusion n'est pas une conséquence nécessaire de ses recherches. Les bases saturées par l'acide restent probablement, pour la plus grande partie, dans le sang à l'état de sels neutres, jusqu'à ce que, par un dédoublement dans les reins, l'acide soit éliminé, et que la base retourne comme telle au sang.

en particulier dans le cerveau, en y provoquant les symptômes que nous avons indiqués. Walter a montré en outre, comme je l'ai déjà mentionné (p. 285), que l'injection de l'acide avait pour conséquence une augmentation de l'ammoniaque dans l'urine.

Les symptômes que l'on observe dans le coma diabétique sont presque identiques. Dans ce cas-ci, c'est l'acide oxybutyrique qui joue le rôle de l'acide chlorhydrique dans les expériences précédentes. La dispnée apparaît aussi. L'ammoniaque de l'urine est augmentée chez le diabétique et cette augmentation atteint son maximum dans le coma[1]. Minkowski a dosé l'acide carbonique du sang d'un diabétique dans le coma et n'a trouvé que 3,3 vol. o/o. Le sang provenait de l'artère radiale du malade peu de temps avant sa mort[2]. Le sang du cadavre avait une réaction franchement acide et contenait de grandes quantités d'acides oxybutyrique et sarcolactique.

Permettez-moi pour finir de vous exposer comme chimiste quelques remarques sur la thérapeutique du diabète.

Il ne pourra naturellement pas être question d'une méthode de traitement rationnelle, tant que les différentes formes de diabète nous seront inconnues. Il ne peut s'agir ici que d'adoucir les symptômes. On est parti avec raison du principe de la nécessité d'une diminution dans l'organisme de l'excès de sucre inutile, car il n'est pas seulement sans valeur, mais en circulant dans tous les organes, il y provoque des troubles, surmène les reins, et devient la cause principale de la soif. A ce point de vue, le meilleur traitement est un travail musculaire bien compris. Külz[3] a montré que, par le travail musculaire, on peut diminuer considérablement la sécrétion du sucre. Bouchardat prétend même être arrivé par ce moyen à une guérison complète de plusieurs cas de diabète. Mais on ne réussit pas dans tous les cas, ce qui me paraît être un argument en faveur des différentes formes de diabète.

Si l'on veut diminuer l'absorption des hydrates de carbone, il est

---

[1] Minkowski, *l. c.*, p. 179.

[2] Je renvoie à l'original pour tout ce qui concerne les détails d'exécution de ces recherches. On y trouvera en outre des remarques critiques sur la littérature du diabète la plus récente.

[3] Külz, *l. c.*, t. 1, p. 179-216 (l'auteur cite aussi les données plus anciennes de Trousseau et de Bouchardat); et t. 2, p 177-180. Dr Karl Zimmer, (*Carlsbad*). *Die Muskeln eine Quelle, Muskelarbeit ein Heilmittel gegen Diabetes. Karlsbad*, 1880. v. Mering, *Verhandl. d. Congresses f. innere Medecin. Wiesbaden*, 1886, p. 171.

nécessaire de songer aussi à les remplacer. On doit rejeter une diète composée exclusivement d'albuminoïdes ; elle produit l'acétonurie, ce qui augmente les chances de coma. Tant que l'on a été imbu de l'idée que la nature du diabète résidait exclusivement dans l'impossibilité de dédoubler le sucre, on a cherché à administrer en lieu et place les produits de dédoublement. Mais nous ne connaissons pas les produits normaux du dédoublement du sucre, et, même si nous les connaissions, ils ne pourraient remplacer le sucre, car c'est précisément au moment du dédoublement qu'une certaine quantité d'énergie est mise en liberté, laquelle trouve son emploi dans les fonctions des muscles et d'autres organes. On n'en a pas moins cru pouvoir, par l'administration quotidienne de 5 à 10 grammes d'acide lactique, remplacer les 300 à 800 grammes d'hydrates de carbone dont l'homme a besoin ! On ne peut prescrire de plus grandes quantités d'acide lactique, de peur de troubler la digestion. En outre, partant d'une supposition erronée de O. Schultzen [1], qui considérait la glycérine comme un produit normal de dédoublement du sucre, on a cherché à remplacer le sucre par cette substance. La glycérine a sur l'acide lactique cet avantage qu'elle est agréable aux malades par son goût douceâtre [2] ; mais on n'ose en administrer que de très petites doses, car avec des doses plus considérables on provoque de la diarrhée, et une partie de la glycérine reparaît intacte dans l'urine. Que l'on donne donc de la glycérine aux diabétiques dans sa combinaison naturelle, sous forme de graisse [3] ! Les graisses sont bien supportées, et sont le meilleur palliatif du retrait des hydrates de carbone [4].

Jusqu'à présent, je ne sais pas qu'on ait tenté sérieusement de donner des hydrates de carbone lévogyres. Comme le diabète est surtout une maladie des gens riches, il devrait bien se trouver des malades en état d'adoucir les derniers moments de leur existence avec cet aliment de prix.

Les eaux alcalines, en particulier Carlsbad, ont la propriété d'amé-

---

[1] O. Schultzen, *Berliner klin. Wochenschr.*, 1872, n° 35.

[2] Dans ces derniers temps, et uniquement pour satisfaire le goût, on a cherché à remplacer le sucre prohibé par la *saccharine*. Voir les expériences faites à ce sujet : E. Kohlschütter et M. Elsässer, *Arch , f. klin. Medic.*, t. 41, p. 178, 1887.

[3] On peut arriver à une grande variété dans la préparation d'une nourriture riche en graisse. Je ne rappellerai que les aliments suivants : poissons gras (parmi ceux-ci un grand nombre, surtout certains poissons de mer, ne surchargent l'estomac en aucune manière), jaune d'œuf, crème fraîche, amandes, noix, cacao, olives.

[4] Pettenkofer et Voit, *Zeitschr. f. Biolog.*, t. 3, p. 441, 1867.

iorer considérablement l'état des diabétiques et de diminuer la sécrétion du sucre. On a cru trouver l'explication de cet effet en admettant que l'augmentation de l'alcalinité du sang favorisait la combustion. Cette hypothèse nous paraît encore plus plausible si nous songeons aux acides anormaux que l'on trouve dans le sang du diabétique. Mais des recherches directes ont démontré que la seule absorption de carbonates alcalins, sans le régime en usage dans ces stations, reste sans effet sur la sécrétion du sucre [1].

Les essais faits jusqu'ici pour combattre le coma, par des injections de carbonate de soude dans le sang, n'ont pas non plus donné de résultats satisfaisants [2]. On ne peut attendre d'une injection d'alcalis une amélioration véritable de l'état des malades, ce traitement ne combattant que le symptôme, sans éliminer la cause.

[1] FRERICHS, *l.c.*, p. 263. NENCKI et SIEBER, *Journ. f. prakt. Chem.*, t. 26, p. 33, 1882. KÜLZ, *l. c.*, t. 1, p. 31 et t. 2, p. 154.
[2] O. MINKOWSKI, *Mittheilungen aus d. medic. Klinik zu Königsberg i Pr*, 1888, p. 183-186.

TABLE DES MATIÈRES

HUITIÈME LEÇON

DIX-HUITIÈME LEÇON

DIX-NEUVIÈME LEÇON

VINGTIÈME LEÇON

VINGT-ET-UNIÈME LEÇON

TABLE ALPHABÉTIQUE

Georges CARRÉ, Éditeur, 58, rue St-André-des-Arts, Paris.

Tours, imp. Deslis Frères, rue Gambetta, 6.

www.ingramcontent.com/pod-product-compliance
Lightning Source LLC
LaVergne TN
LVHW020945050726
842519LV00001B/142